普通高等教育电子通信类特色专业系列教材

通信系统课程设计与实验教程
（第二版）

雷 菁 黄 英 舒冰心 黎 灿 刘 伟 编著

科 学 出 版 社

北 京

内 容 简 介

本书基于典型的通信系统模型，描述了系统的设计、分析和仿真方法，提供了多层次(基础性、系统性、应用性)的设计和实验项目，并给出了大量具有参考价值的实验例程。全书共11章，包括绪论，模拟信号数字化，信源压缩编码，信道编码，数字基带传输，数字频带传输，同步技术，信道建模与仿真，信道均衡，涉及DVB-C、CCSDS、IEEE 802.16、蓝牙等实用标准的综合设计实验，以及5G通信系统虚拟实验，反映了当前通信系统的新发展。

本书可作为普通高等院校电子信息类专业高年级本科生的教材，也可为本科生的课程设计、创新设计、毕业设计以及研究生相关实验、专业技术人员从事现代通信系统设计提供参考。

图书在版编目(CIP)数据

通信系统课程设计与实验教程/雷菁等编著. —2版. —北京：科学出版社，2023.10

普通高等教育电子通信类特色专业系列教材

ISBN 978-7-03-076671-7

Ⅰ. ①通… Ⅱ. ①雷… Ⅲ. ①通信系统—课程设计—高等学校—教材 Ⅳ. ①TN914

中国国家版本馆CIP数据核字(2023)第197862号

责任编辑：潘斯斯 / 责任校对：胡小洁
责任印制：师艳茹 / 封面设计：马晓敏

科学出版社出版
北京东黄城根北街16号
邮政编码：100717
http://www.sciencep.com
北京凌奇印刷有限责任公司 印刷
科学出版社发行 各地新华书店经销
*
2012年1月第一版 开本：787×1092 1/16
2023年10月第二版 印张：20
2023年10月第九次印刷 字数：500 000

定价：79.00元

(如有印装质量问题，我社负责调换)

前　　言

《教育部关于进一步深化本科教学改革全面提高教学质量的若干意见》明确提出："高度重视实践环节，提高学生实践能力。要大力加强实验、实习、实践和毕业设计（论文）等实践教学环节，特别要加强专业实习和毕业实习等重要环节。"

从目前实际情况看，通信技术飞速发展，而专业的实验教学却相对滞后，难以满足社会对通信工程专业人才日益增长的需求。根据多年的教学和科研实践经验，编者深感若能将最新科研成果和前沿课题的研究内容引入实验教学中，学生通过自己动手实验，将进一步加深对课本知识的理解，获得理论课上无法领悟的知识和体会，实际能力将得到真正的提高。党的二十大报告指出："必须坚持科技是第一生产力、人才是第一资源、创新是第一动力，深入实施科教兴国战略、人才强国战略、创新驱动发展战略，开辟发展新领域新赛道，不断塑造发展新动能新优势。"本书以此为出发点而再版，坚持为党育人、为国育才，把立德树人根本任务落实到专业实验实践课程中，注重学思结合、知行统一，增强学生勇于探索的创新精神和善于解决问题的实践能力。

本书共 11 章。第 1 章为绪论，首先介绍了模拟通信系统和数字通信系统的基本组成，然后对实验设计技术和实验测量技术进行了简单介绍，该部分内容奠定了全书的基础。第 2 章为模拟信号数字化，主要有抽样定理实验、PCM 编译码实验、CVSD 编译码实验以及 TDM 通信系统综合实验，通过 4 个主要的实验强化学生对于信源编码和时分复用基本原理的理解。第 3 章为信源压缩编码，主要有 Huffman 编解码实验、算术编解码实验、二维 DCT 图像压缩编码实验、小波变换图像压缩实验、图像压缩综合系统实验。第 4 章为信道编码，主要有汉明码编译码实验、RS 码编译码实验、Turbo 码编译码实验、乘积码编译码实验、LDPC 码编译码实验和 Polar 码编译码实验。第 5 章为数字基带传输，包括 HDB_3 线路编码通信系统综合实验、CMI 线路编码通信系统综合实验、眼图和无码间串扰波形、基带传输系统实验。第 6 章为数字频带传输，包括 BPSK 传输系统实验、MPSK 调制系统的设计、MQAM 调制系统的设计、MAPSK 调制系统的设计、OQPSK/π/4-QPSK 调制系统的设计和 MSK/GMSK 调制系统的设计。第 7 章为同步技术，包括模拟锁相环载波同步实验、数字锁相环载波同步设计、数字锁相环位同步实验和帧成形及同步提取实验。第 8 章为信道建模与仿真，包括加性高斯白噪声信道建模与仿真、瑞利衰落信道建模与仿真、莱斯衰落信道建模与仿真和 MIMO 信道建模与仿真。第 9 章为信道均衡，包括多径信道的自适应线性均衡实验、多径信道的自适应判决反馈均衡实验和均衡技术在智能天线中的应用。第 10 章为综合设计实验，包括数字基带传输系统设计、数字频带传输系统设计、差错控制系统研究与实现和综合通信系统设计。其中，数字基带传输系统设计包括基带传输系统眼图的仿真、基带传输系统误码率的仿真和 CDMA 数字基带收发系统的设计；数字频带传输系统设计包括短波通信系统设计和基于卫星信道的 QAM 传输系统设计；差错控制系统研究与实现包括基于 DVB-C 标准的前向纠错系统研究与实现、基于 CCSDS 的前向纠错系统研究与实现和基于 IEEE 802.16 标准的差错控制系统研究与实现；综合通信系统设计包括蓝牙传输系统、卫星数字电视广播系统、IEEE802.16d 传输系统和 MIMO-OFDM 通信系统综合实验。第 11 章为 5G 通信系统虚拟实验，包括5G网络架构综合设计、5G建设方案规划设计、5G混合专网切片综合设计与测试、5G通信网络规划与控制虚拟仿真实验。

本书还配有部分虚拟实验演示视频、程序代码、实验步骤示例，读者可扫描二维码查看相关内容。

本书可作为"通信原理""信息论与编码基础""通信系统"等课程实验及通信类课程设计的配套教材。全书由雷菁、黄英、舒冰心、黎灿、刘伟共同编著。其中，第1、2、4、11章及10.4节由雷菁编写，第3、6章及10.1～10.3节由黄英编写，第5、8章由舒冰心编写，第7章由刘伟编写，第9章由黎灿编写。此外感谢武汉凌特电子技术有限公司、长沙鑫三知科教设备有限公司、广州创龙电子科技有限公司提供的实验平台。

在本书的成书过程中得到了许多专家、同行的关心与帮助，特别是在与国防科技大学唐朝京教授、魏急波教授、马东堂教授，中信科移动通信技术股份有限公司孙中亮高工、武汉丰迈信息技术有限公司王广义高工等专家的交流中受益颇丰，在本书的编写和教学辅导工作中还得到了李为、文磊等老师的帮助，赖恪、刘鹏涛、黄璐莹、王少靖、邓喆、万泽含、杨颜冰等研究生参与实验的验证与本书的校阅，在此对他们表示衷心的感谢。

本书在我校本科教学中使用多年并取得良好效果，但将科研成果引入实践教学是一项长期的工作。限于作者水平，书中难免存在疏漏和不足之处，恳请广大读者批评指正。

编　者

2023年10月于国防科技大学

目　　录

第 1 章　绪　　论

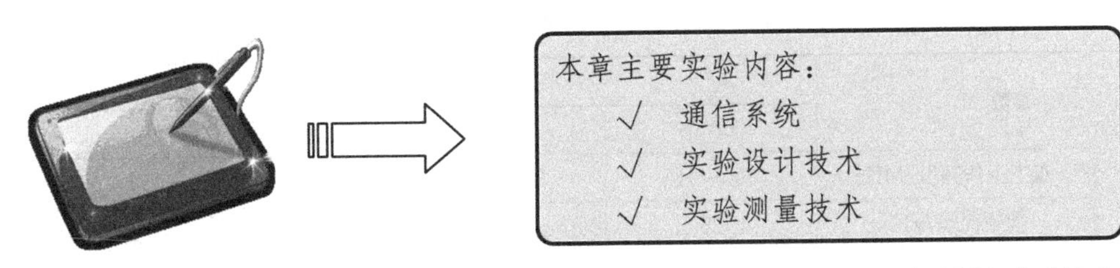

在人类社会发展的近十多年间，信息科学技术迅猛发展，在社会各个领域得到了越来越广泛的应用。信息技术快速发展的显著特征之一是通信技术的快速发展。各种通信新系统的不断涌现也为人们提供了更好更快的通信方式，极大地改变了人们的生活方式。

1.1　通信系统介绍

通信的目的是有效可靠地传递和交换信息，传递信息所需的一切技术设备的总和称为通信系统，通信系统的一般模型如图 1-1-1 所示。

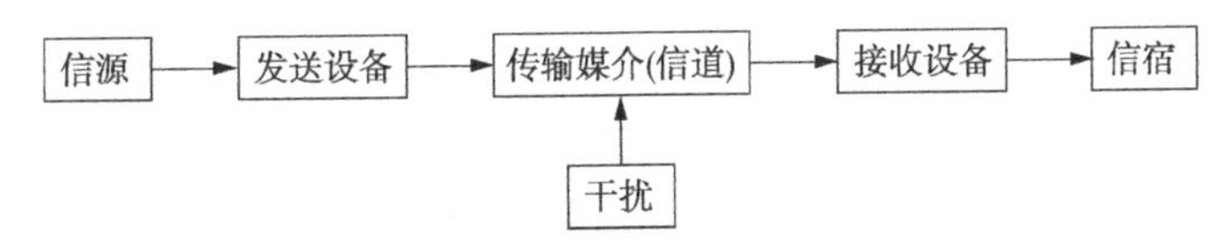

图 1-1-1　通信系统的组成

通信系统由信源、发送设备、信道、接收设备和信宿五个部分构成。信源是发出信息的源，信宿是传输信息的归宿点，信源可以是模拟的，也可以是离散的数字信源。发送设备的作用是产生适合于在信道中传输的信号，使发送信号的特性与传输媒介相匹配，将信源产生的消息信号变换为便于传输的形式。变换的方式是多种多样的，如信号的放大、滤波、调制等。发送设备还包括为达到某些特殊的要求而进行的各种处理，如多路复用、保密处理、纠错编码处理等。信道是指传输信号的通道，按照从发送设备到接收设备之间信号传递所经过的媒介，划分可以是有线信道，如明线、双绞线、同轴线缆或光纤，也可以是无线信道。信道既给信号以传输通路，也会对信号产生各种干扰和噪声，信道的固有特性和干扰直接关系到通信的质量。接收设备的基本功能是完成发送过程的反变换，即将信号进行放大并进行解调、译码、解码等，其目的是从带有噪声和干扰的信号中正确恢复出原始消息。对于多路复用信号，还包括解除多路复用，实现正确分路功能。此外，在接收设备中，还需要尽可能减小在传输过程中噪声与干扰所带来的影响。

1.1.1　模拟通信系统

模拟通信系统是利用模拟信号来传递信息的通信系统，常用的模拟通信系统包括中波/短波无线电广播、模拟电视广播、调频立体声广播等通信系统。虽然当前通信技术发展的主流是数字通信技术，但是在实际应用中还有大量的模拟通信系统，并且模拟通信系统是数字通信的基础。

模拟移动通信系统包括 AMPS、TACS、NMT 等商用移动通信系统，虽然 2001 年我国已经全部停止了商用模拟移动通信服务，但是目前仍有很多专业机构采用模拟制式的无线集群通信系统。另外，随着我国对常规无线对讲机频段使用的放开(无须向无线电管理委员会申请)，常规无线对讲机在日常生活中的应用日渐广泛。表 1-1-1 是典型模拟移动通信系统的主要参数。

表 1-1-1　典型模拟移动通信系统的主要参数

参数		系统			
		TACS	AMPS	NMT	Motorola SmartNet
工作频段	双工工作频段/MHz	890～915	824～849	454～468	806～821
	信道间隔/kHz	25	30	25	25
	双工间隔/MHz	45	45	10	45
	总信道数	1000	832	180/220	600
功率特性	基站功率/W	40～100	20～100	25/50	150
	用户台功率/W	10/14/1.6/0.6	4/0.6	15	35
	小区覆盖半径/km	5～10	5～20	20～40	50
话音调制	调制方式	FM	FM	FM	FM
	峰值频偏/kHz	9.5	12	5	5
信令调制	调制方式	FSK	FSK	FSK	FSK
	速率/(kb/s)	8	10	1.2	3.6
	纠错编码	BCH	BCH	Hagelbargar	BCH

说明：

(1) 表中所列 TACS 工作频段是我国所采用的频段规定，AMPS 的工作频段是北美地区使用的频率规定。

(2) 工作频段所列的频率是移动台发射的频率，基站发射频率为移动台法频率加上双工间隔。

(3) 用户台功率的数据信息中，10/14/1.6/0.6 表示 TACS 用户台有四个等级的信号功率。其余以此类推。

(4) TACS 曾经在英国、爱尔兰、中国及中国香港使用，AMPS 是北美地区及澳大利亚、新西兰、新加坡、韩国等国家使用模拟制蜂窝移动通信标准。NMT 顾名思义，最早在北欧地区采用，后来扩展到荷兰、比利时、瑞士等国家。

(5) Motorola SmartNet 是典型的模拟制集群通信系统，采用半双工工作方式，在话音信道中还包含 150b/s 的亚音频信令。

与模拟线性调制技术相比，由于频率调制和相位调制具有较强的抗干扰能力，能够获得更大的信噪比增益，并且能够减小信号振幅变化引起的附加噪声，因此在模拟制 VHF/UHF 电台和移动通信系统中，频率和相位调制是最常用的调制体制。

模拟通信系统如图 1-1-2 所示。模拟调制是模拟通信系统中最重要的部分，它决定了通信系统的性能。模拟调制时使用调制信号控制载波的振幅、相位或频率，以达到信息传输的目的。如在中波广播中，音频节目信号经过常规双边带调幅后，载波的振幅就跟随音频节目信号的电平而发生变化，收音机从接收到的中波信号检测出这种幅度的变化就能够重现音频信号。在多数模拟系统中，调制一般在中频进行，调制之后还需要经过上变频，将信号搬移到射频频段发送；接收端将从信道中接收到的信号进行下变频，在中频实现信号的解调。

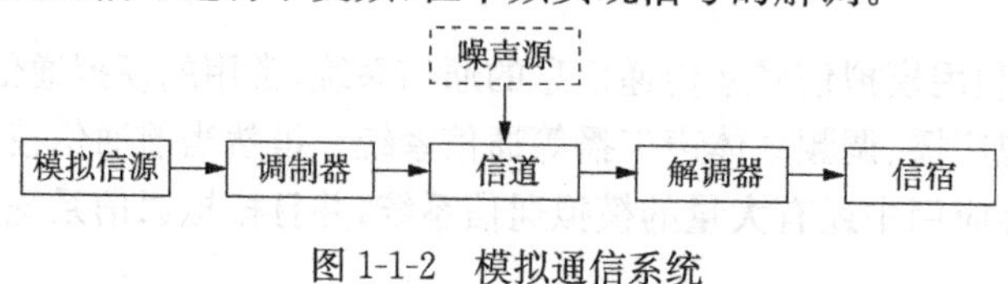

图 1-1-2　模拟通信系统

1.1.2　数字通信系统

目前，无论是模拟通信还是数字通信，在不同的通信业务中都有广泛的应用。但是，数字通信的发展速度已经超过模拟通信，成为当今通信发展的主流。与模拟通信相比，数字通信具有抗干扰能力强、传输差错可控、便于数字化处理、易于集成化和微型化、易于加密处理等优点。图1-1-3给出了数字通信传输系统的组成，分为数字基带传输系统和数字频带传输系统两类。

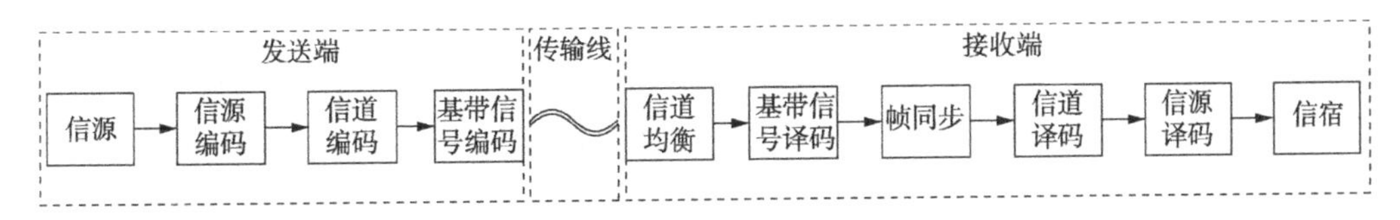

(a)数字基带传输系统

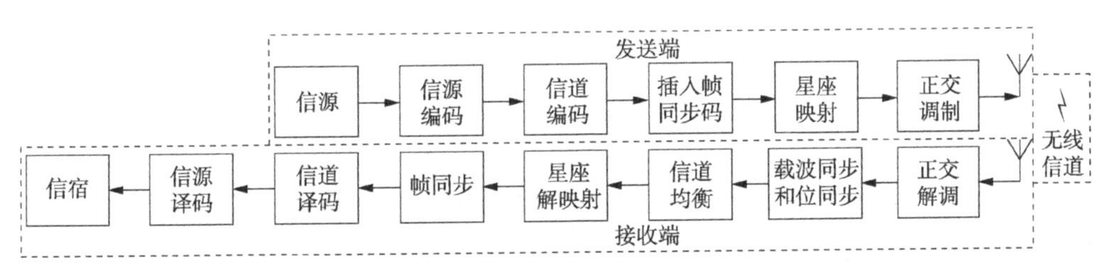

(b)数字频带传输系统

图1-1-3　数字通信传输系统

在数字基带传输系统(图1-1-3(a))中，其传输对象通常是二元数字信息，它可能来自计算机、电传打字机或其他数字设备的各种数字代码，也可能来自数字电话终端的PCM脉冲编码信号等。这些信号往往含有丰富的低频分量，甚至直流分量，因而称为数字基带信号。在某些有线信道中，特别是传输距离不太远的情况下，如Ethernet、数字用户线等，数字基带信号可以直接传送，称为数字信号的基带传输。而在另外一些信道，特别是无线信道和光信道中，数字基带信号则必须经过调制，将信号频谱搬移到高频处才能在信道中传输，这种传输系统称为数字频带传输系统(图1-1-3(b))。数字通信传输系统包括信源编译码、信道编解码、调制解调、信道、同步等各个部分，下面分别进行介绍。

(1)信源编码与译码。信源编码主要有两个作用：一是完成模拟信源的数字化，如果信源产生的信号是模拟信号，首先需要对模拟信号进行数字化后才能在数字通信系统中传输。模拟信源的数字化包括采样、量化和编码三个过程，电话系统中话音信号的数字化是典型的模拟信源数字化过程。信源编码的另外一个作用是为提高信息传输的有效性而采用适当的压缩技术减小信息速率。如电话系统中采用PCM编码的语音速率为64kb/s，而如果采用压缩编码后，单路话音的速率则可以降低到32kb/s或更低，这样在同样的信道中能够同时传输的话路就增加了。

(2)信道编码与译码。信道编码的目的是增强通信信号的抗干扰能力。由于信号在信道传输时受到噪声和干扰的影响，接收端恢复数字信息时可能会出现差错，为了减小接收差错，信道编码器对传输的信息按照一定的规则加入保护成分(监督元)，组成差错控制编码。接收端的信道译码器按照相应的逆规则进行解码，从中发现错误或纠正错误，提高通信系统的抗干扰性。在计算机中广泛使用的奇偶校验码就是最简单的一种差错控制编码，它具有一比特差错的检错能力。

(3)数字调制和解调。基本的数字调制方式有振幅键控(ASK)、频移键控(FSK)和相移键控(PSK)。在接收端可以采用相干解调或非相干解调还原基带信号,此外还有在三种基本调制方法上发展起来的其他数字调制方式,如 QPSK、QAM、OQPSK、MSK、GMSK 等。

(4)同步。同步是使收发两端的信号在时间上保持步调一致,是保证数字通信系统有序、准确和可靠工作的前提条件。按照同步的不同作用,可以将同步分为位同步、帧同步和网同步。同步分散在系统的各个部分,如码元同步主要在调制和基带处理部分,而帧同步通常是处在调制解调之后。

需要指出的是,图 1-1-3 给出的只是点到点数字通信系统的一般化模型,实际的数字通信系统不一定包括所有的环节。数字基带传输系统无须调制和解调,实际数字频带通信系统也有可能增加部分处理环节。

1.2 实验设计技术介绍

1.2.1 系统仿真技术

仿真是衡量系统性能的工具,它通过仿真模型的仿真结果来推断原系统的性能,从而为新系统的建立和原系统的改造提供可靠的参考。仿真是科学研究和工程建设中不可缺少的方法。

通信系统是多种多样的,为了说明基于仿真的方法用于性能评估,可以考察一个一般通信系统的简化模型,如图 1-2-1 所示。

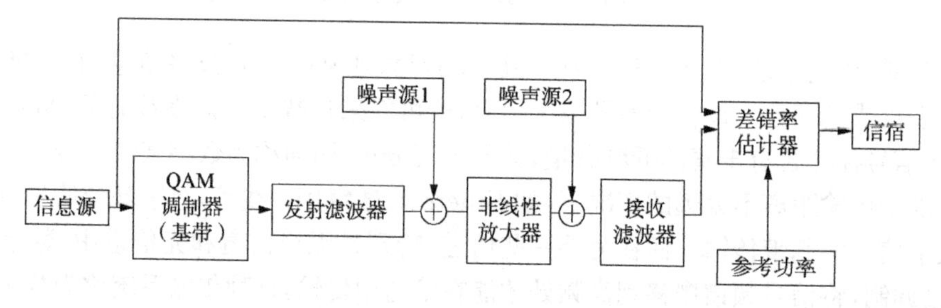

图 1-2-1 仿真的通信系统

由于滤波器及非线性的存在,分析法评估该系统的性能是困难的。带宽受限的滤波器引入符号间干扰(ISI),而噪声经过非线性单元会导致非高斯和非加性现象,这些都是很难描述和分析的。可以做某些近似,如忽略非线性单元前的滤波器的影响,将两个噪声源合并,并将这两个噪声源的总效应当作加性、高斯噪声源处理。这样的简化对于得到系统性能的初步评估是有用的,但对于进行详细性能分析则不够准确。

仿真在通信系统设计和工程实现的所有阶段都能起到重要作用,包括早期的概念设计到各个工程实现阶段,以及现场实验。设计过程一般从概念定义开始,即对系统予以高层说明,如信息速率、性能目标等。任何通信系统的性能由两个重要因素控制,即信号噪声比(S/N)和累计的信号失真(误码率等)。一般来说,它们互相影响,必须做一些折中。在大多数通信系统中,利用链路预算来跟踪影响 S/N 的各种因素。

通信系统的设计从候选系统和有关的设计参数表开始。在设计早期阶段,信噪比和信号质量下降的估计都是用较简单的模型和理论推测得到的。例如,为计算 S/N,滤波器可以用有一定带宽的理想低通滤波器做模型,实际滤波器引入的失真用信噪比 S/N 的下降等效。若初始设计产生的候选参数满足性能目标，则设计继续进行下一步。否则，设计的拓扑逻辑就不得不改变，失真的参数也必须修改。下一阶段的设计是对子系统和部件拟定详细的规格及验证信号失真。例如，若一个滤波器规定为七阶巴特沃思滤波器，带宽-符号时间积为0.7，则波形级仿真可用来证实滤波器引入失真大小。若经过仿真信道的性能下降小于规定值，则这里的节省可用来放松其他一些部件的要求。对于这种折中研究和建立硬件开发的详细规格，仿真灵活而有效，经常是唯一可用的方法。当系统的硬件模型完成后，对它进行测试，并将测试结果与仿真结果比较。硬件和仿真结果之间吻合的程度是仿真是否有效的基础。

总之，仿真在通信系统设计中起着重要作用。在概念定义阶段，导出高层的技术条件；在设计进行和开发过程中，与硬件开发一起确定最后的技术条件并检查子系统对整个系统性能的影响；在运行情况下，仿真可作检修故障的工具，并预计系统的寿命。

必须指出，要使系统仿真结果精确地与实际情况一致，仿真的模型就应尽可能详细。这样，仿真占用的资源和耗费的时间与精力也随之而增加。如何在模型的复杂性与仿真的准确性之间找到平衡和折中，将是实现仿真时需要注意的。

通信系统仿真一般分为三个步骤，即仿真建模、仿真实验和仿真分析。应该注意的是，通信仿真是一个螺旋式发展的过程，因此，这三个步骤可能需要循环执行多次之后才能获得满意的仿真结果。

(1)仿真建模。仿真建模是根据实际通信系统建立仿真模型的过程，它是整个通信仿真过程中的一个关键步骤，因为仿真模型的好坏直接影响着仿真的结果以及仿真结构的真实性和可靠性。仿真模型是对实际系统的一种模拟和抽象。在仿真建模过程中，可以先建立一个相对简单的仿真模型，然后再根据仿真结果和仿真过程的需要逐步增加仿真模型的复杂度。目前工程技术人员比较倾向于更加专业和方便使用的专门的仿真软件。比较常见的包括MATLAB、OPNET和NS2等。

(2)仿真实验。仿真实验是一个或一系列针对仿真模型的测试。在仿真实验过程中，通常需要多次改变仿真模型输入信号的数值，以观察和分析仿真模型对这些输入信号的反应，以及仿真系统在这个过程中表现出来的性能。对于需要较长时间的仿真，应该尽可能使用批处理方式，使得仿真过程在完成一种参数配置的仿真之后，能够自动启动针对下一个仿真参数配置的下一次仿真。这种方式减少了仿真过程中的人工干预，提高了系统利用率和仿真效率。

(3)仿真分析。仿真分析是一个通信仿真流程的最后一个步骤。在仿真分析过程中，用户已经从仿真过程中获得了足够多的关于系统性能的信息，但是这些信息只是一些原始数据，一般还需要经过数值分析和处理才能获得衡量系统性能的尺度，从而获得对仿真性能的一个总体评价。应该强调的是，仿真分析并不一定意味着通信仿真过程的完全结束。如果仿真分析得到的结果达不到预期的目标，用户还需要重新修改通信仿真模型，这时候仿真分析就成为一个新循环的开始。

1.2.2　软件无线电技术

软件无线电(Software Radio)，也称为软件定义的无线电(Software Defined Radio)，是一种既能兼容多种制式的无线通信设备，也能够满足未来个性化通信需求的无线通信体系结构及技术。该技术已在军民通信领域得到了较好应用。在军事领域，可实现各种军用电台互联互通的多功能无线网关，各种军用无线系统空中转信的多功能空中平台，以及智能化通信侦察与对抗的通信电子对抗系统等；同时也拓展到民用的无线移动通信领域，如多频段多模式移动通用手机、多频段多模式移动电话通用基站、无线局域网及无线用户通用网关，以及卫星通信领域等。软件无线电技术为通信技术的研发实验提供一个良好的解决方案。

软件无线电技术是用现代化软件来操纵、控制传统的“纯硬件电路”的无线通信技术。其基本思想就是让宽带模数变换器(A/D)及数模变换器(D/A)尽可能地靠近射频天线，并借助于软件的优势实现无线电特性的多元化。让通信系统能够不再受到硬件的束缚，能够在硬件通用和系统稳定的状态下实现软件功能的多样化。

软件无线电是一种基于宽带 A/D、D/A 器件、高速 DSP 芯片，以软件为核心的崭新的体系结构，主要特点如下。

(1)可重构性。软件无线电最根本的特性是可重构性，系统功能随着需求改变的能力，也称为可编程性。软件无线电必须在软件和硬件两方面都支持系统重构，才具有通过改变所运行的软件来定义系统功能的能力。

(2)系统硬件模块化。模块化就是将定义系统的各个任务分解为相互独立的软件和硬件模块，这些模块通过接口以逻辑的方式连接起来形成所需要的系统功能。模块化系统可以通过增加或替换模块动态来改变功能，而不会与系统中的其他模块产生冲突。

(3)工作模式灵活性。工作模式可由软件编程改变，包括可编程的射频频段宽带信号接入方式和可编程调制方式等。所以可任意更换信道接入方式，改变调制方式或接收不同系统的信号。可通过软件工具来扩展业务、分析无线通信环境、定义所需增强的业务和实时环境测试，升级便捷，减少设备费用的开支，因而大大降低了整个网络的成本。

软件无线电的关键技术包括如下几种。

(1)开放式体系结构。在软件无线电系统中，硬件设计建立在开放式总线结构基础上，硬件与软件均处于开放状态。

(2)中频处理。在发射端的中频处理实现已调基带信号和中频信号的转换。这种转换功能主要通过计算离散时间点来实现。

(3)实时软件处理。软件无线电系统可以通过特定的用户入口端实现实时新功能软件的装载，通过重新分配，组构软件资源，重组软件功能。这就要求通信协议以及软件的通用性、标准性。

(4)宽带模数(A/D)或数模(D/A)转换。在软件无线电系统中，最理想的 ADC 位置应该与射频天线尽量靠近，以此更精准地接收模拟信号，实现数字化转换。最大限度获得可编程性。在 A/D 或 D/A 技术转换中，应考虑以下几点要素：量化噪声、采样方式、采样效率、数值与效应等。

软件无线电技术从无到有经历了几十年的飞速发展阶段，由于它具有结构通用、功能软件化、互操作性好等一系列优点，并且成本费用十分低廉，因此现在已经越来越多地应用于民用通信领域。今后，随着超大规模集成电路技术以及微处理器性能的提高，软件无线电技术在商用移动通信领域将会有更大的突破。

1.3 实验测量技术介绍

1.3.1 概念及方法

测量是通过实验方法对客观事物取得定量数据的过程，是人类认识和改造世界的一种重要手段。测量是为了确定被测对象的量值而进行的实验过程。测量要有测量对象(测量的客体)，测量要由人(测量主体)来实施，测量需要专门的仪器设备(硬件)做工具，测量要有理论和方法

(软件)进行指导,测量总是在一个特定的环境中进行,因此构成测量的基本要素是被测对象、测量仪器、测量技术、测量人员和测量环境。

电子测量是测量领域的主要组成部分,它泛指以电子技术为基本手段的测量技术,其主要内容如下。

(1)电能量测量。电能量测量包括各种频率及波形下的电压、电流和功率等的测量。

(2)电信号特性测量。电信号特性测量包括波形、频率、周期、相位、失真度、调幅度、调频指数及数字信号的逻辑状态等的测量。

(3)电路及电路元件参数测量。电路参数包括阻抗、传输系数和网络参数等;电路元件参数测量包括电阻、电感、电容、品质因数及电子器件的参数等的测量。

(4)电子设备的性能测量。电子设备的性能测量包括增益、衰减、灵敏度、频率特性和噪声系数等的测量。

一个物理量的测量,可以通过不同的方法来实现。目前采用的主要测量方法有如下几种。

(1)直接测量。直接测量是指用已标定的仪器,直接地测量出某一待测未知量的量值方法;或者是将未知量与同类标准的量在仪器中进行比较,从而直接获得未知量的数值方法。

(2)间接测量。间接测量是指当被测量对象由于种种原因不能测量时,通过直接测量与被测量有一定关系的物理量,按函数关系计算出被测量的数值。

(3)组合测量。组合测量是指当某项测量结果需要用多个未知参数表达时,可通过改变测量条件进行多次测量,根据函数关系列出方程组求解,从而得到未知量的值。

1.3.2 主要仪器

在通信系统测量中,主要针对通信信号时频特性及系统性能进行测量,主要用到以下仪器。

(1)信号发生器。信号发生器也称为信号源,其功能是产生各种电信号。由于型号繁多、性能各异,分类方法也不尽一致。按照用途的不同可以分为通用信号发生器和专用信号发生器。一般未加特殊说明的信号发生器即属于通用型信号发生器。专用信号发生器为了某种特殊测量目的而研制,例如电视信号发生器、脉冲编码信号发生器等,能够提供专门的测试信号。按照使用频段划分有超低频、低频、视频、高频、甚高频、超高频、微波信号发生器,但由于目前许多信号发生器都工作在极宽的频率范围内,很难归于某一频段的信号发生器,所以实际使用中一般1MHz以下称为低频信号发生器,数十千赫兹到1GHz称为射频信号发生器,频率在1GHz以上称为微波信号发生器。

(2)示波器。示波器是一种用荧光屏显示电量随时间变化过程的电子测量仪器。它能把人的肉眼无法直接观察的电信号,转换成人眼能够看到的波形,具体显示在示波屏幕上,以便对信号进行直观的定性和定量观测。示波器主要用于观测电信号波形;测量电压电流的幅度、频率、时间、相位等电量参数;显示电子网络的频率特性和显示电子器件的伏安特性。它是一种广泛应用的电子测量仪器,普遍应用于国防、科研、学校以及工、农、商业等各个领域。

(3)频谱分析仪。频谱分析仪是用于频域测量的通用射频测试仪表,其功能强大,频率范围可覆盖到毫米波段。它可以用于测量正弦信号的频谱(包括幅度、频率、谐波、杂散、相位噪声等)、调制信号的频谱(包括调制系数、调制谱频带特性、信道功率、包络等)、噪声频率、功率、电磁干扰,还可进行雷达、通信信号的监测接收,以及进行器件传输特性和非线性特性的测试。频谱分析仪广泛应用于通信、雷达、导航、电子对抗等各个领域。

(4)误码率测量仪。误码率是通信系统中一个重要的性能指标,因此其测试和分析非常重要。误码率测量仪是用于测量误码率的重要测量仪器，它包含发送和接收两部分。发送部分是图形发生器，向被测数字系统提供测试图形作为激励信号；接收部分是误码检测器，能对误码的位数进行计数。误码仪除检测出误码并计算误码率之外，还可对测量数据进行分析，如根据不同的误码率占测量时间的百分比确定被测系统的工作状况等。

(5)矢网分析仪。矢网分析仪是一种专门用来进行通信线路和设备性能测试的仪器，能在宽频带内进行扫描测量以确定网络参量，能对测量结果逐点进行误差修正，并换算出其他几十种网络参数，如输入反射系数、输出反射系数、电压驻波比、阻抗(或导纳)、衰减(或增益)、相移和群延时等传输参数以及隔离度和定向度等。

第2章　模拟信号数字化

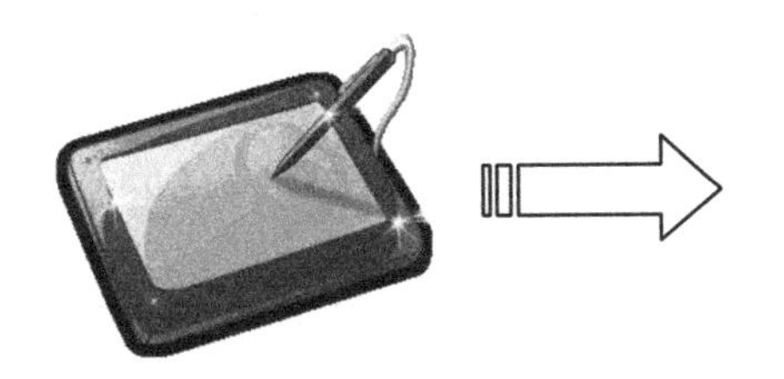

本章主要实验内容：

√　抽样定理

√　PCM 编译码

√　CVSD 编译码

√　TDM 通信系统

模拟信号数字化过程简称为模数转换(A/D)，要经过抽样、量化和编码三个步骤。抽样定理是模拟信号数字化传输、分析与处理的理论基础；脉冲编码调制(PCM)、自适应差分脉码调制(ADPCM)、增量调制(DM 或 ΔM)、连续可变斜率增量调制(CVSD)等为模数转换的常用方法。时分复用(TDM)通信系统则采用不同时隙来传输模数转换后的数字信号。

2.1　抽样定理实验

2.1.1　实验原理

一、抽样定理基本原理

通常人们谈论的调制技术是采用连续振荡波形(正弦型信号)作为载波的，然而，正弦型信号并非唯一的载波形式。在时间上离散的脉冲串，同样可以作为载波，这时的调制是用基带信号去改变脉冲的某些参数而达到的，常把这种调制称为脉冲调制。脉冲振幅调制(PAM)，是脉冲载波的幅度随基带信号变化的一种调制方式。

如果脉冲载波是由冲激脉冲组成的，则抽样定理就是脉冲振幅调制的原理。但是，实际上真正的冲激脉冲串是不可能实现的，通常采用窄脉冲串来实现，这种方式称为自然抽样。自然抽样中的已抽样信号的脉冲“顶部”保持了原信号变化的规律，这是一种“曲顶”的脉冲调幅。另外还有一种是“平顶”的脉冲调幅，每一抽样脉冲的幅度正比于瞬时抽样值，可采用抽样保持电路实现，得到的脉冲为矩形脉冲。

对限制最高频率为3400Hz的语音信号，通常采用8kHz抽样频率。这样可以留出一定的防卫带(1200Hz)。当抽样频率低于2倍语音信号的最高频率时，会出现频谱混叠现象，产生混叠噪声，影响恢复出的话音质量。

在验证抽样定理的实验中，采用标准的8kHz抽样频率，并用函数信号发生器产生一个信号，通过改变函数信号发生器的频率，观察抽样序列和重建信号，检验抽样定理的正确性。

抽样定理表明：一个频带限制在$(0,f_{\mathrm{h}})$内的时间连续信号$m(t)$，如果以$T\leqslant\frac{1}{2f_{\mathrm{h}}}$秒的间隔对它进行等间隔抽样，则$m(t)$将被所得到的抽样值完全确定。

假定将信号$m(t)$和周期为T的冲激函数$\delta_{\mathrm{T}}(t)$相乘，如图2-1-1所示。乘积便是均匀间隔

为 T 秒的冲激序列，这些冲激序列的强度等于相应瞬时上 $m(t)$ 的值，它表示对函数 $m(t)$ 的抽样。若用 $m_s(t)$ 表示此抽样函数，则有：

$$m_s(t) = m(t)\delta_T(t)$$

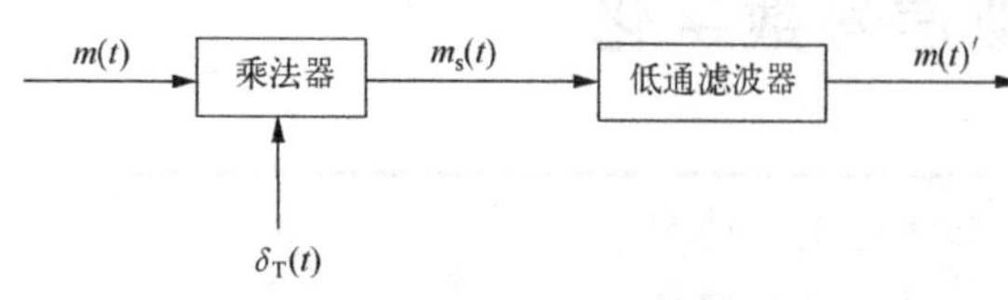

图 2-1-1　抽样与恢复

假设 $m(t)$、$\delta_T(t)$ 和 $m_s(t)$ 的频谱分别为 $M(\omega)$、$\delta_T(\omega)$ 和 $M_s(\omega)$。按照频率卷积定理，$m(t)\delta_T(\omega)$ 的傅里叶变换是 $M(\omega)$ 和 $\delta_T(\omega)$ 的卷积：

$$M_s(\omega) = \frac{1}{2\pi}[M(\omega) * \delta_T(\omega)]$$

因为

$$\delta_T = \frac{2\pi}{T}\sum_{n=-\infty}^{\infty}\delta_T(\omega - n\omega_s)$$

$$\omega_s = \frac{2\pi}{T}$$

所以

$$M_s(\omega) = \frac{1}{T}\Big[M(\omega) * \sum_{n=-\infty}^{\infty}\delta_T(\omega - n\omega_s)\Big]$$

由卷积关系，上式可写成

$$M_s(\omega) = \frac{1}{T}\sum_{n=-\infty}^{\infty}M(\omega - n\omega_s)$$

该式表明，已抽样信号 $m_s(t)$ 的频谱 $M_s(\omega)$ 是无穷多个间隔为 ω_s 的 $M(\omega)$ 相迭加而成。这就意味着 $M_s(\omega)$ 中包含 $M(\omega)$ 的全部信息。

需要注意，若抽样间隔 T 变得大于 $\dfrac{1}{2f_h}$，则 $M(\omega)$ 和 $\delta_T(\omega)$ 的卷积在相邻的周期内存在重叠（亦称混叠），因此不能由 $M_s(\omega)$ 恢复至 $M(\omega)$。可见，$T = \dfrac{1}{2f_h}$ 是抽样的最大间隔，它被称为奈奎斯特间隔。

上面讨论了低通型连续信号的抽样。如果连续信号的频带不是限于 0 与 f_h 之间，而是限制在 f_l（信号的最低频率）与 f_h（信号的最高频率）之间（带通型连续信号），那么其抽样频率 f_s 并不要求达到 $2f_h$，而是达到 $2B$ 即可，即要求抽样频率为带通信号带宽的两倍。

图 2-1-2 画出抽样频率 $f_s \geqslant 2B$（无混叠）和 $f_s < 2B$（有混叠）时两种情况下抽样信号的频谱。

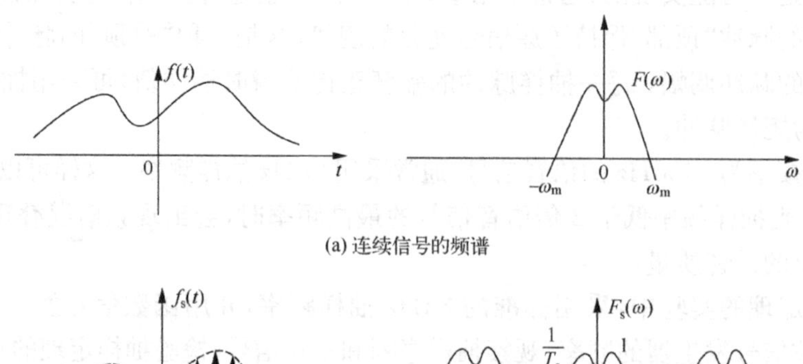

(a) 连续信号的频谱

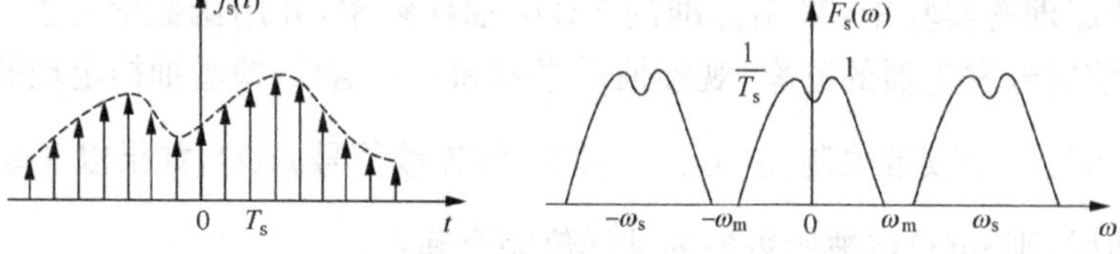

(b) 高抽样频率时的抽样信号及频谱(无混叠)

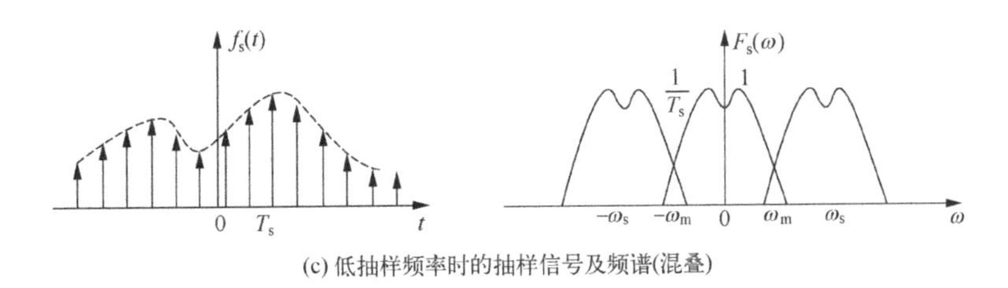

(c) 低抽样频率时的抽样信号及频谱(混叠)

图 2-1-2　采用不同抽样频率时抽样信号的频谱

二、实验模块介绍

抽样信号由抽样电路产生。将输入的被抽样信号与抽样脉冲相乘就可以得到自然抽样信号，自然抽样信号经过保持电路得到平顶抽样信号。抽样定理实验框图如图 2-1-3 所示。平顶抽样信号和自然抽样信号是通过开关 S1 切换输出的。

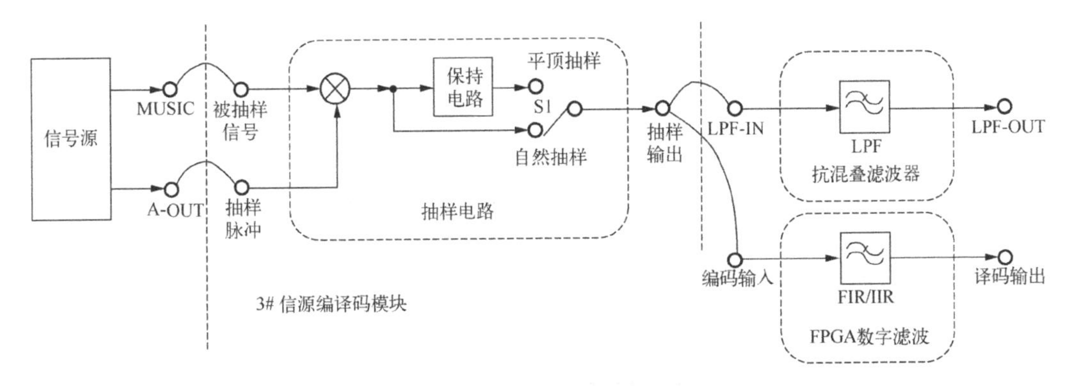

图 2-1-3　抽样定理实验框图

抽样信号的恢复是将抽样信号经过低通滤波器，即可得到恢复的信号。这里滤波器可以选用抗混叠滤波器(8 阶 3.4kHz 的巴特沃斯低通滤波器)或 FPGA 数字滤波器(有 FIR、IIR 两种)。反 sinc 滤波器不是用来恢复抽样信号，而是用来应对孔径失真现象的。

主控 & 信号源模块及端口说明如图 2-1-4 和表 2-1-1 所示。

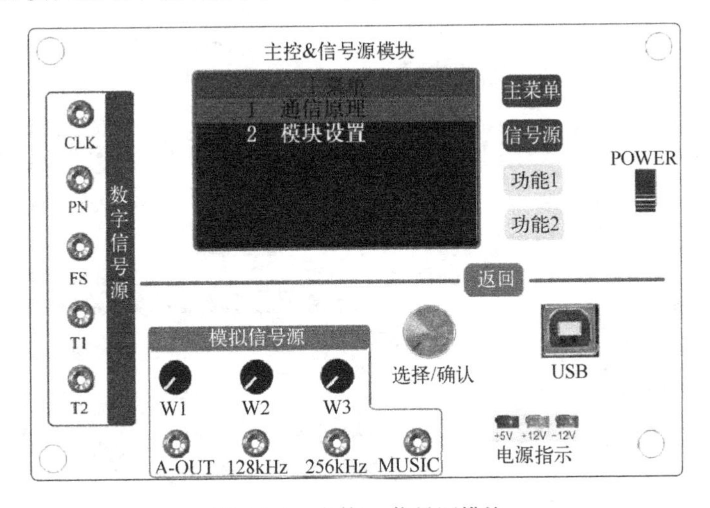

图 2-1-4　主控 & 信号源模块

表 2-1-1　主控 & 信号源模块端口说明

模块	端口/按键名称	端口/按键说明
主控 & 信号源模块	CLK	时钟输出
	PN	PN 序列输出
	FS	帧同步信号输入
	T1/T2	二次扩展接口
	W1/W2/W3	幅度调节旋钮
	A-OUT	模拟信号输出
	128kHz/256kHz	128kHz/256kHz 正弦载波输出
	MUSIC	MP3 音乐输出
	选择/确认	控制旋钮
	返回	返回上级按键
	主菜单	主菜单界面按键
	信号源	模拟信号源设置菜单按键
	功能 1	数字信号源设置菜单按键
	功能 2	二次扩展按键

3# 信源编译码模块及端口说明如图 2-1-5 和表 2-1-2 所示。

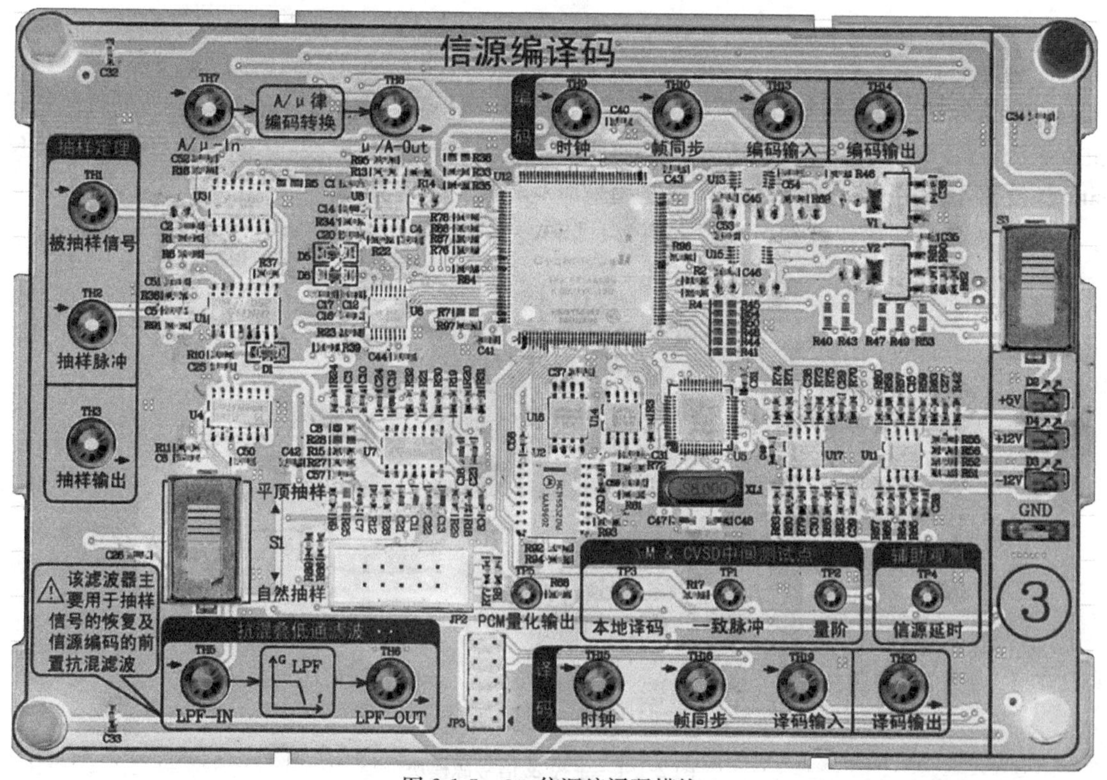

图 2-1-5　3# 信源编译码模块

表 2-1-2　3# 信源编译码模块端口说明

模块	端口名称	端口说明
3# 信源编译码模块	A/μ-In	A/μ 律转换输入
	μ/A-Out	μ/A 律转换输出
	被抽样信号	被抽样信号输入
	抽样脉冲	抽样脉冲输入
	抽样输出	抽样输出
	S1	平顶/自然抽样切换开关
	LPF-IN	LPF 输入
	LPF-OUT	LPF 输出
	时钟	编码/译码时钟输入
	帧同步	编码/译码帧同步输入
	编码输入	待编码信号输入
	编码输出	编码后信号输出
	译码输入	待译码信号输入
	译码输出	译码后信号输出
	PCM 量化输出	G. 711 变换前的编码信号
	本地译码	ΔM&CVSD 中间观测点
	一致脉冲	
	量阶	
	信源延时	辅助观测点

2.1.2　实验方法

一、实验目的

1. 掌握自然抽样及平顶抽样的原理及实现方法。
2. 掌握抽样定理的原理。
3. 理解低通滤波器的幅频特性、相频特性对抽样信号恢复的影响。
4. 掌握信号的分析方法，熟悉示波器的使用。

二、实验器材

1. 线上平台：国防科技大学通信工程实验工作坊（https://nudt.fmaster.cn/nudt/lessons）。
2. 线下设备：通信创新实训平台（主控 & 信号源模块、信源编译码模块）。
3. 双踪数字示波器。

三、实验内容与步骤

1. 在关电状态下，根据测试内容要求，结合端口说明和实验原理图进行节点/端口连线。
2. 连好线后，打开设备电源，设置主控菜单，选择【主菜单】→【通信原理】→【抽样定理】。
3. 利用主控模块上的“W1”或“信号源”调节“A-OUT”的幅度或频率。

4. 观测各测试节点波形变化，调试，得到清晰完整的信号波形。

5. 抽样信号观测及抽样定理验证。

通过不同频率的抽样时钟，从时域和频域两方面观测自然抽样和平顶抽样的输出波形，以及信号恢复的混叠情况，从而了解不同抽样方式的输出差异和联系，验证抽样定理(自选测试点完成实验)。

部分实验参考波形如图 2-1-6 所示。

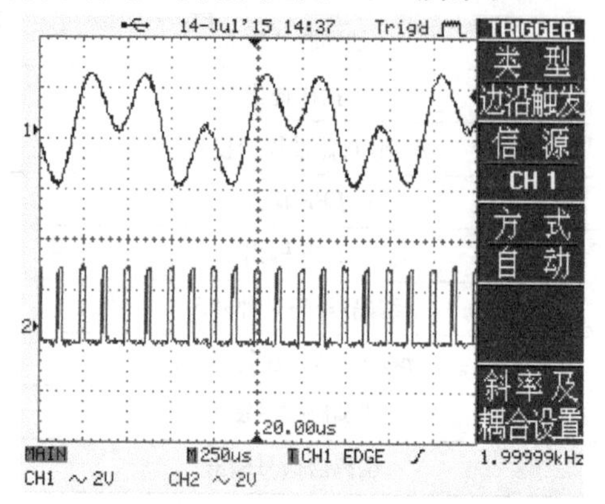

(a)被抽样信号 MUSIC 和抽样脉冲 A-OUT

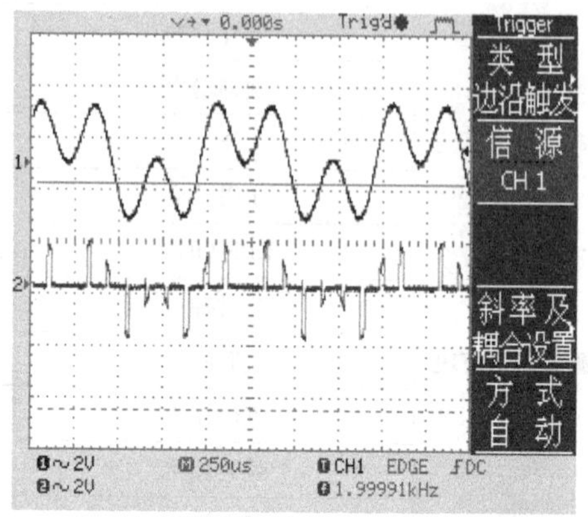

(b)被抽样信号 MUSIC 和自然抽样输出

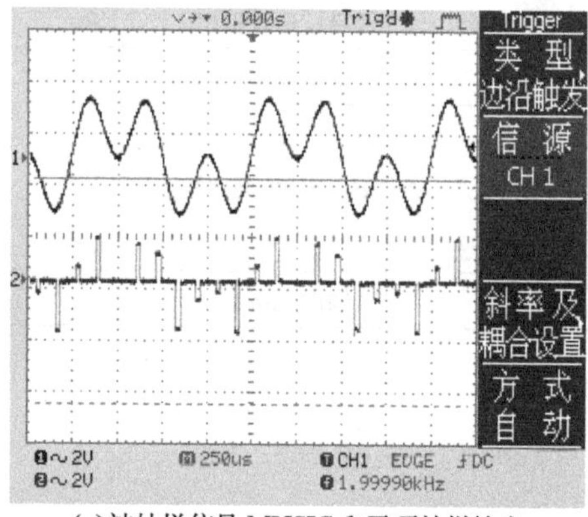

(c)被抽样信号 MUSIC 和平顶抽样输出

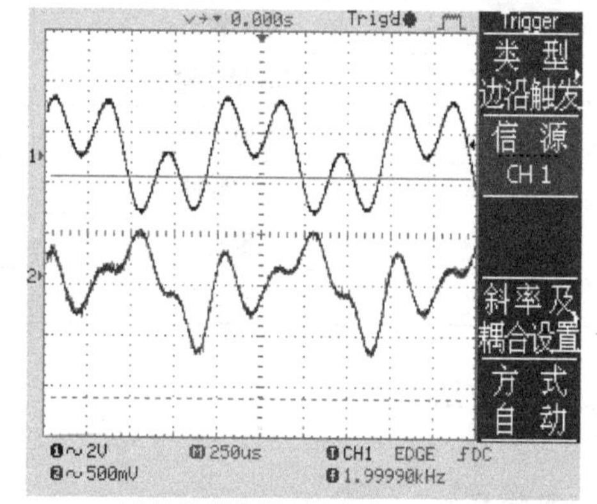

(d)被抽样信号和恢复信号(失真)

图 2-1-6　部分实验参考波形

6. 滤波器幅频特性对抽样信号恢复的影响。

通过改变不同抽样时钟频率，分别观测和绘制抗混叠低通滤波和 FIR 数字滤波的幅频特性曲线，并比较抽样信号经这两种滤波器后的恢复效果，从而了解和探讨不同滤波器幅频特性对抽样信号恢复的影响(自选测试点完成实验)。

(1)测试抗混叠低通滤波器的幅频特性曲线。

(2)测试 FIR 数字滤波器的幅频特性曲线。

(3)分别利用上述两个滤波器对被抽样信号进行恢复，比较被抽样信号恢复效果。

部分实验参考波形如图 2-1-7 所示。

四、思考题

1. 简述平顶抽样和自然抽样的原理及实现方法。

2. 分析抗混叠滤波器的功能：在不采用抗混滤波器，$f_s>2f_h$ 和 $f_s<2f_h$ 时，低通滤波器输出的波形是什么？总结一般规律。

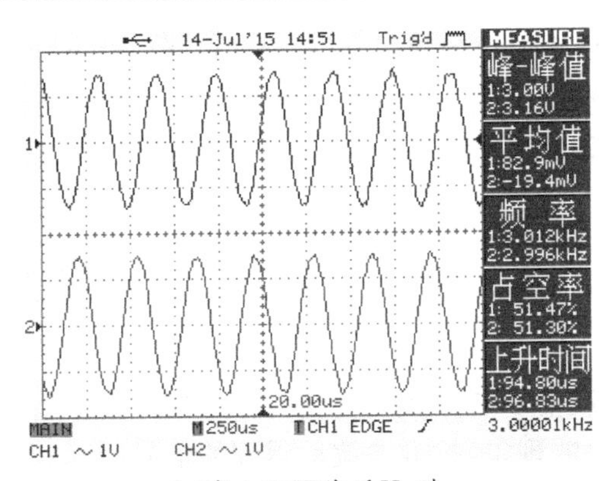

(a)当 A-OUT 为 3kHz 时，
输入信号 A-OUT 和输出信号 LPF-OUT

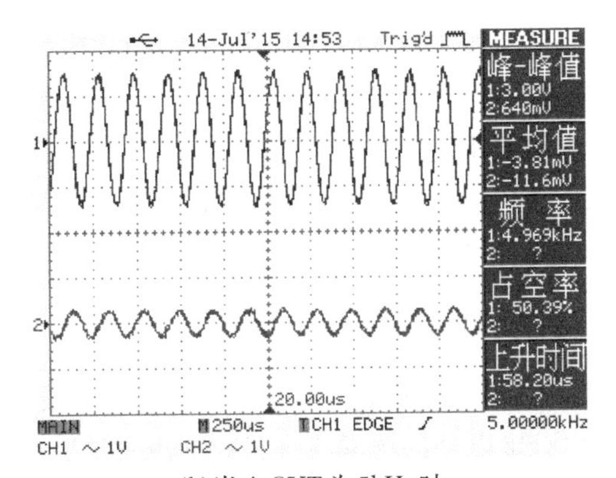

(b)当 A-OUT 为 5kHz 时，
输入信号 A-OUT 和输出信号 LPF-OUT

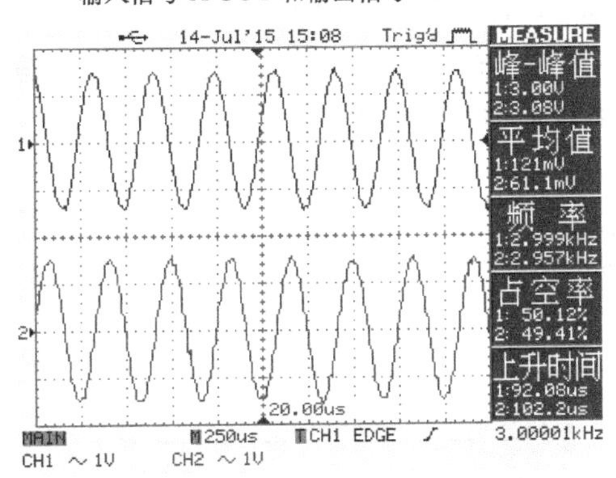

(c)当 A-OUT 为 3kHz 时，输入信号
A-OUT 和 FIR 滤波输出测试点“译码输出”

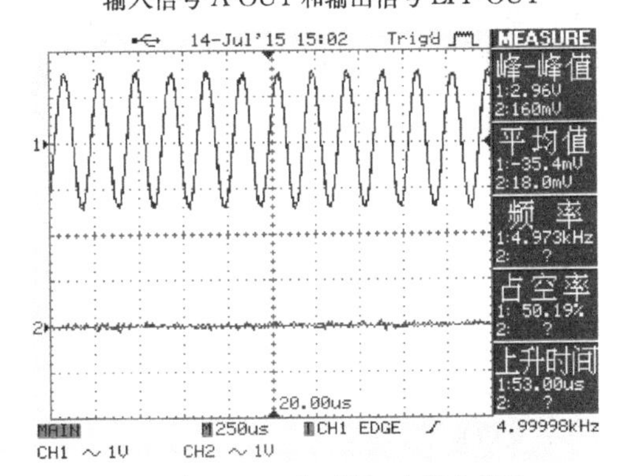

(d)当 A-OUT 为 5kHz 时，输入信号
A-OUT 和 FIR 滤波输出测试点“译码输出”

图 2-1-7　部分实验参考波形

2.2　PCM 编译码实验

2.2.1　实验原理

一、PCM 基本原理

PCM 编码是实现模拟信号数字化的重要方法之一，属于信源编码的范畴。我国采用 13 折线编码，其 A 律特性的 8 位非线性编码码组结构如表 2-2-1 所示。

表 2-2-1　A 律特性的 8 位非线性编码码组结构

极性码	段落码	段内码
M_1	$M_2M_3M_4$	$M_5M_6M_7M_8$

在语音压缩国际标准中，采用 PCM 编码方法的输出数据率为 64kb/s。为了降低数字电话信号的比特率，改进办法之一是采用预测编码方法。差分脉冲编码调制(DPCM)是其中广泛应用的一种基本的预测方法。在预测编码中，每个抽样值不是独立地编码，而是先根据前几个抽样值计算出一个预测值，再取当前抽样值和预测值之差，将此差值编码并传输，此差值称为预测误差。

为了改善 DPCM 体制的性能，将自适应技术引入量化和预测过程，得到自适应差分脉码调制(ADPCM)体制，它能大大提高信号的信噪比和动态范围。经过大量研究表明，ADPCM 是话音压缩编码中复杂度较低的一种方法，它能在 32kb/s 的比特率上达到符合 64kb/s 比特率的话音质量要求，即能符合长途电话通信的质量要求。CCITT 已将 32kb/s ADPCM 作为音频G. 721 标准的编码方法。

二、实验模块介绍

PCM 编码过程是将音乐信号 MUSIC 或正弦波信号，首先经过抗混叠滤波器(其作用是滤波 3. 4kHz 以外的频率，防止 A/D 转换时出现混叠的现象)抗混滤波后得到的信号，经 A/D 转换，然后做 PCM 编码得到 PCM 编码输出 1，该编码输出即为课堂上讲述的 PCM 编码结果。实际运用中，编码结果还需要经过 G. 711 协议处理(对 PCM 编码输出码型，协议规定 A 律是奇数位取反，μ 律是所有位取反)。PCM 译码过程是 PCM 编码逆向的过程，不多赘述。PCM 编译码实验框图如图 2-2-1 所示，图中小圆圈位置均有可供观测的信号输出。

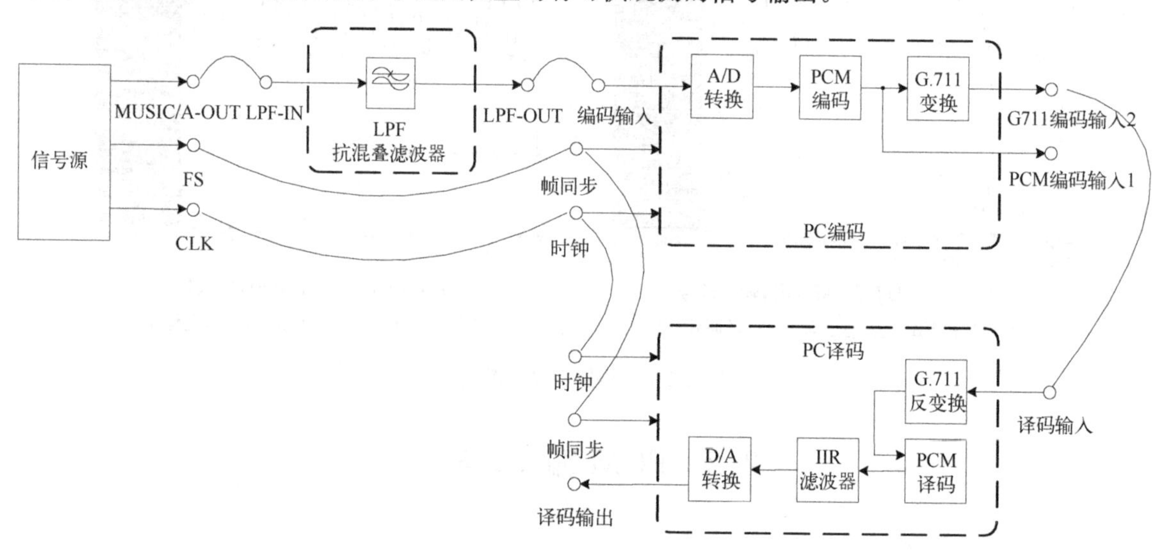

图 2-2-1　PCM 编译码实验框图

注:在 PCM/ADPCM 实验中，线下设备仅需要 1A/21#模块打开电源，线上平台不需使用该模块(主控 & 信号源模块、信源编译码(3#)模块均可参见 2. 1 节抽样定理部分)。

G. 711

G. 711 是一种由国际电信联盟(ITU-T)制定的音频编码方式，又称为 ITU-T G. 711。它代表了对数 PCM(Logarithmic Pulse Code Modulation)抽样标准，主要用于电话。它主要用脉冲编码调制对音频采样，采样率为 8k/s。它利用一个 64kbps 未压缩通道传输语音信号。压缩率为1∶2，即把 16 位数据压缩成 8 位。G. 711 是最早的电话语音压缩算法，也是最基本的语音编码算法。一方面，由于 PCM 算法非常简单，很多 ADC 硬件的输入输出直接支持 PCM 格式；另一方面，PCM 格式在通信系统中往往需要进一步压缩，因此它是其他语音编码算法的输入源。

G. 711 标准下主要有两种压缩算法。一种是 μ 律，主要运用于北美和日本；另一种是 A 律，主要运用于欧洲和世界其他地区。其中,后者是特别设计用来方便计算机处理的。我国采用的是 A 律算法。

2.2.2　实验方法

一、实验目的

1. 掌握模拟信号数字化的原理、方法及类型。
2. 掌握脉冲编码调制(PCM)工作原理。
3. 熟悉语音数字化技术的主要指标及测量方法。

二、实验器材

1. 线上平台:国防科技大学通信工程实验工作坊(https://nudt.fmaster.cn/nudt/lessons)。
2. 线下设备:通信创新实训系统(主控 & 信号源模块、信源编译码模块、PCM 编译码及语音终端模块)。
3. 双踪数字示波器。

三、实验内容与步骤

1. 在关电状态下,根据测试内容要求,结合端口说明和实验原理图进行节点/端口连线。
2. 连好线后,打开设备电源,设置主控菜单,选择【主菜单】→【通信原理】→【PCM 编码】→【A 律编码观测实验】或者【μ 律编码观测实验】。
3. 利用主控模块上的"W1"或"信号源"调节"A-OUT"的幅度或频率。
4. 观测各测试点波形变化,调试,得到清晰完整的信号波形。
5. 此时实验系统初始状态为:设置音频输入信号为峰峰值 3V,频率 1kHz 正弦波;PCM 编码及译码时钟 CLK 为 64kHz;编码及译码帧同步信号 FS 为 8kHz。
6. 调用示波器,以 FS 信号为触发,观测编码输入波形。
7. 调用示波器,以 FS 信号为触发,观察 PCM 量化输出波形。
8. 调用示波器,以 FS 为触发,观察并记录 PCM 编码的 A 律编码输出波形,填入下表。
9. 可通过主控中的模块设置,把信源编译码模块设置为【PCM 编译码】→【μ 律编码观测实验】,重复前 3 个测试内容。将记录 μ 律编码相关波形,填入表 2-2-2 中。

表 2-2-2　实验记录

信号 \ 波形	A 律波形	μ 律波形
帧同步信号		
编码输入信号		
PCM 编码输出 1 信号		
PCM 编码输出 2 信号		

10. 对比观测编码输入信号和译码输出信号。
11. 同学们也可以通过自选测试点,对比观察和记录,说明 PCM 的抽样和编码过程。
12. 观测、计算、分析编码结果。我们根据前面的测试内容中的波形读出二进制编码输出序列，依据译码规则进行计算，将得到的计算结果描点绘制出波形，观察是否与编码输入波形一致。

13. 调用示波器观测 FS 信号与编码输出 1/2 信号，并记录二者对应的波形。思考分析观察到的 PCM 编码信号码型总是变化的原因。

详细操作可扫描旁边的二维码“PCM 编译码线上虚拟实验演示”观看。

实验部分参考波形如图 2-2-2 所示(以下参考测试结果采用 A 律标准)。

PCM 编译码线上虚拟实验演示

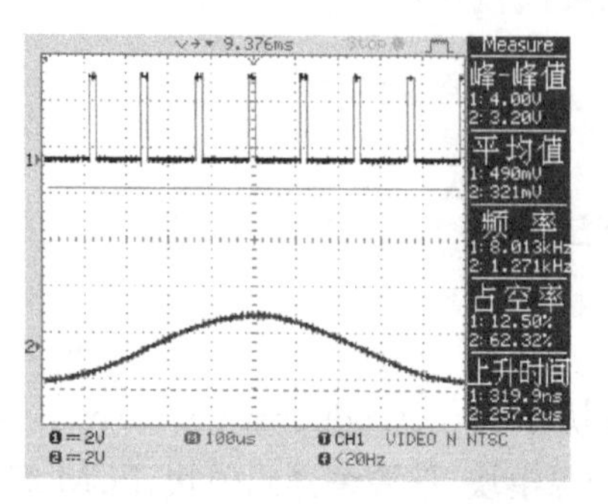

(a)帧同步信号和编码输入信号

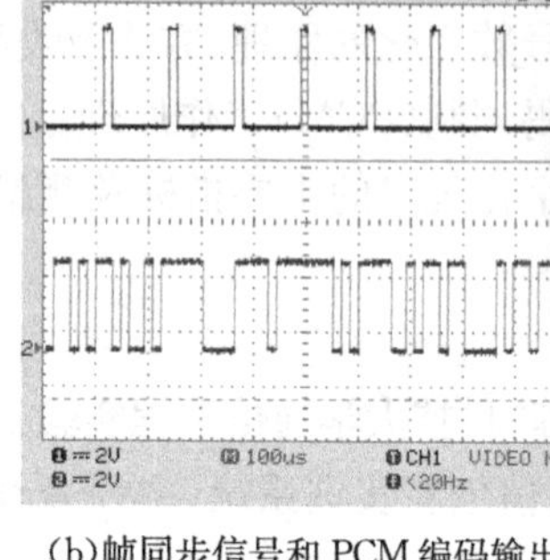

(b)帧同步信号和 PCM 编码输出 1 信号

(c)帧同步信号和编码输出 2 信号

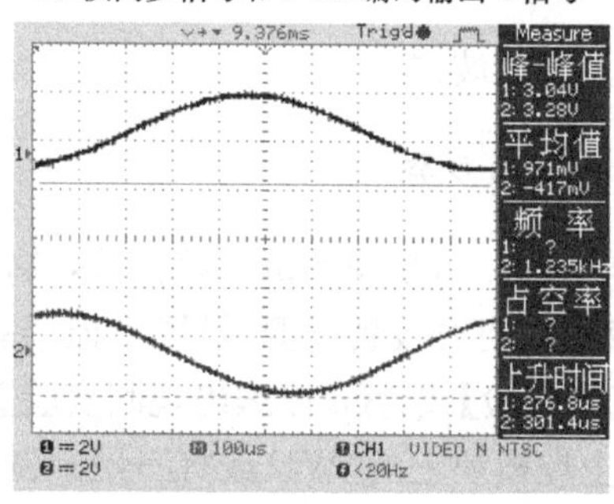

(d)编码输入信号和编码输出信号

图 2-2-2　实验部分参考波形

四、思考题

1. 在实验中观测到的 PCM 编码输出 1 信号和编码输出 2 信号(图 2-1-1)，波形有何区别?
2. 通过查阅资料调研 PCM 在实际中的应用情况。

2.3　CVSD 编译码实验

2.3.1　实验原理

一、CVSD 基本原理

一位二进制码只能代表两种状态，当然就不可能表示模拟信号的抽样值。可是，用一位码却可以表示相邻抽样值的相对大小，而相邻抽样值的相对变化将能同样反映模拟信号的变化规律。简单增量调制就是利用二进制“0”“1”码分别代表相对前一抽样时刻抽样值的上升或下降。

简单增量调制由于量阶 Δ 固定不变，因此量化噪声功率是不变的，因而在信号功率 S 下降时，量化信噪比也随之下降。改进的方法很多，其基本原理是采用自适应方法使量阶 Δ 的大小随输入信号的统计特性变化而跟踪变化。如量阶能随信号瞬时压扩，则称为瞬时压扩 ΔM，记作

DM；若量阶 Δ 随音节时间间隔（5～20ms）中信号平均斜率变化，则称为连续可变斜率增量调制，记作 CVSD。应当强调指出，这里音节相当于语音准周期信号的基音周期，不是指语音学中音节（100ms 左右）。由于这种方法中信号斜率是根据码流中连“1”或连“0”的个数来检测的，因此在欧洲、日本又称为数字检测、音节压扩的自适应增量调制，简称数字压扩增量调制。

CVSD 编码方案的性能优于 PCM，它的误码率即使达到 4%，话音质量也可以接受。这种调制方式的输出比特跟随波形变化而变化，可以体现出估计值是大于或小于现在的取样值。输入 CVSD 编码器的是 64k 采样值/s 的线性 PCM，其编码与解码框图如图 2-3-1 和图 2-3-2 所示，系统时钟是 64kHz。

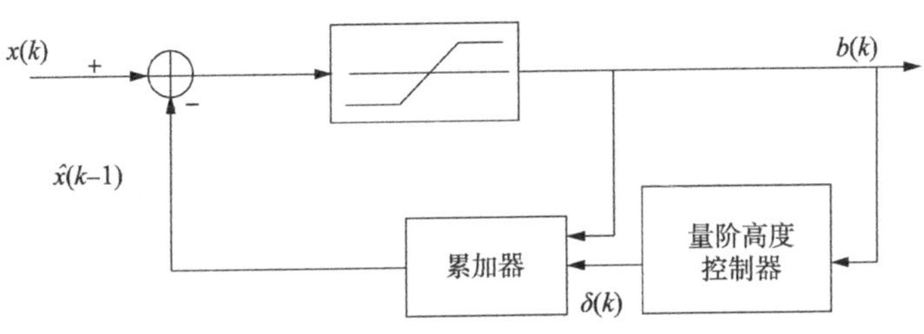

图 2-3-1　CVSD 编码框图

图 2-3-1 中，$x(k)$ 为当前输入 CVSD 编码器的采样值，$\hat{x}(k-1)$ 是前一采样值的估计值。符号函数 sgn 用来得到编码值 $b(k)$，有

$$b(k)=\mathrm{sgn}\{x(k)-\hat{x}(k-1)\}$$

$$\mathrm{sgn}(x)=\begin{cases}1, & x>0\\ 0, & x=0\\ -1, & x<0\end{cases}$$

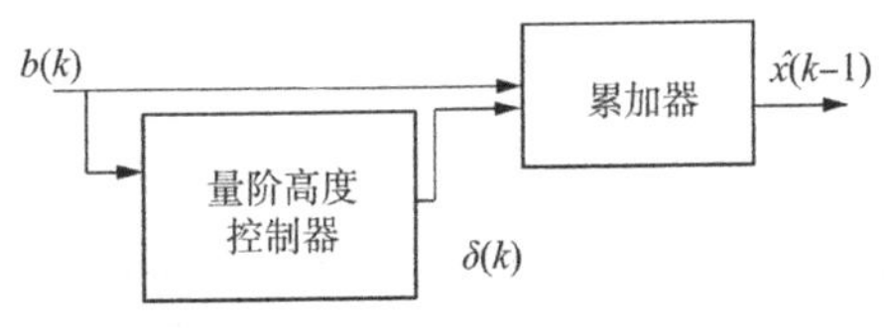

图 2-3-2　CVSD 解码框图

图 2-3-1 的累加器原理框图如图 2-3-3 所示。其中，符号函数由饱和函数 Sat. 代替，h 为累加器的衰落因子。

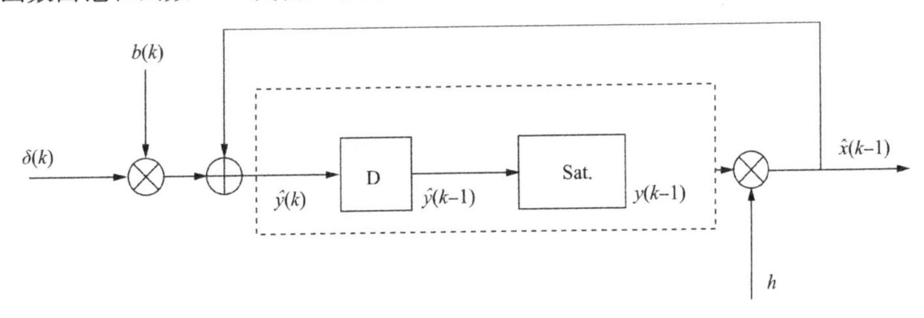

图 2-3-3　累加器工作原理框图

编码过程及公式说明：在计算当前的编码值后，需要计算当前值的估计值 $\hat{x}(k)$，其具体步骤如下。

1. 结合表 2-3-1 中的 CVSD 编码参数值，$\delta(k)$ 计算如下：

$$\delta(k)=\begin{cases}\min\{\delta(k-1)+\delta_{\min},\delta_{\max}\}, & \sigma=1\\ \max\{\beta\delta(k-1),\delta_{\min}\}, & \sigma=0\end{cases}$$

式中，$\delta_{\max}$ 和 $\delta_{\min}$ 分别为量阶的最大值和最小值；β 为量阶的衰减因子；σ 为音节压缩参数，有

$\sigma=1$，　连续 4 比特编码值均相同

$\sigma=0$，　其他情况

表 2-3-1　CVSD 编码参数值

参数	取值	参数	取值
h	$1-(1/32)$	$\delta_{\max}$	1280
β	$1-(1/1024)$	$y_{\min}$	-2^{15}或$-2^{15}+1$
$\delta_{\min}$	10	$y_{\max}$	$2^{15}-1$

2. $b(k)$的计算

$$b(k)=\operatorname{sgn}\{x(k)-\hat{x}(k-1)\}$$

3. $\hat{y}(k)$的计算

$$\hat{y}(k)=\hat{x}(k-1)+b(k)\cdot\delta(k)$$

4. $\hat{x}(k)$的计算

$$\hat{x}(k)=h\cdot y(k)$$

式中

$$y(k)=\begin{cases}\min\{\hat{y}(k),y_{\max}\}, & \hat{y}(k)\geqslant 0\\ \max\{\hat{y}(k),y_{\min}\}, & \hat{y}(k)<0\end{cases}$$

$y_{\max}$和 $y_{\min}$分别为累加器的正、负饱和值。

二、实验模块介绍

图 2-3-4 描述的 CVSD 编译码实验的组成原理，音乐信号 MUSIC 或正弦波信号通过抗混叠滤波器，进入量阶比较、调整，经过门限判决后输出编码信号，编译码过程均有相同的时钟信号 CLK。译码为编码过程的逆过程。

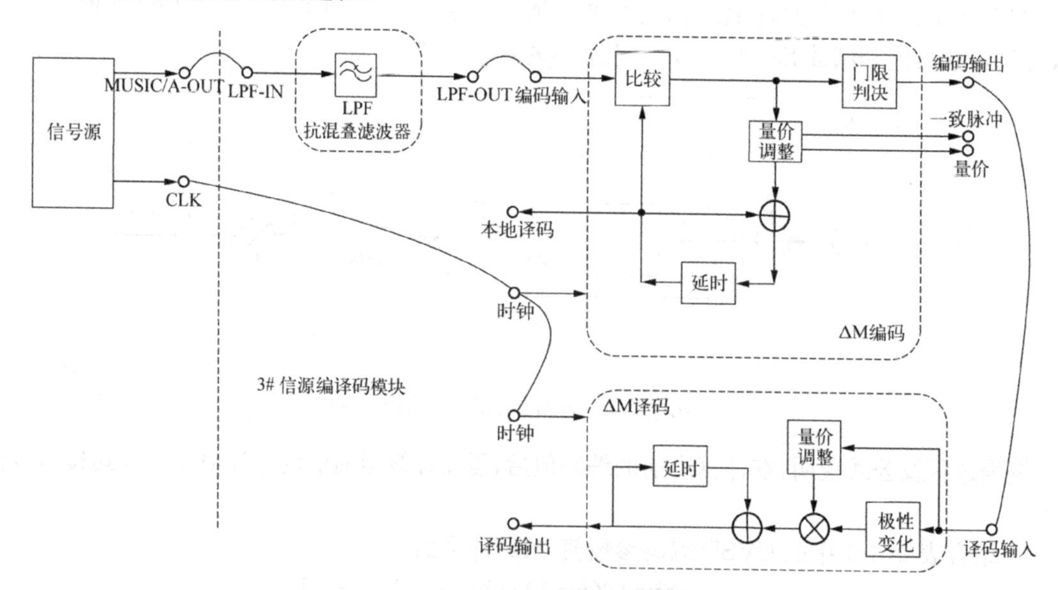

图 2-3-4　CVSD 编译码实验原理图

编码输入信号与本地译码的信号相比较，如果大于本地译码信号则输出正的“量阶”信号，如果小于本地译码则输出负的“量阶”信号。然后，“量阶”会对本地译码的信号进行调整。正“量阶”对应编码输出“1”，负“量阶”对应 “0”。“量阶”信号可以自适应调整，“量阶”的变化是根据一致性脉冲信号变化而变化。一致脉冲是指比较结果连续三个相同就会给出一个脉冲信号，这个脉冲信号就是一致脉冲，高电平为工作状态，可对“量阶”大小进行调整。

模块端口说明：主控 & 信号源模块、信源编译码模块、PCM 编译码及语音终端模块均可参见 2.1 节和 2.2 节的实验原理部分。

MC34115（CVSD 调制解调器）

MC34115 是 Motorola 公司生产的连续可变斜率增量（CVSD）调制/解调电路，是实现语音数字化的最简单方法之一，可用于电话数字终端或交换设备中。其基本特性如下。

（1）可工作在 DM 编码或解码状态，由外接信号电平选择。

（2）采用 3 比特算法。

（3）数字输入信号门限可选。

（4）数字输出电平与 CMOS 兼容。

（5）电源为＋5V 或＋12V。

（6）工艺为双极型。

（7）封装为 DIP-16Pin。

引出端符号说明如表 2-3-2 所示。

表 2-3-2　引出端符号说明

符号	功能	符号	功能
ANI	模拟信号输入	DO	编码数据输出
ANF	模拟反馈输入	VCC/2	参考电压输出
SYL	量阶控制信号输入	COIN	一致脉冲输出
GC	增益控制输入	DTH	数字接口电平控制
VREF	参考电压输入	DDI	解码数据输入
FIL	外接滤波器输入	CK	时钟输入
ANO	模拟信号输出	E/D	编/解码方式选择
VEE	负电源（地）	VCC	正电源（＋4.75～16.5V）

2.3.2　实验方法

一、实验目的

1. 掌握模拟信号数字化的原理、方法及类型。
2. 掌握连续可变斜率增量调制（CVSD）工作原理。
3. 掌握信号的分析方法，熟悉示波器的使用。

二、实验器材

1. 线上平台：国防科技大学通信工程实验工作坊（https://nudt.fmaster.cn/nudt/lessons）。
2. 线下设备：通信创新实训系统（主控 & 信号源模块、信源编译码模块、PCM 编译码及语音终端模块)。

3. 双踪数字示波器。

三、实验内容与步骤

1. 在关电状态下,结合端口说明列表和实验原理图进行节点/端口连线。

2. 连好线后,打开设备电源,设置主控菜单,选择【主菜单】→【通信原理】→【ΔM 及 CVSD 编译码】→【CVSD 量阶观测】【CVSD 一致脉冲观测】或者【CVSD 量化噪声观测(400Hz)】。

3. 利用主控模块上的“W1”或“信号源”调节“A-OUT”的幅度或频率。

4. 观测各测试节点波形变化,调试,得到清晰完整的信号波形。

5. 验证 CVSD 编码规则。测试信源编译码模块的“信源延时”信号和“编码输出”信号,并与 PCM 编码输出波形做对比,根据编码波形分析二者的不同。

6. 记录并分析 CVSD 失真现象。保持信源信号频率(幅度)不变,调节“A-OUT”幅度(频率),观测“编码输入”信号,对比“译码输出”信号,据此分析失真现象,探究造成失真的原因。详细操作可扫描二维码观看“CVSD 失真线上虚拟实验演示”。

CVSD 量阶变化线上虚拟实验演示

7. 观察分析 CVSD 的量阶变化。调节(信号源)“A-OUT”幅度或者频率,测试量阶信号和其他自选节点,对比观测,记录并分析量阶变化现象。详细操作可扫描旁边的二维码观看“CVSD 量阶变化线上虚拟实验演示”。

CVSD 失真线上虚拟实验演示

8. 了解 CVSD 一致脉冲的形成机理。调用示波器,以“编码输出”信号为触发,观测“一致脉冲”信号,分析在什么情况下会出现一性脉冲信号。另外,同学们亦可以选择其他节点与“一致脉冲”信号进行对比观察,进一步理解一致脉冲信号。

9. CVSD 量化噪声观测。示波器的 CH1 测试“信源延时”信号,CH2 测试“本地译码”信号。利用示波器的“减法”功能,所观测到的波形即是量化噪声。

(1)调节正弦波峰峰值为 1V,测量并记录量化噪声的波形。

(2)调节正弦波峰峰值为 3V,测量并记录量化噪声的波形。

(3)在主控 & 信号源模块中设置 CVSD 量化噪声观测(2kHz) 。

(4)调节正弦波峰峰值为 1V,测量并记录量化噪声的波形。

(5)调节正弦波峰峰值为 3V,测量并记录量化噪声的波形。

10. CVSD 属于增量调制的一种,还有一种简单增量调制 DM,若同学们感兴趣,也可以用该实验平台进行相关测试,与 CVSD 的结果进行对比,更进一步理解增量调制的基本原理。

部分实验参考波形如图 2-3-5 所示。

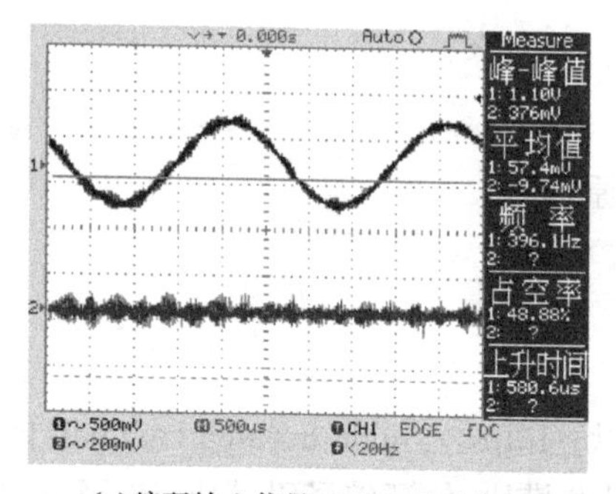

(a)编码输入信号(1V)和量阶信号

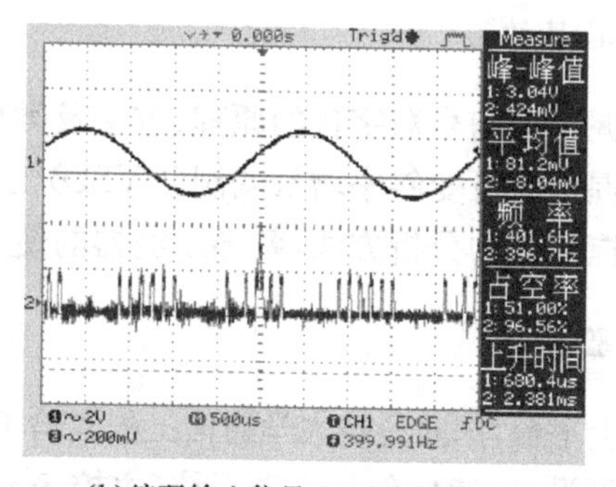

(b)编码输入信号(3V)和量阶信号

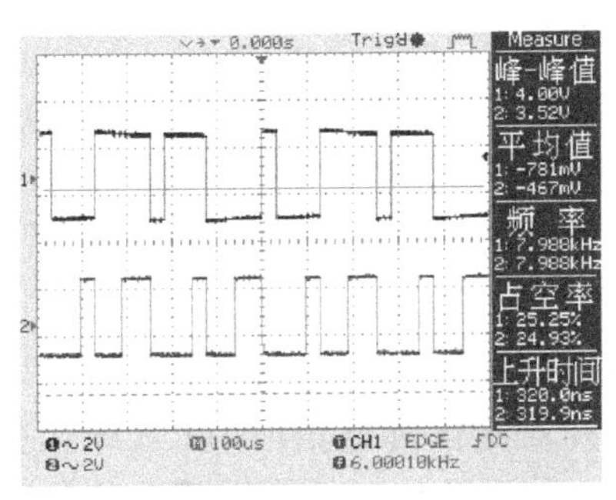

(c)编码输出信号和一致脉冲信号

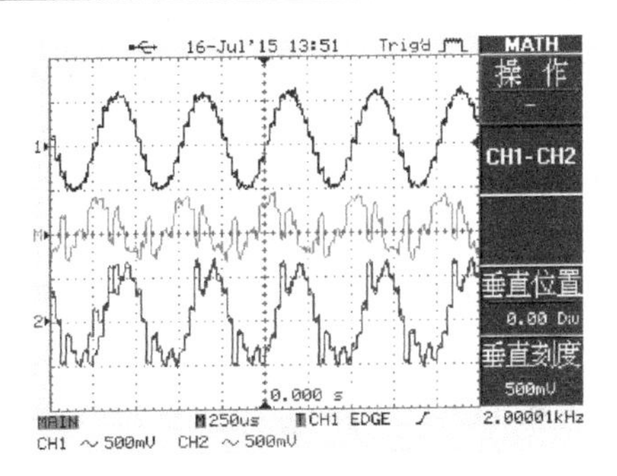

(d)信源延时信号和本地译码信号

(信号源正弦波为 2kHz,1V)

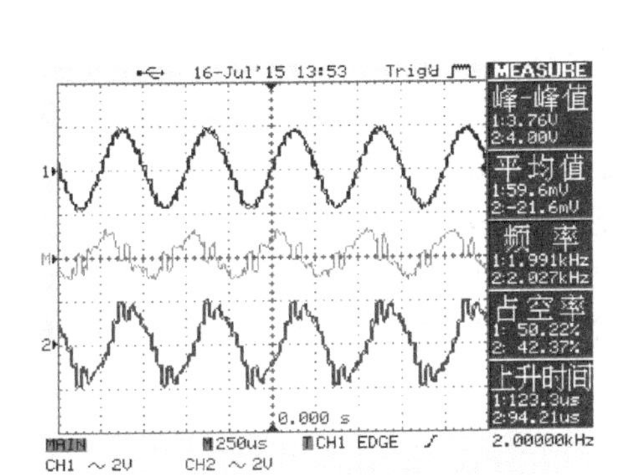

(e)信源延时信号和本地译码信号

(信号源正弦波为 2kHz,3V)

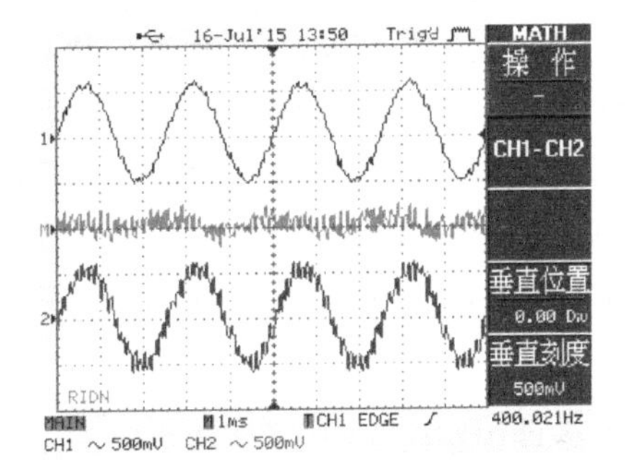

(f)信源延时信号和本地译码信号

(信号源正弦波为 400Hz,1V)

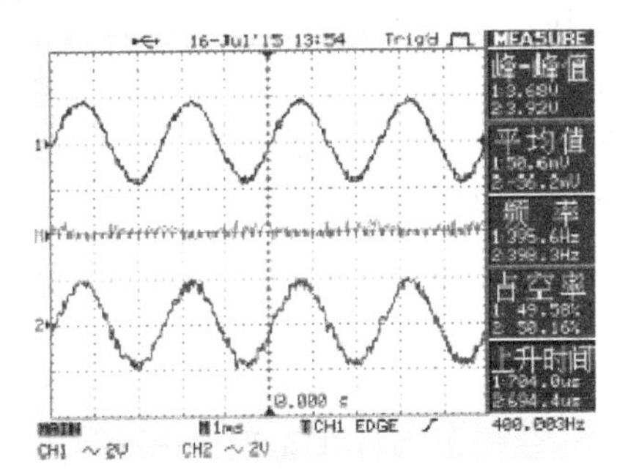

(g)信源延时信号和本地译码信号

(信号源正弦波为 400Hz,3V)

图 2-3-5　部分实验参考波形

四、思考题

1. 根据自测的实验波形,分析“一致脉冲”与量阶信号变化的关系。

2. CVSD 与简单增量调制相比性能有哪些提高?

2.4　TDM 通信系统综合实验

2.4.1　实验原理

一、TDM 基本原理

为了提高通信系统信道的利用率,语音信号的传输往往采用多路复用通信的方式。复用技术有多种工作方式，如频分复用、时分复用以及码分复用。

时分复用的PCM系统(TDM-PCM)的信号代码在每一个抽样周期有 Nk 个，这里 N 表示复用路数，k 表示每个抽样值编码的二进制码元位数。因此，二进制码元速率可以表示为 Nkf_s，也就是 $R_b=Nkf_s$。但实际码元速率要比 Nkf_s 大。因为在PCM数据帧中，除了话音信号的代码以外，还要加入同步码元、振铃码元和监测码元等。

对于多路数字电话系统，国际上已建议的有两种标准化制式，即PCM 30/32路(A律压扩特性)制式和PCM 24路(μ律压扩特性)制式，并规定国际通信时，以A律压扩特性为准(即以30、32路制式为准)。凡是两种制式的转换，其设备接口均由采用 μ 律特性的国家负责解决。

目前我国和欧洲等国采用PCM系统，以2048kb/s传输30/32路话音、同步和状态信息作为一次群。为了能使电视等宽带信号通过PCM系统传输，就要求有较高的码率。而上述PCM基群(或称一次群)显然不能满足要求，因此，出现了PCM高次群系统。在时分多路复用系统中，高次群是由若干个低次群通过数字复用设备汇总而成的。对于PCM 30/32路系统来说，其基群的速率为2048kb/s。其二次群则由4个基群汇总而成，速率为8448kb/s。话路数为 $4\times30=120$，对于速率更高，路数更多的三次群以上的系统，目前在国际上尚无统一的建议标准。

二、实验模块介绍

如图2-4-1所示，PCM编译码及语音终端(1A#)模块或者信源编译码(3#)的PCM数据和数字终端&时分多址(2#)模块的数字终端数据，经过时分复用及时分交换(7#)模块进行256K时分复用和解复用后，再送入到相应的PCM译码单元和2#终端模块。时分复用是将各路输入变为并行数据。然后，按端口数据所在的时隙进行帧的拼接，变成一个完整的数据帧。最后，并串变换将数据输出。如图2-4-2所示，解复用的过程是先提取帧同步，然后将一帧数据缓存下来。接着按时隙将帧数据解开，最后，每个端口获取自己时隙的数据进行并串变换输出。

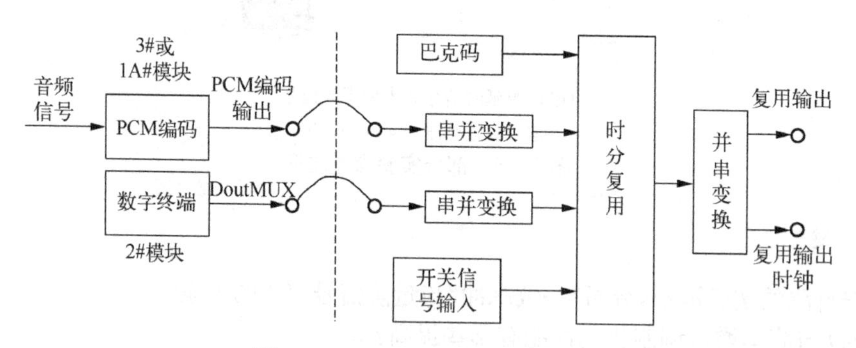

图2-4-1　256K时分复用实验框图

此时256K时分复用与解复用模式下，复用帧结构为：第0时隙是巴克码帧头、第1～3时隙是数据时隙，其中，第1时隙输入数字信号源，第2时隙输入PCM数据，第3时隙由7号模块自带的拨码开关S1的码值作为数据。

注：框图中3#、1A#和2#模块的相关连线有所简略，具体参考实验步骤中所述。

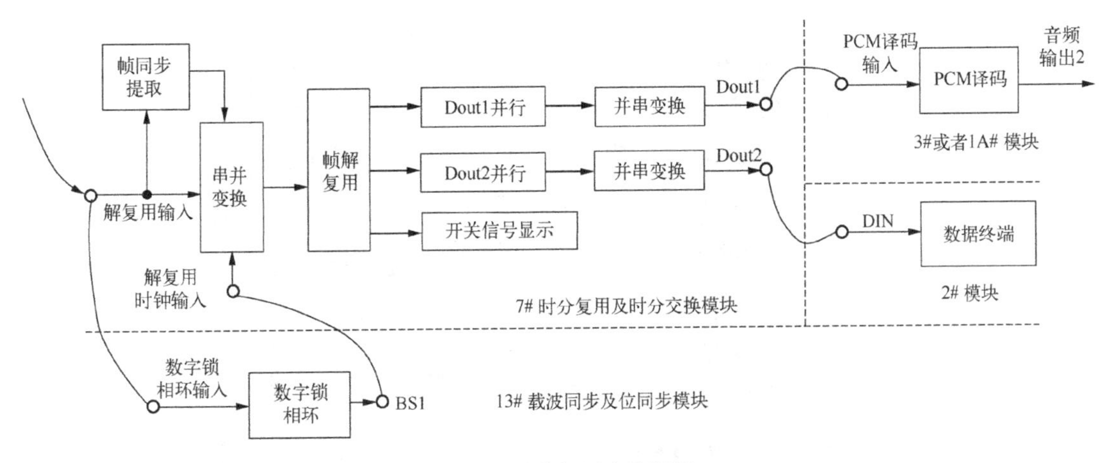

图 2-4-2　256K 解时分复用实验框图

对于 2M 时分复用和解复用实验，其实验框图和 256K 时分复用和解复用实验框图基本一致。2048K 时分复用的复用帧结构有 32 路时隙(图 2-4-2 中小圆圈均有可供观测的信号)。256K 时分复用及解复用实验连线表如表 2-4-1 所示。

表 2-4-1　256K 时分复用及解复用实验连线表

源端口	目的端口	连线说明
信号源:FS	7#模块:TH11(FSIN)	帧同步输入
信号源:FS	3#模块:TH10(编码帧同步) * 1A#模块:TH9(编码帧同步)	
信号源:CLK	3#模块:TH9(编码时钟) * 1A#模块:TH11(编码时钟)	位同步输入
信号源:A-OUT	3#模块:TH13(音频接口 1) * 1A#模块:TH5(音频接口 1)	模拟信号输入
3#模块:TH14(PCM 编码输出) 1A#模块:TH8(PCM 编码输出)	7#模块:TH14(DIN2)	PCM 编码输入
7#模块:TH10(复用输出)	7#模块:TH18(解复用输入)	时分复用输入
7#模块:TH10(复用输出)	13#模块:TH7 (数字锁相环输入)	锁相环提取位同步
13#模块:TH5(BS2)	7#模块:TH17(解复用时钟)	
7#模块:TH7(FSOUT)	3#模块:TH16(译码帧同步) * 1A#模块:TH10 (译码帧同步)	提供译码帧同步
7#模块:TH3(BSOUT)	3#模块:TH15(译码时钟) * 1A#模块:TH18(译码时钟)	提供译码位同步
7#模块:TH4(DOUT2)	3#模块:TH19(PCM 译码输入) * 1A#模块:TH7(PCM 译码输入)	解复用输入

注:表中 * 表示线上平台的模块端口。

2# 数字终端 & 时分多址模块如图 2-4-3 和表 2-4-2 所示。

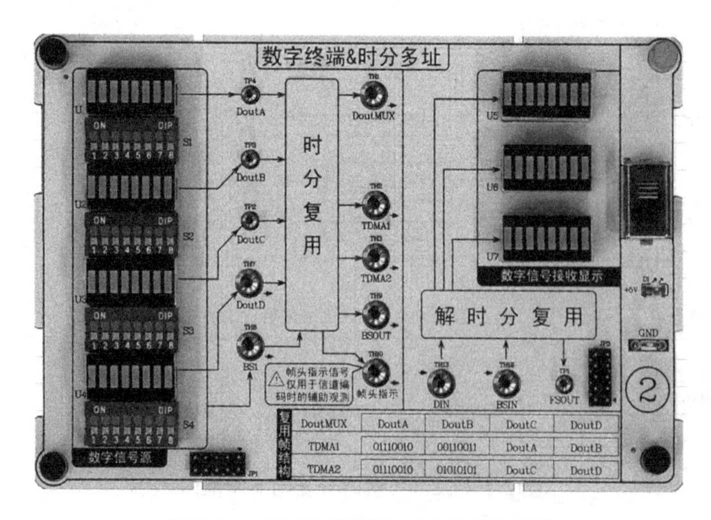

图 2-4-3　2# 数字终端 & 时分多址模块

表 2-4-2　2# 数字终端 & 时分多址模块端口说明

模块	端口名称	端口说明
2#数字终端 & 时分多址模块	S1/S2/S3/S4	数字终端拨码开关及其光条显示
	DoutA/ DoutB/ DoutC/ DoutD	S1/S2/S3/S4 对应的测试点
	DoutMUX	时分复用信号输出
	TDMA1/TDMA2	TDMA 信号输出
	BSOUT	同步时钟信号
	帧头指示	辅助观测点
	DIN	解复用信号输入
	BSIN	同步时钟信号
	FSOUT	帧同步信号
	U5/U6/U7	数字终端解复用输出光条显示

7#时分复用 & 时分交换模块和端口说明如图 2-4-4 和表 2-4-3 所示。

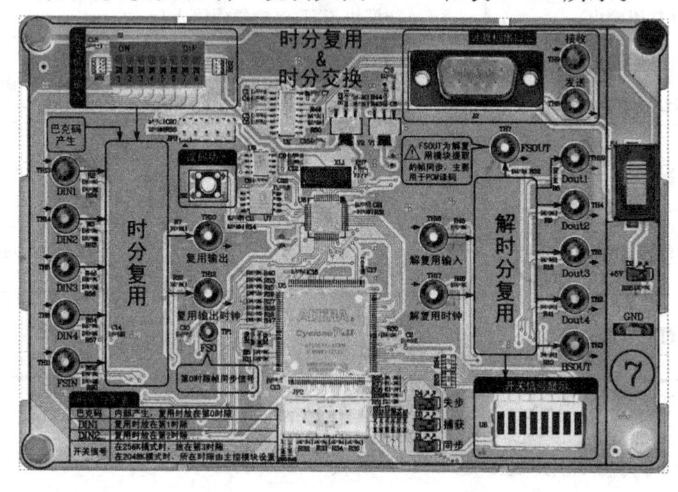

图 2-4-4　7#时分复用 & 时分交换模块

表 2-4-3　7#时分复用 & 时分交换模块端口说明

模块	端口名称	端口说明
7#时分复用 & 时分交换模块	S1	开关信号输入
	DIN1/ DIN2/ DIN3/ DIN4	四路复用信号输入
	FSIN	帧同步信号输入
	复用输出	复用输出
	复用输出时钟	复用输出时钟
	FS0	第 0 时隙帧同步信号输出
	解复用输入	解复用输入
	解复用时钟	解复用时钟
	FSOUT	帧同步信号输出
	Dout1/ Dout2/ Dout3/ Dout4	四路解复用信号输出
	BSOUT	位同步信号输出
	U8	开关信号显示

8#基带传输译码模块和端口说明如图 2-4-5 和表 2-4-4 所示。

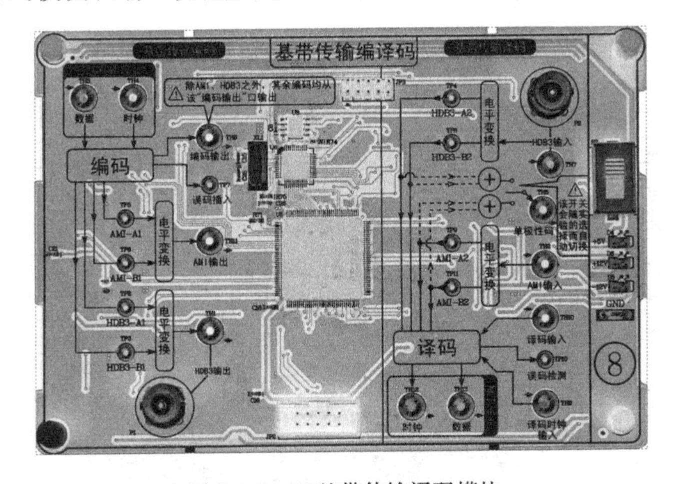

图 2-4-5　8#基带传输译码模块

表 2-4-4　8#基带传输译码模块端口说明

模块	端口名称	端口说明
基带传输编码	数据	数据信号输入
	时钟	时钟信号输入
	编码输出	编码信号输出
	误码插入	误码数据插入观测点，指示编码端错误
	AMI-A1	AMI-A1 信号编码后波形观测点
	AMI-B1	AMI-B1 信号编码后波形观测点
	AMI 输出	AMI 信号编码后输出
	HDB3-A1	HDB3-A1 信号编码后波形观测点
	HDB3-B1	HDB3-B1 信号编码后波形观测点
	HDB3 输出	HDB3 信号编码后输出

续表

模块	端口名称	端口说明
基带传输译码	HDB3 输入	HDB3 编码后的信号输入
	HDB3-A2	HDB3-A2 电平变换后波形观测点
	HDB3-B2	HDB3-B2 电平变换后波形观测点
	单极性码	单极性码输出
	AMI 输入	AMI 编码后的信号输入
	AMI-A2	AMI-A2 电平变换后波形观测点
	AMI-B2	AMI-B2 电平变换后波形观测点
	译码输入	译码信号输入
	译码时钟输入	译码时钟信号输入
	误码检测	检测插入的误码
	时钟	译码后时钟信号输出
	数据	译码后数据信号输出

13#载波同步及位同步模块和端口说明如图 2-4-6 和表 2-4-5 所示。

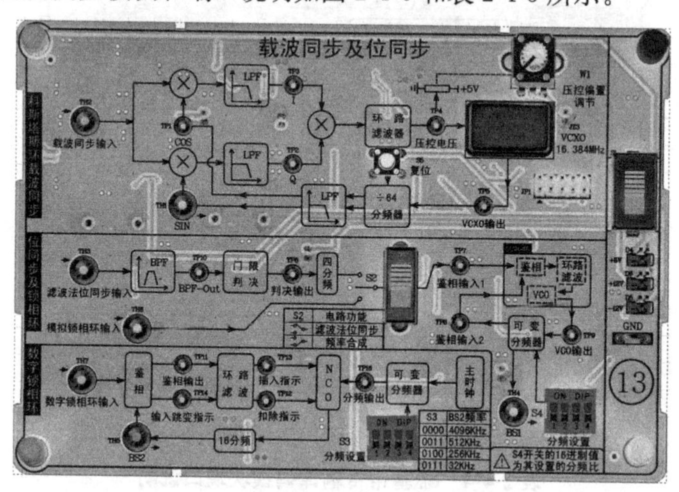

图 2-4-6　13#载波同步及位同步模块

表 2-4-5　13#载波同步及位同步模块端口说明

模块	端口名称	端口说明
科斯塔斯环载波同步	载波同步输入	载波同步信号输入
	COS	余弦信号观测点
	SIN	正弦信号输入
	I	信号和 π/2 相载波相乘滤波后的波形观测点
	Q	信号和 0 相载波相乘滤波后的波形观测点
	压控电压	误差电压观测点
	VCXO	压控晶振输出
	复位	分频器重定开关
	压控偏置调节	压控偏置电压调节

续表

模块	端口名称	端口说明
位同步及锁相环	滤波法位同步输入	滤波法位同步基带信号输入
	模拟锁相环输入	模拟锁相环信号输入
	S2	位同步方法选择开关
	鉴相输入1	接收位同步信号观测点
	鉴相输入2	本地位元元同步信号观测点
	VCO	压控振荡器输出信号观测点
	BS1	合成频率信号输出
	分频设置	设置分频频率
数字锁相环	数字锁相环输入	数字锁相环信号输入
	BS2	分频信号输出
	鉴相输出	输出鉴相信号观测点
	输入跳变指示	信号跳变观测点
	插入指示	插入信号观测点
	扣除指示	扣除信号观测点
	分频输出	时钟分频信号观测点
	分频设置	设置分频频率

说明:其他模块的端口说明均可参考2.1节和2.2节的实验原理部分。

2.4.2 实验方法

一、实验目的

1. 掌握时分复用(TDM)基本概念和工作原理。
2. 熟悉帧复接/解复接器在通信系统中的作用。
3. 了解帧传输在不同信道误码率时对数据业务的影响。

二、实验器材

1. 线上平台:国防科技大学通信工程实验工作坊(https://nudt.fmaster.cn/nudt/lessons)。
2. 线下设备:通信创新实训系统(主控&信号源模块、语音终端与用户接口模块、数字终端&时分多址模块、信源编译码模块、时分复用&时分交换模块、基带传输编译码模块、载波同步及位同步模块)。
3. 双踪数字示波器。

三、实验内容与步骤

(一)复用速率为256kHz时PCM信号复用前后的测试

1. 在关电状态下,根据测试内容要求,结合端口说明列表和实验原理图进行节点/端口连线。
2. 开电,设置主控菜单,选择【主菜单】→【通信原理】→【时分复用】→【复用速率256kHz】或者【复用速率 2048kHz】(若为虚拟实验，需返回上级，选择【PCM 编译码】→【A 律编码规则观测】)。其中，复用速率 256kHz 时，13# 模块的 S3 设置为“0100”；复用速率 2048kHz 时，13# 模块的 S3 设置为“0001”。

3. 复用速率选择 256kHz 时，系统初始状态为：在复用时隙的速率 256K 模式，7# 模块的复用信号有 4 个时隙，其中，第 0、1、2、3 输出数据分别为巴克码、DIN1、DIN2、开关 S1 拨码信号。信号源 A-OUT 输出 1kHz 的正弦波，幅度由 W1 可调(频率和幅度参数可根据主控模块操作说明进行调节)；7# 模块的 DIN2 端口送入 PCM 数据。正常情况下，7# 模块的“同步”指示灯亮。此时 1A# 模块的工作模式为 A 律 PCM 编译码模式。

注：若发现“失步”或“捕获”指示灯亮，先检查连线或拨码开关是否正确，再逐级观测数据或时钟是否正常。

4. 帧内 PCM 编码信号观测。将 PCM 信号输入 DIN2，观测 PCM 数据。以帧同步为触发，观测 PCM 编码数据(此时示波器 CH1 接主控信号源模块的 FS，CH2 接 PCM 编码输出)；以帧同步为触发，观测复用输出的数据(此时示波器 CH1 接 FS，CH2 接复用输出的数据)。注：PCM 复用后会有两帧的延时。

5. 解复用帧同步信号观测。PCM 对正弦波进行编译码；观测复用输出与 FSOUT，观测帧同步上跳沿与帧同步信号的时序关系；记录实验结果并进行分析。

6. 解复用 PCM 信号观测。对比观测复用前与解复用后的 PCM 序列；对比观测 PCM 编译码前后的正弦波信号；记录波形并进行分析，如表 2-4-6 所示。

表 2-4-6　实验结果记录

记录	波形
复用前的 PCM 序列	
解复用后的 PCM 序列	
PCM 编码前的波形	
PCM 译码后的波形	

(二)复用速率为 2048kHz 时复用信号各时隙数据变化情况的测试

1. 操作同(一)1-2。

2. 复用速率选择 2048kHz 时，系统初始状态为：在复用时隙的速率 2048K 模式，7# 模块的复用信号共有 32 个时隙；第 0 时隙数据为巴克码、第 1、2、3、4 时隙数据分别为 DIN1、DIN2、DIN3、DIN4 端口的数据，开关 S1 拨码信号初始分配在第 5 时隙，通过主控可以设置 7# 模块拨码开关 S1 数据的所在时隙位置。另外，此时信号源 A-OUT 输出 1kHz 的正弦波，幅度由 W1 可调(频率和幅度参数可根据主控模块操作说明进行调节)；PCM 数据送至 7# 模块的 DIN2 端口。

3. 以帧同步信号作为触发，用示波器观测 2048kHz 复用输出信号；改变 7# 模块的拨码开关 S1，观测复用输出中信号变化情况；记录实验结果并进行分析。

4. 在主控菜单中选择“第 5 时隙加”和“第 5 时隙减”，观测拨码开关 S1 对应数据在复用输出信号中的所在帧位置变化情况；记录实验结果并进行分析。

5. 用示波器对比观测信号源 A-OUT 和 1A# 模块的音频接口 2，观测信号恢复情况，记录并进行对比分析。

6. 将信号源 A-OUT 改变成 MUSIC 信号，观测信号恢复情况，记录并进行对比分析。

(三)在数据信号中连续出现帧定位信号对帧同步电路的影响测试

1. 操作同(一)1-2。

2. 用示波器测量同时观测复接模块帧同步指示测试点与解复接模块帧同步指示测试点波形,观测时用前者同步,调整示波器使两观测信号之间正常同步。

3. 复接模块内开关信号跳线开关中 LED7～LED0 为 11100100 码型,使其与帧定位信号一致。完成(三)1 的实验内容。

4. 通过加大误码再减小误码(或断开解复接模块输入数据再接入数据),使解复接模块帧同步电路失步进入失锁后再进入同步。完成(三)1 的实验内容,注意两信号波形的相位关系,重复多次实验,记录测试结果。

5. 重复(三)3 的测量步骤,注意观测解复接模块的开关信号指示发光二极管指示灯的变化情况,通过实验结果分析对数据通信的影响。

部分实验参考波形如图 2-4-7 所示。

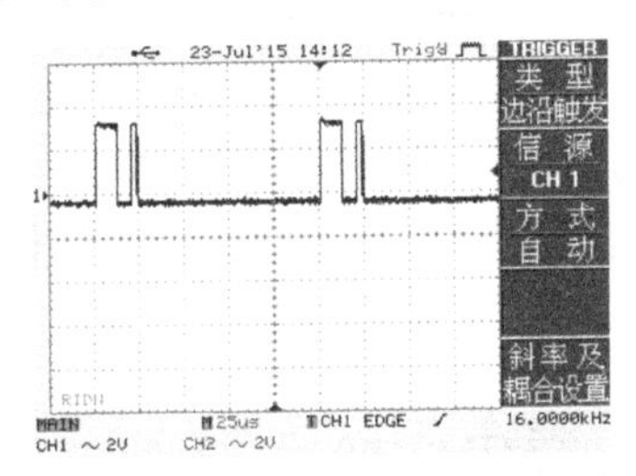

(a)只输入帧同步信号时的复用输出信号

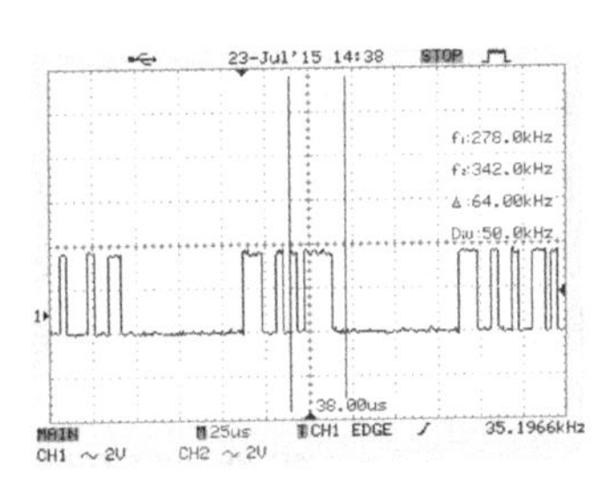

(b)输入帧同步信号和 PN 序列时的复用输出

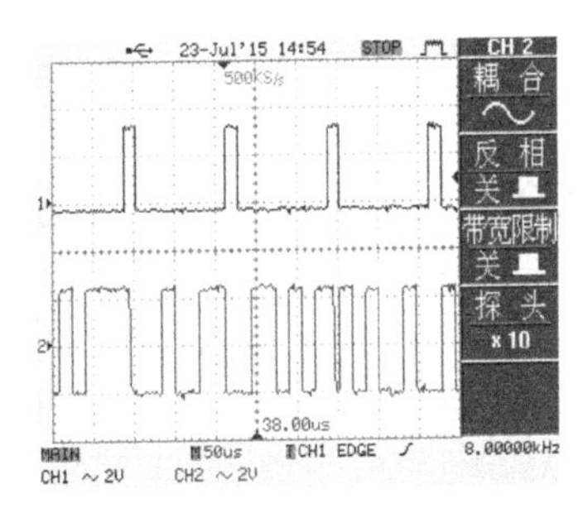

(c)FSIN 信号和 DIN2

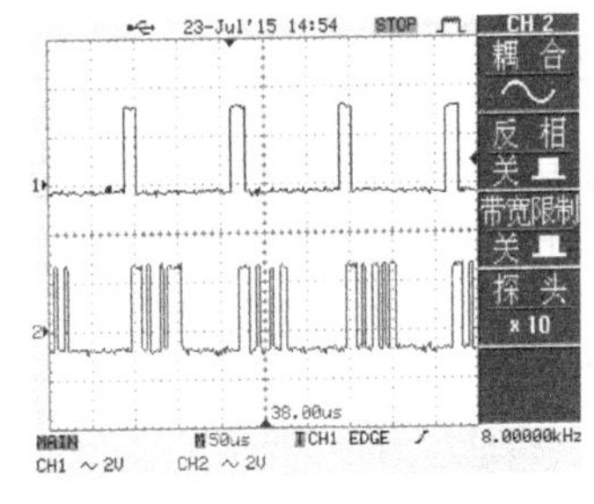

(d)FSIN 信号和复用输出信号

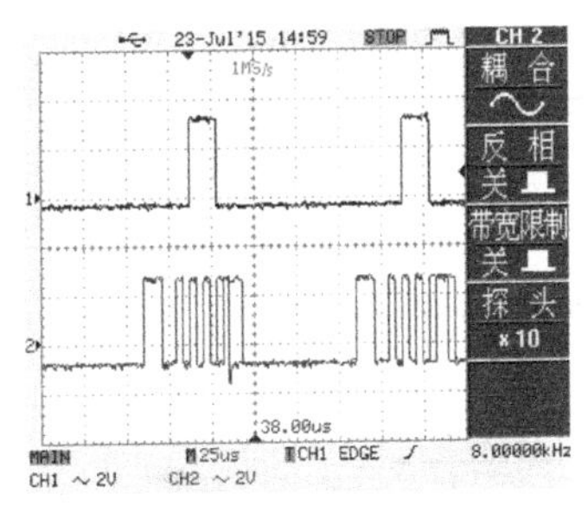

(e)FSOUT 和复用输出信号

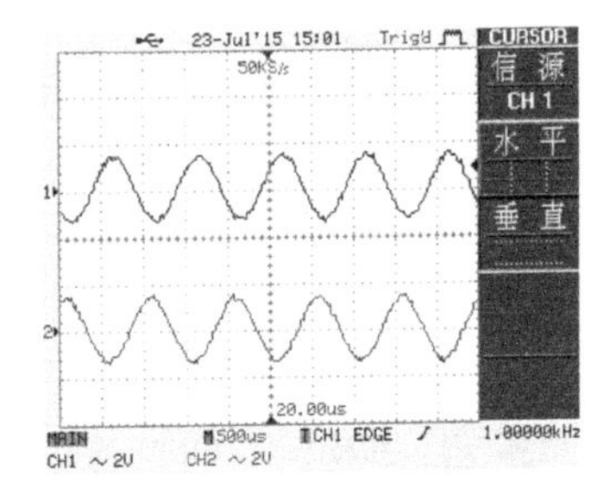

(f)PCM 编码前波形和译码后波形
(或称为 A-OUT 和译码输出)

图 2-4-7　部分实验参考波形

四、思考题

1. 根据实验结果,分析 PCM 数据是如何进行复用的?

2. 判断解复接模块帧同步电路出现失步的测试手段及方法有哪些?

第 3 章　信源压缩编码

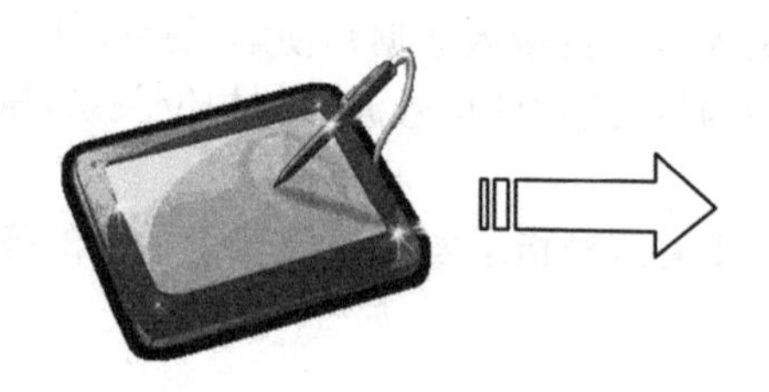

本章主要实验内容：

- √　Huffman 编解码
- √　算术编解码
- √　二维 DCT 图像压缩编码
- √　小波变换图像压缩
- √　图像压缩综合系统

在数字通信系统中，信源压缩编码属于信源编码模块，在模拟信号数字化处理之后。压缩编码通过对信源输出的消息进行有效变换，使变换后的新信源冗余度尽量减少，从而提高传输有效性。压缩编码的方法较多，本章所涉及的关键技术包括 Huffman 编码、算术编码、DCT、小波变换等，将这些技术融合，组成图像压缩综合系统。

3.1　Huffman 编解码实验

3.1.1　实验原理

满足无失真信源编码定理（香农第一定理）的冗余度压缩非前缀码的构成方法已由 Shannon、Fano 和 Huffman 分别得到，可以证明，1952 年提出的 Huffman 编码算法是其中冗余度最小（平均码长最小）的码，因此应用最广。

以下借助图 3-1-1 所示的编码实例说明 Huffman 编码的算法。在这个例子中共有 $K=6$ 个信源符号。

信源符号 u	$p(u)$	码
a_1	0.25	10
a_2	0.25	01
a_3	0.20	00
a_4	0.15	111
a_5	0.10	1101
a_6	0.05	1100

码树：节点概率 0.15、0.30、0.45、0.55、1，各分支标注 1 / 0。

图 3-1-1　Huffman 编码实例

编码步骤如下。

(1)K 个符号依出现概率递减顺序排列。

(2)将最小概率的两个信源符号合在一起成为一个辅助符号,计算其出现概率。在图 3-1-1 中,符号 a_5 和 a_6 合并,合在一起的出现概率为 $p(a_5)+p(a_6)=0.15$。

(3)将如上所得辅助符号与其余的符号一起重新依出现概率递减顺序排列,再将最小概率的两个符号组成一个新的辅助符号,计算其出现概率。图 3-1-1 中,$p(a_4)+[p(a_5)+p(a_6)]=0.30$。

(4)重复上步,直到出现一个概率为 1 的符号(此即为码树的根)为止。

(5)如图 3-1-1 所示,用线将符号连接起来,从而得到一个非前缀码的码树。树的 K 个断点对应 K 个信源符号,每一节点的两个分支用二进制码的两个码元符号"0"和"1"分别标示,从根开始沿着图中所示的路径,经过一个或几个节点到达端点,将一路遇到的二进制码元符号顺序排列起来,就是这个端点所对应的信源符号的 Huffman 码的码字。

与固定字长编码比较,从编码效率、冗余度等方面来看,Huffman 编码都优于等长码。Huffman 编码是严格按照对出现概率大的信源符号分配短码,对出现概率小的信源符号分配长码这一统计编码准则编码的。码字长度按照所对应的符号出现概率大小的逆序排列。Huffman 编码已被广泛应用到各种静止和活动图像编码的标准中。静止图像编码的 JPEG,活动图像编码的 H. 261、H. 263、MPEG -1、MPEG -2 等国际标准中都采用 Huffman 编码作统计编码(熵编码),并提供了码表。Huffman 码在这些标准中被用来对量化后的 DCT(离散余弦变换)系数以及活动图像编码中的运动位移矢量进行编码。

Huffman 编码既可以用来对一维的信源符号编码,也可以对多维的信源符号(多维"事件")编码。例如,在上述的一些国际标准中,对量化后的 DCT 系数编码时,是把"0"系数的游程(连续"0"的个数)和紧接在"0"后出现的一个非"0"系数的幅值联合起来,作为一个二维事件进行 Huffman 编码。采用这种编码方法比分别对"0"游程和非"0"系数的幅值单独进行 Huffman 编码的效率要高。

Huffmandict — 建立 Huffman 码表
Huffmanenco — 进行 Huffman 编码
Huffmandeco — 进行 Huffman 译码

3.1.2　实验方法

一、实验目的

1. 掌握二进制 Huffman 编解码原理。
2. 掌握 Huffman 码基本问题分析。
3. 熟悉利用工具进行设计的基本流程。

二、实验工具与平台

1. C、Python、MATLAB 等软件开发平台。
2. 创新开发实验箱。

三、实验内容与步骤

1. 对给定英文文章进行英文字母概率统计,给出英文符号概率分布。

2. 针对上述分布，进行二元 Huffman 编码，给出 Huffman 码表。
3. 利用码表，对该英文文章进行编码，给出码流。
4. 通过 BSC(p)信道，得到接收序列。
5. 利用码表，进行译码，分析误码率。
6. 改变信道错误概率 p，得到不同的误码率。

四、参考程序

例 3-1 对于英文文件 data. txt，请使用 Huffman 编解码对文件进行处理，计算文件中的英文符号概率，通过 BSC(p)信道，利用 Huffman 码表，计算误码率，另外通过改变 BSC 信道的参数 p，计算得到不同的误码率。

MATLAB 参考程序如下：

1. 对文本进行概率统计，data. txt 是程序调用的文件，会生成一个 data1. txt。

```
po=0.003;                                      %概率
a=char(importdata('data.txt'));                %读取文本的语句
yk=double(a(1,:));
j=1;
for i=1:length(yk)
    if yk(1,i)~=0
        bb{1,1}(j,1)=char(yk(1,i));            %bb{1,1}为总码字
        j=j+1;
    end
end
r=length(bb{1,1});                             %r 为总字符个数
g(1,1)=bb{1,1}(1,1);
j=2;
for i=2:r
        v=0;
        for k=1:j-1
        u=strcmp(bb{1,1}(i,1),g(1,k));         %相同返 1,不同返 0
        v=u+v;
    end
    if v==0
        g(1,j)=bb{1,1}(i,1);                   %g 为统计的字符组
        j=j+1;
    end
end
```

2. 计算各字符的数量和概率。

```
m=length(g);
for i=1:m
gs(1,i)=0;
end
for i=1:r
    for j=1:m
```

```
            if strcmp(bb{1,1}(i,1),g(1,j))==1        %g 的第一行为各字符
                gs(1,j)=gs(1,j)+1;                   %gs 的第一行为各字符的数量
                gs(2,j)=gs(1,j)/r;                   %gs 的第二行为各字符的概率
            end
                end
    end
    for i=1:m
        p(1,i)=gs(2,i);
    end
```

3. Huffman 编码过程。

```
    q=p;
    n=m;                                             %计算信源的个数
    a=zeros(n-1,n);
    for i=1:n-1                                      %完成重组排序
        [q,l]=sort(q);
    a(i,:)=[l(1:n-i+1),zeros(1,i-1)];
        q=[q(1)+q(2),q(3:n),1];
    end

    for i=1:n-1
        c(i,1:n*n)=blanks(n*n);
    end
    c(n-1,n)='0';                                    %第一个元素赋 0,初始
    c(n-1,2*n)='1';                                  %第二个元素赋 1,初始
    for i=2:n-1
    c(n-i,1:n-1)=c(n-i+1,n*(find(a(n-i+1,:)==1))-(n-2):n*(find(a(n-i+1,:))==
    1)));
        c(n-i,n)='0';
        c(n-i,n+1:2*n-1)=c(n-i,1:n-1);
        c(n-i,2*n)='1';
        for j=1:i-1
            c(n-i,(j+1)*n+1:(j+2)*n)=c(n-i+1,n*(find(a(n-i+1,:)==j+1)-1)+1:n
    *find(a(n-i+1,:)==j+1));
        end
    end

    for i=1:n
        h(i,1:n)=c(1,n*(find(a(1,:)==i)-1)+1:find(a(1,:)==i)*n);
            ll(i)=length(find(abs(h(i,:))~=32));
    end
    leng=sum(p.*ll);                                 %计算平均码长
    hh=sum(p.*(-log2(p)));                           %计算信源熵
    t=hh/leng;                                       %计算效率
```

4. 把总字符转换成码字。

```
    z=1;
    for i=1:r
```

```
        for j=1:n
            if strcmp(bb{1,1}(i,1),g(1,j))==1
               in(z,1:n)=h(j,:);                  %in 为 Huffman 编码之后的码字
               z=z+1;
            end
        end
    end
    out=in;
```

5. 经过 BSC 信道。

```
for i=1:r
    for j=1:n
        if double(out(i,j))==48 || double(out(i,j))==49
          x=double(out(i,j));
          y=rand(1,length(x));
          e=0;
              if y<po && double(out(i,j))==48
                  out(i,j)=char(49);
                    e=e+1;                        %误码数
              elseif y<po && double(out(i,j))==49
                  out(i,j)=char(48);              %out 为接收端
                    e=e+1;
              end
        end
    lv=e/(length(x));                             %误码率计算
    end
end

k=1;
for i=1:r
    for j=1:n
        if   double(out(i,j))==48 || double(out(i,j))==49
             sout(1,k)=double(out(i,j))-48;       %sout 为最终的输出的一串二进制码
             k=k+1;
        end
    end
end
lsout=length(sout);
```

6. 制作新的码字表 h1 和 g1,其中概率从高到低排列。

```
for i=1:n
    xx=a(1,n+1-i);
    h1(i,:)=h(xx,:);
    g1(1,i)=g(1,xx);
end
```

7. Huffman 解码。

```
w=1;
d=1;
ji=0;
while w<=lsout
    for ii=1:n
        o=0;                                                    %o 为单个 h1
        k=0;                                                    %k 为单个 h1 的长度
        ec=0;
        for j=1:n
            if double(h1(ii,j))==48 || double(h1(ii,j))==49
                o(1,k+1)=double(h1(ii,j))-48;
                k=k+1;
            end
        end
        if (lsout-w)>=k
            for v=1:k
                if sout(1,w+v-1)~=o(1,v)
                    ec=ec+1;
                end
            end
        else
            ec=1;
            w=w+k;
        end
    if ec==0
        yout(2,d)=g1(1,ii);
        w=w+k;
         d=d+1;
        end
        if w>lsout
            break;
        end
    end
end
yout(1,1:r)=(bb{1,1})';                                         %提取原码字到 yout 的第一行
```

8. 比较分析误码率。

```
error=0;
for i=1:r
    gk(1,i)=strcmp(yout(1,i),yout(2,i));
        if gk(1,i)==0                                           %通过 gk 可以看到是哪一位出错
            error=error+1;                                      %error 为误码数
    end
end
errorwz=find(gk(1,1:r)==0);                                     %errorwz 是译码出错的位置
ey=error/r;                                                     %ey 为误码率
```

9. 把输出生成 txt 文件。

```
yyout(1,:)=yout(2,:);
fid=fopen('data1.txt','w');
fprintf(fid,'%s/t',yyout);
fclose(fid);
```

完整程序可扫描旁边的二维码“Huffman 编解码程序”进一步学习。

Huffman
编解码程序

五、思考题

1. 分析 Huffman 码误码扩散现象。
2. 分析 Huffman 码在使用中的复杂性,并进行相应的改进。
3. 分析 Huffman 码在实际应用中存在的问题,并查阅资料探索解决方案。

3.2 算术编解码实验

3.2.1 实验原理

算术编码绕过了 Huffman 编码用一个特定的(整数码长)代码表示一个信源符号的想法,而用一个浮点数值表示一个信源符号流。因此,算术编码可以克服 Huffman 编码的缺点,更逼近无失真信源编码的极限。

算术编码将被编码的信源符号流表示成实数半开区间[0,1)中的一个数值间隔。这个间隔随着符号流中每一个信源符号的加入逐步减小,每次减小的程度取决于当前加入的信源符号的先验概率。先验概率高者减小的程度低,因此表示它只需在原有基础上增加较少的数位;先验概率低者减小的程度高,表示它则需要在原有基础上增加较多的数位。符号流越长,代表它的间隔就越小,编码表示这一间隔所需要的数位(比特)就越多。因此,从算术编码过程中产生的是一个小于 1,并且大于或等于 0 的数值,这个数值可以唯一地被解码,精确地恢复原始的信源符号流。

采用固定模式编码时,假设各个信源符号的先验概率为已知,利用这一概率分布,在[0,1)之内,分别对每个信源符号指定一段与其相对应的数值范围,范围的大小与该符号的先验概率成正比。例如,设信源符号集由 4 个信源符号$\{a_1,a_2,a_3,a_4\}$组成,其出现概率和分配的数值范围如表 3-2-1 所示。

表 3-2-1 信源符号及指定的数值范围

信源符号	先验概率	分配范围
a_1	0.2	[0,0.2)
a_2	0.4	[0,2,0.6)
a_3	0.2	[0.6,0.8)
a_4	0.2	[0.8,1.0)

设在编码开始前,即“无信息”状态,对应的数值范围是整个半开区间[0,1)。当一个个信源符号被编码处理时,这一范围会按下述规则变窄。

(1)符号定义。

range:编码输出数值的落入范围,range=high−low

high:range 的上界

low:range 的下界

high_range(c):符号 c 的范围上界(由表 3-2-1 规定)

low_range(c):符号 c 的范围下界(由表 3-2-1 规定)

(2)设定初始值。

high=1.0

low=0

range=high−low=1.0

(3)在每一信源符号被编码后,计算 high、low 及 range 的新值。

high=low+range×high_range(c)

low=low+range×low_range(c)

range=high−low

一、编码过程

下面以编码符号流“$a_1a_2a_3a_4a_2$”为例,叙述算术编码过程。

(1)第 1 个符号“a_1”被编码。

high_range(a_1)=0.2,low_range(a_1)=0

high=0+1.0×0.2=0.2

low=0+1.0×0.2=0

range=0.2−0=0.2

“a_1”被编码后,编码器输出的数值范围由[0,1)变为[0,0.2)。

(2)第 2 个符号“a_2”接着被编码。

high_range(a_2)=0.6, low_range(a_2)=0.2

high=0+ 0.2×0.6=0.12

low=0+0.2×0.2=0.04

range=0.12−0.04=0.08

“a_1 a_2”被编码后,编码器输出的数值范围由[0,0.2)变为[0.04,0.12)。

(3)第 3 个符号“a_3”接着被编码。

high=0.04+0.08×0.8=0.104

low=0.04+0.08×0.6=0.088

range=0.104−0.088=0.016

“$a_1a_1a_3$”被编码后,编码器输出的数值范围由[0.04,0.12)变为[0.088,0.104)。以此类推,可将这一编码过程表示如表 3-2-2 所示。

上述算术编码的编码过程还可用图 3-2-2 表示。带刻度的垂直线表示根据出现的先验概率分配给各信源符号的数值范围。编码器的初始输出数值范围是[0,1),在编码完第一个信源符号“a_1”后,编码器的输出数值范围压缩到[0,0.2);在编码完第二个信源符号“a_2”后,编码器的输出数值范围进一步压缩到[0.04,0.12);如此继续下去,编码器的输出数值范围不断缩小。为了清楚表示,在每编码一个信源符号后,将该信源符号的数值范围放大后显示。

表 3-2-2　算术编码过程

编码过程	输出数值范围
初始	[0,1)
编码 a_1	[0,0.2)
编码 a_2	[0.04,0.12)
编码 a_3	[0.088,0.104)
编码 a_4	[0.1008,0.104)
编码 a_2	[0.10144,0.10272)

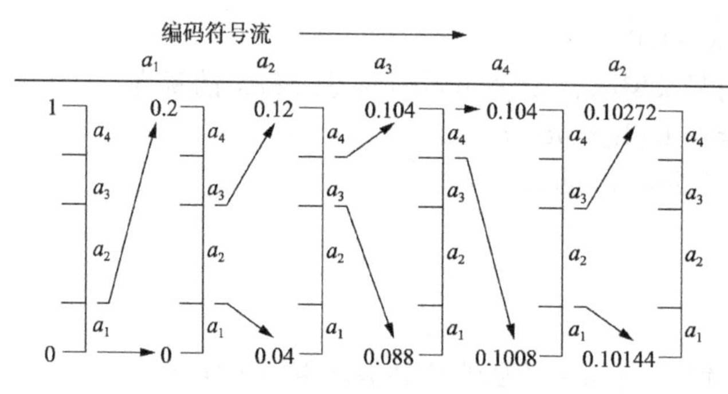

图 3-2-2　算术编码过程

二、解码过程

对于解码器而言，并不需要知道编码器输出最终数值范围的两个端点值，只要传送这一范围内的任何一个数值(如最终数值范围的下界值)就可解码。如本例中，用 0.10144 就可表示对“$a_1a_2a_3a_4a_2$”的唯一编码。

(1)通过查看哪一个信源符号拥有已编码消息所落入的数值范围，找到消息中的第一个信源符号。本例中，由于 0.10144 为[0,0.2)，因此第一个符号为“a_1”。

(2)从编码数值中消去第一个符号(本例中“a_1”)的影响，即首先减去“a_1”的下界值，然后除以“a_1”对应范围的宽度，即(0.10144－0)/0.2＝0.50720，查表找到该结果落入哪一个符号对应的数值范围，得到第二个符号。

(3)重复上两步，将第二个符号影响消除，再找到第三个符号。方法重复直至解出整个符号流。

(4)需要注意，一个符号流的末尾应有一个结束符作结束标记，它随信源符号一起被编码。表 3-2-3 示出本例的解码过程。

表 3-2-3　算术编码解码过程

被解码的数值	解出的信源符号	该符号对应的范围
0.10144	a_1	[0,0.2)
0.5072	a_2	[0.2,0.6)
0.768	a_3	[0.6,0.8)
0.84	a_4	[0.8,1.0)
0.2	a_2	[0.2,0.6)
0		

arithenco — 算术编码
arithdeco — 算术译码

3.2.2　实验方法

一、实验目的

1. 掌握算术编解码基本原理。
2. 了解算术编码的应用情况。
3. 熟悉利用工具进行设计的基本流程。

二、实验工具与平台

1. C、Python、MATLAB 等软件开发平台。
2. 创新开发实验箱。

三、实验内容与步骤

1. 对给定的符号序列进行概率统计，给出符号概率分布。
2. 利用概率分布，对该序列进行算术编码，给出编码码流。
3. 通过 BSC(p)信道，得到接收序列。
4. 进行解码，分析误码率。
5. 改变信道错误概率 p，得到不同的误码率。

四、参考程序

例 3-2　一个离散二元无记忆信源，符号集为{0,1}，其中，p(0)=0.1，p(1)=0.9，信源序列长度 100，是 1111111011 的重复。

1. MATLAB 中的 arithenco 和 arithdeco 函数可以用来实现算术编码和译码。

参考程序如下：

```
clear all;
clc;
seq = repmat([2 2 2 2 2 2 2 1 2 2],1,10);
counts = [10 90];
len = 100;
code = arithenco(seq, counts);
s2 = length(code);
dseq = arithdeco(code,counts,len);
comp_ratio = (len-s2)/len
```

输出：

```
comp_ratio = 45%
```

2. 若对上例中满足信源分布、长度为1000的序列进行算术编码,MATLAB程序如下:

```
clear all;
clc;
counts = [10 90];
len = 1000;
seq = randsrc(1,len,[1 2;0.1 0.9]);
code = arithenco(seq, counts);
s2 = length(code);
dseq = arithdeco(code,counts,len);
comp_ratio = (len-s2)/len
```

输出:

```
comp_ratio = 48.1%
```

若信源序列长度改为1000,则编码序列长度为481,压缩比为48.1%。可见,信源序列越长,压缩效果越好。

五、思考题

1. 分析比较算术编码与Huffman码在效率、性能上的差异。
2. 简述算术编码在实际中的应用情况及发展情况。

3.3 二维DCT图像压缩编码实验

3.3.1 实验原理

令 $f(x,y)$ 表示一幅大小为 $N_1 \times N_2$ 的图像,其中,$x=0,1,2,\cdots,N_1-1$;$y=0,1,2,\cdots,N_2-1$。f 的二维离散余弦变换(DCT)为

$$F(u,v)=\sum_{x=0}^{N_1-1}\sum_{y=0}^{N_2-1}C(u,v)f(x,y)\cos\frac{(2x+1)u\pi}{2N_1}\cos\frac{(2y+1)v\pi}{2N_2}$$

其反变换为

$$f(x,y)=\sum_{u=0}^{N_1-1}\sum_{v=0}^{N_2-1}C(u,v)F(u,v)\cos\frac{(2x+1)u\pi}{2N_1}\cos\frac{(2y+1)v\pi}{2N_2}$$

其中,归一化系数为

$$C(u,v)=\begin{cases}\dfrac{1}{\sqrt{N_1N_2}}, & u=v=0\\ \sqrt{\dfrac{2}{N_1N_2}}, & uv=0,u\neq v\\ \dfrac{2}{\sqrt{N_1N_2}}, & uv\neq 0\end{cases}$$

图3-3-1为8×8图像块大小的DCT变换频率图,从左到右,从上到下,分别按照水平、垂直方向增加频率。

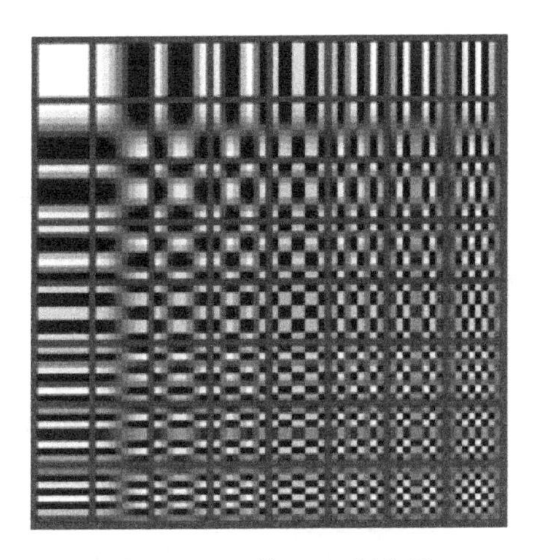

图 3-3-1 二维 DCT 频率图

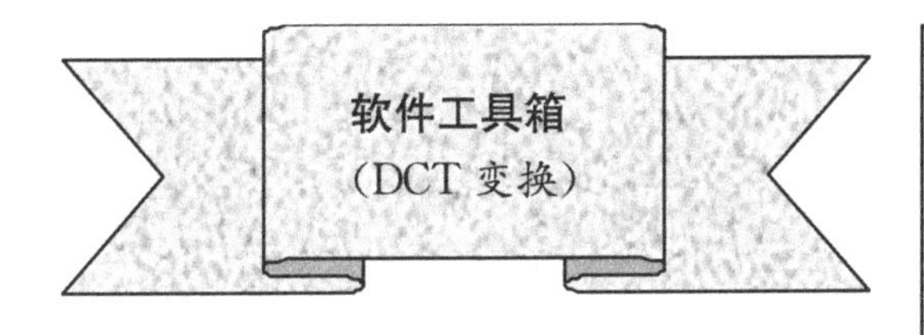

dct2 — 二维离散余弦变换
idct2 — 二维离散余弦逆变换
imread — 从图形文件中读图像
image — 显示图像目标
blkproc — 图像的离散块处理

3.3.2 实验方法

一、实验目的

1. 掌握 DCT 变换的基本原理。
2. 熟悉二维 DCT 在图像中的应用。

二、实验工具与平台

1. C、Python、MATLAB 等软件开发平台。
2. 创新开发实验箱。

三 、实验内容与步骤

1. 对原始图像转换成为 8×8 大小的块进行压缩与重构,重构时 IDCT 仅使用 DCT 系数的子集,给出重构图像,与原图像进行比较。

2. 压缩后,仅保留具有较大方差的若干个 DCT 系数,丢弃其他的有较小方差的 DCT 系数,求压缩比,并计算均方误差 MSE。

3. 压缩应该做到在最合理地近似原图像的情况下使用最少的系数;给出最大压缩比和相应的均方误差 MSE。

4. 将步骤 1 在 DSP 中实现,利用实验平台,通过摄像头捕捉图像,通过 DCT、IDCT 变换后,在显示屏上回放。

四、参考程序

例 3-3 采用分块置零的方法,实现对图像的 DCT 变换。

MATLAB 参考程序如下：

1. 读取并显示原始图像。

```
img=imread('book.jpg');                        %读取图像
[m n dim]=size(img);                           %m n 指图像的分辨率,dim=3 为三原色
subplot(221);
imshow(img),title('原输入图像');                %显示原始图像
```

2. 提取图像的 RGB 三原色数值。

```
img=double(img);                               %取 double 便于精度计算
R=img(:,:,1);
G=img(:,:,2);
B=img(:,:,3);
```

3. 将 RGB 三原色转换成亮度和色度表示。

```
Y=zeros(m,n);                                  %亮度
Cb=zeros(m,n);                                 %蓝色色度
Cr=zeros(m,n);                                 %红色色度
matrix=[0.299   0.587   0.114;
        -0.1687   -0.3313   0.5;
        0.5   -0.4187   -0.0813];
for i=1:m
    for j=1:n
        tmp=matrix*[R(i,j) G(i,j) B(i,j)]';
        Y(i,j)=tmp(1);
        Cb(i,j)=tmp(2)+128;
        Cr(i,j)=tmp(3)+128;
    end
end
```

4. 采用 8*8 的分块,并对块进行不同方式的置零。

```
blk=8;
T=dctmtx(blk);
dctY1=blkproc(Y,[blk blk],'P1*x*P2',T,T');     %亮度分块 dct
mask=[1  1  1  1  0  0  0  0
      1  1  1  0  0  0  0  0
      1  1  0  0  0  0  0  0
      1  0  0  0  0  0  0  0
      0  0  0  0  0  0  0  0
      0  0  0  0  0  0  0  0
      0  0  0  0  0  0  0  0
      0  0  0  0  0  0  0  0];
dctY1=blkproc(dctY1,[blk blk],'P1.*x',mask);
Y1=blkproc(dctY1,[blk blk],'P1*x*P2',T',T);

dctCb1=blkproc(Cb,[blk blk],'P1*x*P2',T,T');   %蓝色色度分块 dct
```

```
mask=[1  1  1  1  0  0  0  0
      1  1  1  0  0  0  0  0
      1  1  0  0  0  0  0  0
      1  0  0  0  0  0  0  0
      0  0  0  0  0  0  0  0
      0  0  0  0  0  0  0  0
      0  0  0  0  0  0  0  0
      0  0  0  0  0  0  0  0];
dctCb1=blkproc(dctCb1,[blk blk],'P1. * x',mask);
Cb1=blkproc(dctCb1,[blk blk],'P1 * x * P2',T',T);

dctCr1=blkproc(Cr,[blk blk],'P1 * x * P2',T,T');             %红色色度分块 dct
mask=[1  1  1  1  0  0  0  0
      1  1  1  0  0  0  0  0
      1  1  0  0  0  0  0  0
      1  0  0  0  0  0  0  0
      0  0  0  0  0  0  0  0
      0  0  0  0  0  0  0  0
      0  0  0  0  0  0  0  0
      0  0  0  0  0  0  0  0];
dctCr1=blkproc(dctCr1,[blk blk],'P1. * x',mask);
Cr1=blkproc(dctCr1,[blk blk],'P1 * x * P2',T',T);

blk=8;
T=dctmtx(blk);
dctY2=blkproc(Y,[blk blk],'P1 * x * P2',T,T');               %亮度分块 dct
mask=[1  1  0  0  0  0  0  0
      1  0  0  0  0  0  0  0
      0  0  0  0  0  0  0  0
      0  0  0  0  0  0  0  0
      0  0  0  0  0  0  0  0
      0  0  0  0  0  0  0  0
      0  0  0  0  0  0  0  0
      0  0  0  0  0  0  0  0];
dctY2=blkproc(dctY2,[blk blk],'P1. * x',mask);
Y2=blkproc(dctY2,[blk blk],'P1 * x * P2',T',T);

dctCb2=blkproc(Cb,[blk blk],'P1 * x * P2',T,T');             %蓝色色度分块 dct
mask=[1  1  0  0  0  0  0  0
      1  0  0  0  0  0  0  0
      0  0  0  0  0  0  0  0
      0  0  0  0  0  0  0  0
      0  0  0  0  0  0  0  0
      0  0  0  0  0  0  0  0
      0  0  0  0  0  0  0  0
      0  0  0  0  0  0  0  0];
dctCb2=blkproc(dctCb2,[blk blk],'P1. * x',mask);
Cb2=blkproc(dctCb2,[blk blk],'P1 * x * P2',T',T);

dctCr2=blkproc(Cr,[blk blk],'P1 * x * P2',T,T');             %红色色度分块 dct
```

```
mask=[1  1  0  0  0  0  0  0
      1  0  0  0  0  0  0  0
      0  0  0  0  0  0  0  0
      0  0  0  0  0  0  0  0
      0  0  0  0  0  0  0  0
      0  0  0  0  0  0  0  0
      0  0  0  0  0  0  0  0
      0  0  0  0  0  0  0  0];
dctCr2=blkproc(dctCr2,[blk blk],'P1. * x',mask);
Cr2=blkproc(dctCr2,[blk blk],'P1 * x * P2',T',T);

blk=8;
T=dctmtx(blk);
dctY3=blkproc(Y,[blk blk],'P1 * x * P2',T,T');                %亮度分块 dct
mask=[0  0  0  0  0  0  0  0
      0  0  0  0  0  0  0  0
      0  0  0  0  0  0  0  1
      0  0  0  0  0  0  1  1
      0  0  0  0  0  1  1  1
      0  0  0  0  1  1  1  1
      0  0  0  1  1  1  1  1
      0  0  1  1  1  1  1  1];
dctY3=blkproc(dctY3,[blk blk],'P1. * x',mask);
Y3=blkproc(dctY3,[blk blk],'P1 * x * P2',T',T);

dctCb3=blkproc(Cb,[blk blk],'P1 * x * P2',T,T');              %蓝色色度分块 dct
mask=[0  0  0  0  0  0  0  0
      0  0  0  0  0  0  0  0
      0  0  0  0  0  0  0  1
      0  0  0  0  0  0  1  1
      0  0  0  0  0  1  1  1
      0  0  0  0  1  1  1  1
      0  0  0  1  1  1  1  1
      0  0  1  1  1  1  1  1];
dctCb3=blkproc(dctCb3,[blk blk],'P1. * x',mask);
Cb3=blkproc(dctCb3,[blk blk],'P1 * x * P2',T',T);

dctCr3=blkproc(Cr,[blk blk],'P1 * x * P2',T,T');              %红色色度分块 dct
mask=[0  0  0  0  0  0  0  0
      0  0  0  0  0  0  0  0
      0  0  0  0  0  0  0  1
      0  0  0  0  0  0  1  1
      0  0  0  0  0  1  1  1
      0  0  0  0  1  1  1  1
      0  0  0  1  1  1  1  1
      0  0  1  1  1  1  1  1];
dctCr3=blkproc(dctCr3,[blk blk],'P1. * x',mask);
Cr3=blkproc(dctCr3,[blk blk],'P1 * x * P2',T',T);
```

5. 将亮度和色度还原为 RGB 三原色，即 YCbCr2RGB(YCbCr 转换为 RGB)。

```
matrix=inv(matrix);
for i=1:m
    for j=1:n
        tmp=matrix*[Y1(i,j) Cb1(i,j)-128 Cr1(i,j)-128]';
        R1(i,j)=tmp(1);
        G1(i,j)=tmp(2);
        B1(i,j)=tmp(3);
    end
end
for i=1:m
    for j=1:n
        tmp=matrix*[Y2(i,j) Cb2(i,j)-128 Cr2(i,j)-128]';
        R2(i,j)=tmp(1);
        G2(i,j)=tmp(2);
        B2(i,j)=tmp(3);
    end
end
for i=1:m
    for j=1:n
        tmp=matrix*[Y3(i,j) Cb3(i,j)-128 Cr3(i,j)-128]';
        R3(i,j)=tmp(1);
        G3(i,j)=tmp(2);
        B3(i,j)=tmp(3);
    end
end
```

6. 显示输出的压缩图像。

```
img(:,:,1)=R1;
img(:,:,2)=G1;
img(:,:,3)=B1;
subplot(222);
imshow(uint8(img)),title('8*8 分块左上 4 三角 DCT 后的压缩图像 ');
img(:,:,1)=R2;
img(:,:,2)=G2;
img(:,:,3)=B2;
subplot(223);
imshow(uint8(img)),title('8*8 分块左上 2 三角 DCT 后的压缩图像 ');
img(:,:,1)=R3;
img(:,:,2)=G3;
img(:,:,3)=B3;
subplot(224);
imshow(uint8(img)),title('8*8 分块右下 6 三角 DCT 后的压缩图像 ');
```

五、思考题

1. 系数如何选择，才能使得压缩效果与恢复图像质量之间达到平衡？
2. 图像分块大小的改变对图像恢复质量有何影响？

3.4 小波变换图像压缩实验

3.4.1 实验原理

小波变换(Wavelet Transform, WT)是一种具有很好局域化(在时域和频域)的时-频(在图像处理中又称空-频)分析的综合方法。针对不同类型的图像特点中的不同区域采用不同的空-频分辨率,有可能得到比其他变换方法更高的压缩比。

对于连续函数 $f(x)$ 的连续小波变换定义为

$$\mathrm{WT}(j,k)=\frac{1}{\sqrt{j}}\int_{-\infty}^{\infty}\psi^*\left(\frac{x-k}{j}\right)f(x)\mathrm{d}x$$

$f(x)\in L^2(R)$,$L^2(R)$ 为可测的平方可积函数空间。$\psi_{j,k}(x)$ 是小波函数中的基函数。通过对上式中平移参数 k 和尺度参数 j 的取样可得到

$$j=j_0^m,\quad k=nk_0j_0^m$$

其中,$j_0>1$;$k_0\in R$;$(m,n)\in Z^2$。

则离散小波变换(DWT)可定义为

$$\mathrm{WT}(m,n)=\int_{-\infty}^{\infty}\psi_{m,n}^*(x)f(x)\mathrm{d}x$$

其中,$\psi_{m,n}(x)=j_0^{-m/2}\psi(j_0^{-m}x-nk_0)$。在小波变换的实际应用中,取 $j_0=2$,$k_0=1$。

小波基的特性描述如下。

1. 可分离性、尺度可变性和平移性。

小波基可用三个可分的二维小波来表示

$$\psi^H(x,y)=\psi(x)\varphi(y)$$
$$\psi^V(x,y)=\varphi(x)\psi(y)$$
$$\psi^D(x,y)=\psi(x)\psi(y)$$

其中,$\psi^H(x,y)$、$\psi^V(x,y)$ 和 $\psi^D(x,y)$ 分别称为水平、垂直和对角小波,并且一个二维可分的尺度函数是

$$\varphi(x,y)=\varphi(x)\varphi(y)$$

每个二维函数是两个一维实平方可积的尺度和小波函数的乘积

$$\varphi_{j,k}(x)=2^{j/2}\varphi(2^jx-k)$$
$$\psi_{j,k}(x)=2^{j/2}\psi(2^jx-k)$$

平移参数 k 决定了这些一维函数沿 x 轴的位置,尺度 j 决定了它们的宽度,即它们沿 x 轴有多宽多窄,而 $2^{j/2}$ 控制它们的高度或振幅。

2. 多分辨率的一致性。

刚介绍的一维尺度函数满足多分辨率分析的如下需求。

(1) $\varphi_{j,k}$ 与其整数平移正交。

(2)在低尺度或低分辨率(如较小的 j)下可表示为一系列 $\varphi_{j,k}$ 展开的一组函数,包含在可以以更高尺度表示的那些函数中。

(3)唯一可以以任意尺度表示的函数是 $f(x)=0$。

(4)当 $j\to\infty$ 时,可用任何精度来表示任何函数。

当这些条件满足时，就存在一个伴随小波 $\psi_{j,k}$ 及其整数平移和二进制尺度，其变化范围是在邻接尺度上可表示的任意两组函数 $\varphi_{j,k}$ 之间的差。

3. 正交性。

展开函数（如 $\varphi_{j,k}(x)$）对于一组一维可测的、平方可积函数形成一个正交基或双正交基。

在上面性质的一个重要结果是 $\varphi(x)$ 和 $\psi(x)$ 可以用它们自身的双分辨率副本的线性组合来表达。这样，经过序列展开

$$\varphi(x)=\sum_{n}h_{\varphi}(n)\sqrt{2}\varphi(2x-n)$$

$$\psi(x)=\sum_{n}h_{\psi}(n)\sqrt{2}\varphi(2x-n)$$

其中，h_{φ} 和 h_{ψ} 的展开系数分别称为尺度和小波向量，它们是快速小波变换（FWT）滤波器的系数。

DWT 的迭代计算方法如图 3-4-1 所示。其处理过程为：在尺度 $j+1$ 处的 DWT 系数 $W_{\varphi}(j+1,m,n)$ 通过滤波器分为高、低频两部分，在列方向上进行下采样后，对高、低频系数分别再进行一次高、低频滤波，完成行方向上下采样后就可得到 4 个尺度 j 处的 DWT 系数，分别表示为 $W_{\varphi}(j,m,n)$、$\{W_{\psi}^{i}(j,m,n),i=H,V,D\}$。$h_{\varphi}(-n)$ 和 $h_{\psi}(-m)$ 分别是低通和高通分解滤波器。包括 2 和向下箭头的方框表示下取样，即从点的序列中每隔一个点来提取一个点。用于计算 $W_{\psi}^{H}(j,m,n)$ 的滤波和下取样操作是

$$W_{\psi}^{H}(j,m,n)=h_{\psi}(-m)*[h_{\varphi}(-n)*W_{\varphi}(j+1,m,n)|_{n=2k,k\geqslant0}]|_{m=2k,k\geqslant0}$$

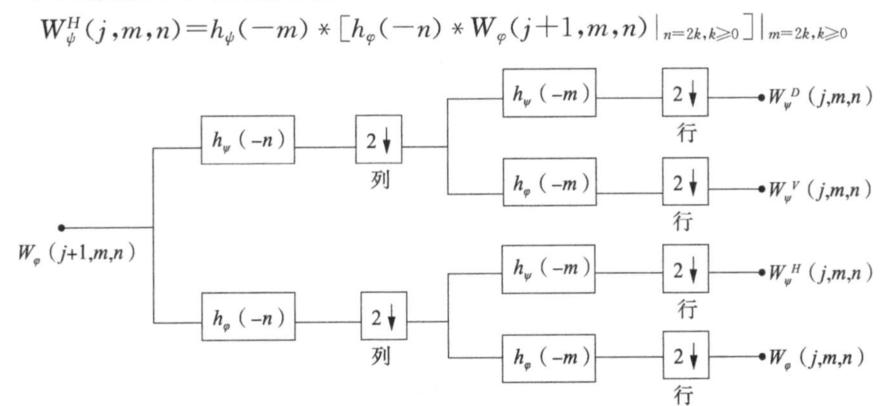

图 3-4-1　二维快速小波变换滤波器组

每当输入通过图中的滤波器组时，输入就会被分解为 4 个较低分辨率（或低尺度）的分量。W_{φ} 被称为近似系数，是通过两个低通滤波器（如基于 h_{φ}）产生的；$\{W_{\psi}^{i},i=H,V,D\}$ 分别是水平、垂直和对角线细节系数。

在重构的每次迭代中，如图 3-4-2 所示，都是对 4 个尺度 j 近似和细节子图像上取样（通过在每两个元素间插入零），并通过两个一维滤波器（一个执行子图像的列操作，另一个执行行操作）进行卷积操作。结果相加产生了尺度 $j+1$ 近似，这个过程会一直重复，直到原图像被重构为止。

对于二维图像信号，可以依图 3-4-1 分别在水平和垂直方向进行滤波的方法实现二维小波多分辨率分解。原始图像信号进行一级小波分解分成 4 个子带，分别为：相当于图 3-4-1 中 $W_{\varphi}(j,m,n)$ 的 LL 子带，它对应图像的低频成分；$W_{\psi}^{H}(j,m,n)$ 的 LH 子带，它对应水平低通—垂直高通，反映图像在垂直方向的高频细节；$W_{\psi}^{V}(j,m,n)$ 的 HL 子带，它对应水平高通—垂直低通，反映图像在水平方向的高频细节；$W_{\psi}^{D}(j,m,n)$ 的 HH 子带，它对应水平和垂直两个方向的高通，反映图像在对角线方向的高频细节。图 3-4-3 所示为相应的二维分解频带划分示意图。

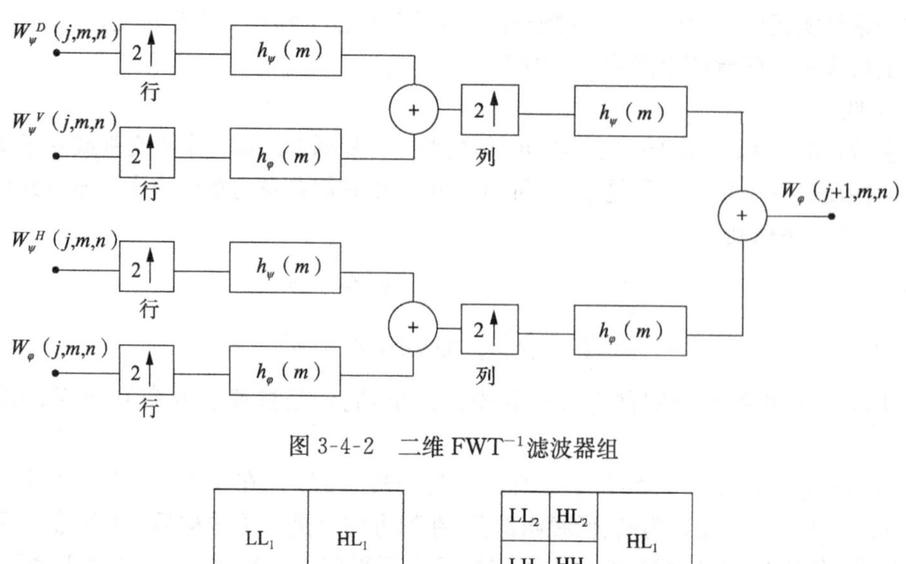

图 3-4-2　二维 FWT^{-1} 滤波器组

LL_1	HL_1
LH_1	HH_1

(a) 一级

LL_2	HL_2	HL_1
LH_2	HH_2	
LH_1		HH_1

(b) 二级

图 3-4-3　二维小波分解频带划分示意图

在小波函数族中，存在多种不同性质的母小波，目前常用的有 Haar、Daubechies(db)、Symlets、Coiflets 等。小波的选取非常重要，应从小波变换的数学本质出发，根据信号本身的特点和处理的要求，选择相适应的小波，是充分发挥小波变换优点的基础。

wfilters — 输出滤波器系数
waveinfo — 提供工具箱中所有小波的信息
waverec2 — 多层二维小波重构
wavedec2 — 多层二维小波分解
dwt2 — 单层离散二维小波变换
idwt2 — 单层离散二维小波逆变换

3.4.2　实验方法

一、实验目的

1. 掌握 DWT 变换的基本原理。
2. 了解 DWT 的应用。
3. 熟悉利用工具进行设计的基本流程。

二、实验工具与平台

1. C、Python、MATLAB 等软件开发平台。

2. 创新开发实验箱。

三、实验内容与步骤

1. 对图像信号进行二维小波一级分解。
2. 对上述图像信号进行二级分解。
3. 按照不同的分辨率要求恢复图像。
4. 计算相应的误差。

四、参考程序

例 3-4 对图像文件“lena. bmp”进行小波一级分解、二级分解，并恢复图像。

MATLAB参考程序如下：

1. 小波变换一级分解。

```
clear;
close all;
color_pic=imread('lena. bmp');                  %读取图像
gray_pic=rgb2gray(color_pic);                   %将彩色图转换成灰度图
figure('name','小波变换一级分解');
[c,s]=wavedec2(gray_pic,1,'db4');               %小波一级分解,小波基函数采用db4
ca1=appcoef2(c,s,'db4',1);                      %低频分量
ch1=detcoef2('h',c,s,1);                        %高频水平分量
cv1=detcoef2('v',c,s,1);                        %高频垂直分量
cd1=detcoef2('d',c,s,1);                        %高频对角分量
subplot(2,2,1);imshow(ca1,[]);title('LL1');
subplot(2,2,2);imshow(ch1,[]);title('HL1');
subplot(2,2,3);imshow(cv1,[]);title('LH1');
subplot(2,2,4);imshow(cd1,[]);title('HH1');
```

2. 小波变换一级重构。

```
clear;
close all;
color_pic=imread('lena. bmp');                  %读取图像
gray_pic=rgb2gray(color_pic);                   %将彩色图转换成灰度图
figure('name','小波变换一级重构');
[c,s]=wavedec2(gray_pic,1,'db4');               %小波一级分解,小波基函数采用db4
re_ca1=wrcoef2('a',c,s,'db4',1);                %重建第一层低频分量系数
re_ch1=wrcoef2('h',c,s,'db4',1);                %重建第一层高频水平分量系数
re_cv1=wrcoef2('v',c,s,'db4',1);                %重建第一层高频垂直分量系数
re_cd1=wrcoef2('d',c,s,'db4',1);                %重建第一层高频对角分量系数
re_set1=[re_ca1,re_ch1;re_cv1,re_cd1];          %将各个分量图像拼接在一张图像
subplot(1,2,1);imshow(re_set1,[]);title('第一层小波系数的重构');
re_img1=re_ca1+re_ch1+re_cv1+re_cd1;            %将各个分量合并复原
subplot(1,2,2);
imshow(re_img1,[]);
title('一级重构图像');
```

3. 小波变换二级分解。

```
clear;
close all;
color_pic=imread('lena.bmp');                          %读取图像
gray_pic=rgb2gray(color_pic);                          %将彩色图转换成灰度图
figure('name','小波变换二级分解');
[c,s]=wavedec2(gray_pic,2,'db4');                      %小波二级分解
%小波一级分解分量
ca1=appcoef2(c,s,'db4',1);                             %低频分量
ch1=detcoef2('h',c,s,1);                               %高频水平分量
cv1=detcoef2('v',c,s,1);                               %高频垂直分量
cd1=detcoef2('d',c,s,1);                               %高频对角分量
%显示第1级分解各分量
subplot(4,4,[3,4,7,8]);imshow(ch1,[]);title('HL1');
subplot(4,4,[9,10,13,14]);imshow(cv1,[]);title('LH1');
subplot(4,4,[11,12,15,16]);imshow(cd1,[]);title('HH1');
%提取第2层的各分量
ca2=appcoef2(c,s,'db4',2);                             %低频分量
ch2=detcoef2('h',c,s,2);                               %高频水平分量
cv2=detcoef2('v',c,s,2);                               %高频垂直分量
cd2=detcoef2('d',c,s,2);                               %高频对角分量
%显示第2级分解各分量
subplot(4,4,1);imshow(ca2,[]);title('LL2');
subplot(4,4,2);imshow(ch2,[]);title('HL2');
subplot(4,4,5);imshow(cv2,[]);title('LH2');
subplot(4,4,6);imshow(cd2,[]);title('HH2');
```

4. 小波变换二级重构。

```
clear;
close all;
color_pic=imread('lena.bmp');                          %读取图像
gray_pic=rgb2gray(color_pic);                          %将彩色图转换成灰度图
figure('name','小波变换二级重构');
[c,s]=wavedec2(gray_pic,2,'db4');                      %小波二级分解
re_ca2=wrcoef2('a',c,s,'db4',2);                       %重建第二层低频分量系数
re_ch2=wrcoef2('h',c,s,'db4',2);                       %重建第二层高频水平分量系数
re_cv2=wrcoef2('v',c,s,'db4',2);                       %重建第二层高频垂直分量系数
re_cd2=wrcoef2('d',c,s,'db4',2);                       %重建第二层高频对角分量系数
re_set2=[re_ca2,re_ch2;re_cv2,re_cd2];                 %将各个分量图像拼接在一张图像
subplot(1,2,1);imshow(re_set2,[]);title('第二层小波系数的重构');
re_img2=re_ca2+re_ch2+re_cv2+re_cd2;                   %将各个分量合并复原
subplot(1,2,2);imshow(re_img2,[]);title('二级重构图像');
```

数据图像如图 3-4-4 所示。

彩图

图 3-4-4　“lena. bmp”图像

测试结果图 3-4-5 所示。

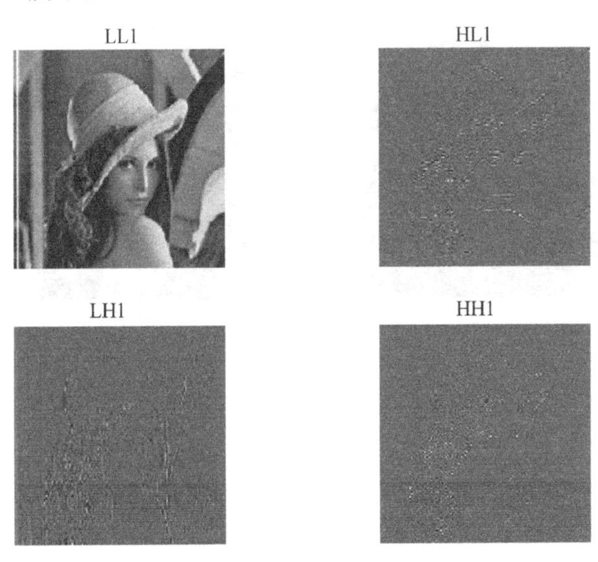

(a) 一级分解

第一层小波系数的重构

一级重构图像

(b) 一级重构

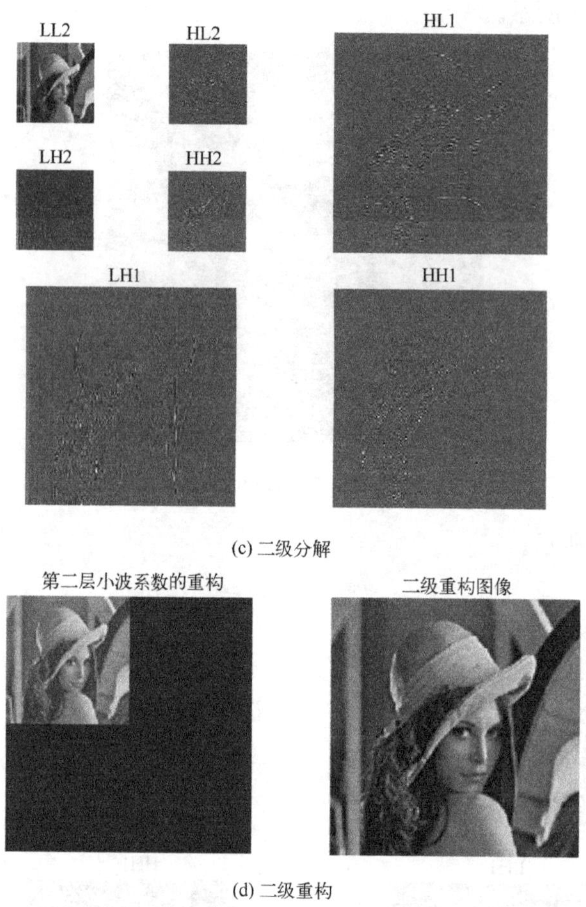

(c) 二级分解

(d) 二级重构

图 3-4-5　测试结果

五、思考题

1. 分析小波变换中多分辨率特性带来的优势。
2. 分析不同小波基的应用场合。
3. 简述小波变换的应用情况和发展趋势。

3.5　图像压缩综合系统实验

3.5.1　实验原理

一、失真度量

实际图像要经过采样和数字化后变成计算机可以处理的数字图像，一般可以将其看成是一个 $m\times n$ 的矩阵，其中的每一个元素表示对应区域的颜色或亮度的一个数字化采样，称为像素(pixel)，$m\times n$ 称为图像的分辨率。

数字图像包括二值图像、灰度图像和彩色图像(分为真彩色图像和索引彩色图像)。黑白二值图像用0和1来表示黑、白两种颜色，使用JBIG标准来进行压缩；灰度图像是指每一个数值表示的是不同的灰度级别，一般用0表示黑色，255表示白色，1～254表示中间的黑白程度；真彩色图像则是指用一个三元组分别表示各像素对应的红、绿、蓝三原色的强度(RGB)，或者其他的颜色表示方法(如YUV)的各分量的值，通常也取值0～255；索引彩色图像指的是把图像中所用的彩色分别表示出来，而每一个像素的数值只是这些颜色的一个索引值，一般计算机上使用的有256色、16色图像等，通常的图像格式GIF适合表示这些图像。

图像数据的压缩，不仅要考虑其压缩比率，还应当比较经过压缩和还原之后的图像(重构图像)与原始图像的误差。设原始图像和重构图像的所有像素值分别为P_i和Q_i(其中，$1\leqslant i\leqslant n$)，首先定义两幅图像的均方误差(Mean Square Error，MSE)

$$\mathrm{MSE}=\frac{1}{n}\sum_{i=1}^{n}(P_i-Q_i)^2$$

均方根误差(root MSE，RMSE)定义为MSE的平方根，从而峰值信噪比(peak signal-to-noise ratio，PSNR)定义为

$$\mathrm{PSNR}=20\lg\frac{\max_i|P_i|}{\mathrm{RMSE}}$$

图像之间越相似，RMSE值越小，而PSNR越大。

二、JPEG标准基本框架

在JPEG(Joint Photographic Experts Group)基准编码系统中，输入和输出图像都限制为8比特图像，而量化的DCT系数值限制在11比特。从图3-5-1所示的简化方框图中可以看到，压缩本身分4步执行：8×8子图像提取、DCT计算、量化以及变长码分配。

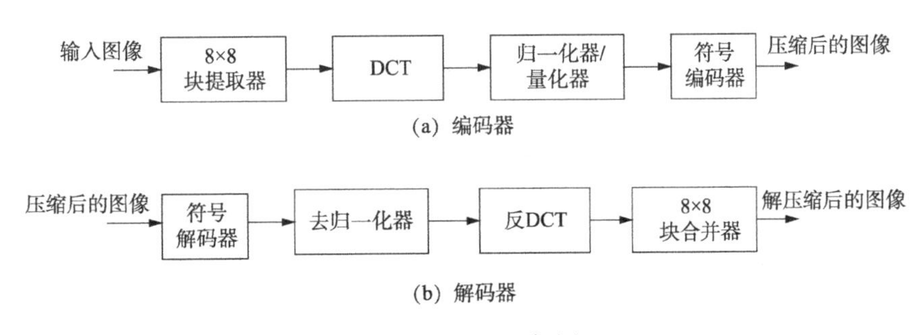

图3-5-1　JPEG框图

JPEG数据压缩算法主要包含三个重要步骤：DCT、系数量化和无失真压缩。实际的JPEG压缩步骤还应当包括更多。

(1)彩色图像转换。对于RGB表示的彩色图像，需要把它转换到亮度、色度空间，灰度图像则不需要这一步。因为视觉对亮度的变化敏感，而对于色度不敏感，所以可以对色度部分采用较低的质量标准，以达到更高的压缩效率。如果不进行色坐标的转换，则需要对不同的彩色分量采用相同的误差标准，影响压缩的效果。

(2)通过原始图像产生低分辨率的图像(下采样)，灰度图像跳过这一步。因为视觉对不同的分量有不同的敏感程度，亮度分量不作下采样，而只对色度分量进行下采样，下采样一般以2∶1的比率在水平和(或)垂直方向上进行。

(3)把每个彩色分量按8×8像素分成小块，如果图像的行数或列数不是8的倍数，则复制最

右和最下面的列与行使其达到 8 的倍数。

(4)对每一块的数据应用 DCT,产生一个 8×8 的频率分量。

(5)把每一块的变换结果(即频率分量)按各自的量化系数进行量化,实际的量化过程是通过一个量化表,各个频率分量除以对应的量化表中的值,即量化系数,再四舍五入为一个整数。量化表如表 3-5-1～表 3-5-3 所示。

表 3-5-1 JPEG 建议亮度量化表

16	11	10	16	24	40	51	61
12	12	14	19	26	58	60	55
14	13	16	24	40	57	69	56
14	17	22	29	51	87	80	62
18	22	37	56	68	109	103	77
24	35	55	64	81	104	113	92
49	64	78	87	103	121	120	101
72	92	95	98	112	100	103	99

表 3-5-2 JPEG 建议色度量化表

17	18	24	47	99	99	99	99
18	21	26	66	99	99	99	99
24	26	56	99	99	99	99	99
47	66	99	99	99	99	99	99
99	99	99	99	99	99	99	99
99	99	99	99	99	99	99	99
99	99	99	99	99	99	99	99
99	99	99	99	99	99	99	99

表 3-5-3 JPEG 的 zigzag 系数排列顺序

0	1	5	6	14	15	27	28
2	4	7	13	16	26	29	42
3	8	12	17	25	30	41	43
9	11	18	24	31	40	44	53
10	19	23	32	39	45	52	54
20	22	33	38	46	51	55	60
21	34	37	47	50	56	59	61
35	36	48	49	57	58	62	63

(6)对于量化后的系数,用 RLE 和 Huffman 码联合编码。

3.5.2 实验方法

一、实验目的

1. 了解 JPEG 标准的基本框架。
2. 掌握图像传输系统的基本原理。

3. 了解图像传输系统中的关键技术。

4. 熟悉利用工具进行设计的基本流程。

二、实验工具与平台

1. C、Python、MATLAB 等软件开发平台。

2. 创新开发实验箱。

三、实验内容与步骤

1. 采用 JPEG 算法(DCT 以及量化表)编写压缩程序,对标准测试图像进行压缩,形成新的压缩文件。

2. 对压缩文件进行解压缩程序,计算图像文件压缩前后的大小,并计算各自数据的压缩率、MSE 和 PSNR。

3. 通过调节质量因子,尝试不同的压缩质量,分别计算数据压缩率与 PSNR 值。

4. 分析压缩率与 PSNR 的关系。

5. 基于实验平台,将 JPEG 算法在 DSP 中实现,将从摄像头采集来的视频图像,经过 JPEG 算法编码后,再将其解码,然后输出到显示屏上。

6. 设计图像传输系统,包括信源(图像)、信源编码、信道编码、AWGN、信道译码、信源译码、信宿等模块。

设计要求:

①在保证恢复图像效果可分辨的情况下,从复杂性、延时等方面综合考虑,合理选择信源编码和信道编码;

②对该系统的性能进行测试,从主观和客观两个方面考虑。

四、参考程序

例 3-5　利用 3.1～3.4 所学内容,可构建一个数字图像传输系统,包括信源、信源编码、信道编码、信道、信道译码、信源译码、信宿等模块,计算图像压缩的峰值信噪比。

以下为一个数字图像传输系统的参考界面示例(图 3-5-2)和部分模块的 MATLAB 代码。

1. 图像传输系统界面。

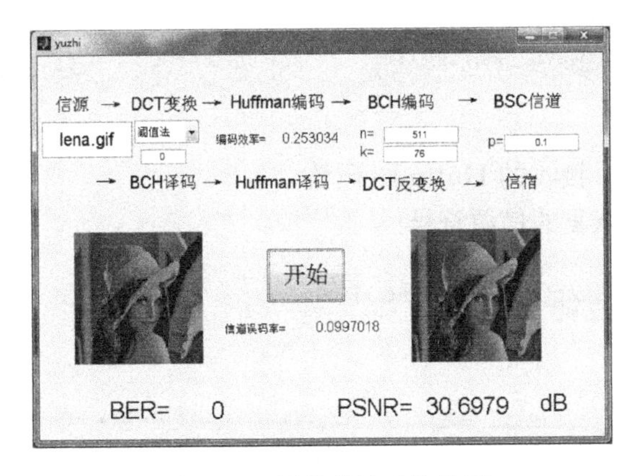

图 3-5-2　图像传输系统界面

2. DCT 变换。

```
I = imread('lena.gif');
I = im2double(I);
T = dctmtx(8);
dct = @(x)T * x * T';
B = blkproc(I,[8 8],dct);
```

3. Huffman 编码。

(1)概率统计。

说明：sym_seq —— 编码器输入的符号序列

　　sym ——信源符号数组

　　p ——概率数组

```
m = 1;
sym (1) =  sym_seq (1);
p (1) = 0;
for i=1:length(sym_seq);
    flag=0;
    for j=1:m;
        if sym (j)== sym_seq (i);
            flag=1;
            p(j) = p(j)+1/length(sym_seq);
        end
    end
    if flag == 0;
        m = m+1;
        sym(m) = sym_seq(i);
        p(m)=1/length(sym_seq);
    end
end
```

(2)编码。

说明：dic —— Huffman 码字典

　　hcode —— Huffman 码流

```
dict= huffmandict(sym, p);
hcode = huffmanenco(sym_seq,dict);
```

4. Huffman 译码。

说明：hcode_rev —— 接收的 Huffman 码流

　　sym_rev ——恢复的信源符号

```
sym_rev = huffmandeco(hcode_rev,dict);
```

5. DCT 逆变换。

```
invdct = @(x)T' * x * T;
K= blkproc(z,[8 8],invdct);
I3=I-K;
PSNR=20 * log10(max(max(I))/sqrt(mse(I3)));          %计算 PSNR
```

分析:从图像传输系统界面可以看出,图像压缩采用 DCT 变换后,进行 Huffman 编码和 BCH 编码,通过 BSC 信道后执行逆过程。误码率 BER=0,峰值信噪比 PSNR=30.6979dB, PSNR 越大说明变换后的图像与原图越相似。

五、思考题

1. 如果将基本 JPEG 框架中的 DCT 变换替换为小波变换,图像压缩效果会有哪些改善?
2. 目前流行的图像压缩软件采用了哪些关键技术?

中国自主知识产权的视频编码标准——AVS

AVS 标准于 2006 年 2 月颁布,即国家标准 GB/T 20090.2,也被称为 AVS1-P2;它是中国制定的第一个具有完全自主知识产权的视频编码标准,具有划时代的意义。它采用了传统的混合编码框架,编码过程由预测、变换、熵编码和环路滤波等模块组成,这和 H.264 是类似的。但是在每个技术环节上都有创新,因为 AVS 标准必须把不可控的专利技术拿掉,换成自己的技术。在技术先进性上,AVS1-P2 和 H.264 都属于第二代信源编码标准。AVS 与 H.264 相比,主要具有以下特点:①性能高,与 H.264 的编码效率处于同一水平;②复杂度低,算法复杂度比 H.264 明显低,软硬件实现成本都低于 H.264;③我国掌握主要知识产权,专利授权模式简单,费用低。

2016 年 5 月 6 日,国家广播电视总局颁布行业标准 AVS2-P2 或 AVS2,其标准号 GY/T299.1-2016。该标准包含了三个档次,分别是基准图像档次、基准档次、基准 10 位档次。其中,基准图像档次面向图像编码的应用,基准档次面向 2D 的高清和超高清视频应用,基准 10 位档次面向采样精度达到 10 位的 2D 超高清视频应用。AVS2 视频编码也采用传统的混合编码框架,其框架结构与国际标准 H.265 基本一致,但 AVS2 在主要的技术环节上都采用了新的技术,使得 AVS2 的编码效率在某些方面明显高于 H.265。按照视频编码标准的时代划分,AVS2 与 H.265 都是第三代视频编码标准。AVS2 的颁布,标志着中国的视频编码标准已经超过了国际标准,实现了弯道超车。

AVS 标准虽然立足于自主知识产权,但是它的应用绝不仅限于国内。AVS 标准已经出口到多个国家,在 2007 年 5 月 7 日召开的国际电信联盟(ITU-T)IPTV FG 第四次会议上,AVS1 与 MPEG-2、H.264、VC-1 并列为 IPTV 可选视频编码标准。我国已于 2014 年启动第三代 AVS 标准的制定工作,2019 年 3 月 9 日,第三代 AVS 视频标准(AVS3)基准档次起草完成。2022 年 7 月,AVS3 被正式纳入国际数字视频广播组织(DVB)核心规范,这标志着我国自主研制的音视频编解码标准首次被数字广播和宽带应用领域最具影响力的国际标准化组织采用,是中国标准“走出去”的里程碑进展之一。

AVS3 性能相较于 AVS2 提升 30%;基于 AVS3 标准的 8K 50p 实时信号编码,码率范围支持到 80~120Mbps,编码质量方面对标 H.266,且同等码率下视频质量优于 H.265。2021 年 2 月 1 日,我国首个 8K 电视超高清频道 CCTV8K 成功实验播出,CCTV8K 超高清频道首次采用 AVS3 视频编码标准。目前,AVS3 已通过电视、互联网、移动设备等方式在 2021 年央视春晚、2022 年北京冬奥会等大型直播活动中广泛应用。

第 4 章　信 道 编 码

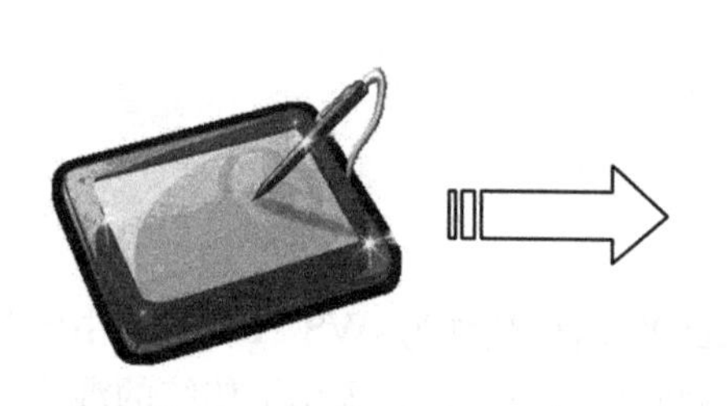

本章主要实验内容：

- √　汉明码编译码
- √　RS 码编译码
- √　Turbo 码编译码
- √　乘积码编译码
- √　LDPC 码编译码
- √　Polar 码编译码

在通信系统中，信道编码模块位于信源编码模块之后，主要作用是提高系统的抗干扰能力，降低误码率。信道编码从 20 世纪 50 年代发展至今，已经涌现出多种编码方法，应用于通信传输各领域，具有较好的理论基础。本章所涉及的关键技术包括汉明码、RS 码、乘积码、Turbo 码及 LDPC 码及 Polar 码等。

4.1　汉明码编译码实验

4.1.1　实验原理

汉明码是一种重要的完备码，由对纠错编码做出杰出贡献的科学家汉明（Hamming）于 1950 年提出，主要有以下特征：

- 码长　$n = 2^m - 1(m>2)$
- 信息位数　$k = 2^m - m - 1$
- 监督码位　$r = n - k = m$
- 最小码距　$d = 3$
- 纠错能力　$t = 1$

一般采用循环汉明码，生成多项式为

$m = 3$：$x^3 + x + 1$

$m = 4$：$x^4 + x + 1$

$m = 5$：$x^5 + x^2 + 1$

循环码编码译码电路如图 4-1-1 所示，采用$(n-k)$级除法电路，以生成多项式来构造电路。

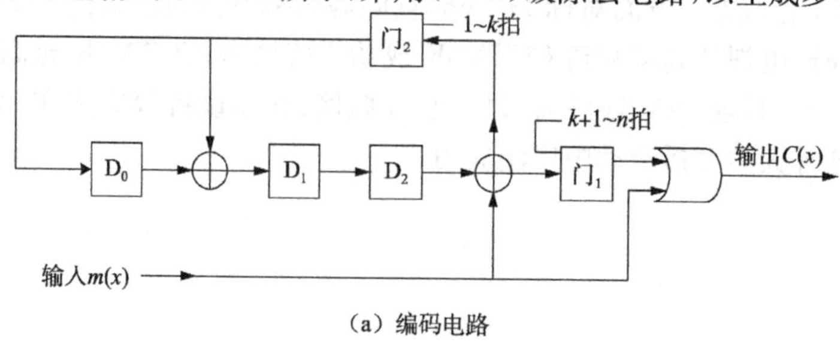

（a）编码电路

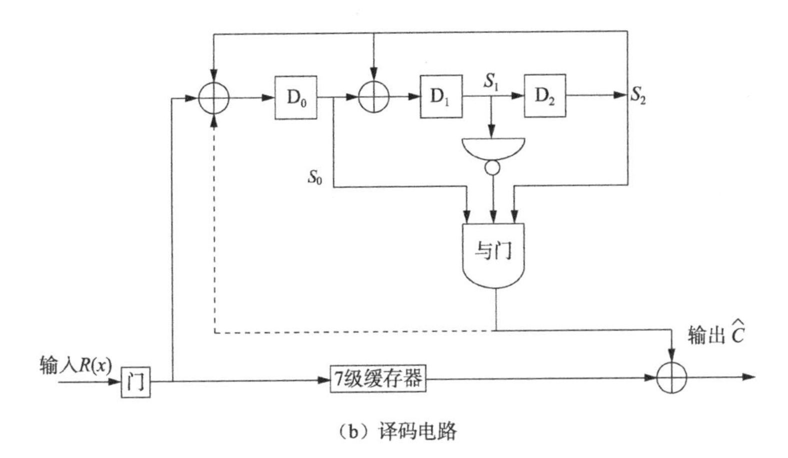

(b) 译码电路

图 4-1-1 (7,4)汉明码编译码电路

4.1.2 实验方法

一、实验目的

1. 掌握汉明码编译码基本原理。
2. 掌握汉明码的纠错性能。
3. 熟悉利用工具进行设计的基本流程。

二、实验工具与平台

1. C、Python、MATLAB 等软件开发平台。
2. 通信原理实验创新平台。

三、实验内容与步骤

1. 进行汉明码编码,给出码字序列。
2. 将码序列通过信道(BSC、AWGN 等),得到接收序列,并进行相应的译码,给出译码序列。
3. 改变信道参数(错误转移概率 p、信噪比),仿真误码性能,绘制性能曲线。
4. 改变汉明码码长(可选 $n=7, 15, 31, 63, 127$ 等),重复步骤 1~3。
5. 基于硬件实验平台,将编译码算法进行 FPGA 实现,给出运行结果。

四、参考程序

MATLAB R2020a 版本中线性分组码编译码函数为 encode 和 decode。

(一)线性分组码的编码实现

1. 利用库函数(encode)来实现。

语法:

```
code = encode(msg,n,k);   %对二进制信息 msg 进行汉明编码
```

信息位为 k 比特，码字长为 n 比特。汉明码是一种可纠正单个错误的线性分组码。

```
code = encode(msg,n,k,method,opt);    %通用形式
```

msg 是信息；method 是编码方式（汉明码、线性分组码、循环码、BCH 码、RS 码、卷积码）；n 是码字长度；k 是信息位长度；opt 是有些编码方式所需要的参数。

下面是以线性分组码为例，具体阐述 msg 分别为向量、矩阵时使用 encode 函数的方法。

M 文件 1：

```
n = 6;k = 4;
msg = [1 0 0 1 1 0 1 0 1 0 1 1];
code = encode(msg,n,k,'cyclic');
```

运行后：在 MATLAB 命令窗口中输入 msg 和 code，可以看到输出结果。

M 文件 2：

```
n = 6;k = 4;
msg = [1 0 0 1; 1 0 1 0;1 0 1 1];
code = encode(msg,n,k,'cyclic');
```

2. 利用生成矩阵实现编码。利用 encode 函数编码，编码过程隐含在 encode 函数内部，为了加深对编码原理的理解，下面根据线性分组码的编码原理来实现编码。

例 4-1　生成矩阵 G=[1 0 0 1 0 1 1;0 1 0 1 0 1 0;0 0 1 1 0 0 1;0 0 0 0 1 1 1]，信息序列 m =[1 0 1 1]，求编码后的码序列 C。

```
G = [1 0 0 1 0 1 1;0 1 0 1 0 1 0;0 0 1 1 0 0 1;0 0 0 0 1 1 1];
m =[1 0 1 1];
C = rem(m * G,2);
disp(C)
ans:
1 0 1 0 1 0 1
```

（二）线性分组码的译码实现

1. 利用库函数（decode）来实现。

语法：

```
msg = decode(code,n,k);            %对码长 n,信息位长度 k 的汉明码进行译码
msg = decode(code,n,k,method,opt1,opt2,opt3,opt4);
                                   %对接收到的码字，按 method 指定的方式（汉明码、线性分组
                                     码、循环码、BCH 码、RS 码、采用 Viterbi 算法的卷积码）进行
                                     译码，opt1,opt2,opt3,opt4 是可选参数。
```

例 4-2　已知(7,4)线性分组码，生成矩阵 G=[1 0 0 0 1 0 1;0 1 0 0 1 1 1;0 0 1 0 0 1 0;0 0 0 1 0 1 0]，当接收码字 g=[1 0 0 1 0 1 1]，求译码结果。

```
r = [1 0 0 1 0 1 1];
G = [1 0 0 0 1 0 1;0 1 0 0 1 1 1;0 0 1 0 0 1 0;0 0 0 1 0 1 0];
msg = decode(r,7,4,'linear',G);
ans:
msg = 1 0 0 1
```

2. 利用校验矩阵实现译码。

例 4-3 已知校验矩阵 H=[1 1 1 0 1 0 0;1 1 0 1 0 1 0;1 0 1 1 0 0 1],求接收码字 r=[1 0 1 0 1 0 1]时的译码。

```
r=[1 0 1 0 1 0 1];
H=[1 1 1 0 1 0 0;1 1 0 1 0 1 0;1 0 1 1 0 0 1];
s0 = rem([0 0 0 0 0 0 0] * H',2);                    %求错误图样的伴随式
s1 = rem([0 0 0 0 0 0 1] * H',2);
s2 = rem([0 0 0 0 0 1 0] * H',2);
s3 = rem([0 0 0 0 1 0 0] * H',2);
s4 = rem([0 0 0 1 0 0 0] * H',2);
s5 = rem([0 0 1 0 0 0 0] * H',2);
s6 =rem([0 1 0 0 0 0 0] * H',2);
s7 = rem([1 0 0 0 0 0 0] * H',2);
s = rem(r * H',2);
if s == s0                                           %由接收码字和对应的错误图样求码字
code = bitxor(r,[0 0 0 0 0 0 0]);
end
if s == s1
code = bitxor(r,[0 0 0 0 0 0 1]);
end
if s == s2
code = bitxor(r,[0 0 0 0 0 1 0]);
end
if s == s3
code = bitxor(r,[0 0 0 0 1 0 0]);
end
if s == s4
code = bitxor(r,[0 0 0 1 0 0 0]);
end
if s == s5
code = bitxor(r,[0 0 1 0 0 0 0]);
end
if s == s6
code = bitxor(r,[0 1 0 0 0 0 0]);
end
if s == s7
code = bitxor(r,[1 0 0 0 0 0 0]);
end
disp(code);
u = zeros(1,4);
u = [code(:,1),code(:,2),code(:,3),code(:,4),];      %系统码,原消息码是编码的前4位
disp(u);
0 0 1 0 1 0 1
u
0 0 1 0
```

思考题:如果将汉明码进行扩展,编译码电路如何修正?如果将汉明码进行缩短,编译码电路又如何修正?

五、思考题

1. 汉明码性能与哪些因素相关?
2. 扩展汉明码与汉明码性能比较。

4.2 RS码编译码实验

4.2.1 实验原理

RS码是里德-索罗门(Reed-Solomn)码的简称,它是一类非二进制BCH码。RS码是一类具有极强纠错能力的码,近年来在通信中获得了广泛应用,如卫星通信、深空通信等。在(n,k) RS码中,输入信号分成km比特一组,每组包括k个符号。每个符号由m比特组成。一个纠t个符号错误的RS码有如下参数:

码长	$n=2^m-1$	符号	或	$m(2^m-1)$	比特
信息段	k	符号	或	km	比特
校验段	$n-k=2t$	符号	或	$m(n-k)$	比特
最小码距	$d=2t+1$	符号	或	$m(2t+1)$	比特

RS码特别适合于纠正突发错误。

一、编码原理

要想构造里德-索罗门码的生成多项式,只需要构造适当的有限域并选择根,假设确定了根从α^i到α^{i+2t-1},生成子多项式就是

$$g(x)=(x+\alpha^i)(x+\alpha^{i+1})\cdots(x+\alpha^{i+2t-2})(x+\alpha^{i+2t-1})$$

与二进制BCH码相比较,对于i值的不同选择并不能影响码的维数和最小距离,因为不需要考虑共轭根。

例如,假设我们想要构造一个能纠正两个错误、长度为7的里德-索罗门码,首先用本原多项式x^3+x+1构造GF(2^3),如表4-2-1所示。选择$i=0$,根为α^0到α^3,则生成子多项式为

$$\begin{aligned}g(x)&=(x+\alpha^0)(x+\alpha^1)(x+\alpha^2)(x+\alpha^3)\\&=x^4+(\alpha^0+\alpha^1+\alpha^2+\alpha^3)x^3+(\alpha^1+\alpha^2+\alpha^4+\alpha^5)x^2+(\alpha^3+\alpha^4+\alpha^5+\alpha^6)x+\alpha^6\\&=x^4+\alpha^2x^3+\alpha^5x^2+\alpha^5x+\alpha^6\end{aligned}$$

表4-2-1 GF(2^3)

元素	多项式系数	元素	多项式系数
0	000	α^3	011
α^0	001	α^4	110
α^1	010	α^5	111
α^2	100	α^6	101

里德-索罗门码的编码可以通过多项式长除法来进行,也可利用与之等价的带反馈的移位寄存器来实现。

这里的长除法更复杂一些。因为我们需要从被除式中减去除式的倍数,以便减小余项的阶

数。在二进制情况下，这个倍数总是 0 或 1，但是这里我们需要从有限域中选择合适的值。另外，二进制数据首先要映射成有限域符号，然后将结果再映射回二进制值。下面举例说明。

利用上面的里德-索罗门码，对数据序列 111001111 进行编码，假设多项式映射如表 4-1 所示，数据被映射成符号 $\alpha^5\alpha^0\alpha^5$；其后接有 4 个零，对应着将要生成有 4 个奇偶校验位，除数是生成子序列。

$$
\begin{array}{cccccl|ccccccc}
 & & & & & & & & & & \alpha^5 & 0 & \alpha^2 \\
\cline{7-13}
\alpha^0 & \alpha^2 & \alpha^5 & \alpha^5 & \alpha^6 &) & \alpha^5 & \alpha^0 & \alpha^5 & 0 & 0 & 0 & 0 \\
 & & & & & & \alpha^5 & \alpha^0 & \alpha^3 & \alpha^3 & \alpha^4 & & \\
\cline{7-11}
 & & & & & & & & \alpha^2 & \alpha^3 & \alpha^4 & 0 & 0 \\
 & & & & & & & & \alpha^2 & \alpha^4 & \alpha^0 & \alpha^0 & \alpha^1 \\
\cline{9-13}
 & & & & & & & & & \alpha^6 & \alpha^5 & \alpha^0 & \alpha^1
\end{array}
$$

如上所示，商是 $\alpha^5\alpha^0\alpha^2$，余数是 $\alpha^6\alpha^5\alpha^0\alpha^1$，所以码字就是 $\alpha^5\alpha^0\alpha^5\alpha^6\alpha^5\alpha^0\alpha^1$，表示成二进制序列就是 111001111101111001010。

里德-索罗门码的编码器如图 4-2-2 所示。这里的 g_0 不一定是 1，且每个反馈连接处都有一个商；而在二进制情况下，有时有连接，有时没有连接。对里德-索罗门码来说，所有的反馈项都是非零。

上例的编码器如图 4-2-3 所示，表 4-2-2 给出它的编码步骤。当它的寄存器中出现值 $\alpha^6\alpha^5\alpha^0\alpha^1$（它们是这个码字的校验位）时，编码器停止工作。

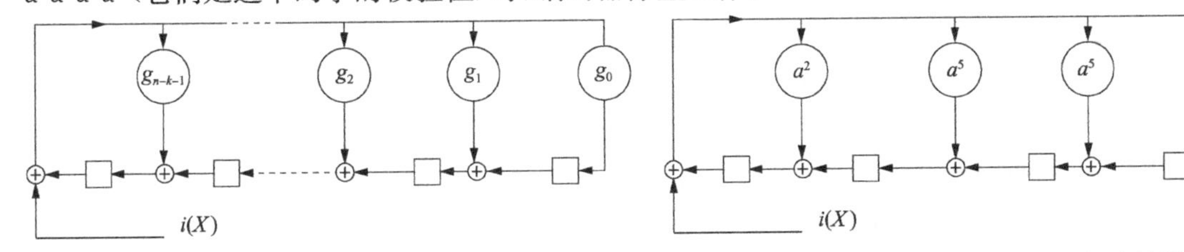

图 4-2-2 里德-索罗门的编码器流程　　图 4-2-3 (7,3)里德-索罗门码的编码器

表 4-2-2 (7,3)里德-索罗门码例子的校验生成

输入	反馈	X^3	X^2	X^1	X^0
—	—	0	0	0	0
α^5	α^5	α^0	α^3	α^3	α^4
α^0	0	α^3	α^3	α^4	0
α^5	α^2	α^6	α^5	α^0	α^1

二、译码原理

令 $R(x)$ 为接收码字多项式，并且假设传输过程中有 $e\geqslant 0$ 个错误发生，则 $R(x)$ 可表示为

$$R(x)=C(x)+E(x)$$

其中，错误图样多项式 $E(x)$ 可以写为

$$E(x)=Y_1x^{i_1}+Y_2x^{i_2}+\cdots+Y_ex^{i_e}$$

表示错误值 $Y_1, Y_2, \cdots, Y_e$ 发生在错误位置 $X_1=\alpha^{i_1}, X_2=\alpha^{i_2}, \cdots, X_e=\alpha^{i_e}$ 上。译码的任务就是要从接收序列中求得 $E(x)$，通过 $R(x)$ 减去 $E(x)$ 来纠正错误。一般地，如果 $e\leqslant t$，则译码过程

可以纠正所有错误。

RS码的时域译码的一般步骤如下。

步骤一:计算伴随式

$$s_k=R(\alpha^{m_0+k})=C(\alpha^{m_0+k})+E(\alpha^{m_0+k})=E(\alpha^{m_0+k}),\quad 0\leqslant k\leqslant 2t-1$$

如果所有的 $2t$ 个伴随式都为 0,说明接收码字 $R(x)$ 就是一个码字,错误个数 $e=0$;否则说明 $e>0$。

步骤二:利用伴随多项式 $S(x)$ 计算错误值和错误位置多项式。

如果 $e>0$,则需要利用伴随多项式 $S(x)$ 计算错误位置和错误值,$S(x)$ 定义为

$$S(x)=s_0+s_1x+\cdots+s_{2t-1}x^{2t-1}$$

e 次错误位置多项式 $\Lambda(x)$ 和 $e-1$ 次错误值多项式 $\Omega(x)$ 分别定义为

$$\Lambda(x)=\prod_{j=1}^{e}(1-X_jx)=1+\lambda_1x+\lambda_2x^2+\cdots+\lambda_ex^e$$

$$\Omega(x)=\sum_{i=1}^{e}Y_iX_i^{m_0}\prod_{j=1,j\neq i}^{e}(1-X_jx)=\omega_0+\omega_1x+\omega_2x^2+\cdots+\omega_{e-1}x^{e-1}$$

这两个多项式与伴随多项式 $S(x)$ 有如下关系:

$$\Lambda(x)S(x)\equiv\Omega(x)\bmod x^{2t}$$

这个方程称为关键方程,求解关键方程是译码的关键。基于上述原理,目前的求解关键方程的算法主要有BM迭代译码算法和Euclid迭代译码算法以及它们的一些修正和改进算法。BM迭代是基于自回归滤波器原理来求解最短反馈连接多项式的过程,而Euclid迭代是基于多项式分解原理来求解多项式最大公因式的过程。

步骤三:利用 $\Lambda(x)$ 和 $\Omega(x)$ 求解错误位置和错误值。

错误位置 X_i 可以通过求解 $\Lambda(x)=0$ 的根得到,工程上用得最多的是钱氏搜索法(Chien search)。其思路正是从高位开始逐位校验,逐位输出。

设接收码字多项式为

$$R(x)=r_{n-1}x^{n-1}+r_{n-2}x^{n-2}+\cdots+r_1x+r_0$$

要检验最高位 r_{n-1} 是否错误,把 α^{n-1} 的逆 $(\alpha^{n-1})^{-1}=\alpha$ 代入 $\Lambda(x)$,如果

$$\Lambda(\alpha)=1+\Lambda_1\alpha+\Lambda_2\alpha^2+\cdots+\Lambda_t\alpha^t=0$$

说明 r_{n-1} 有错;否则,说明 r_{n-1} 无错。

同理,要检验次高位 r_{n-2} 是否错误,把 α^{n-2} 的逆 $(\alpha^{n-2})^{-1}=\alpha^2$ 代入 $\Lambda(x)$,如果

$$\Lambda(\alpha^2)=1+\Lambda_1(\alpha^2)+\Lambda_2(\alpha^2)^2+\cdots+\Lambda_t(\alpha^2)^t=0$$

说明 r_{n-2} 有错;否则,说明 r_{n-2} 无错。

以此类推,要判断 r_{n-l} 是否错误,只要检验

$$\Lambda(\alpha^l)=1+\Lambda_1(\alpha^l)+\Lambda_2(\alpha^l)^2+\cdots+\Lambda_t(\alpha^l)^t=0$$

是否成立即可。

这样依次对每一个 $r_{n-l}(l=1,2,\cdots,n)$ 进行检验,就求得了 $\Lambda(x)$ 的根,这个过程称为钱氏搜索。

错误值 Y_i 可以通过 Forney 公式

$$Y_i=-\frac{X_i^{-(m_0-1)}\Omega(X_i^{-1})}{\Lambda'(X_i^{-1})}=-\left.\frac{x^{m_0}\Omega(x)}{x\Lambda'(x)}\right|_{x=\alpha^{-j}}$$

求得。其中,$\Lambda'(x)=\lambda_1+2\lambda_2x+3\lambda_3x^2+\cdots$ 为 $\Lambda(x)$ 的一阶导数,在 $GF(2^m)$ 上,$\Lambda'(x)$ 可简化为

$\Lambda'(x)=\lambda_1+3\lambda_3x^2+\cdots$，可以看到 $x\Lambda'(x)=\lambda_1x+\lambda_3x^3+\cdots$ 为 $\Lambda(x)$ 的奇数次项。

步骤四：通过 $R(x)$ 减去 $E(x)$ 来纠正错误。

利用求得的错误位置和错误值可得到错误图样多项式 $E(x)$，从而译码输出表示为

$$\hat{C}(x)=R(x)-E(x)$$

4.2.2 实验方法

一、实验目的

1. 掌握 RS 的基本编译码原理。
2. 了解 RS 的性能分析方法。

二、实验工具与平台

1. C、Python、MATLAB 等软件开发平台。
2. 通信原理实验创新平台。

三、实验内容与步骤

1. 进行 RS 编码，给出 RS 码字。
2. 加入信道(BSC、AGWN 信道)，构建性能测试系统。
3. 进行 RS 译码，分析性能。
4. 改变信道参数，得到误码性能曲线。

四、参考程序

例 4-4 RS 编译码的 MATLAB 仿真。

1. RS 编码器函数。

```
function [tx_seq_bin] = RS_encoder(bin_input,d_min,gen_poly,m)

%%mapping block of 8 binary bits to 1 symbol in 2^8 constellation (LEFT-MSB)
a_sym = bin_input(1:8:end-7) * 2^7 + bin_input(2:8:end-6) * 2^6 + bin_input(3:8:end-5) * 2^5 +...
        bin_input(4:8:end-4) * 2^4+bin_input(5:8:end-3) * 2^3+bin_input(6:8:end-2) * 2^2+...
        bin_input(7:8:end-1) * 2^1 + bin_input(8:8:end) * 2^0;

%%SYSTEMATIC ENCODING for the RS
msg_zero_padded = conv(a_sym,gf([1 zeros(1,d_min-1)],m));
[dummy,rem]=deconv(msg_zero_padded,gen_poly);
tx_seq_gf = msg_zero_padded + rem;                          %symbols are in GF(2^8)

%%Demapping symbols to binary bits for BPSK modulation
tx_seq_dec = double(tx_seq_gf.x);
tx_seq_bin = Con_Dec_bin8(tx_seq_dec);
end
```

2. RS译码器函数。

```
function [hard_bin_op] = RS_decoder(hard_input,d_min,m,K_GF,N_GF)

%%mapping block of 8 bits to decimal symbols (in GF(2^8))
rec_sym = hard_input(1:8:end-7) * 2^7 + hard_input(2:8:end-6) * 2^6 +...
          hard_input(3:8:end-5) * 2^5+hard_input(4:8:end-4) * 2^4+hard_input(5:8:end-
          3) * 2^3+...
          hard_input(6:8:end-2) * 2^2+ hard_input(7:8:end-1) * 2^1 + hard_input(8:8:end)
          * 2^0;

%%received symbols in GF(2^8)
Rec_seq_gf = gf(rec_sym,m);

%%Decode using the Peterson Gorenstein Zieler algorithm
Dec_seq_gf = PGZ_Decoder(d_min,Rec_seq_gf,N_GF,m);

%%demapping back to binary bits for error calculation
%%Systematic part
Dec_MSG_gf = Dec_seq_gf(1:K_GF);

dec_a_sym = double(Dec_MSG_gf.x);
hard_bin_op = Con_Dec_bin8(dec_a_sym);
end
```

3. 将十进制转二进制。

```
function [output] = Con_Dec_bin8(input)

temp_array = zeros(8,length(input));

temp_array(1,:) = mod(input,2);
temp1 = floor(input/2);
temp_array(2,:) = mod(temp1,2);
temp2 = floor(temp1/2);
temp_array(3,:) = mod(temp2,2);
temp3 = floor(temp2/2);
temp_array(4,:) = mod(temp3,2);
temp4 = floor(temp3/2);
temp_array(5,:) = mod(temp4,2);
temp5 = floor(temp4/2);
temp_array(6,:) = mod(temp5,2);
temp6 = floor(temp5/2);
temp_array(7,:) = mod(temp6,2);
temp7 = floor(temp6/2);
temp_array(8,:) = mod(temp7,2);

temp_array = temp_array(end:-1:1,:);
output =transpose(temp_array(:));

end
```

4. 生成RS码的生成多项式。

```
function [gen_poly] = Gen_Poly_RS(m,d_min)
a2 = gf(2,m);
temp =gf([1 a2],m);
for i1=2:d_min-1
    temp =conv(temp,gf([1 a2^(i1)],m));
end
gen_poly = temp;
end
```

更多程序可扫描旁边的二维码“RS码编译码程序”学习。

RS码编译码程序

五、思考题

1. RS是一种MLD(极大最小距离码),是否具有性能优势?
2. RS码如何进行码率调整,码率改变与性能变化有何关系?
3. 简述RS的应用情况及发展趋势。

4.3　Turbo码编译码实验

4.3.1　实验原理

一、编码原理

Turbo码是由两个或两个以上的简单分量编码器通过交织器并行级联在一起而构成的。信息序列先送入第一个编码器,交织后送入第二个编码器。输出的码字由3部分组成:输入的信息序列、第一个编码器产生的校验序列和第二个编码器对交织后的信息序列产生的校验序列,其结构如图4-3-1所示。Turbo码的译码采用迭代译码,每次迭代采用的是软输入和软输出。

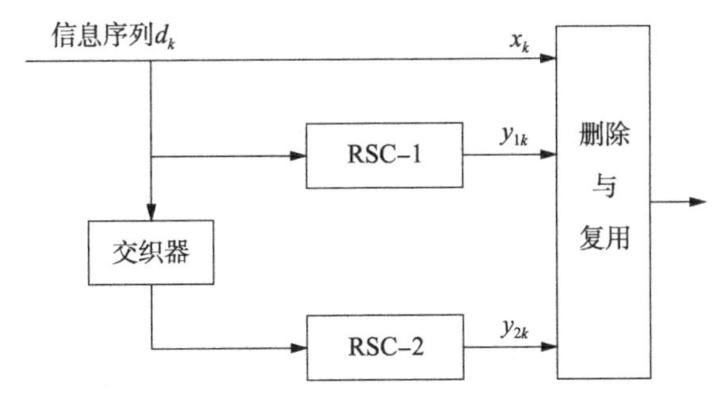

图4-3-1　Turbo码编码器框图

Turbo码的分量码主要采用的是递归系统卷积码(RSC)。递归系统卷积编码器就是指带有反馈的系统卷积编码器,图4-3-2给出一个有4个记忆单元的RSC编码器。对于系统码,信息序列是输出码字的一部分,对于每个输入比特,编码器都产生两个码字比特,即系统比特和校验比特,因此每个分量码的码率为1/2。编码器的输入比特和校验比特分别用符号u和c表示。通常用八进制数表示编码器的结构，或用以 D 为变量的二进制多项式表示编码器的反馈和前馈结构。因此图 4-3-2 中编码器的八进制数表示形式为 $G=[37,21]$。

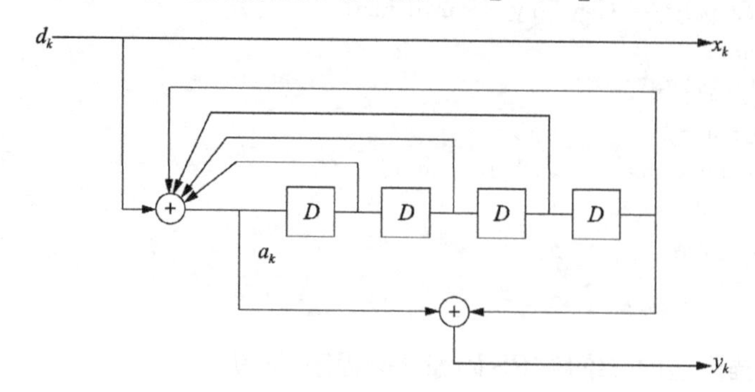

图 4-3-2　反馈系统卷积码编码器 $G=[37,21]$

二、译码原理

迭代译码算法如图 4-3-3 所示。

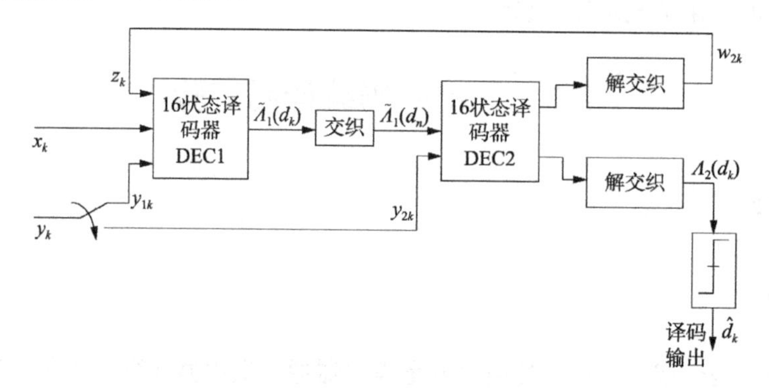

图 4-3-3　迭代译码框图

1. 前提假设。

信道为离散无记忆高斯信道，二进制调制，则译码器的输入为

$$x_k=(2d_k-1)+i_k$$

$$y_k=(2Y_k-1)+q_k$$

其中，i_k、q_k 为方差为 σ^2 相互正交的噪声。y_k 进行解复用规则：当 $y_k=y_{1k}$ 时，y_k 送至译码器 1(DEC1)；当 $y_k=y_{2k}$ 时，送至译码器 2(DEC2)。$\{y_{1k}\}$、$\{y_{2k}\}$ 中被删除的部分补零。

假设 RSC 码的约束长度为 K，则状态为 K 维矢量，即

$$S_k=(a_k,a_{k-1},\cdots,a_{k-K+1})$$

信息序列 $\{d_k\}$ 中各比特互不相关，且“0”“1”取值等概分布。初始状态 S_0、结束状态 S_N 均为 0，即

$$S_0=S_N=(0,0,\cdots,0)$$

编码器输出码字 $C_1^N=\{C_1,\cdots,C_k,\cdots,C_N\}$，进入离散高斯无记忆信道，输出序列为

$$R_1^N=\{R_1,\cdots,R_k,\cdots,R_N\},\quad R_k=(x_k,y_k)$$

2. 判决准则 APP。

译码比特 d_k 的 APP 值可以从联合概率 $\lambda_k^i(m)$ 得到

$$\lambda_k^i(m)=P_r\{d_k=i,S_k=m/R_1^N\}$$

比特 d_k 的 APP 值为

$$P_r\{d_k=i/R_1^N\}=\sum_m \lambda_k^i(m),\quad i=0,1$$

对数似然比为

$$\Lambda(d_k)=\log\frac{\sum\limits_m\lambda_k^1(m)}{\sum\limits_m\lambda_k^0(m)} \tag{4-3-1}$$

根据 LLR 值,可做出判决

$$\begin{cases}\hat{d}_k=1, & \Lambda(d_k)>0\\ \hat{d}_k=0, & \Lambda(d_k)<0\end{cases}$$

3. 计算 $\lambda_k^i(m)$。

首先介绍几个概率函数

$$\alpha_k^i(m)=\frac{P_r\{d_k=i,S_k=m,R_1^k\}}{P_r\{R_1^k\}}=P_r\{d_k=i,S_k=m/R_1^k\}$$

$$\beta_k(m)=\frac{P_r\{R_{k+1}^N/S_k=m\}}{P_r\{R_{k+1}^N/R_1^k\}}$$

$$\gamma_i(R_k,m',m)=P_r\{d_k=i,R_k,S_k=m/S_{k-1}=m'\}$$

利用 Bayes 准则

$$\lambda_k^i(m)=\frac{P_r\{d_k=i,S_k=m,R_1^k,R_{k+1}^N\}}{P_r\{R_1^k,R_{k+1}^N\}}$$

$$\lambda_k^i(m)=\frac{P_r\{d_k=i,S_k=m,R_1^k\}}{P_r\{R_1^k\}}\frac{P_r\{R_{k+1}^N/d_k=i,S_k=m,R_1^k\}}{P_r\{R_{k+1}^N/R_1^k\}}$$

考虑到在 S_k 已知的情况下,时刻 k 后的状态不受 R_1^k 和 d_k 的影响。

$$\lambda_k^i(m)=\alpha_k^i(m)\beta_k(m) \tag{4-3-2}$$

$\alpha_k^i(m)$、$\beta_k(m)$ 可由概率 $\gamma_i(R_k,m',m)$ 递归运算得到

$$\alpha_k^i(m)=\frac{\sum\limits_{m'}\sum\limits_{j=0}^{1}\gamma_i(R_k,m',m)\alpha_{k-1}^j(m')}{\sum\limits_{m}\sum\limits_{m'}\sum\limits_{i=0}^{1}\sum\limits_{j=0}^{1}\gamma_i(R_k,m',m)\alpha_{k-1}^j(m')} \tag{4-3-3}$$

$$\beta_k(m)=\frac{\sum\limits_{m'}\sum\limits_{i=0}^{1}\gamma_i(R_{k+1},m,m')\beta_{k+1}(m')}{\sum\limits_{m}\sum\limits_{m'}\sum\limits_{i=0}^{1}\sum\limits_{j=0}^{1}\gamma_i(R_{k+1},m',m)\alpha_k^j(m')} \tag{4-3-4}$$

概率 $\gamma_i(R_k,m',m)$ 可从离散高斯无记忆信道以及编码器格图来计算

$$\gamma_i(R_k,m',m)=p(R_k/d_k=i,S_k=m,S_{k-1}=m')$$
$$q(d_k=i/S_k=m,S_{k-1}=m')\pi(S_k=m/S_{k-1}=m') \tag{4-3-5}$$

式中,$p(\cdot/\cdot)$表示离散高斯无记忆信道的转移概率,由于 x_k 和 y_k 是两个无关高斯变量,可得

$$\begin{aligned}&p(R_k/d_k=i,S_k=m,S_{k-1}=m')\\&=p(x_k/d_k=i,S_k=m,S_{k-1}=m')p(y_k/d_k=i,S_k=m,S_{k-1}=m')\end{aligned}$$

由于卷积码的特性,$q(d_k=i/S_k=m,S_{k-1}=m')$为 0 或为 1。

由于信息比特 0、1 取值等概,$\pi(S_k=m/S_{k-1}=m')=1/2$。

4. 译码流程。

步骤一:初始化。

$$\alpha_0^i(0)=1,\quad \alpha_0^i(m)=0,\quad \forall m\neq 0,\quad i=0,1$$
$$\beta_N(0)=1,\quad \beta_N(m)=0,\quad \forall m\neq 0$$

步骤二:利用式(4-3-3)、式(4-3-5)计算 $\alpha_k^i(m)$和 $\gamma_i(R_k,m',m)$。

步骤三:当序列 R_1^N 完全接收到之后,利用式(4-3-4)计算 $\beta_k(m)$。

步骤四:利用式(4-3-2),计算 $\lambda_k^i(m)$。

步骤五:利用式(4-3-1),得到 LLR 值,得到最后的硬判决结果。

5. RSC 译码器的外信息计算。

根据式(4-3-1)、式(4-3-2)和式(4-3-3),可得

$$\Lambda(d_k)=\log\frac{\sum\limits_m\sum\limits_{m'}\sum\limits_{j=0}^{1}\gamma_1(R_k,m',m)\alpha_{k-1}^j(m')\beta_k(m)}{\sum\limits_m\sum\limits_{m'}\sum\limits_{j=0}^{1}\gamma_0(R_k,m',m)\alpha_{k-1}^j(m')\beta_k(m)}\tag{4-3-6}$$

由于编码器中 d_k 是信息位,概率 $p(x_k/d_k=i,S_k=m,S_{k-1}=m')$ 与状态 S_kS_{k-1} 无关,则式(4-3-6)可写成

$$\Lambda(d_k)=\log\frac{p(x_k/d_k=1)}{p(x_k/d_k=0)}+\log\frac{\sum\limits_m\sum\limits_{m'}\sum\limits_{j=0}^{1}\gamma_1(y_k,m',m)\alpha_{k-1}^j(m')\beta_k(m)}{\sum\limits_m\sum\limits_{m'}\sum\limits_{j=0}^{1}\gamma_0(y_k,m',m)\alpha_{k-1}^j(m')\beta_k(m)}$$
$$=\frac{2}{\sigma^2}x_k+W_k$$

W_k 为外信息,与信息位不相关,一般来讲,与 d_k 同符号。在迭代译码中,外信息会传递到下一次迭代中参与迭代。

6. 迭代译码。

如图 4-3-3 所示,DEC1、DEC2 都采用上述算法。DEC2 的输入为 $\Lambda_1(d_k)$和 y_{2k},两者互不相关,则 DEC2 输出的 LLR 值可写成

$$\Lambda_2(d_k)=f(\Lambda_1(d_k))+W_{2k}$$

其中

$$\Lambda_1(d_k)=\frac{2}{\sigma^2}x_k+W_{1k}$$

DEC2 输出的外信息送到 DEC1,作为外信息 $z_k=W_{2k}$。这样,DEC1 具有三个数据输入,(x_k,y_{1k},z_k),那么,在计算式(4-3-3)、式(4-3-4)时,将 $R_k=(x_k,y_{1k},z_k)$取代 $R_k=(x_k,y_{1k})$。考虑到 z_k 与 x_k、y_{1k}相关性弱,假设 z_k 可近似方差为$\sigma_z^2\neq\sigma^2$ 的高斯变量,则信道转移概率变为

$$p(R_k/d_k=i,S_k=m,S_{k-1}=m')=p(x_k/.)p(y_k/.)p(z_k/.)$$

DEC1 输出的 LLR 值为

$$\Lambda_1(d_k)=\frac{2}{\sigma^2}x_k+\frac{2}{\sigma_z^2}z_k+W_{1k}$$

在最后一次迭代时,利用 DEC2 输出的 LLR 值符号来做硬判决

$$\hat{d}_k=\mathrm{sgn}[\Lambda_2(d_k)]$$

其中,$\mathrm{sgn}(x)=\begin{cases}1, & x\geqslant 0\\ 0, & x<0\end{cases}$。

以上介绍的为经典的MAP算法，目前，Turbo码的译码方法还有SOVA算法、log-MAP算法、Max-log-MAP算法等。log-MAP算法是MAP算法的一种转换形式，实现较MAP简单，它将MAP算法中的变量都转换为对数形式，从而把乘法运算都转换为加法运算。若将log-MAP算法中的max*()简化为通常的最大值运算，即为Max-log-MAP算法。

4.3.2 实验方法

一、实验目的

1. 掌握Turbo码的构造原理。
2. 了解Turbo码的基本译码方法，以及各译码算法间性能差异。

二、实验工具与平台

1. C、Python、MATLAB等软件开发平台。
2. 通信原理实验创新平台。

三、实验内容与步骤

1. 利用RSC(7,5)分量码、随机交织器，1/3码率，对输入信息序列进行Turbo码编码，给出码流。
2. 加入AWGN信道，构建性能测试平台。
3. 对接收序列进行译码(采用某一种译码算法)，得到译码结果，分析误码性能。
4. 改变AWGN信道的信噪比，得到相应误码结果。

四、参考程序

例 4-5 Turbo码编译码的MATLAB实现。

1. Turbo码编码函数。

```
function [xk,zk,zk1] = turbo_enco(x,f1,f2,K)

%%LTE标准下的turbo码内部交织器
i = 0:K-1;
p = mod(f1 * i+f2 * (i.^2),K)+1;
x1 = x(p);
%%初始化
me1=0;me2=0;me3=0;
m1=0;m2=0;m3=0;
xk = [x 0 0 0 0];                                %LTE中的归零处理
zk = zeros(1,length(x)+4);
zk1 =zeros(1,length(x)+4);
%%开始编码 :码率=1/3 ,分量码生成矩阵G = [1 0 1 1; 1 1 0 1]。
for kk=1:length(x)
    Fk = mod(m2+m3,2);                           %feedback
    zk(kk) = mod(Fk+x(kk)+m1+m3,2);
    m3=m2;m2 = m1;m1 = mod(Fk+x(kk),2);
    Fk1 = mod(me2+me3,2);                        %feedback
    zk1(kk) = mod(Fk1+x1(kk)+me1+me3,2);
```

```
        me3=me2;me2 = me1;me1 = mod(Fk1+x1(kk),2);

    end

    %%分量码1
    Fk=mod(m2+m3,2);
    xk(kk+1)=Fk;
    zk(kk+1)=mod(m1+m3,2);
    m3=m2;m2 = m1;m1 =0;

    Fk=mod(m2+m3,2);
    zk1(kk+1)=Fk;
    xk(kk+2)=mod(m1+m3,2);
    m3=m2;m2 = m1;m1 =0;

    Fk=mod(m2+m3,2);
    zk(kk+2)=Fk;
    zk1(kk+2)=mod(m1+m3,2);
    %%分量码2
    Fk1=mod(me2+me3,2);
    xk(kk+3)=Fk1;
    zk(kk+3)=mod(me1+me3,2);
        me3=me2;me2 = me1;me1 =0;

        Fk1=mod(me2+me3,2);
    zk1(kk+3)=Fk1;
    xk(kk+4)=mod(me1+me3,2);
        me3=me2;me2 = me1;me1 =0;

        Fk1=mod(me2+me3,2);
    zk(kk+4)=Fk1;
    zk1(kk+4)=mod(me1+me3,2);
    %m3=m2;m2 = m1;m1 =Fk;
    end
```

2. Turbo 码译码函数(MAX Log MAP 算法)。

```
    %%decoder—— MAX Log MAP
    function [z, Lezero2,Lezero1]= turbo_decoder_max_log_map(x,y1,y2,f1,f2,K,ite,SNR,norm)

    %%random initialization
    ref = [0 0;1 1;1 0;0 1;0 1;1 0;11;0 0;1 1;0 0;0 1;1 0;1 0;0 1;0 0;1 1];

    reff = (1-2*ref);
        %%interleaver data
        p1 =0:K-1;
        p2 = mod(f1*p1+f2*(p1.^2),K);
        p3(p2+1) = p1;
        %p3 = mod(f3*p1+f4*(p1.^2),K);
        x1 = x(p2+1);
```

```
%calculating LLRs for both decoders
Lro1 = zeros(16,K);Lro2 = zeros(16,K);Lrsp1 = zeros(16,K);Lrsp2 = zeros(16,K);
for kk = 1:K
    Lro1(:,kk) = (reff(:,2). * kron(y1(kk),ones(16,1)));
    Lro2(:,kk) = (reff(:,2). * kron(y2(kk),ones(16,1)));
    Lrsp1(:,kk) = (reff(:,1). * kron(x(kk),ones(16,1)));
    Lrsp2(:,kk) = (reff(:,1). * kron(x1(kk),ones(16,1)));
end

%%serial decoding
%some initialization
n=1/2;
Lezero2=zeros(1,K);at = zeros(1,K+1);%Lezero1=zeros(1,K);
Lr1=-inf * ones(16,K);
Lr2= -inf * ones(16,K);Lezero11=zeros(1,K);Lezero22=zeros(1,K);Lezero1=zeros(1,K);
foriter=1:ite
    %%Decoder I

    Lr11 = (SNR * (Lro1+Lrsp1)/n+kron(Lezero2,reff(:,1))/norm);
    forkk = 1:K
        Lr1(:,kk) = Lr11(:,kk);
    end
    alpha = (zeros(8,K+1));alpha(1,1)=0;
beta = (zeros(8,K+1));%beta(endstate1,K+1)=0;
    %alpha forward metric
    for ii =1:K
    forj j = 1:4
        %state 1-4
        bm1 = (Lr1(2 * jj-1,ii))+alpha(2 * jj-1,ii);
        bm2 = (Lr1(2 * jj,ii))+alpha(2 * jj,ii);
        alpha(jj,ii+1) =max([bm1,bm2]);
        %state 5-8
        bm1 = (Lr1(8+2 * jj-1,ii))+alpha(2 * jj-1,ii);
        bm2 = (Lr1(8+2 * jj,ii))+alpha(2 * jj,ii);
        alpha(4+jj,ii+1) = max([bm1,bm2]);
    end
    %at = sum(alpha(:,ii+1));
    %alpha(:,ii+1)=alpha(:,ii+1)/at;
    end
    %at(1)=1;

    %beta backward metric
    for ii =K:-1:1
    for jj = 1:8
        %state 1-32
        bm1 = (Lr1(jj,ii))+beta(ceil(jj/2),ii+1);
        bm2 = (Lr1(8+jj,ii))+beta(4+ceil(jj/2),ii+1);
      beta(jj,ii) = max([bm1,bm2]);
    end
    %bt = (sum((beta(:,ii))));
    %beta(:,ii)=beta(:,ii)/bt;
```

```
        end
    out1 = zeros(16,K);out2 = zeros(16,K);
        for ii =1:K
            for jj = 1:8
                out1(jj,ii) = ref(jj,1) * (alpha(jj,ii)+beta(ceil(jj/2),ii+1)+(Lro1(jj,ii) *
SNR/n));
                out1(8+jj,ii)=ref(8+jj,1) * (alpha(jj,ii)+beta(4+ceil(jj/2),ii+1)+(Lro1(8
+jj,ii) * SNR/n));
                out2(jj,ii) = ref(8+jj,1) * (alpha(jj,ii)+beta(ceil(jj/2),ii+1)+(Lro1(jj,ii) *
SNR/n));
                out2(8+jj,ii) = ref(jj,1) * (alpha(jj,ii)+beta(4+ceil(jj/2),ii+1)+(Lro1(8+
jj,ii) * SNR/n));
            end
                Lezero11(ii) = max(out2(:,ii))-max(out1(:,ii)); %LLR of 0
        end

        %interleave theextrensic
        Lezero1=Lezero11(p2+1);
        %%Decoder II

        Lr22 = (SNR * (Lro2+Lrsp2)/n+kron(Lezero1,reff(:,1))/norm);
        forkk = 1:K
            Lr2(:,kk) = Lr22(:,kk);
        end
        alpha = (zeros(8,K+1));alpha(1,1)=0;
beta = (zeros(8,K+1));%beta(endstate2,K+1)=0;
        %alpha   forward metric
        for ii =1:K
        for jj = 1:4
            %state 1-4
            bm1 = (Lr2(2 * jj-1,ii))+alpha(2 * jj-1,ii);
            bm2 = (Lr2(2 * jj,ii))+alpha(2 * jj,ii);
            alpha(jj,ii+1)=max([bm1,bm2]);
            %state 5-8
            bm1 = (Lr2(8+2 * jj-1,ii))+alpha(2 * jj-1,ii);
            bm2 = (Lr2(8+2 * jj,ii))+alpha(2 * jj,ii);
            alpha(4+jj,ii+1) = max([bm1,bm2]);
        end
        %at = sum(alpha(:,ii+1));
        %alpha(:,ii+1)=alpha(:,ii+1)/at;
        end
        %at(1)=1;

        %beta backward metric
        for ii =K:-1:1
        for jj = 1:8
            %state 1-32
            bm1 = (Lr2(jj,ii))+beta(ceil(jj/2),ii+1);
            bm2 = (Lr2(8+jj,ii))+beta(4+ceil(jj/2),ii+1);
            beta(jj,ii) = max([bm1,bm2]);
        end
```

```
            %bt = (sum((beta(:,ii))));
            %beta(:,ii)=beta(:,ii)/bt;
            end
            for ii =1:K
                for jj = 1:8
                    out1(jj,ii) = ref(jj,1) * (alpha(jj,ii)+beta(ceil(jj/2),ii+1)+(Lro2(jj,ii) *
    SNR/n));
                    out1(8+jj,ii)=ref(8+jj,1) * (alpha(jj,ii)+beta(4+ceil(jj/2),ii+1)+(Lro2(8
    +jj,ii) * SNR/n));
                    out2(jj,ii) = ref(8+jj,1) * (alpha(jj,ii)+beta(ceil(jj/2),ii+1)+(Lro2(jj,ii) *
    SNR/n));
                    out2(8+jj,ii) = ref(jj,1) * (alpha(jj,ii)+beta(4+ceil(jj/2),ii+1)+(Lro2(8+
    jj,ii) * SNR/n));
                end
                    Lezero22(ii) = max(out2(:,ii))-max(out1(:,ii)); %LLR of 0
            end
            %de interleave theextrensic info
            Lezero2=Lezero22(p3+1);
        end
        z = (Lezero2+Lezero1(p3+1)+2 * SNR * x(1:K))<0;
    Lezero1 = Lezero1(p3+1);
    end
```

更多程序可扫描旁边二维码“Turbo码编译码程序”学习。

Turbo码编译码程序

五、思考题

1. Turbo码的性能与哪些因素有关?
2. Turbo码不同译码算法的性能关系如何?
3. 简述Turbo码的应用情况及发展趋势。

4.4 乘积码编译码实验

4.4.1 实验原理

乘积码是一种重要的级联码,通过组合短码,生成高效的长码,对这些长码的解码可以通过相对简单的分量解码器来完成。如果我们要采用内分组码(n_1,k_1),交织度为k_2,并采用同样符号尺寸的外分组码(n_2,k_2),那么便生成了乘积码(Product Code),如图4-4-1所示。假设采用线性码,不管先进行编码还是列编码,表示为“校验的校验”的那部分阵列都是相同的。

乘积码是一种从简单的分量码产生复杂码的方法。举例来说,如果各行各列的码都是简单的奇偶校验(能检测单个错误),那么整个码就能纠正单个错误。任意单个错误都会破坏一行和一列奇偶校验,这些错误随后可以用来确定误码的位置。一般来说,若行码的最小距离为d_1,列码的最小距离是d_2,则乘积的最小距离是$d_1 \cdot d_2$,能纠正任何$[(d_1 \cdot d_2-1)/2]$个错误。

一、Turbo乘积码(TPC)编码原理

Turbo乘积码利用上述乘积码的基本编码思路,采用类似Turbo码的迭代译码算法,也被

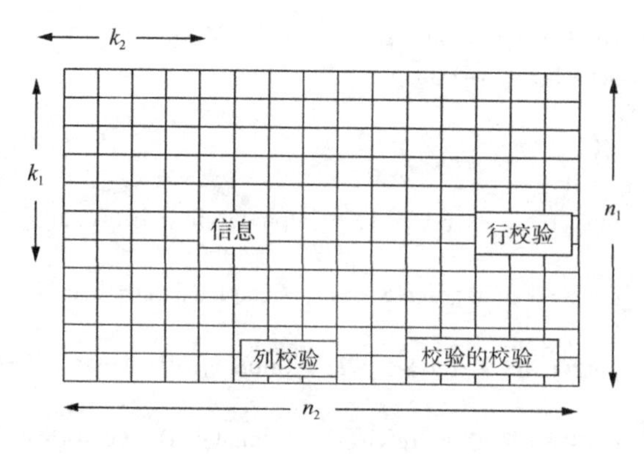

图 4-4-1 乘积码

称为分组 Turbo 码(BTC)。TPC 的编码过程:在 X 轴上对数据比特进行线性分组编码$C_1(n_1, k_1, d_1)$,随后在 Y 轴上进行 $C_2(n_2, k_2, d_2)$编码。其中,参数 n_i、k_i、$d_i(i=1,2)$分别代表码长、信息位长、最小汉明距离。这样得到二维 TPC 码 $C_1(n_1, k_1, d_1) \times C_2(n_2, k_2, d_2)$,如图 4-4-2(a)所示。若对二维 TPC 码在 Z 方向上进行 $C_3(n_3, k_3, d_3)$线性分组编码,就可构成三维立体 TPC 码 $C_1(n_1, k_1, d_1) \times C_2(n_2, k_2, d_2) \times C_3(n_3, k_3, d_3)$,如图 4-4-2(b)所示。

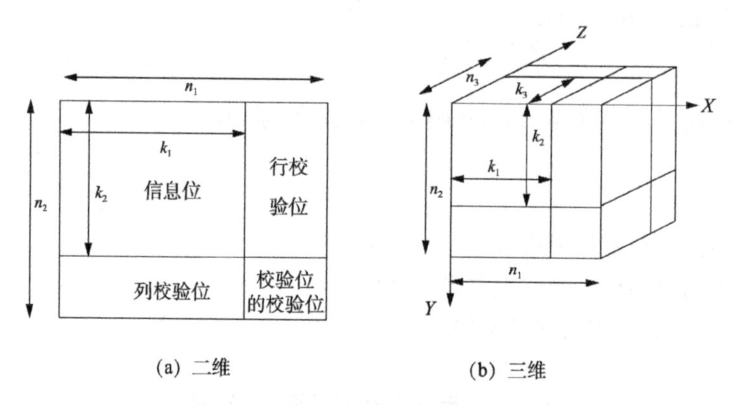

(a) 二维 (b) 三维

图 4-4-2 Turbo 乘积码的构造

二、译码原理

TPC 译码基于迭代译码思想,采用 Chase 软译码进行。译码假设为:码集合为 C,$c_i \in \{0,1\}$;采用 BPSK 映射关系,即 0→"−1",1→"1";发射端序列为 $E=(e_1, \cdots, e_i, \cdots, e_n)$,$e_i \in \{-1,1\}$,接收端序列为 $R=(r_1, \cdots, r_i, \cdots, r_n)=E+G$,$G=(g_1, \cdots, g_i, \cdots, g_n)$是附加高斯白噪声的抽样值,标准方差为 σ^2。根据 MLD,最佳判决 $D=(d_1, \cdots, d_i, \cdots, d_n)$满足:

$$D=C^i, \quad |R-C^i|^2 \leqslant |R-C^l|^2, \quad \forall l \in [1, 2^k], \quad l \neq i$$

搜索复杂度随 k 的增加而呈指数倍增加。

1. Chase 译码算法。

1972 年,Chase 提出次优方案,近似最大似然(near-ML)译码。在 SNR 较高时,D 在以 $Y=(y_1, \cdots, y_j, \cdots, y_n)$为圆心,$(\delta-1)$为半径的圆内,

$$y_j=0.5(1+\operatorname{sgn}(r_j)), \quad y_j \in [0,1], \quad j=1, \cdots, n$$

其中,sgn 为符号函数。

这时,只需搜索圆内的有效码字,其做法分成三步。

步骤一：利用R来确定Y中最小可信度元素

$$p=[\delta/2]$$

$$\Lambda(y_j)=\ln\left(\frac{P_r\{e_j=+1|r_j\}}{P_r\{e_j=-1|r_j\}}\right)=\left(\frac{2}{\sigma^2}\right)r_j$$

如果考虑的是稳态信道，可归一化，最终可信度值由$|r_j|$来确定。

步骤二：构造试探图样T^q。在可信度最小的p个位置上分别取“0”“1”产生$q=2^p$个n维矢量。

步骤三：构造试探序列Z^q。$Z_j^q=y_j\oplus t_j^q$，并通过硬判决译码译成码字C^q，构成码集Ω。

2. TPC迭代译码(SISO)。

TPC采用的迭代译码框图如图4-4-3所示。

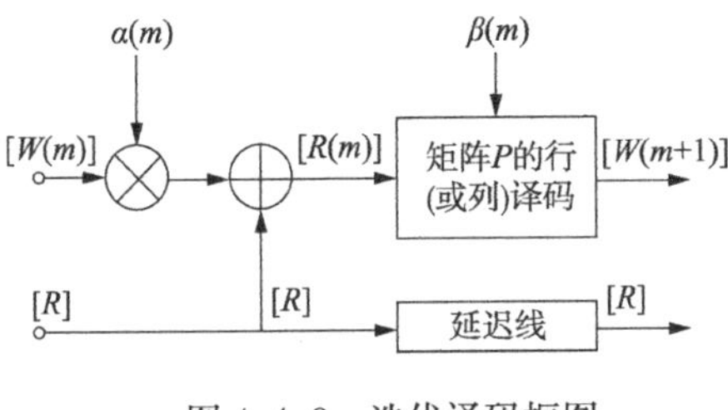

图4-4-3 迭代译码框图

一旦确定了乘积码行(或列)的判决D，就必须计算矢量$\boldsymbol{D}$中每一个元素的可信度作为译码器的软输出。

$$\Lambda(d_j)=\ln\left(\frac{P_r\{e_j=+1|R\}}{P_r\{e_j=-1|R\}}\right)$$

当SNR较高时，$\sigma\to0$，利用Bayes公式，可得简化式

$$\Lambda'(d_j)=\frac{1}{2\sigma^2}(|R-C^{-1(j)}|^2-|R-C^{+1(j)}|^2)$$

$$=\frac{1}{\sigma^2}\left(r_j+\sum_{l=1,l\neq j}^{n}r_l c_l^{+1(j)}p_l\right)$$

其中，$p_l=\begin{cases}0, & c_l^{+1(j)}=c_l^{-1(j)}\\ 1, & c_l^{+1(j)}\neq c_l^{-1(j)}\end{cases}$。

$c_l^{+1(j)}$、$c_l^{-1(j)}$为S_j^{+1}、S_j^{-1}中与R欧氏距离最小的码字；S_j^{+1}为码集$\{C^i\}$，$c_j^i=+1$；S_j^{-1}为码集$\{C^i\}$，$c_j^i=-1$。若考虑σ为一常数，可归一化上式，则译码软输出为

$$r'_j=r_j+w_j$$

其中，$w_j=\sum\limits_{l=1,l\neq j}^{n}r_l c_l^{+1(j)}p_l$为外信息，与输入数据$r_j$无关。

要计算$\Lambda'(d_j)$，则要已知$c_l^{+1(j)}$、$c_l^{-1(j)}$，D是两码字其中一个，必须找到另一个码字C，C为D的竞争码字，与R有最小距离，但$c_j\neq d_j$，则

$$r'_j=\frac{|R-C|^2-|R-D|^2}{4}d_j \tag{4-4-1}$$

若没法找到C，则软输出由下式来替代：

$$r'_j=\beta\cdot d_j,\quad \beta\geqslant0 \tag{4-4-2}$$

r'_j的符号与d_j的符号相同；如果Ω中没有找到C，说明C很可能与R的距离较远；如果C远离R，则判为d_j可能性很高。

β的初始值由试验得到，计算可使用下式：

$$\beta\approx\left|\ln\left(\frac{P_r\{d_j=e_j\}}{P_r\{d_j\neq e_j\}}\right)\right|$$

当$P_r\{d_j=e_j\}\to1$时，$\beta\to\infty$；$P_r\{d_j=e_j\}\to0.5$时，$\beta\to0$。

事实上，β可看成无竞争码字为C时判断d_j可能性的平均值。

3. 乘积码译码过程。

假设$\boldsymbol{P}$为乘积码矩阵，信道为AGWN，调制方式为BPSK，发送矩阵为$[E]$，接收矩阵为$[R]$。

(1)先对行(或列)进行Chase译码,用式(4-4-1)或式(4-4-2),根据[R]计算r'_j,从而得到外信息[$W(2)$];

(2)接着对列(或行)译码,其软输入由下式提供:

$$[R(2)]=[R]+\alpha(2)[W(2)]$$

其中,$\alpha(2)$为缩放(额外)因子,考虑到[R]、[W]中抽样的标准偏移不同,随着迭代次数的增加,偏移下降。α上升,BER减小。

这种方法适合任何线性分组码的乘积码。对于α和β,通过实验固定

$$\alpha(m)=[0.0,0.2,0.3,0.5,0.7,0.9,1.0,1.0]$$

$$\beta(m)=[0.2,0.4,0.6,0.8,1.0,1.0,1.0,1.0]$$

4.4.2 实验方法

一、实验目的

1. 了解级联码的基本原理。
2. 掌握TPC的基本编译码原理。

二、实验工具与平台

1. C、Python、MATLAB等软件开发平台。
2. 通信原理实验创新平台。

三、实验内容与步骤

1. 以汉明码为分量码,构造二维乘积码。
2. 加入信道(BSC, AWGN信道),构建性能测试系统。
3. 对接收序列分别进行行、列译码,分析其误码性能。
4. 改变信道参数,得到误码性能曲线。
5. 改变分量码参数,进行误码性能分析。

四、参考程序

例4-6 Chase译码(C语言)。

说明:Vector —— 码字软信息

maxWordLen —— 最大码字长度

N、k—— 线性分组码的码长和信息位

H —— 校验矩阵

D —— 最优判决码

C —— 码集合

min_dis —— 最小距离

dis —— 距离数组

valid —— 码字有效判决

1. 定义变量。

```
int i, j, n;
int pos1 = 0, pos2 = 1;
double min1 = INF, min2 = INF;
double reli;
```

2. 寻找两个最小可信度元素。

```
for(i = 0; i < N; i++)
{
    reli = fabs(vector[i]);
        if(reli < min1)
    {
        min2 = min1;
        pos2 = pos1;
        min1 = reli;
        pos1 = i;
    }
    else if(reli < min2)
    {
        min2 = reli;
        pos2 = i;
    }
}
```

3. 构造4个试探序列。

```
for(i = 0; i < 4; i++)
{
    for(j = 0; j < N; j++)
    {
        if(j == pos1)
            C[i * maxWordLen + j] = (i %2);
        else if(j == pos2)
            C[i * maxWordLen + j] = (i / 2);
        else
            C[i * maxWordLen + j] = (vector[j] > 0)? 1: 0;
    }
}
```

4. 进行代数译码。

```
int r = N - k;
int *S = new int[r];
for(i = 0; i < 4; i++)
{
    for(j = 0; j < r; j++)
    {
        int sum = 0;
        for(int n = 0; n < N; n++)
```

```
                sum += C[i * maxWordLen+n] * H[j * N + n];
            S[j] = sum %2;
        }
    bool error = false;
        for(j = 0; j < r; j++)
            if(S[j] ! = 0)
            {
                error = true;
                break;
            }
        if(! error)
        {
            valid[i] = true;
        }
        else if(error && S[0]! =0)
        {
            for(j = 0; j < N; j++)
            {
                for(n = 1; n < r; n++)
                {
                    if(S[n] ! = H[n * N + j])
                    break;
                }
                if(n == r)
                    C[i * maxWordLen + j] = (C[i * maxWordLen + j] == 1)? 0: 1;
            }
            valid[i] = true;
        }
        else
        {
            valid[i] = false;
        }
}
```

5. 寻找最佳码字。

```
min_dis = INF;
int num;
for(i = 0; i < 4; i++)
{
    double sum = 0;
    if(valid[i])
    {
        for(n = 0; n < N; n++)
            sum += (vector[n] - (2 * C[i * maxWordLen + n]-1)) * (vector[n] - (2 * C[i
* maxWordLen + n]-1));
            dis[i] = sum;
            if(sum < min_dis)
            {
                min_dis = sum;
                num = i;
```

```
                }
            }
        }
        for(i = 0; i < N; i++)
            D[i] = C[num * maxWordLen + i];
    delete S;
```

五、思考题

1. 如何进一步提高乘积码的纠错性能？
2. 试构造多维乘积码，研究其纠错性能变化趋势？

4.5　LDPC码编译码实验

4.5.1　实验原理

LDPC码是一类特殊的(n,k)线性分组码，其校验矩阵 $\boldsymbol{H}$ 中绝大多数元素为0，只有少部分为1，即 $\boldsymbol{H}$ 是稀疏的。稀疏性使译码复杂度降低，实现更为简单。其中一类特殊的(n,w_c,w_r)规则LDPC码是二元线性分组码，其长为 n，校验矩阵 $\boldsymbol{H}$ 中每列都含有 w_c 个1，每行都含有 w_r 个1。也就是说，每个编码比特都会参与 w_c 个校验方程，而每个校验方程都含有 w_r 个编码的比特。

因为 $\boldsymbol{H}$ 是$(n-k)\times n$矩阵，易于证明 w_r 和 w_c 的关系为 $w_r=w_c n/(n-k)$。码率 R_c 可计算如下

$$R_c=\frac{k}{n}=1-\frac{w_c}{w_r}$$

如果 $\boldsymbol{H}$ 是稀疏的，但是每列或者每行的1的数目不是固定常数，这种码称为不规则LDPC码。

Tanner研究了用二部图表示LDPC码，称之为Tanner图。在Tanner图中，两类节点分别为 n 个变量节点和$(n-k)$个校验节点。当且仅当 $\boldsymbol{H}$ 矩阵中的元素 $h_{ij}=1$ 时，在校验节点 i 和变量节点 j 间存在一个分支连接。那么对于(n,w_c,w_r)规则LDPC码，其Tanner图中有 $w_r(n-k)=w_c n$ 个分支，每个变量节点有 w_c 条分支连接，每个校验节点有 w_r 条分支节点。

(10,3,6)规则LDPC码的校验矩阵和Tanner图如图4-5-1所示。

$$\boldsymbol{H}=\begin{bmatrix}1&1&1&1&0&1&1&0&0&0\\0&0&1&1&1&1&1&1&0&0\\0&1&0&1&0&1&0&1&1&1\\1&0&1&0&1&0&0&1&1&1\\1&1&0&0&1&0&1&0&1&1\end{bmatrix}$$

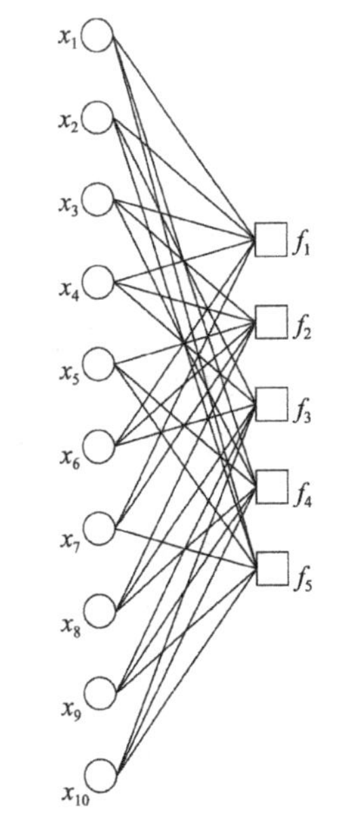

图4-5-1　(10,3,6)规则LDPC码的Tanner图

一、LDPC码的构造

一个明显的构造LDPC码的方法是构造满足上述性质

的稀疏的校验矩阵，按照复杂度增大的顺序，通常有下述方法。

(1)从一个全 0 校验矩阵开始，每列随机反转 w_c 比特，不要求每列反转的比特不同，这样得到的是一个不规则的 LDPC 码。

(2)随机产生重量为 w_c 的列。

(3)随机产生重量为 w_c 的列，并且是行重量尽可能均匀。

(4)产生重量为 w_c 的列以及重量为 w_r 的行，并且要求任意两列重叠的位置数目不大于 1。

(5)按(4)的方法生成，并且避免短环。

(6)按(5)的方法生成校验矩阵，并且使 $\boldsymbol{H}$ 具有$[H_1|H_2]$的形式，其中，H_2 是可逆的。实际上这是要求 $\boldsymbol{H}$ 满秩。

按照(5)的要求构造 LDPC 码最常见、最具体的构造算法如下。

给定要构造码的参数 n、k、w_c、w_r，最小环长为 $L_{\min}$。

(1)设定列计数器 $j=0$。

(2)产生一个重量为 w_c 的列矢量，并且放置在 $\boldsymbol{H}$ 的第 j 列。

(3)如果 $\boldsymbol{H}$ 每行的重量$\leqslant w_r$，而且所有环的长度$\geqslant L_{\min}$，则 $j=j+1$。

(4)如果 $j=n$，停止；否则，转(2)。

注意：上述方法产生的 $\boldsymbol{H}$ 矩阵不是满秩的，这并没有太大的影响。

一旦 $\boldsymbol{H}$ 矩阵构造完毕，通过高斯消去法(包括可能的列交换)将 $\boldsymbol{H}$ 写为$[\boldsymbol{P}^{\mathrm{T}}|\boldsymbol{I}]$，因此得到生成矩阵 $\boldsymbol{G}=[\boldsymbol{I}|\boldsymbol{P}]$。

(1)如果 $\boldsymbol{H}$ 非满秩，由高斯消去法将得到

$$\boldsymbol{H}=\begin{bmatrix}\widetilde{\boldsymbol{P}}^{\mathrm{T}} & \boldsymbol{I}\\ 0 & 0\end{bmatrix}$$

其中，$\widetilde{\boldsymbol{P}}^{\mathrm{T}}$ 为 $r'\times(n-r')$矩阵，且 $r'<r=n-k$。

(2)如果 $\boldsymbol{H}$ 满秩，我们写 $r'\times n$ 矩阵 $\widetilde{\boldsymbol{H}}=[\widetilde{\boldsymbol{P}}^{\mathrm{T}}|\boldsymbol{I}]$，相应的码率提高为$(n-r')/n$。

上述算法同样不保证构造码的规则性，因为允许行重量小于 w_r。如果要求构造规则的 LDPC码，还需要额外的步骤保证每行的重量都等于 w_r。

二、LDPC 码的译码

以 Tanner 图描述 LDPC 的译码非常方便。定义 $g_{x,f}$为从变量节点 x 到校验节点 f 发送的消息，$h_{f,x}$为从校验节点 f 到变量节点 x 发送的消息。$g_{x,f}$和 $h_{f,x}$都取自符号表 B。对硬判决译码 $B=\{0,1\}$，对软判决译码 $B=(-\infty,\infty)$。

除此之外，对变量节点 x 和校验节点 f 分别定义 N_x 和 N_f 为 x 和 f 的相邻节点集合；以 E_x 和 E_f 分别表示 x 和 N_x 以及 f 和 N_f 集合中节点的分支集合。显然$|N_x|=|E_x|$，类似地，有$|N_f|=|E_f|$。

1. 硬判决译码。

考虑二元输入无记忆信道，令 $y_i\in\{0,1\}$为对应第 i 个变量节点的接收值。硬判决译码的主要思想是翻转最少的 y_i 使所有 $n-k$ 个校验方程满足。当 $\boldsymbol{H}$ 是低密度时，这一过程最为简单。因为每个校验方程只涉及很少的比特，而每个比特也只涉及很少的校验方程。

对于(7,4)汉明码，其校验矩阵为

$$\boldsymbol{H}=\begin{bmatrix}1&1&1&0&1&0&0\\1&1&0&1&0&1&0\\1&0&1&1&0&0&1\end{bmatrix}=[\boldsymbol{P}|\boldsymbol{I}]$$

设发送码字 $c=[1011001]$，接收码字为 $y=c+[0100000]=[1111001]$。该码字的 Tanner 图如图 4-5-2 所示。

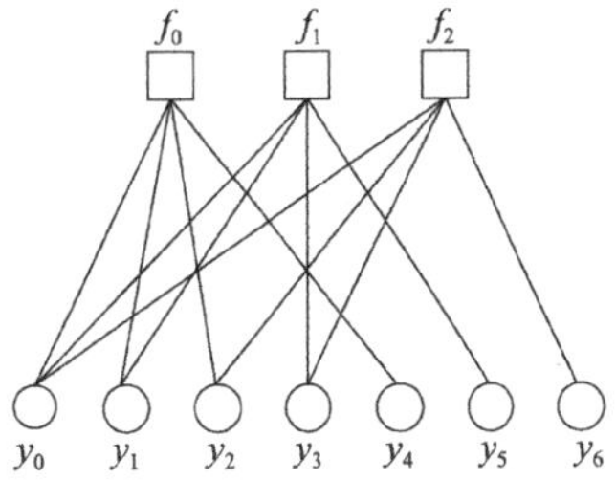

检查各个校验节点的校验方程为

$$f_0: y_0+y_1+y_2+y_4=1$$
$$f_1: y_0+y_1+y_3+y_5=1$$
$$f_2: y_0+y_2+y_3+y_6=0$$

图 4-5-2 (7,4)汉明码的 Tanner 图

因此，f_2 节点将向 y_0, y_2, y_3, y_6 节点发送信息，说明这些比特保持不变，因为 f_2 校验方程满足。这样可以将翻转的比特范围缩小为 y_1, y_4, y_5。而翻转 y_1 将使得 f_0 和 f_1 的校验方程同时满足，而 y_1 正是错误位置。

我们注意到，f_2 校验方程计算对 f_0 和 f_1 校验方程中涉及的比特提供了外部信息，而外部信息对于理解和积算法（消息传递算法）是非常有帮助的，传递的消息就是外部信息。翻转算法的一般描述如下：

并行地对每个变量节点，在其相邻校验节点中计数校验方程不满足的节点个数。如果不满足的校验节点的比例大于 β，该比特节点翻转。可以考虑取 $\beta=1/2$。

该步骤迭代进行，直到预先设定的轮数完成后停止，或者这之前有 $\hat{c}\boldsymbol{H}^{\mathrm{T}}=0$。如果在预设的轮数完成后 $\hat{c}\boldsymbol{H}^{\mathrm{T}}\neq 0$，译码失败。

Gallagher 最早提出的硬判决译码与翻转算法本质上是一样的，其迭代步骤描述如下。

(1)初始化：置 $g_{x,f}=y_x$。

(2)$g_{x,f}$更新：对所有分支有 $e=(x,f)$，并行进行如下计算。

①如果在前一轮中沿 $E_x\backslash\{e\}$中分支的输入消息有超过$\beta(|E_x|-1)$个等于同一个值的 $b\in\{0,1\}$，置 $g_{x,f}=b$。

②否则置 $g_{x,f}=y_x$。

(3)$h_{f,x}$更新：对所有分支有 $e=(x,f)$，并行进行如下计算。

校验节点 f 向 x 发送在本轮中沿 $E_x\backslash\{e\}$中分支接收值的异或，即 $h_{c,v}=\sum\limits_{i\in \boldsymbol{N}_c\backslash\{v\}} g_{i,c}(\mathrm{mod}2)$。

注意：算法中传递的消息只含有附加信息，即 $g_{x,f}$的值只取决于 $h_{f',x}$的值，其中，f'遍历所有与之相似的校验节点（$h_{f,x}$也类似）。

译码在预先设定的轮数完成后停止，或者这之前有 $\hat{c}\boldsymbol{H}^{\mathrm{T}}=0$（每个变量节点可以根据其邻居决定其最可能的取值）。如果在预设的轮数完成后 $\hat{c}\boldsymbol{H}^{\mathrm{T}}\neq 0$，设码失败。

2. LDPC 译码的和积算法。

令 $g_{ij}(b)=\mu_{x_i\to f_j}(c_i=b)$表示从节点 x_i 到节点 f_j 传递的消息（外部信息），等于除 f_j 外，其他与 x_i 相邻校验节点的外部信息和已知 y_i 后 $c_i=b$ 的概率。

$h_{ji}(b)=\mu_{f_j\to x_i}(c_i=b)$表示从节点 f_j 到节点 x_i 传递的消息，等于给定 $c_i=b$ 并且其余比特在$\{g_{ij'}\}_{j'\neq j}$为独立分布时第 j 个校验方程满足的概率。

考虑信道模型 $y_j=x_j+n_j$，其中，$n_j\sim N(0,\sigma^2)$，而且 $x_j=(-1)^{c_i}$ 等概地取+1 或−1，容易验证

$$P_r(x_i=b|y_i)\propto\frac{1}{1+\mathrm{e}^{-2y_ix_i/\sigma^2}}$$

根据这些函数，可以描述如下的消息传递算法。

(1)初始化。

$$g_{ij}(0)=1-P_i=P_r(x_i=+1|y_i)=\frac{1}{1+\mathrm{e}^{-2y_i/\sigma^2}}$$

$$g_{ij}(1)=P_i=P_r(x_i=-1|y_i)=\frac{1}{1+\mathrm{e}^{2y_i/\sigma^2}}$$

(2)所有分支并行进行如下操作。

①$h_{ji}(0)=\frac{1}{2}+\frac{1}{2}\prod_{i'\in \boldsymbol{N}_f(j)\backslash\{i\}}(1-2g_{i'j}(1))$，$h_{ji}(1)=1-h_{ji}(0)$

②$g_{ij}(0)=(1-P_i)\prod_{j'\in \boldsymbol{N}_x(i)\backslash\{j\}}h_{j'i}(0)$，$g_{ij}(1)=P_i\prod_{j'\in \boldsymbol{N}_x(i)\backslash\{j\}}h_{j'i}(1)$

归一化，有

$$g_{ij}(0)=\frac{g_{ij}(0)}{g_{ij}(0)+g_{ij}(1)}$$

$$g_{ij}(1)=1-g_{ij}(0)$$

③对所有 i 计算：

$$Q_i(0)=K_i(1-P_i)\prod_{j\in \boldsymbol{N}_x(i)}h_{ji}(0),Q_i(1)=K_iP_i\prod_{j\in \boldsymbol{N}_x(i)}h_{ji}(1)$$

常数 K_i 的选择应使

$$Q_i(0)+Q_i(1)=1$$

④$\forall i,\hat{c}_i=\begin{cases}1, & Q_i(1)>0.5\\0, & 其他\end{cases}$

(3)如果 $\hat{c}\boldsymbol{H}^{\mathrm{T}}=0$ 或者达到最大迭代次数，停止；否则，转步骤①。

研究表明，如果对应于 $\boldsymbol{H}$ 矩阵的图中没有环，当迭代次数趋于无穷时，$Q_i(0)$和 $Q_i(1)$将收敛于 c_i 的后验概率。由于步骤④，本算法将以近于 1 的概率检测出无法纠正的错误。

4.5.2　实验方法

一、实验目的

1. 掌握 LDPC 码的构造原理。
2. 了解 LDPC 码的基本译码方法。

二、实验工具与平台

1. C、Python、MATLAB 等软件开发平台。
2. 通信原理实验创新平台。

三、实验内容与步骤

1. 进行基本的 LDPC 编码(1/2 码率，(10,3,6))，给出码字。
2. 加入 BSC 信道，采用硬判决译码方法，构建性能测试平台，给出译码结果。
3. 使用 AWGN 信道，采用和积译码算法，给出译码结果。
4. 改变信道(BSC、AWGN)参数，绘制相应误码曲线。

四、参考程序

例 4-7 LDPC 编译码的 MATLAB 仿真。

1. LDPC 编码函数。

```
function [encoded_bits, H, Z_c, encoded_bits_original] = ldpc_encode(s, base_graph_index)

K = length(s);

encoded_bits = zeros(3 * K, 1);

if base_graph_index == 1
    a = 4;
    b = 22;
    c = 26;
    d = 42;
    e = 46;
    z = K/b;
    Z_c = z;
    N = 66 * Z_c;
    z = K/b;
    set_index = lifting_size_table_lookup(z);
    load parity_check_matrices_protocol_1
    BG = parity_check_matrices_protocol_1(:, :, set_index); %#ok<NODEF>
elseif base_graph_index == 2
    a = 4;
    b = 10;
    c = 14;
    d = 38;
    e = 42;
    z = K/b;
    Z_c = z;
    N = 50 * Z_c;
    set_index = lifting_size_table_lookup(z);
    load parity_check_matrices_protocol_2
    BG = parity_check_matrices_protocol_2(:, :, set_index); %#ok<NODEF>
else
    error('wrong base graph index in ldpc encoding.');
end

BG(BG ~= -1) = mod(BG(BG ~= -1), Z_c);

for k = (2 * Z_c):(K-1)
    if s(k+1) ~= -1
        encoded_bits(k-2 * Z_c+1) = s(k+1);
    else
        s(k+1) = 0;
        encoded_bits(k-2 * Z_c+1) = -1;
    end
end

%set_index = lifting_size_table_lookup(Z_c);
%BG = parity_check_matrices_protocol(:, :, set_index);
```

```
A_prime = BG(1:a, 1:b);
B_prime = BG(1:a, (b+1):c);
C_prime = BG((a+1):e, 1:b);
D_prime = BG((a+1):e, (b+1):c);
z = Z_c;

A = spalloc(a * z, b * z, nnz(A_prime + ones(size(A_prime))));

for row_index = 1:a
        for column_index = 1:b
            if A_prime(row_index, column_index) ~= -1
                A((row_index-1) * z+1:row_index * z, (column_index-1) * z+1:column_in-
dex * z) = sparse(1:z, [(mod(A_prime(row_index, column_index), z)+1):z, 1:mod(A_prime
(row_index, column_index), z)], ones(1, z), z, z);
        end
    end
end

B = spalloc(a * z, a * z, nnz(B_prime + ones(size(B_prime))));for row_index = 1:a

    for column_index = 1:a
        if B_prime(row_index, column_index) ~= -1
            B((row_index-1) * z+1:row_index * z, (column_index-1) * z+1:column_index *
z) = sparse(1:z, [(mod(B_prime(row_index, column_index), z)+1):z, 1:mod(B_prime(row_in-
dex, column_index), z)], ones(1, z), z, z);
        end
    end
end

C = spalloc(d * z, b * z, nnz(C_prime + ones(size(C_prime))));for row_index = 1:d
    for column_index = 1:b
        if C_prime(row_index, column_index) ~= -1
            C((row_index-1) * z+1:row_index * z, (column_index-1) * z+1:column_index *
z) = sparse(1:z, [(mod(C_prime(row_index, column_index), z)+1):z, 1:mod(C_prime(row_in-
dex, column_index), z)], ones(1, z), z, z);
        end
    end
end

D = spalloc(d * z, a * z, nnz(D_prime + ones(size(D_prime))));for row_index = 1:d

    for column_index = 1:a
        if D_prime(row_index, column_index) ~= -1
            D((row_index-1) * z+1:row_index * z, (column_index-1) * z+1:column_index *
z) = sparse(1:z, [(mod(D_prime(row_index, column_index), z)+1):z, 1:mod(D_prime(row_in-
dex, column_index), z)], ones(1, z), z, z);
        else
            D((row_index-1) * z+1:row_index * z, (column_index-1) * z+1:column_index *
z) = spalloc(z, z, 0);
        end
    end
```

```
end

B_inv = spalloc(a * z, a * z, 20 * z);

if (base_graph_index == 1) && (set_index ~= 7)
    B_inv(1:z, 1:z)                          = speye(z);
    B_inv(1:z, 1+z:2 * z)                    = speye(z);
    B_inv(1:z, 1+2 * z:3 * z)                = speye(z);
    B_inv(1:z, 1+3 * z:4 * z)                = speye(z);
    B_inv(1+z:2 * z, 1:z)                    = speye(z) + sparse(1:z, [2:z, 1], ones(1, z), z, z);
    B_inv(1+z:2 * z, 1+z:2 * z)              = sparse(1:z, [2:z, 1], ones(1, z), z, z);
    B_inv(1+z:2 * z, 1+2 * z:3 * z)          = sparse(1:z, [2:z, 1], ones(1, z), z, z);
    B_inv(1+z:2 * z, 1+3 * z:4 * z)          = sparse(1:z, [2:z, 1], ones(1, z), z, z);
    B_inv(1+2 * z:3 * z, 1:z)                = sparse(1:z, [2:z, 1], ones(1, z), z, z);
    B_inv(1+2 * z:3 * z, 1+z:2 * z)          = sparse(1:z, [2:z, 1], ones(1, z), z, z);
    B_inv(1+2 * z:3 * z, 1+2 * z:3 * z)      = speye(z) + sparse(1:z, [2:z, 1], ones(1, z), z, z);
    B_inv(1+2 * z:3 * z, 1+3 * z:4 * z)      = speye(z) + sparse(1:z, [2:z, 1], ones(1, z), z, z);
    B_inv(1+3 * z:4 * z, 1:z)                = sparse(1:z, [2:z, 1], ones(1, z), z, z);
    B_inv(1+3 * z:4 * z, 1+z:2 * z)          = sparse(1:z, [2:z, 1], ones(1, z), z, z);
    B_inv(1+3 * z:4 * z, 1+2 * z:3 * z)      = sparse(1:z, [2:z, 1], ones(1, z), z, z);
    B_inv(1+3 * z:4 * z, 1+3 * z:4 * z)      = speye(z) + sparse(1:z, [2:z, 1], ones(1, z), z, z);
elseif (base_graph_index == 2) && ((set_index ~= 4) && (set_index ~= 8))
    B_inv(1:z, 1:z)                          = sparse(1:z, [z, 1:(z-1)], ones(1, z), z, z);
    B_inv(1:z, 1+z:2 * z)                    = sparse(1:z, [z, 1:(z-1)], ones(1, z), z, z);
    B_inv(1:z, 1+2 * z:3 * z)                = sparse(1:z, [z, 1:(z-1)], ones(1, z), z, z);
    B_inv(1:z, 1+3 * z:4 * z)                = sparse(1:z, [z, 1:(z-1)], ones(1, z), z, z);
    B_inv(1+z:2 * z, 1:z)                    = speye(z) + sparse(1:z, [z, 1:(z-1)], ones(1, z), z, z);
    B_inv(1+z:2 * z, 1+z:2 * z)              = sparse(1:z, [z, 1:(z-1)], ones(1, z), z, z);
    B_inv(1+z:2 * z, 1+2 * z:3 * z)          = sparse(1:z, [z, 1:(z-1)], ones(1, z), z, z);
    B_inv(1+z:2 * z, 1+3 * z:4 * z)          = sparse(1:z, [z, 1:(z-1)], ones(1, z), z, z);
    B_inv(1+2 * z:3 * z, 1:z)                = speye(z) + sparse(1:z, [z, 1:(z-1)], ones(1, z), z, z);
    B_inv(1+2 * z:3 * z, 1+z:2 * z)          = speye(z) + sparse(1:z, [z, 1:(z-1)], ones(1, z), z, z);
    B_inv(1+2 * z:3 * z, 1+2 * z:3 * z)      = sparse(1:z, [z, 1:(z-1)], ones(1, z), z, z);
    B_inv(1+2 * z:3 * z, 1+3 * z:4 * z)      = sparse(1:z, [z, 1:(z-1)], ones(1, z), z, z);
    B_inv(1+3 * z:4 * z, 1:z)                = sparse(1:z, [z, 1:(z-1)], ones(1, z), z, z);
    B_inv(1+3 * z:4 * z, 1+z:2 * z)          = sparse(1:z, [z, 1:(z-1)], ones(1, z), z, z);
    B_inv(1+3 * z:4 * z, 1+2 * z:3 * z)      = sparse(1:z, [z, 1:(z-1)], ones(1, z), z, z);
    B_inv(1+3 * z:4 * z, 1+3 * z:4 * z)      = speye(z) + sparse(1:z, [z, 1:(z-1)], ones(1, z), z, z);
elseif (base_graph_index == 1) && (z == 208)
    B_inv(1:z, 1:z)                          = sparse(circshift(eye(208), 105));
    B_inv(1:z, 1+z:2 * z)                    = sparse(circshift(eye(208), 105));
    B_inv(1:z, 1+2 * z:3 * z)                = sparse(circshift(eye(208), 105));
    B_inv(1:z, 1+3 * z:4 * z)                = sparse(circshift(eye(208), 105));
    B_inv(1+z:2 * z, 1:z)                    = speye(208) + sparse(circshift(eye(208), 105));
    B_inv(1+z:2 * z, 1+z:2 * z)              = sparse(circshift(eye(208), 105));
    B_inv(1+z:2 * z, 1+2 * z:3 * z)          = sparse(circshift(eye(208), 105));
    B_inv(1+z:2 * z, 1+3 * z:4 * z)          = sparse(circshift(eye(208), 105));
    B_inv(1+2 * z:3 * z, 1:z)                = sparse(circshift(eye(208), 105));
    B_inv(1+2 * z:3 * z, 1+z:2 * z)          = sparse(circshift(eye(208), 105));
    B_inv(1+2 * z:3 * z, 1+2 * z:3 * z)      = speye(208) + sparse(circshift(eye(208), 105));
    B_inv(1+2 * z:3 * z, 1+3 * z:4 * z)      = speye(208) + sparse(circshift(eye(208), 105));
```

```
        B_inv(1+3*z:4*z, 1:z)               = sparse(circshift(eye(208), 105));
        B_inv(1+3*z:4*z, 1+z:2*z)           = sparse(circshift(eye(208), 105));
        B_inv(1+3*z:4*z, 1+2*z:3*z)         = sparse(circshift(eye(208), 105));
        B_inv(1+3*z:4*z, 1+3*z:4*z)         = speye(208) + sparse(circshift(eye(208), 105));
    elseif (base_graph_index == 1) && ((z ~= 208) && (set_index == 7))
        B_inv(1:z, 1:z)                     = sparse(1:z, [z, 1:(z-1)], ones(1, z), z, z);
        B_inv(1:z, 1+z:2*z)                 = sparse(1:z, [z, 1:(z-1)], ones(1, z), z, z);
        B_inv(1:z, 1+2*z:3*z)               = sparse(1:z, [z, 1:(z-1)], ones(1, z), z, z);
        B_inv(1:z, 1+3*z:4*z)               = sparse(1:z, [z, 1:(z-1)], ones(1, z), z, z);
        B_inv(1+z:2*z, 1:z)                 = speye(z) + sparse(1:z, [z, 1:(z-1)], ones(1, z), z, z);
        B_inv(1+z:2*z, 1+z:2*z)             = sparse(1:z, [z, 1:(z-1)], ones(1, z), z, z);
        B_inv(1+z:2*z, 1+2*z:3*z)           = sparse(1:z, [z, 1:(z-1)], ones(1, z), z, z);
        B_inv(1+z:2*z, 1+3*z:4*z)           = sparse(1:z, [z, 1:(z-1)], ones(1, z), z, z);
        B_inv(1+2*z:3*z, 1:z)               = sparse(1:z, [z, 1:(z-1)], ones(1, z), z, z);
        B_inv(1+2*z:3*z, 1+z:2*z)           = sparse(1:z, [z, 1:(z-1)], ones(1, z), z, z);
        B_inv(1+2*z:3*z, 1+2*z:3*z)         = speye(z) + sparse(1:z, [z, 1:(z-1)], ones(1, z), z, z);
        B_inv(1+2*z:3*z, 1+3*z:4*z)         = speye(z) + sparse(1:z, [z, 1:(z-1)], ones(1, z), z, z);
        B_inv(1+3*z:4*z, 1:z)               = sparse(1:z, [z, 1:(z-1)], ones(1, z), z, z);
        B_inv(1+3*z:4*z, 1+z:2*z)           = sparse(1:z, [z, 1:(z-1)], ones(1, z), z, z);
        B_inv(1+3*z:4*z, 1+2*z:3*z)         = sparse(1:z, [z, 1:(z-1)], ones(1, z), z, z);
        B_inv(1+3*z:4*z, 1+3*z:4*z)         = speye(z) + sparse(1:z, [z, 1:(z-1)], ones(1, z), z, z);
    elseif (base_graph_index == 2) && ((set_index == 4) || (set_index == 8))
        B_inv(1:z, 1:z)                     = speye(z);
        B_inv(1:z, 1+z:2*z)                 = speye(z);
        B_inv(1:z, 1+2*z:3*z)               = speye(z);
        B_inv(1:z, 1+3*z:4*z)               = speye(z);
        B_inv(1+z:2*z, 1:z)                 = speye(z) + sparse(1:z, [2:z, 1], ones(1, z), z, z);
        B_inv(1+z:2*z, 1+z:2*z)             = sparse(1:z, [2:z, 1], ones(1, z), z, z);
        B_inv(1+z:2*z, 1+2*z:3*z)           = sparse(1:z, [2:z, 1], ones(1, z), z, z);
        B_inv(1+z:2*z, 1+3*z:4*z)           = sparse(1:z, [2:z, 1], ones(1, z), z, z);
        B_inv(1+2*z:3*z, 1:z)               = speye(z) + sparse(1:z, [2:z, 1], ones(1, z), z, z);
        B_inv(1+2*z:3*z, 1+z:2*z)           = speye(z) + sparse(1:z, [2:z, 1], ones(1, z), z, z);
        B_inv(1+2*z:3*z, 1+2*z:3*z)         = sparse(1:z, [2:z, 1], ones(1, z), z, z);
        B_inv(1+2*z:3*z, 1+3*z:4*z)         = sparse(1:z, [2:z, 1], ones(1, z), z, z);
        B_inv(1+3*z:4*z, 1:z)               = sparse(1:z, [2:z, 1], ones(1, z), z, z);
        B_inv(1+3*z:4*z, 1+z:2*z)           = sparse(1:z, [2:z, 1], ones(1, z), z, z);
        B_inv(1+3*z:4*z, 1+2*z:3*z)         = sparse(1:z, [2:z, 1], ones(1, z), z, z);
        B_inv(1+3*z:4*z, 1+3*z:4*z)         = speye(z) + sparse(1:z, [2:z, 1], ones(1, z), z, z);
    end

    s = s(:);

    p_1 = mod(B_inv * (A * s), 2);
    p_2 = mod(C * s + D * p_1, 2);

    w = [p_1; p_2];
    for k = K:(N+2*Z_c-1)
        encoded_bits(k-2*Z_c+1) = w(k-K+1);
    end

    H = [A, B, spalloc(a*z, d*z, 0); C, D, speye(d*z)];
```

```
encoded_bits_original = [s; w];

%mod(H * [s; p_1; p_2]) = 0

clear A
clear B
clear C
clear D
clear B_inv
clear A_prime
clear B_prime
clear C_prime
clear D_prime

end
```

更多程序可扫描旁边二维码“LDPC码编译码程序”学习。

LDPC码
编译码程序

五、思考题

1. LDPC码的性能与哪些因素有关?
2. LDPC码构造需考虑哪些因素?
3. 简述LDPC码的应用情况及发展趋势。

4.6 Polar码编译码实验

4.6.1 实验原理

一、编码原理

Polar码的基本原理是信道极化。信道极化是对二进制对称信道进行特定的“组合”和“拆分”,则拆分后的“比特信道”将呈现极化现象:一部分“比特信道”的对称信道容量趋近于1,而其余部分“比特信道”的对称信道信道容量趋近于0。当码长N趋于无穷大时,理论上已被Arikan证明能够达到香农极限。图4-6-1所示为码长$N=1024$时BEC信道的信道极化现象。

Polar码编码主要在于生成矩阵和信息比特集两者的构造。

1. 生成矩阵。

Polar码生成矩阵的构造通常以二维核矩阵F=[1 0;1 1]为基底,通过迭代运算得出:

$$G_N = F^{\otimes \log_2 N} \tag{4-6-1}$$

其中,$\otimes$为Kronecker内积。连续消除算法的译码顺序,Arikan在生成矩阵中引入比特翻转置换操作:对于任意正整数i,定义$(b_1 \cdots b_n)$为其二进制表示,比特翻转操作$\mathrm{rvsl}(i) = (b_n \cdots b_1)$,对于任意矢量$(v_0, \cdots, v_{n-1})$,其比特翻转置换后的矢量为$(v_{\mathrm{rvsl}(0)}, \cdots, v_{\mathrm{rvsl}(n-1)})$,该操作可以用$N \times N$维的置换矩阵$B_N$表示。设$B_N$中第$i$行第$j$列的元素为$b_{i,j}$,则有:

$$b_{i,j} = \begin{cases} 1, & j = \mathrm{rvsl}(i-1)+1 \\ 0, & \text{其他} \end{cases} \tag{4-6-2}$$

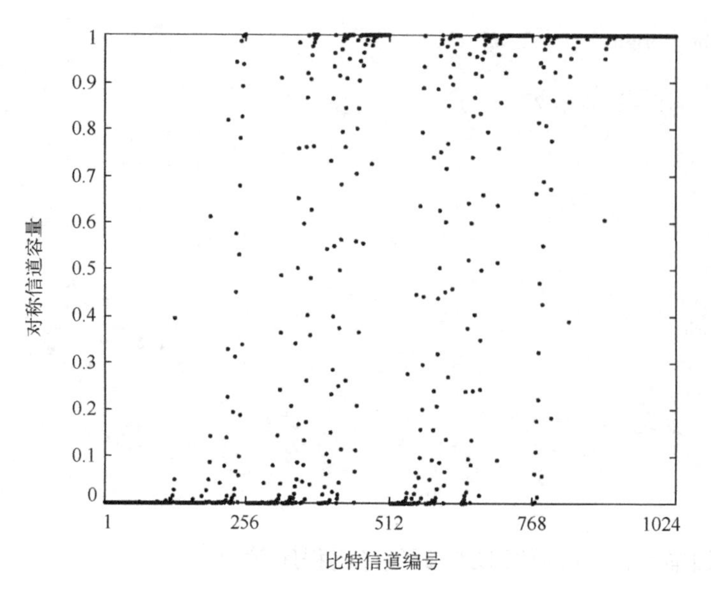

图 4-6-1　$N=1024$ 时 BEC 信道极化示意图

因此生成矩阵的一般形式为

$$G_N = B_N F^{\otimes \log_2 N} \tag{4-6-3}$$

2. 信息比特集。

Polar 码的信息比特集 A 构造主要在于如何选取信道容量最大的 K 个“比特信道”，以及生成矩阵的构造。选取“比特信道”的常用方法有巴氏参数法、蒙特卡洛仿真法、密度进化法、高斯近似法、极化重量方法等。以巴氏参数法为例构造信息比特集。

给定任意二进制离散无记忆信道 W，通过信道重组和信道拆分可实现变换 $(W_N^i, W_N^i) \mapsto (W_{2N}^{2i-1}, W_{2N}^{2i})$，其中，$N=2^n$，$1 \leqslant i \leqslant N$。则变换前后比特信道的巴氏参数满足以下关系：

$$Z(W_{2N}^{2i-1}) + Z(W_{2N}^{2i}) \leqslant 2Z(W_N^i) \tag{4-6-4}$$

$$Z(W_{2N}^{2i-1}) \leqslant 2Z(W_N^i) - Z(W_N^i) \tag{4-6-5}$$

$$2Z(W_{2N}^{2i}) = Z\,(W_N^i)^2 \tag{4-6-6}$$

当且仅当物理信道为二进制删余信道(Binary Erasure Channel, BEC)时，式(4-6-4)及式(4-6-5)的等号成立，此时比特信道的巴氏参数可迭代计算。对于连续信道，其巴氏参数的定义为积分函数：

$$Z(W) = \int \sqrt{W(y \mid 0) W(y \mid 1)}\, \mathrm{d}y \tag{4-6-7}$$

对于二进制加性高斯白噪声(Binary AWGN, BAWGN)信道，根据定义计算其转移概率，其中，σ^2 为噪声方差，调制方式为二进制相移键控(Binary Phase Shift Keying, BPSK)。

$$W(y \mid 1) = \frac{1}{\sqrt{2\pi\sigma}} \mathrm{e}^{-\frac{(y+1)^2}{2\sigma^2}} \tag{4-6-8}$$

$$W(y \mid 1) = \frac{1}{\sqrt{2\pi\sigma}} \mathrm{e}^{-\frac{(y+1)^2}{2\sigma^2}} \tag{4-6-9}$$

将式(4-6-8)与式(4-6-9)代入式(4-6-7)，可得

$$Z(W) = \int \sqrt{W(y \mid 0) W(y \mid 1)}\, \mathrm{d}y$$

$$= \int \frac{1}{\sqrt{2\pi\sigma}} e^{-\frac{y^2+1}{2\sigma^2}} dy$$

$$= e^{-\frac{1}{2\sigma^2}} \tag{4-6-10}$$

因此，根据计算出的巴氏参数进行排序，巴氏参数越小意味着信道容量越大，选取巴氏参数最小的 K 个“比特信道”，组成的集合即为比特信息集 $\mathcal{A}$ 。

3. Polar 码编码

Polar 码是线性分组码。假设 $\boldsymbol{c}$ 为 N 比特长的编码码字，$\boldsymbol{u}_I$ 为 K 比特信源信息，$\boldsymbol{u}_F = \boldsymbol{0}$ 为 $N-K$ 比特固定信息，则

$$\boldsymbol{c} = \boldsymbol{u}_I G_{K\times N} = \boldsymbol{u}_I G_{K\times N} + \boldsymbol{u}_F G_{(N-K)\times N} = \boldsymbol{u} G_{N\times N} \tag{4-6-11}$$

其中，$G_{N\times N}$ 是 Polar 码生成矩阵；$G_{K\times N}$ 是根据信息比特集 A 中元素从 $G_{N\times N}$ 中挑选的行组成的矩阵。

二、译码原理

对于长度为 2^n 的极化码，SC 译码器收到接收信号，首先利用接收信号译码 u_1 ，然后利用接收信号和 u_1 的估计译出 u_2 ，依次计算。所以，SC 译码器是利用接收信号和 $u_1,\cdots,u_{i-1}$ 的估计来译码 u_i ，直到 u_N 为止。下面叙述长度为 2 的 Polar 码基于比特信道似然比(Log-Likelihood Ratio,LLR)信息的 SC 译码过程。

1. 前提假设。

信道为离散无记忆高斯信道，BPSK 调制，联合分布 $\Pr(u_1,u_2,y_1,y_2)$ ，输入信号 u_1、u_2 是独立同分布的 Bernoulli(0.5)随机变量，$(x_1,x_2) = (u_1 \oplus u_2, u_2)$ ，x_1、x_2 经过二元输入无记忆信道 W 的传输，形成接收信号 y_1、y_2 。

2. 判决准则。

(1) f 运算判决 u_1 。

u_1 用条件概率 $\Pr(y_1 y_2 \mid u_1)$ 进行判决：

$$u_1 = \begin{cases} 0, & \Pr(y_1 y_2 \mid 0) \geqslant \Pr(y_1 y_2 \mid 1) \\ 1, & \Pr(y_1 y_2 \mid 0) < \Pr(y_1 y_2 \mid 1) \end{cases} \tag{4-6-12}$$

其中，$\Pr(y_1 y_2 \mid u_1)$ 可根据 $\Pr(u_1,u_2,y_1,y_2)$ 计算得到。注意下式最后一个等号成立条件：在无记忆信道中，并且 u_1、u_2 与 x_1、x_2 一一对应。计算过程如下：

$$\Pr(y_1 y_2 \mid u_1) = \frac{\Pr(y_1 y_2 u_1)}{\Pr(u_1)} = \frac{\sum_{u_2\in\{0,1\}} \Pr(y_1 y_2 u_1 u_2)}{\Pr(u_1)} = \frac{1}{2}\sum_{u_2\in\{0,1\}} \Pr(y_1 \mid u_1 \oplus u_2)\Pr(y_2 \mid u_2)$$

因此，式(4-6-12)中的条件可转换为对数似然比，表示为

$$\ln\frac{\Pr(y_1 y_2 \mid u_1 = 0)}{\Pr(y_1 y_2 \mid u_1 = 1)} = \ln\frac{\Pr(y_1 \mid 0)\Pr(y_2 \mid 0) + \Pr(y_1 \mid 1)\Pr(y_2 \mid 1)}{\Pr(y_1 \mid 1)\Pr(y_2 \mid 0) + \Pr(y_1 \mid 0)\Pr(y_2 \mid 1)} = \ln\frac{1+e^{L_1+L_2}}{e^{L_1}+e^{L_2}} \tag{4-6-13}$$

其中，$L_1 = \ln\frac{\Pr(y_1 \mid 0)}{\Pr(y_1 \mid 1)}$ ；$L_2 = \ln\frac{\Pr(y_2 \mid 0)}{\Pr(y_2 \mid 1)}$ 是接收信号 y_1 和 y_2 的 LLR。基于前提假设，可得 LLR 表达式为

$$\mathrm{LLR} = \frac{2}{\sigma^2} y \tag{4-6-14}$$

式(4-6-13)被称为 f 运算，但其计算过于复杂，因此常采用近似计算

$$\ln\frac{1+e^{L_1+L_2}}{e^{L_1}+e^{L_2}} \approx \mathrm{sign}(L_1)\mathrm{sign}(L_2)\min\{|L_1|,|L_2|\} \tag{4-6-15}$$

其中，sign 表示取符号位。

由此，把接收信号的 LLR 代入式(4-6-13)，得出 $\ln\frac{\Pr(y_1y_2 \mid u_1=0)}{\Pr(y_1y_2 \mid u_1=1)}$ 的值。如果 u_1 是冻结比特，则判定为预设的值；若是信息比特，利用 $\ln\frac{\Pr(y_1y_2 \mid u_1=0)}{\Pr(y_1y_2 \mid u_1=1)} \geqslant 0$，即 $\frac{\Pr(y_1y_2 \mid u_1=0)}{\Pr(y_1y_2 \mid u_1=1)} \geqslant 1$，则判为 0；反之，判为 1。

(2) g 运算判决 u_2。

u_2 同样使用条件概率 $\Pr(y_1y_2u_1 \mid u_2)$ 判决：

$$\Pr(y_1y_2u_1 \mid u_2) = \frac{\Pr(y_1y_2u_1u_2)}{\Pr(u_2)} = \frac{1}{2}\Pr(y_1y_2 \mid u_1u_2) = \frac{1}{2}\Pr(y_1 \mid u_1 \oplus u_2)\Pr(y_2 \mid u_2)$$

类似式(4-6-13)，判决条件采用对数似然比表达为

$$\ln\frac{\Pr(y_1y_2u_1 \mid u_2=0)}{\Pr(y_1y_2u_1 \mid u_2=1)} = \ln\frac{\Pr(y_1 \mid u_1)\Pr(y_2 \mid 0)}{\Pr(y_1 \mid u_1 \oplus 1)\Pr(y_2 \mid 1)} = (1-2u_1)L_1 + L_2 \quad (4\text{-}6\text{-}16)$$

式(4-6-16)被称为 g 运算。由此，通过接收信号的 LLR 和译码 u_1 可判出 u_2。

以上介绍的为经典的 SC 算法。目前，Polar 码译码算法大致分为两大类：一类是串行抵消(Successive Cancellation，SC)译码及其改进算法，如串行抵消列表(Successive Cancellation List，SCL)算法、基于 CRC 辅助 SCL(CA-SCL)算法、串行抵消堆栈(Successive Cancellation Stack，SCS)算法等；另一类是以置信度传播(Belief Propagation，BP)译码为基础的并行改进算法，如软消除(Soft Cancellation ，SCAN)译码。单就可靠性来讲，串行译码算法普遍高于并行译码算法，但是随着码长的增加，串行译码方法复杂度同样是指数级增加。

4.6.2 实验方法

一、实验目的

1. 掌握 Polar 码的构造原理和编码方法。
2. 熟悉 Polar 码的常用译码方法。
3. 熟悉 Polar 的仿真结果分析方法。

二、实验工具与平台

1. C、Python、MATLAB 等软件开发平台。
2. 创新开发实验箱。

三、实验内容与步骤

1. 进行基本的 Polar 编码(1/2 码率，(1024，512))，巴氏参数构造法，给出码字。
2. 加入 BSC 信道，采用 SC 译码方法，构建性能测试平台，给出译码结果。
3. 使用 AWGN 信道，采用 SCL(L=1，即为 SC)、CA-SCL 译码算法，给出译码结果。
4. 改变译码参数(CRC，L)，绘制相应误码曲线。

四、参考程序

例 4-8　Polar 编译码的 MATLAB 仿真。此处给出部分代码，更多程序可扫描旁边二维码“Polar 码编译码程序”学习。

Polar 码编译码程序

1. 巴氏参数构造。

```
N =128;                                        %码长
K =64;                                         %信息比特长度
R = K/N;                                       %码率
design_epsilon = 0.32;
channels = get_BEC_IWi(N,1-design_epsilon);
[~, channel_ordered] = sort(channels, 'descend');
file_name=sprintf('PolarCode(%d,%d)_designepsilon_%.2fdB_method_BA.txt',N,K,design_epsilon);
fid = fopen(file_name,'w+');
for ii = 1:length(channel_ordered)
    fprintf(fid,'%d\r\n',channel_ordered(ii));
end
fclose(fid);
function IWi = get_BEC_IWi(N, design_epsilon)
IWi = zeros(N,1);
IWi(1) = 1 - design_epsilon;
I_tmp = zeros(N,1);
m = 1;
while(m <= N/2)
    for k = 1 : m
        I_tmp(k) = IWi(k) * IWi(k);
        I_tmp(k+m) = 2 * IWi(k) - IWi(k) * IWi(k);
    end
    IWi = I_tmp;
    m = m * 2;
end
IWi = bitrevorder(IWi);
end
```

2. 主函数。

```
%%polar码参数定义和初始化
polar_N = 128;
polar_K = 64;
polar_n = log2(polar_N);
Rc = polar_K/polar_N;
crc_size = 0;  %crc_size大小在这里改变,支持0,4, 6, 8, 11, 12, 16, 24, 32
SCL_list_size = 1;  %如果用的是SCL译码器的话,SCL_list_size List大小在这里改变
indices = load('PolarCode(128,64)_designepsilon_0.32dB_method_BA.txt'); %导入Polar码码字
FZlookup = zeros(1,polar_N);
if crc_size == 0
    FZlookup(indices(1:polar_K)) = -1;
else
    FZlookup(indices(1:polar_K+crc_size)) = -1;
end
llr_layer_vec = get_llr_layer(polar_N);
bit_layer_vec = get_bit_layer(polar_N);
```

```
%%Ending of polar 码参数定义和初始化
%%调制\信道\仿真次数参数
Rm = 4; %BPSK
M = 2^Rm;
EbN0indB = 0.5:0.5:3.5;
EsN0indB = EbN0indB + 10 * log10(Rc * Rm);
N0 = 1./(10.^(EsN0indB/10));
sigma2 = N0 / 2;

max_frame_num = 1e7;
BLER = zeros(1,length(EbN0indB));
BER = zeros(1,length(EbN0indB));

%%Ending of 调制\信道\仿真次数参数
file_name = sprintf('AWGN_BPSK_Polar(%d_%d)_FastCASCL.txt',polar_N,polar_K);
fp1 = fopen(file_name,'a+');
fprintf(fp1,'==================================\r\n');
begin_time = datestr(now,0);
begin_time = strcat(begin_time,'\r\n');
fprintf(fp1,begin_time);
fprintf(fp1,'FastCASCL (List_Size = %d, Crc_size = %d)\r\n',SCL_list_size,crc_size);
fprintf(fp1,'EbN0(dB)\t\tBER\t\tFER\r\n');


for j = 1:length(EbN0indB)
    bitErrs = 0;
    blkErrs = 0;
    tt=tic();
    for l = 1:max_frame_num
        u = randi(2,1,polar_K)-1; %Bernoulli(0.5);
        x = CASCL_encoder(u,FZlookup,crc_size,llr_layer_vec);
        symbols = qammod(x,M,'InputType','bit','UnitAveragePower',true);

        if Rm > 1
            noise = sqrt(sigma2(j)) * (randn(polar_N/log2(M), 1)+1i * randn(polar_N/log2
(M), 1));
        else %BPSK
            noise = sqrt(sigma2(j)) * (randn(polar_N/log2(M), 1));
        end
        y = symbols + noise;

        LLR = qamdemod(y,M,'UnitAveragePower',true,'OutputType','llr');

        polar_info_esti = CASCL_decoder(LLR, SCL_list_size, FZlookup, llr_layer_vec, bit_layer
_vec, crc_size);

        uhat = polar_info_esti(1:polar_K).';

        nfails = sum(uhat ~= u);
        blkErrs = blkErrs + (nfails>0);
        bitErrs = bitErrs + nfails;
```

```
            if (blkErrs>50 && l>1e6/(polar_K))%frame errors, sufficient to stop
                fprintf('总共仿真了%d比特,错误帧数%d,错误比特数%d! \n',l * polar_K,blk-
Errs,bitErrs);
                break;
            end
        end

        BLER(j) = blkErrs/l;
        BER(j) = bitErrs/(polar_K * l);
        fprintf('EbN0 = %.2fdB, BER = %.7f, BLER = %.7f \n',EbN0indB(j),BER(j),
BLER(j));
        fprintf('Total time taken: %.2f sec (%d samples) \n\n',toc(tt),l);
        fprintf(fp1,'%.2f\t %.7f\t %.7f\r\n',EbN0indB(j),BER(j),BLER(j));
        if(BLER(j)<1e-4)
            break;
        end
end

end_time = datestr(now,0);
end_time = strcat(end_time,'\r\n');
fprintf(fp1,end_time);
fprintf(fp1,'=====================================\r\n\r\n\r\n');
fclose(fp1);

scatterplot(symbols)
figure;
semilogy(EbN0indB(1:j),BER(1:j),'y-s','LineWidth',1,'MarkerSize',6)
hold on;
semilogy(EbN0indB(1:j),BLER(1:j),'r-.s','LineWidth',1,'MarkerSize',6)
grid on;
xlabel('Eb/No (dB)')
legend('BER','BLER');
title_name = sprintf('AWGN信道+BPSK调制+Polar码(%d,%d)+CASCL(%d,%d)译码仿真
结果',polar_N,polar_K,SCL_list_size,crc_size);
title(title_name);
toc
```

五、思考题

1. Polar码的性能与哪些因素有关?
2. Polar码构造需考虑哪些因素?
3. 简述Polar码的应用情况及发展趋势。

从信道编码发展中看5G极化码的十年蜕变

信道编码是无线通信领域的核心技术之一,被誉为通信技术的"皇冠"。70多年前,美国数学家克劳德·艾尔伍德·香农(Claude Elwood Shannon)在经典论文 *A Mathematical Theory of Communication* 中提出了著名的有噪信道编码定理,他证明了只要信息传输率不大于信道容

量，通过对信息进行适当的编码，可以在不牺牲信息传输或存储速率的情况下，将有噪信道引入的差错率降低到任意低的程度。这一定理为信息通信产业奠定了理论基础，其中所描述的信道容量极限，也为无线通信技术的演进留下了一个未知的挑战。

香农在该定理中虽然没有提供具体的编码方法，但为后续学者的研究指明了目标和方向（随机编码、码长足够长、联合渐近等同分割性 AEP 和最大似然 ML 译码）。之后在大量学者近半个世纪的不断研究中，构造了具有严格代数结构的线性分组码如汉明码、Reed－Muller 码、BCH 码、RS 码等，以及从概率的角度来理解编码和译码的过程，可称为概率编码，发展出卷积码、Turbo 码、LDPC 码三类码。直到 2008 年，土耳其教授 Erdal Arıkan 在 IEEE 2008 国际信息论会议上首次提出信道极化理论，基于此提出极化（Polar）码。Polar 码是一种新型的信道编码方案，是迄今发现的唯一一种理论证明可达香农限的编码。

从前面的介绍中不难看出，现代编码中能接近香农容量极限的好码有三种：Turbo 码、LDPC 码和 Polar 码。Turbo 码在 4G 通信中处于绝对核心地位，它与 LDPC 码的竞争始终没有间断，在卫星通信标准 DVB－S2 中 LDPC 码代替了 Turbo 码，到了 5G 标准制定中，出现了“三码争辉”的局面。2016 年 11 月 17 日，国际无线标准化机构（3GPP）无线物理层（ RAN1）第 87 次会议在美国拉斯维加斯召开，经过激烈的竞争，华为技术有限公司（简称华为）等中国企业主推的 Polar 码击败美国主推的 LDPC 码和法国主推的 Turbo 码，成为 5G eMBB 场景在短码上的控制信道编码方案。通信技术的发展体现着一个国家通信科学基础理论的整体实力，其性能的改进将直接提升网络覆盖及用户传输速率。

5G（Polar）极化码，对于华为的意义不言而喻。对于中美贸易摩擦背景下的中国，也很有意义。极化码提出的时间是 2008 年，当时的华为仍然是全球通信设备企业里的“挑战者”，全年销售收入仅为 170 亿美元，是现在的六分之一。

2009 年，华为开始 5G 研究，恰好也就是 Arıkan 教授关于 Polar 码的论文在 IEEE 正式发表的那一年。虽然当时的技术标准有很多，但华为认为，极化码有作为优秀信道编码技术的潜力。2010 年，华为在 Arıkan 教授的研究基础上投入进一步研究，经过数年长期努力，在极化码的核心原创技术上取得了多项突破，并促成了其从学术研究到产业应用的蜕变。到 2013 年，华为的 5G 研究投入达到 6 亿美元。几年之后，华为的“坚守”有了成果。

第 5 章　数字基带传输

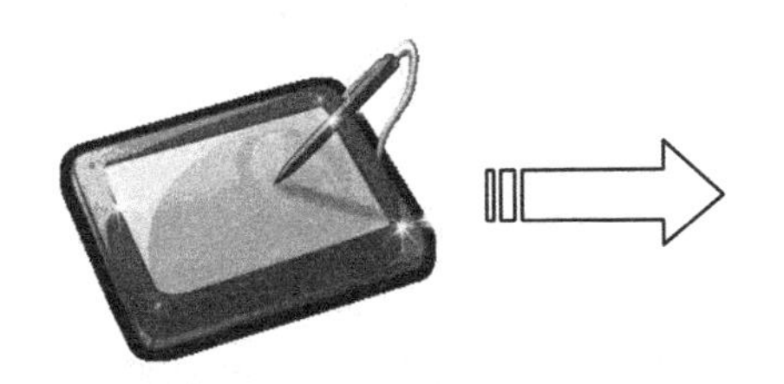

本章主要实验内容：

√　HDB$_3$ 线路编码通信系统

√　CMI 线路编码通信系统

√　眼图和无码间串扰波形

√　基带传输系统

通常将未对载波调制的待传信号称为基带信号，基带信号可以是原始的数字信号，也可由模拟信号经过信源编码得到。数字信号的基带传输就是将基带信号经过码型变换，不经过调制，直接以脉冲形式送到信道传输。基带传输不需要调制、解调模块，设备相对较简单，适用于较小范围的数据传输，其典型应用有串口、并口、SATA 和以太网通信等。典型基带传输系统主要由码型变换、成形滤波、接收滤波、信道均衡和取样判决组成，某些特殊应用场合还需要进行信道编译码。

基带传输系统中码型选择至关重要，选取原则主要有两点：①对各种码型的要求：期望将原始信息符号编制成适合于传输用的码型；②对所选码型的码元脉冲波形要求：期望码元脉冲波形适于在信道中传输。前一问题是传输码型的选择；后一问题是基带波形的选择。这两个问题既有独立性又相互关联。基带信号的码型类型很多，常见的有单极性码、双极性码、AMI 码、HDB$_3$ 码和 CMI 码等。适合于信道中传输的波形一般应为变化较平滑的脉冲波形。本章主要实验内容将涉及 CMI、HDB$_3$ 码编码、眼图和基带传输系统等。

5.1　HDB$_3$ 线路编码通信系统综合实验

5.1.1　实验原理

一、基带传输码型

并不是所有的基带信号码型都适合在信道中传输，往往是根据实际需要进行选择。下面介绍几种常用的适合在信道中传输的传输码型。

1. AMI 码。

AMI 码的全称是传号交替反转码。这是一种将消息中的代码“0”(空号)和“1”(传号)按如下规则进行编码的码：代码“0”仍为 0；代码“1”交替变换为+1、−1、+1、−1、…。

AMI 码的优点是：不含直流成分，低频分量小；编译码电路简单，可用传号极性交替规律观察误码情况。鉴于这些优点，AMI 码是 ITU 建议采用的传输码型之一。AMI 码的不足是：当原信码出现在“0”串时，信号的电平长时间不跳变，造成提取定时信号的困难。解决连“0”码问题的有效方法之一是有采用 HDB$_3$ 码。

2. HDB_3 码。

HDB_3 码的全称是三阶高密度双极性码，它是 AMI 码的一种改进型，其目的是保持 AMI 码的优点而克服其缺点，使连“0”个数不超过 3 个。其编码规则如下。

(1)当信码的连“0”个数不超过 3 时，仍按 AMI 码的规则编码，即传号极性交替。

(2)当连“0”个数超过 3 时，出现 4 个或 4 个以上连“0”串时，则将每 4 个连“0”小段的第 4 个“0”变换为非“0”脉冲，用符号 V 表示，称为破坏脉冲。而原来的二进制码元序列中所有的“1”码称为信码，用符号 B 表示。当信码序列中加入破坏脉冲以后，信码 B 与破坏脉冲 V 的正负极性必须满足如下两个条件。

①B 码和 V 码各自都应始终保持极性交替变化的规律，以确保编好的码中没有直流成分；

②V 码必须与前一个非零符号码(信码 B)同极性，以便和正常的 AMI 码区分开来。如果这个条件得不到满足，那么应该将四连“0”码的第一个“0”码变换成 V 码同极性的补信码，用符号 B^1 表示，并做调整，使 B 码和 B^1 码合起来保持条件①中信码(含 B 及 B^1)极性交替变换的规律。

虽然 HDB_3 码的编码规则比较复杂，但译码却比较简单。从上述原理中可以看出，每一破坏符号总是与前一非 0 符号同极性。据此，从收到符号序列中很容易找到破坏点 V，于是断定 V 符号及其前面的 3 个符号必定是连“0”符号，从而恢复 4 个连“0”码，再将所有的＋1、－1 变成“1”后便得到原信息代码。

HDB_3 码保持了 AMI 码的优点外，同时还将连“0”码限制在 3 个以内，故有利于位定时信号的提取。HDB_3 码是应用最为广泛的码型，A 律 PCM 四次群以下的接口码型均为 HDB_3 码。

3. CMI 码。

CMI 码是传号反转码的简称，其编码规则为：“1”码交替用“00”和“11”表示；“0”码用“01”表示。CMI 码的优点是没有直流分量，且有频繁出现波形跳变，便于定时信息提取，具有误码监测的能力。

由于 CMI 码具有上述优点，再加上编、译码电路简单，容易实现，因此，在高次群脉冲编码调制终端设备中广泛用作接口码型，在速率低于 8448kb/s 的光纤数字传输系统中也被建议作为线路传输码型。

二、实验模块介绍

我们知道 AMI 编码规则是遇到 0 输出 0，遇到 1 则交替输出＋1 和－1。而 HDB_3 编码由于需要插入破坏位 V，因此，在编码时需要缓存 4bit 的数据。当没有 4 个连 0 时与 AMI 编码规则相同。每 4 个连 0 小段的第 4 个 0 变换成与前一个非 0 符号(＋1 或－1)同极性的符号，用＋V 或－V 表示＋1 或－1)，为了不破坏极性交替反转，当相邻符号之间有偶数个非 0 符号时，再将该小段的第 1 个 0 变换成＋B 或－B，符号的极性与前一非 0 符号的相反。实验框图中编码过程是将信号源经程序处理后，得到 HDB_3-A1 和 HDB_3-B1 两路信号，再通过电平转换电路进行变换，从而得到 HDB_3 编码波形。

同样 AMI 译码只需将所有的±1 变为 1，0 变为 0 即可。而 HDB_3 译码只需找到传号 A，将传号和传号前 3 个数都清 0 即可。传号 A 的识别方法是：该符号的极性与前一极性相同，该符号即为传号。实验框图中译码过程是将 HDB_3 码信号送入到电平逆变换电路，再通过译码处理，得到原始码元。HDB_3 编译码实验原理框图如图 5-1-1 所示。

主控 & 信号源模块如图 2-1-4 所示，数字终端 & 时分复用模块框图如图 5-1-2 所示，基带传输编译码模块框图如图 5-1-3 所示，载波同步及位同步模块框图如图 5-1-4 所示。

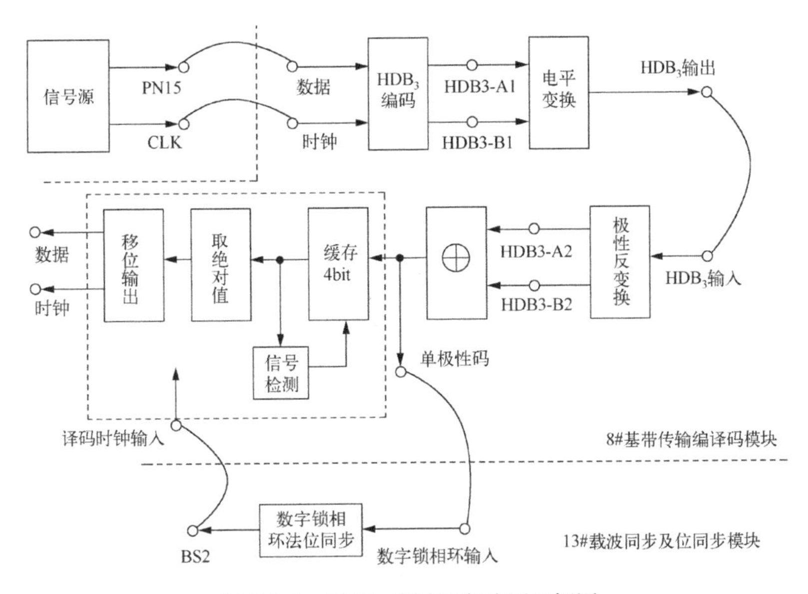

图 5-1-1　HDB_3 编译码实验原理框图

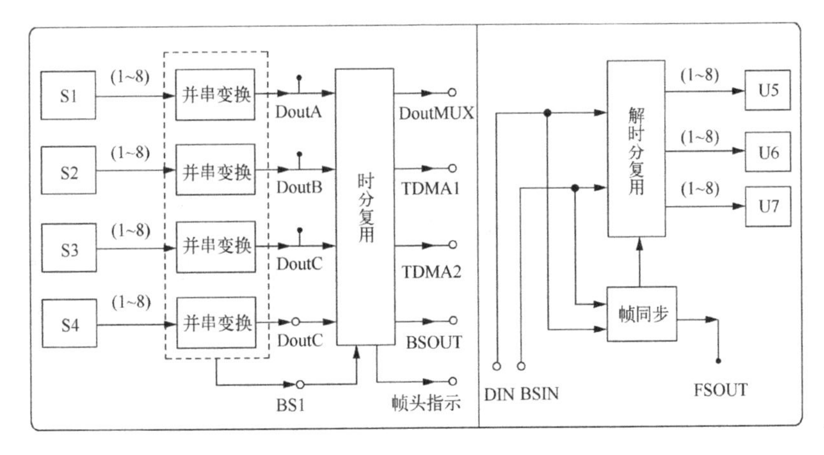

图 5-1-2　数字终端 & 时分复用模块框图

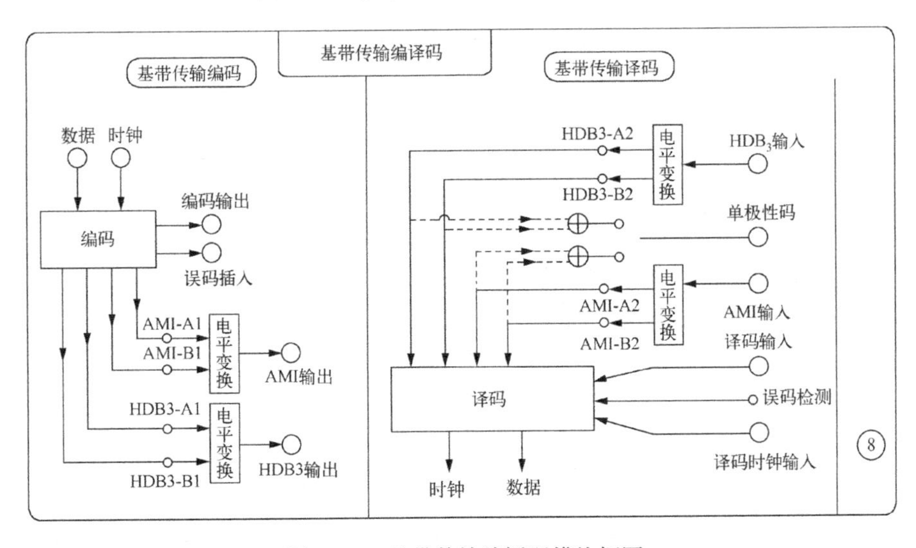

图 5-1-3　基带传输编译码模块框图

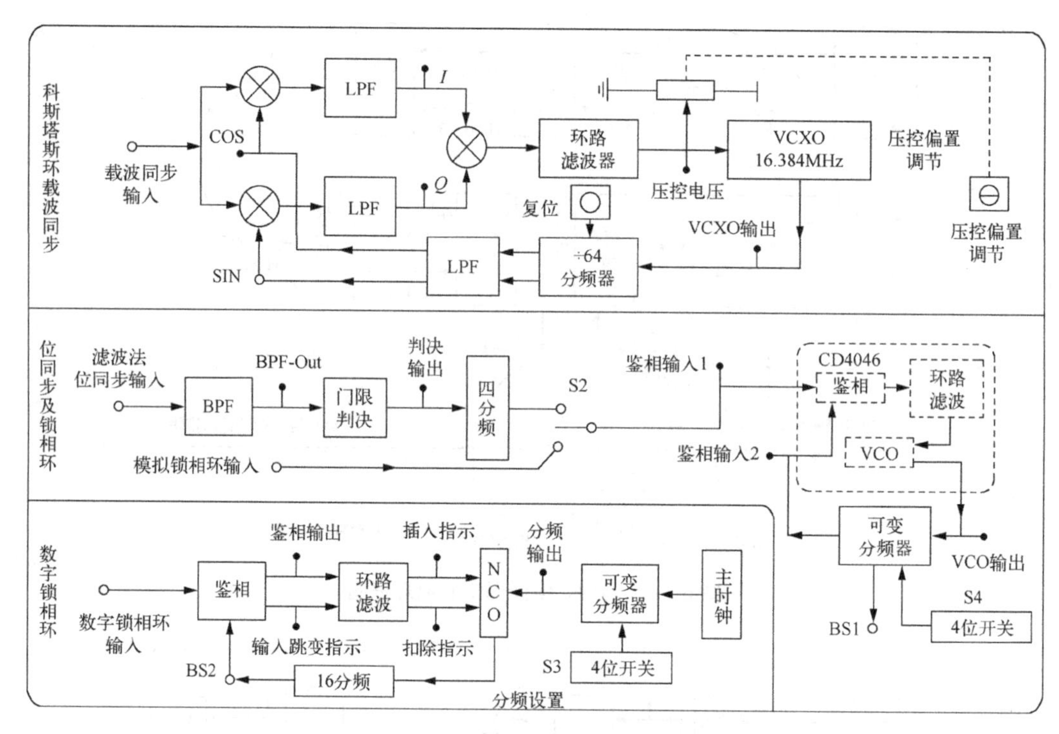

图 5-1-4　载波同步及位同步模块框图

(说明:以上模块框图与第 2 章各节模块端口说明部分的模块图一致。)

图 5-1-5 是 HDB_3 线路编码通信系统组成框图。信号源输出模拟信号经过 3# 模块进行 PCM 编码,与 2# 模块的拨码信号一起送入 7# 模块,进行时分复用,然后通过 8# 模块进行 HDB_3 编码;编码输出信号再送回 8# 模块进行 HDB_3 译码,其中译码时钟用 13# 模块滤波法位同步提取,输出信号再送入 7# 模块进行解复接,恢复的两路数据分别送到 3# 模块的 PCM 译码单元和 2# 模块的光条显示单元,从而可以从示波器中对比译码输出和原始信号源信号,并可以从光条中看到原始拨码信号。

本实验模块端口说明如表 5-1-1 所示。

表 5-1-1　本实验模块端口说明

模块	端口名称	端口说明
基带传输编码	数据	数据信号输入
	时钟	时钟信号输入
	编码输出	编码信号输出
	误码插入	误码数据插入观测点,指示编码端错误
	AMI-A1	AMI-A1 信号编码后波形观测点
	AMI-B1	AMI-B1 信号编码后波形观测点
	AMI 输出	AMI 信号编码后输出
	HDB3-A1	HDB3-A1 信号编码后波形观测点
	HDB3-B1	HDB3-B1 信号编码后波形观测点
	HDB3 输出	HDB3 信号编码后输出

续表

模块	端口名称	端口说明
基带传输译码	HDB3 输入	HDB3 编码后的信号输入
	HDB3-A2	HDB3-A2 电平变换后波形观测点
	HDB3-B2	HDB3-B2 电平变换后波形观测点
	单极性码	单极性码输出
	AMI 输入	AMI 编码后的信号输入
	AMI-A2	AMI-A2 电平变换后波形观测点
	AMI-B2	AMI-B2 电平变换后波形观测点
	译码输入	译码信号输入
	译码时钟输入	译码时钟信号输入
	误码检测	检测插入的误码
	时钟	译码后时钟信号输出
	数据	译码后数据信号输出
数字锁相环	数字锁相环输入	数字锁相环信号输入
	BS2	分频信号输出，可提供译码位时钟
	鉴相输出	输出鉴相信号观测点
	输入跳变指示	信号跳变观测点
	插入指示	插入信号观测点
	扣除指示	扣除信号观测点
	分频输出	时钟分频信号观测点
	分频设置 S3	设置分频频率(BS2 输出频率) “0000”表示 4096kHz “0011”表示 512kHz “0100”表示 256kHz “0111”表示 32kHz
时分复用	S1-S4	数字信号拨码输入
	DoutMUX	时分复用输出(DoutA、DoutB、DoutC、DoutD)，可作为基带信号数据输入
	BSOUT	位同步信号输出，可提供编码位时钟

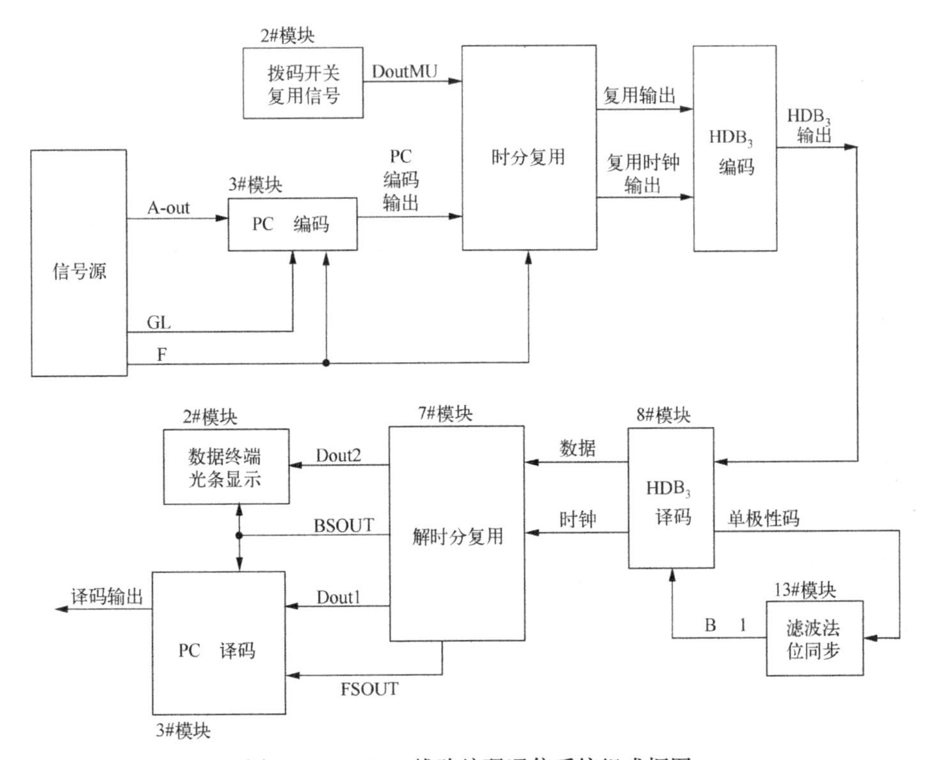

图 5-1-5　HDB_3 线路编码通信系统组成框图

注:图中所示连线有所省略,具体连线操作按实验步骤说明进行。

模块端口说明均可参见第 2 章的实验原理部分。

CD22103(AMI/HDB_3 编解码器)

该电路分别是 RCA 与 Harris 公司、Motorola 公司、Plessey 公司生产的 AMI/HDB_3 编解码器。它内部包含 NRZ-AMI/HDB_3 编码、解码单元、误码检测与告警电路、工作/自环选择开关等。其功能符合 CCITT G.703 建议。电路的基本特性如下。

(1)典型工作速率:2.048Mb/s,8.448Mb/s。

(2)码型变换方式:NRZ-AMI/ HDB_3。

(3)具有自环测试能力。

(4)输入、输出电平与 TTL 兼容。

(5)电源:+5V。

(6)功耗:<40mW。

(7)工艺:CMOS。

(8)封装:DIP-16Pin。

引出端符号说明如表 5-1-2 所示。

表 5-1-2　引出端符号说明

引出端符号	说明	引出端符号	说明
NRZ1	发非归零码输入	CP2	解码时钟
LTE	工作/自环控制	CP1	编码时钟
SEF	告警置位	BIN	解码输入(一)
AMI/HDB_3	AMI/HDB_3 模式选择	AIS	告警输出
OUT1	解码输出(一)	ERR	收误码检测输出
OUT2	编码输出(+)	NRZ0	收非归零码输出
CP3	收时钟输出	V+	正电源
AIN	解码输入(+)	GND	地

5.1.2　实验方法

一、实验目的

1. 熟悉 HDB_3 编译码器在通信系统中位置及发挥的作用。
2. 熟悉 HDB_3 通信系统的系统框架。
3. 掌握 HDB_3 码的编译规则。

二、实验工具与平台

1. 线上平台:国防科技大学通信工程实验工作坊(https://nudt.fmaster.cn/nudt/lessons)。

2. 线下设备:通信创新实训平台(主控 & 信号源模块、数字终端 & 时分多址模块、时分复用 & 时分变换模块、基带传输编译码模块、载波同步及位同步模块、PCM 编译码及语音终端模块)。

3. 双踪数字示波器。

三、实验内容与步骤

(一)归零码状态下 HDB_3 编译码规则验证测试

1. 关电连线:在关电状态下,根据测试内容要求,结合端口说明列表和实验原理图进行节点/端口连线。

2. 菜单选择:连好线后,打开设备电源,设置主控菜单,选择【主菜单】→【通信原理】→【HDB_3 编译码】→【归零码实验】或【非归零码实验】。

3. 参数设置:利用模块 13 的开关 S3 设置 BS2 输出频率,利用主控模块上的“功能 1”可以设置 PN 序列类型和频率,利用示波器“MATH(MATH MENU)”按键可以测试信号频谱,利用示波器的 Cursor 按键可以测试信号延时。

4. 波形观测:观测各测试节点波形变化,调试,得到清晰完整的信号波形。

5. 自选节点对比测录,分析 HDB_3 编码过程。结合 HDB_3 编码输入数据和译码输出数据,从编码时钟频率、译码时钟频率、延时、占空比等角度切入分析。

6. 观测分析延时情况。观察编译码波形相差的比特数,或者使用示波器进行测量。

7. 观测分析单极性码与双极性码的频谱。从频谱带宽、直流分量、占空比等角度切入分析。

(二)非归零码状态下 HDB_3 编译码规则验证测试

1. 操作同(一)1-4。

实验部分参考波形如图 5-1-6 所示。

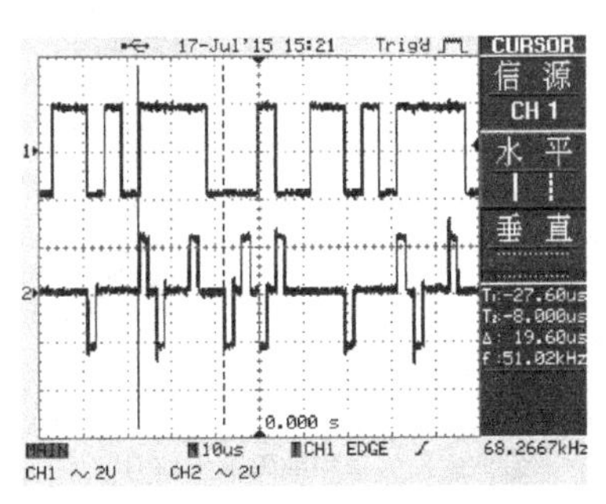

(a) 编码输入信号和编码输出信号

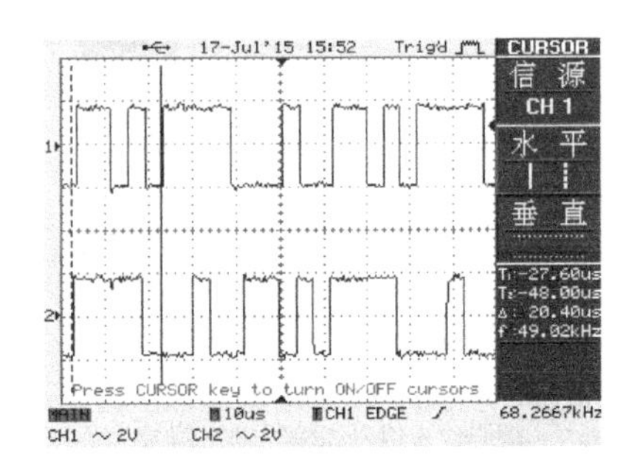

(b) 编码输入信号和译码输出信号

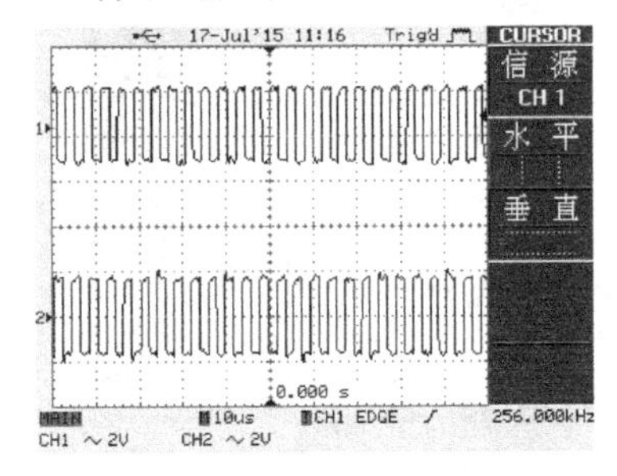

(c) 编码输入时钟和译码输出时钟

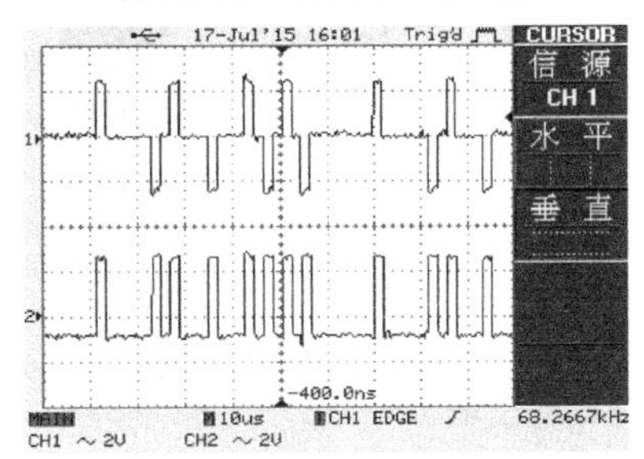

(d) HDB3输出信号和单极性码信号

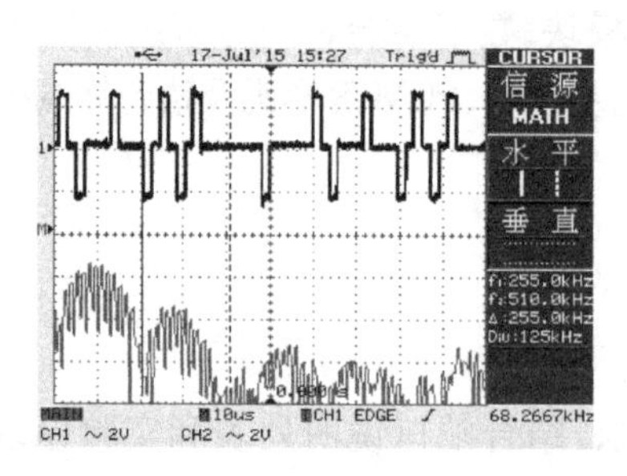

(e) HDB3输出信号及其频谱

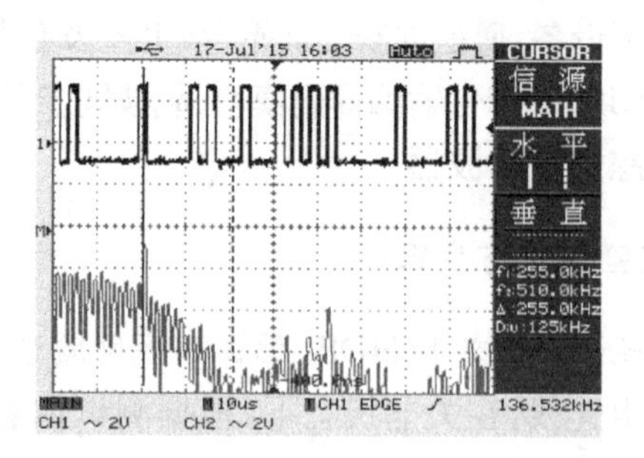

(f) 单极性码信号及其频谱

图 5-1-6　实验部分参考波形

(三)HDB_3 码长连 0 特点观测实验

1. 关电连线:在关电状态下,将 2 号模块的"DoutMUX"作为 HDB_3 编码数据输入,将 2 号模块的"BSOUT"作为 HDB_3 编码时钟输入,根据测试内容要求,结合端口说明列表和实验原理图进行节点/端口连线。

2. 菜单选择:连好线后,打开设备电源,设置主控菜单,选择【主菜单】→【通信原理】→【HDB_3 编译码】→【归零码实验】或【非归零码实验】。

3. 参数设置:利用 2# 模块的拨码开关 S1、S2、S3、S4 设置不同类型的数字信号(灯亮表示高电平),利用示波器菜单按键,将信号耦合状况设置为"交流"。

4. 波形观测:观测各测试节点波形变化,调试,得到清晰完整的信号波形。

实验部分参考波形如图 5-1-7 所示。

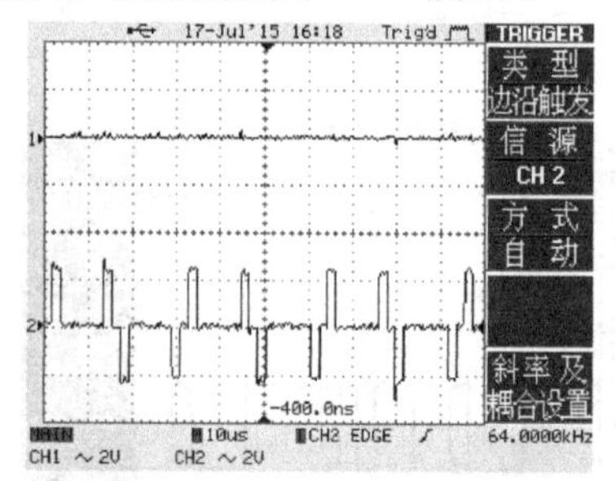

(a) 拨码开关S1、S2、S3、S4全部置0时,
编码输入信号和编码输出信号

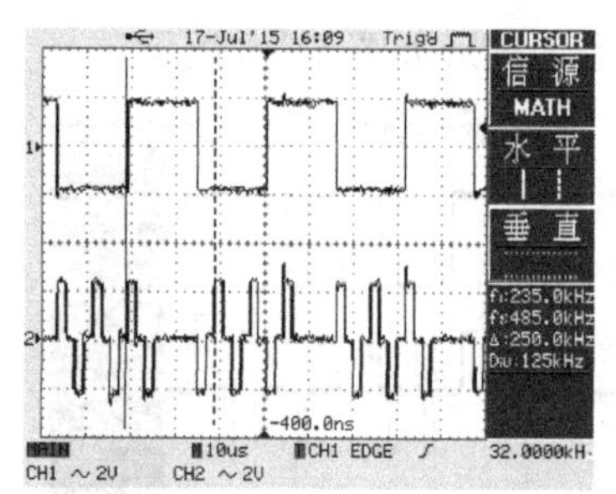

(b) 拨码开关S1、S2、S3、S4全部置11110000时,
编码输入信号和编码输出信号

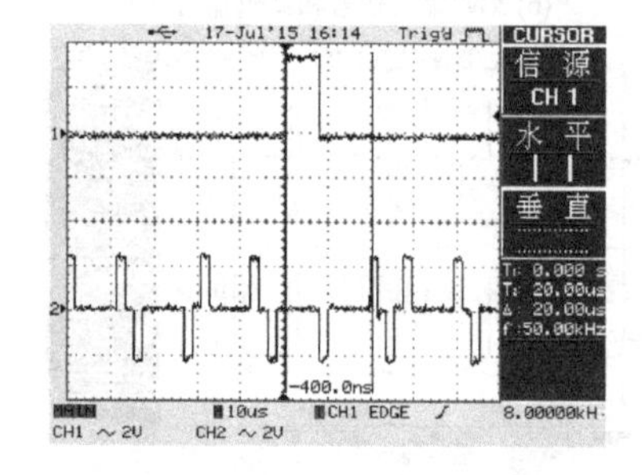

(c)拨码开关S1、S2、S3、S4为
000000000000000000000000 00000011时,
编码输入信号和编码输出信号

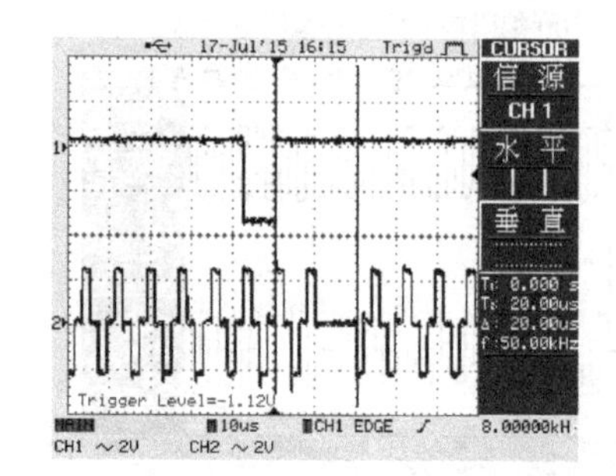

(d) 拨码开关S1、S2、S3、S4为
0011111111111111 11111111 11111111时,
编码输入信号和编码输出信号

图 5-1-7　实验部分参考波形

(四)围绕“HDB_3 码在通信系统中的作用及对通信系统影响”为主题,自行观测各节点波形。

1. 在关电状态下,根据测试内容要求,结合如表 5-1-3 所示的连线列表和实验原理图进行节点/端口连线。

表 5-1-3　连线列表

源端口	目的端口	连线说明
信号源:T1	21#模块:TH1(主时钟)	提供芯片工作主时钟
信号源:MUSIC	21#模块:TH5(音频输入)	提供编码信号
信号源:FS	21#模块:TH9(编码帧同步)	提供编码帧同步信号
信号源:CLK	21#模块:TH11(编码时钟)	提供编码时钟
21#模块:TH8(PCM 编码输出)	7#模块:TH13(DIN1)	复用一路输入
2#模块:TH1(DoutMUX)	7#模块:TH14(DIN2)	复用二路输入
信号源:FS	7#模块:TH11(FSIN)	提供复用帧同步信号
7#模块:TH10(复用输出)	8#模块:TH3(编码输入)	进行 HDB_3 编码
7#模块:TH12(复用时钟输出)	8#模块:TH4(时钟)	提供 HDB_3 编码时钟
8#模块:TH1(HDB_3 输出)	8#模块:TH7(HDB_3 输入)	进行 HDB_3 译码
8#模块:TH5(单极性码)	13#模块:TH3(滤波法位同步输入)	滤波法位同步提取
13#模块:TH4(BS1)	8#模块:TH9(译码时钟输入)	提取位时钟进行译码
8#模块:TH12(时钟)	7#模块:TH17(解复用时钟)	解复用时钟输入
8#模块:TH13(数据)	7#模块:TH18(解复用数据)	解复用数据输入
7#模块:TH7(FSOUT)	21#模块:TH10(译码帧同步)	提供 PCM 译码帧同步
7#模块:TH19(Dout1)	21#模块:TH7(PCM 译码输入)	提供 PCM 译码数据
7#模块:TH4(Dout2)	2#模块:TH13(DIN)	信号输入至数字终端
7#模块:TH3(BSOUT)	2#模块:TH12(BSIN)	数字终端时钟输入
7#模块:TH3(BSOUT)	21#模块:TH18(译码时钟)	提供 PCM 译码时钟
21#模块:TH6(音频输出)	21#模块:TH12(音频输入)	信号输入至音频播放

2. 设置主控菜单,选择【主菜单】→【通信原理】→【HDB_3 线路编码通信系统综合实验】。点击进入主控模块的“主菜单”→模块设置→3# 信源编译码→手动定义模块功能→A 律编译码。设置信号源 A-OUT 输出 1kHz 的正弦波,幅度由 W1 可调(频率和幅度参数可根据主控模块操作说明进行调节)。将 13# 模块的拨码开关 S4 设置为 0011。

3. 主控 & 信号源模块设置成功后,可以观察到 7# 模块的同步指示灯亮。FS 为模式 1。

4. 将 2# 模块拨码开关 S1、S2、S3、S4 为 01110010 11110000 00110011 00100100,可以从数字信号接收显示的三个光条中观察到输入的数字信号,拨动拨码开关 S2、S3 和 S4 验证输入数字信号与输出数字信号。

5. 以上连线选择的是 HDB_3 的编译码传输方式,学生可以根据自己的理解程度,使用其他的编码方式,对比两种传输有何不同。

6. 本实验采用的是 PCM 编译码对语音信号进行抽样量化,根据自己的理解程度,设计实验,使用其他的信源编译码方式进行信源编码。

7. 学生可以自行将音乐信号改换成话筒输出信号,通过耳机感受话音传输效果。

四、思考题

1. 简述单极性归零码、双极性归零码、单极性非归零码和双极性非归零码等 4 种信号频谱的异同点。

2. 归零码和非归零码各自有什么特点，实际应用中哪种较为广泛。
3. 具有长连"0"码格式的数据在 AMI 编译码系统中传输会带来什么问题，如何解决？
4. 结合自测波形，逐步分析，叙述 HDB_3 码在通信系统中的作用及对通信系统影响。
5. 查阅资料，了解 HDB_3 码的实际应用。

5.2　CMI 线路编码通信系统综合实验

5.2.1　实验原理

有关 CMI 编码的原理请见 5.1 节，本实验是观测 CMI 编译码波形以及其光纤传输，从而了解 CMI 的原理和用途。实验的系统连接框图如图 5-2-1 所示。

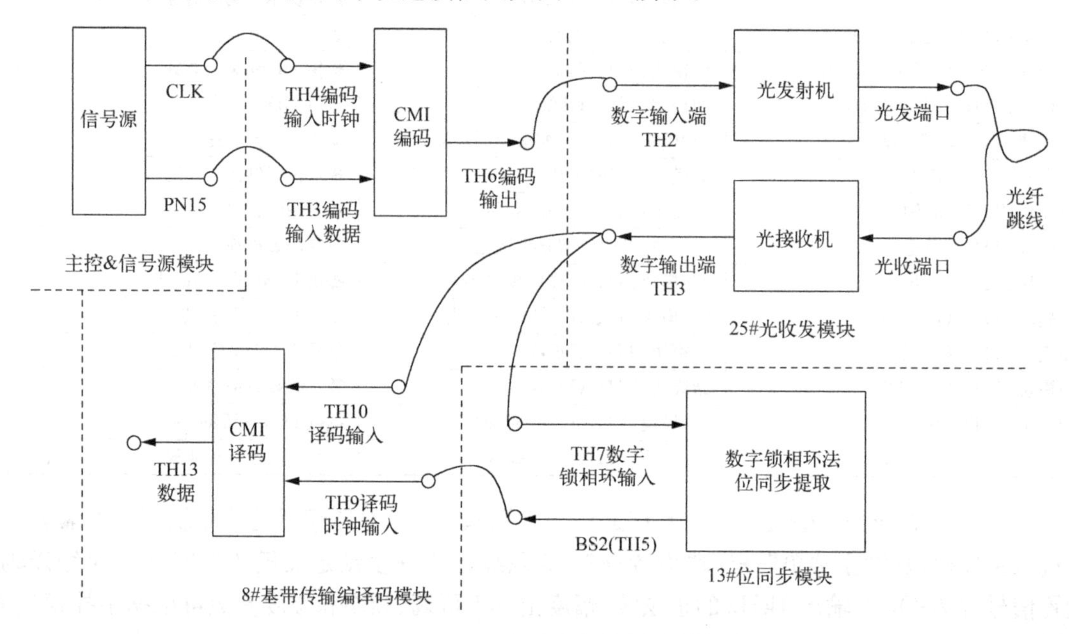

图 5-2-1　CMI 编译码光纤传输系统框图

和数字电缆通信一样，通常在数字光纤通信的传输通道中，一般不直接传输终端机输出的数字信号，而是经过码型变换电路，使之变换成为更适合传输通道的线路码型。在数字电缆通信中，电缆中传输的线路码型通常为三电平的"三阶高密度双极性码"，即 HDB_3 码，它是一种传号以正负极性交替发送的码型。在数字光纤通信中由于光源不可能发射负的光脉冲，因而不能采用 HDB_3 码，只能采用"0""1"二电平码。但简单的二电平码的直流基线会随着信息流中"0""1"的不同的组合情况而随机起伏，而直流基线的起伏对接收端判决不利，因此需要进行线路编码以适应光纤线路传输的要求。

线路编码还有另外两个作用：一是消除随机数字码流中的长连"0"和长连"1"码，以便于接收端时钟的提取。二是按一定规则进行编码后，也便于在运行中进行误码监测，以及在中继器上进行误码遥测。

CMI(Coded Mark Inversion)码是典型的字母型平衡码之一。CMI 在 ITU-T G. 703 建议中被规定为 139 264 kbit/s(PDH 的四次群)和 155 520 kbit/s(SDH 的 STM-1)的物理/电气界面的码型。CMI 由于结构均匀，传输性能好，可以用游动数字和的方法监测误码，因此误码监测性能好。由于它是一种电接口码型，因此有不少 139 264 kbit/s 的光纤数字传输系统采用 CMI 码作为光线路码型。除了上述优点外，它不需要重新变换，就可以直接用四次群复接设备送来的 CMI 码的电信号去调制光源器件，在接收端把再生还原的 CMI 码的电信号直接送给四次群复用设备，而无须电接口和线路码型变换/反变换电路。其缺点是码速提高太大，并且传送辅助信息的性能较差。

本实验 CMI 编码中，码字“0”由“01”表示，码字“1”由“00”“11”交替表示。其变换规则如表 5-2-1 所示。

表 5-2-1　变换规则

输入码字	CMI 码	
	模式 1	模式 2
0	01	01
1	00	11

本实验所用模块有主控 & 信号源模块（图 2-1-4）、8# 基带传输编译码模块（图 2-4-5）、13# 载波同步及位同步模块（图 2-4-6）和 25# 光收发模块（图 5-2-2）。

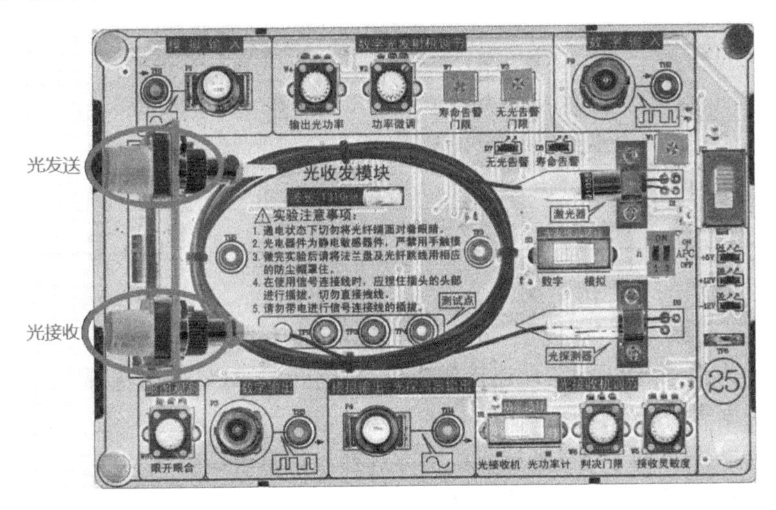

图 5-2-2　25# 光收发模块

5.2.2　实验方法

一、实验目的

1. 掌握 CMI 编译码原理。
2. 掌握 CMI 码在光纤传输系统中的用途。
3. 熟悉光通信的指标测试方法和相关工具使用。

二、实验工具与平台

1. 线上平台：国防科技大学通信工程实验工作坊(https://nudt.fmaster.cn/nudt/lessons)。
2. 线下设备：通信创新实训平台（主控 & 信号源模块、基带传输编译码模块、载波同步及位同步模块、光收发模块）。

3. 双踪数字示波器。

三、实验内容与步骤

注意：实验过程中，凡是涉及测试连线改变时，都需先停止运行仿真，待连线调整完后，再开启仿真进行后续调节测试。

1. 登录 e-Labsim 仿真系统，创建仿真工作窗口，选择实验所需模块和示波器。

2. 参考系统框图和测试内容，依次按表 5-2-2 所示的连线列表进行连线。

表 5-2-2　连线列表

源端口	目的端口	连线说明
信号源：PN	8#模块：TH3(数据)	提供编码输入数据
信号源：CLK	8#模块：TH4(时钟)	提供编码输入时钟
8#模块：TH6(编码输出)	25#模块：TH2(数字输入)	送入光发射机
25#模块：光发端口	25#模块：光收端口	电信号转换为光信号，经光纤跳线传输后再将光信号还原为电信号
25#模块：TH3(数字输出)	8#模块：TH10(译码输入)	送入译码单元
25#模块：TH3(数字输出)	13#模块：TH7(数字锁相环输入)	送入位同步提取单元
13#模块：TH5(BS2)	8#模块：TH9(译码时钟输入)	提供译码输入时钟
示波器通道 1	信号源模块：PN	—
示波器通道 2	8#模块：TH13	—

3. 设置 25 号模块的功能初始状态。

(1)将收发模式选择开关 S3 拨至“数字”，即选择数字信号光调制传输。

(2)将拨码开关 J1 拨至“ON”，即连接激光器；拨码开关 APC 此时选择“ON”或“OFF”都可，即 APC 功能可根据需要随意选择。

(3)将功能选择开关 S1 拨至“光接收机”，即选择光信号解调接收功能。

4. 运行仿真，开启所有模块的电源开关。

5. 进行系统联调和观测。

(1)设置主控信号源模块的菜单，选择【主菜单】→【光纤通信】→【CMI 编译码】。此时系统初始状态下 PN 序列为 256K。再将 13#模块的分频设置开关 S3 拨为 0011，即提取 512K 同步时钟。

(2)调节 25#模块中光发射机的 W4 输出光功率旋钮，改变输出光功率强度；调节光接收机的 W5 接收灵敏度旋钮和 W6 判决门限旋钮，改变光接收效果。用示波器对比观测信号源 PN 序列和 8#模块的 TH13 译码数据输出端，直至二者码型一致。

(3)停止仿真，更改示波器连线分别接信号源 PN 序列和 8#模块的 TH6(编码输出)，再运行仿真，对比编码前后的波形，验证 CMI 编码规则。

6. 观测 CMI 编码和译码波形。

7. 搭建并联调 CMI 编译码光纤传输系统。

实验部分参考波形如图 5-2-3 所示。

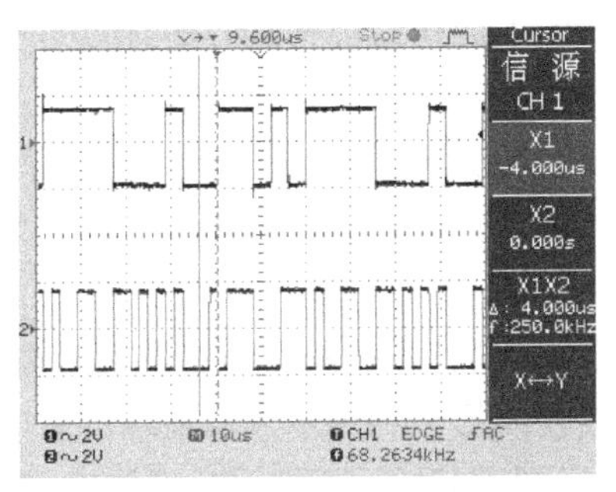

(a) 信号源PN序列和编码输出

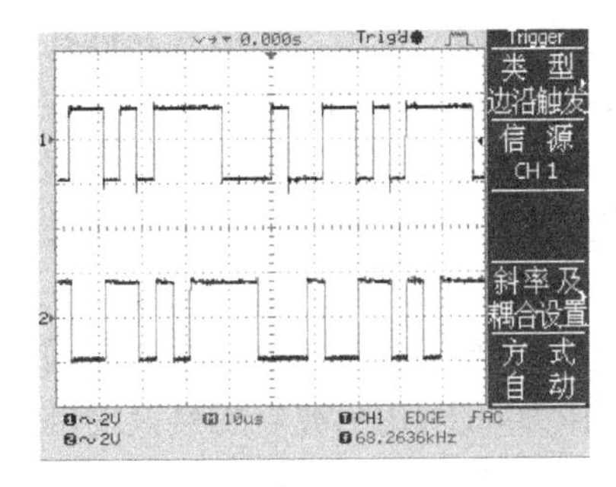

(b) 信号源PN序列和译码输出

图 5-2-3　实验部分参考波形

四、思考题

1. 叙述 CMI 码在通信系统中的作用及对通信系统的影响。

2. 叙述 CMI 码的纠错原理。

人物简介

赵梓森(1931—2022),1953 年毕业于上海交通大学。1995 年当选为中国工程院院士。赵梓森院士是我国光纤通信技术的主要奠基人和公认的开拓者,被誉为“中国光纤之父”。

他的一生都在跟“光”打交道,四十余载低调筑梦,追光前行。早在 1973 年,赵梓森院士就建议开展光纤通信技术的研究。当时无资金、资料和设备、无实验室,凭着敢于创新、敢拼敢干的精神,经过一次又一次的挫折和失败,攻克了一个又一个的技术难关。终于,在 1976 年,他在武汉邮电科学研究院一个简陋的清洗间里拉制出中国第一根具有实用价值的石英光纤,随后创立了我国光纤通信的技术路线,为我国光纤通信事业做出了杰出贡献。

赵梓森院士一生坚守科技报国初心,致力于推动中国光纤通信技术的发展。他参与起草了我国“六五”“七五”“八五”“九五”光纤通信攻关计划,为我国光纤通信发展少走弯路起了决定性作用。他不仅在学术研究上取得了丰硕的成果,还积极推动产学研结合,为我国的光纤通信产业做出了重要贡献。如今“中国光谷”已成为世界上最大的光电子产品研产基地和我国在光电子信息领域参与国际竞争的标志性品牌。

赵梓森院士的逝世是中国光纤通信领域的一大损失,但他的成就和贡献将永远铭刻在中国科技发展的历程中。他的一生是奋斗的一生、奉献的一生、追光的一生,他用自己的行动践行了科技报国的初心和使命,为后人树立了光辉的榜样。

5.3　眼图和无码间串扰波形

5.3.1　实验原理

实际中通信传输信道的带宽总是有限的,这样的信道称为带限信道。带限信道的冲激响应在时间上是无限的,因此一个时隙内的代表数据的波形经过带限信道后将在邻近的其他时隙上形成非零值，称为波形的拖尾。拖尾和邻近其他时隙上的传输波形相互叠加后，形成传输数据之间的混叠，造成符号间干扰，也称为码间串扰。接收机中，在每个传输时隙中的某一时间点上，通过对时域混叠后的波形进行采样，然后对样值进行判决来恢复接收数据。在采样时间位置上符号间的干扰应最小化（该采样时刻称为最佳采样时刻），并以适当的判决门限来恢复接收数据，使误码率最小（该门限称为最佳判决门限）。

在工程上，为了便于观察接收波形中的码间串扰情况，可在采样判决设备的输入端口处以恢复的采样时钟作为同步，用示波器观察该端口的接收波形。利用示波器显示的暂时记忆特性，在示波器上将显示出多个时隙内接收信号的重叠波形图案，称为眼图。对于传输符号等概率的双极性二元码，最佳判决门限为 0，最佳采样时刻为眼图开口最大处，因为这时刻上的码间串扰最小，当无码间串扰时，在最佳采样时刻上眼图波形将会聚为一点。

显然，只要带限信道冲激响应的拖尾波形在时隙周期整数倍上取值为零，那么就没有码间串扰，例如抽样函数 $\mathrm{sinc}x=\dfrac{\sin x}{x}$ 。然而，抽样函数的频谱是矩形门函数，是物理不可实现的。由于门函数的频谱锐截止特性，即使近似实现也十分困难。然而，还存在一类无码间串扰的时域函数，且具有升余弦频率特性，幅频响应是缓变的，在工程上易于近似实现。具有滚升余弦频率特性的传输信道是无码间串扰的，其冲激响应为

$$h_{\mathrm{rcos}}(t)=\frac{\sin(\pi t/T_{\mathrm{s}})}{\pi t/T_{\mathrm{s}}}\frac{\cos(\alpha\pi t/T_{\mathrm{s}})}{1-4\alpha^{2}t^{2}/T_{\mathrm{s}}{}^{2}} \tag{5-3-1}$$

相应的频谱是

$$H_{\mathrm{rcos}}(\omega)=\begin{cases}T_{\mathrm{s}}, & 0\leqslant|\omega|<\dfrac{(1-\alpha)\pi}{T_{\mathrm{s}}}\\ \dfrac{T_{\mathrm{s}}}{2}\left[1+\sin\dfrac{T_{\mathrm{s}}}{2\alpha}\left(\dfrac{\pi}{T_{\mathrm{s}}}-\omega\right)\right], & \dfrac{(1-\alpha)\pi}{T_{\mathrm{s}}}\leqslant|\omega|<\dfrac{(1+\alpha)\pi}{T_{\mathrm{s}}}\\ 0, & |\omega|\geqslant\dfrac{(1+\alpha)\pi}{T_{\mathrm{s}}}\end{cases} \tag{5-3-2}$$

其中，T_{s} 为码元传输时隙宽度，$0\leqslant a\leqslant1$ 为滚降系数。当 $a=0$ 时，$H_{\mathrm{rcos}}(\omega)$ 退化为矩形门函数；当 $a=1$ 时，$H_{\mathrm{rcos}}(\omega)$ 称为全升余弦频谱。

设发送滤波器为 $G_{\mathrm{T}}(\omega)$，物理信道的传递函数为 $C(\omega)$，接收滤波器为 $G_{\mathrm{R}}(\omega)$，则带限信道总的传输函数为

$$H(\omega)=G_{\mathrm{T}}(\omega)C(\omega)G_{\mathrm{R}}(\omega) \tag{5-3-3}$$

对于物理信道是加性高斯白噪声信道的情况，可以证明，当发送滤波器与接收滤波器相互匹配时，即 $G_{\mathrm{T}}(\omega)=G_{\mathrm{R}}^{*}(\omega)$，通信性能（误码率最小）达到最佳。对于理想的物理信道（$C(\omega)=1$），收发滤波器互相匹配时有

$$\begin{aligned}H(\omega)&=G_{\mathrm{T}}(\omega)G_{\mathrm{R}}^{*}(\omega)\\&=|G_{\mathrm{T}}(\omega)|^{2}\end{aligned} \tag{5-3-4}$$

由此，求得收发滤波器传递函数的实数解为

$$G_{\mathrm{T}}(\omega)=G_{\mathrm{R}}(\omega)=\sqrt{H(\omega)} \tag{5-3-5}$$

无串扰条件下，信道传递函数是滚升余弦的，匹配的收发滤波器称为平方根滚升余弦滤波器（Square Root Raised Cosine filter），有

$$G_{\mathrm{T}}(\omega)=G_{\mathrm{R}}(\omega)=\sqrt{H_{rcos}(\omega)} \tag{5-3-6}$$

其冲激响应是

$$h(t)=4\alpha\frac{\cos[(1+\alpha)\pi t/T_s]+\dfrac{\sin[(1-\alpha)\pi t/T_s]}{4\alpha t/T_s}}{\pi\sqrt{T_s}[(4\alpha t/T_s)^2-1]} \tag{5-3-7}$$

工程上,滚升余弦滤波器和平方根滚升余弦滤波器通常用FIR滤波器来近似实现。FIR滤波器的分母系数为1,分子系数向量等于冲激响应的采样序列。Matlab通信工具箱提供了设计升余弦滤波器的函数rcosine。当rcosine用于计算FIR滤波器时,根据设计选项的不同,其结果为式(5-3-1)或式(5-3-7)的采样值序列。函数rcosine用于计算FIR滤波器时的用法如下。

```
num =rcosine(Fd,Fs,'fir/normal',r,delay);
num = rcosine(Fd,Fs,'fir/sqrt',r,delay);
```

其中,'fir/normal'用于FIR滚升余弦滤波器设计;'fir/sqrt'用于FIR平方根滚升余弦滤波器设计;r是滚降系数,取值为0～1;Fd为输入数字序列的采样率,即码元速率;Fs为滤波器采样率,必须是Fd的正整数倍;delay是输入到响应峰值之间的时延(单位是码元时隙数)。

5.3.2 实验方法

一、实验目的

1. 了解和掌握眼图的形成过程和意义。
2. 掌握MATLAB软件Simulink基本使用方法。
3. 掌握无码间串扰传输条件。

二、实验工具与平台

C、Python、MATLAB等软件开发平台。

三、实验内容与步骤

1. 产生一组升余弦滚降滤波器的冲激响应,滚降系数为0,0.5,0.75和1,并通过FFT求出其幅频特性。码元时隙为1ms,在一个码元时隙内采样10次,滤波器延时为5个码元时隙宽度。

参考程序:

```
Fd = 1e3;                          %码元时隙为1ms
Fs = Fd * 10;                      %在一个码元时隙内采样10次
delay = 5;                         %滤波器延时为5个码元时隙宽度
for r = [0,0.5,0.75,1]             %滚降系数为0,0.5,0.75和1
num = rcosine(Fd,Fs,'fir/normal',r,delay);
t = 0:1/Fs:1/Fs * (length(num)-1);
figure(1);plot(t,num);axis([0 0.01 -0.3 1.1]);hold on;
Hw = abs(fft(num,1000));
f = (1:Fs/1000:Fs)-1;
figure(2);plot(f,Hw);axis([0 1500 0 12]);hold on;
end
```

2. 设计一个滚升余弦滤波器，滚降系数为 0.75。输入为 4 元双极性数字序列，符号速率为 1000 波特，设滤波器采样率为 10000 次/s，即在一个符号间隔中有 10 个采样点，试建立仿真模型观察滚升余弦滤波器的输出波形、眼图以及功率谱。

设计模型示意图如图 5-3-1 所示，系统仿真步进设为 1e−s，Random Integer 模块产生采样间隔为 1e−3s 的 4 元整数(0,1,2,3)，并用 Unipolar to Bipolar Converter 模块将其转换为双极性的(−3,−1,1,3)。通过 Upsample 模块将基带数据的采样速率升高为 10000 次/s，其输出为冲激脉冲形式的数据序列。滚升余弦 FIR 滤波器以 Discrete Filter 模块实现，其分母系数设置为 1，分子系数通过 rcosine 函数计算，设置为：

```
rcosine(1e3,1e4,'fir/normal',0.75,3)
```

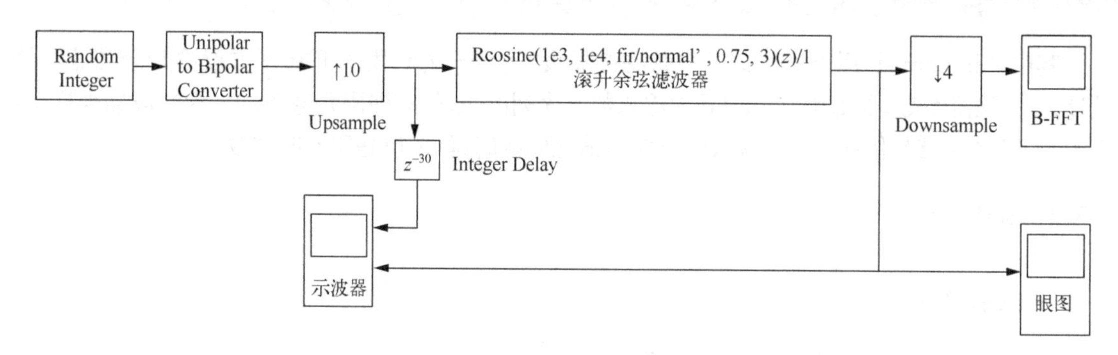

图 5-3-1 滚升余弦滤波器和眼图测试模型示意图

这样就得到了滚降系数为 0.75 的滚升余弦滤波器，滤波延时时间为 3 个数据时隙，即 30 个滤波采样间隔。滤波器输出通过 Downsample 模块降低 4 倍采样速率，使送入频谱仪的采样率为 2500 次/s，这样频谱仪显示的频率范围是 0～1250Hz。同时，滤波输出送入通信模块库中的 Discrete-Time Eye Diagram Scope 模块显示眼图。在 Discrete-Time Eye Diagram Scope 模块中需要设置：

(1)每个数据的采样点数，设置为 10。

(2)每次扫描显示的符号个数可设置为 2，这样眼图将显示 2 个符号时间宽度。

(3)显示所保留的扫描波形轨迹数，可使用默认值。

(4)每次显示的新轨迹数，也可使用默认值。

(5)Discrete-Time Eye Diagram Scope 模块可同时显示同相支路和正交支路上的波形眼图，本例只有一条支路，可选择 In-phase Only 选项。

由于滚升余弦滤波器存在延迟，为了使滤波器输出波形对应于输入数据脉冲，模型中使用了 Integer Delay 模块将输入数据延迟 30 个采样时间间隔，以示波器对比显示滤波器输入输出波形。修改信源的输出电平数可以得出其他电平数的眼图波形。

四、思考题

1. 阐述无码间串扰传输的时域条件和频域条件是什么？
2. 思考信噪比、码间干扰是如何在眼图中体现的？

5.4　基带传输系统实验

5.4.1　实验原理

在传输距离不太远的情况下，数字基带信号可以不经调制，直接在有线市话电缆中传输，利用中继方式也可以实现长距离上的直接传输。图5-4-1所示是一个典型的数字基带传输系统原理框图。

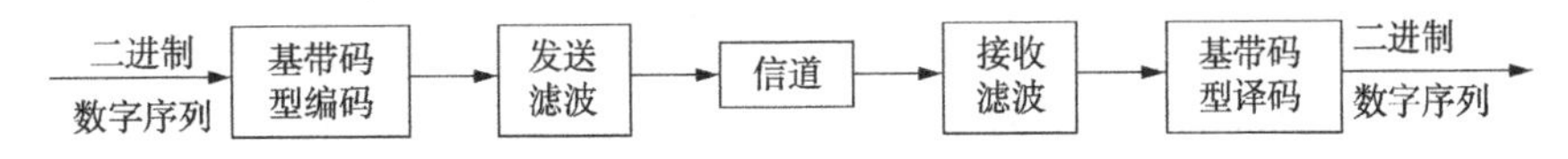

图5-4-1　数字基带传输系统原理框图

一个好的基带传输系统，应该在传输有用信号的同时能尽量抑制码间串扰和噪声。Nyquist在1928年证明了为得到无码间串扰的传输特性，系统传输函数不必须为矩形，而允许是具有缓慢下降边沿的任何形状，只要此传输函数是实函数并且在$f=W$处奇对称，这称为奈奎斯特准则。升余弦信号设计是成功利用Nyquist准则设计的一个例子。升余弦滤波器的传递函数为

$$H_{\mathrm{RC}}(f)=\begin{cases}1, & 0\leqslant|f|\leqslant(1-\alpha)/(2T_{\mathrm{s}})\\ \dfrac{1}{2}[1+\cos\left(\dfrac{\pi(2T_{\mathrm{s}}|f|)-1+\alpha}{2\alpha}\right), & (1-\alpha)/(2T_{\mathrm{s}})<|f|<(1+\alpha)/(2T_{\mathrm{s}})\\ 0, & |f|>(1+\alpha)/(2T_{\mathrm{s}})\end{cases}$$

其中，α是滚降因子，取值范围为0～1。一般$\alpha=0.25$～1时，随着α的增加，相邻符号间隔内的时间旁瓣会减小，这意味着增加α可以减小位定时抖动的敏感度，但增加了占用的带宽。对于矩形脉冲BPSK信号能量的90%在大约$1.6R_{\mathrm{b}}$的带宽内，而对于$\alpha=0.5$的升余弦滤波器，所有能量则在$1.5R_{\mathrm{b}}$的带宽内。

为了得知实际传输系统的特性以及调试系统，通常需用实验手段估计系统的性能。眼图就是用示波器实际观察接收信号质量的方法。对于二进制双极性信号，在无噪声和码间串扰的理想情况下，示波器屏幕上的显示如同一只睁开的眼睛。在噪声和码间串扰严重的情况下，多条杂乱的图形甚至会使用“眼睛”完全闭合。所以，“眼睛”张开的程度代表干扰的强弱。误码率可用来度量系统抗加性噪声的能力。误码是由码间干扰和噪声两方面引起的，为了简化起见，通常都是在无码间串扰的条件下计算由噪声引起的误码率。前面已经提到，发送端产生的数字基带信号经过信道和接收滤波器以后，在无码间串扰的条件下，对“1”码抽样判决时刻信号有正的最大值，用A表示；对“0”码抽样判决时刻信号有负的最大值(对双极性码)，用$-A$表示，或是为0值(对单极性码)。设高斯带限噪声$n_{\mathrm{R}}(t)$的均值为零，方差为σ_{n}^2。

(1)传单极性基带信号时

$$P_{\mathrm{e}}=\frac{1}{2}\mathrm{erfc}\left(\frac{A}{2\sqrt{2}\sigma_{\mathrm{n}}}\right)=\frac{1}{2}\mathrm{erfc}\left(\frac{\sqrt{r}}{2}\right)$$

(2)传双极性基带信号时

$$P_{\mathrm{e}}=\frac{1}{2}\mathrm{erfc}(\frac{A}{\sqrt{2}\sigma_{\mathrm{n}}})=\frac{1}{2}\mathrm{erfc}(\sqrt{r})$$

其中，$r=\dfrac{A^2}{2\sigma_{\mathrm{n}}^2}$为信噪比。

误差互补函数

$$\operatorname{erfc}(x)=\frac{2}{\sqrt{\pi}}\int_{x}^{\infty}\exp(-y^{2})\mathrm{d}y$$

比较上述可知：第一，基带传输系统的误码率只与信噪比 r 有关；第二，在单极性与双极性基带信号抽样时刻的电平取值 A 相等、噪声功率 A/σ_{n}^{2} 相同的条件下，单极性基带系统的抗噪声性能不如双极性基带系统；第三，在等概率条件下，单极性的最佳判决门限电平为 $A/2$，当信道特性发生变化时，信号幅度 A 将随着变化，故判决门限电平也随之改变，而不能保持最佳状态，从而导致误码率增大。而双极性的最佳判决门限电平为 0，与信号幅度无关，因而不随信道特性变化而改变，故能保持最佳状态。因此，数字基带系统多采用双极性信号进行传输。

5.4.2　实验方法

一、实验目的

1. 了解 Nyquist 基带传输设计准则。
2. 熟悉升余弦基带传输信号的特点。
3. 掌握眼图信号的观察方法。
4. 学习评价眼图信号的基本方法。

二、实验工具与平台

C、Python、MATLAB 等软件开发平台。

三、实验内容与步骤

1. 试建立一个基带传输模型，发送数据为二进制双极性不归零码，发送滤波器为平方根升余弦滤波器，滚降系数为 0.5，信道为加性高斯信道，接收滤波器与发送滤波器相匹配。发送数据率为 1000bps，要求观察接收信号眼图，并设计接收机采样判决部分，对比发送数据与恢复数据波形，并统计误码率。假设接收定时恢复是理想的。

2. 设计系统仿真采样率为 1e4Hz，滤波器采样速率等于系统仿真采样率。数字信号速率为 1000bps，故在进入发送滤波器之前需要 10 倍升速率，接收解码后再以 10 倍降速率来恢复信号传输比特率。

仿真模型示意图如图 5-4-2 所示，其中系统分为二进制信源、发送滤波器、高斯信道、接收匹配滤波器、接收采样、判决恢复以及信号测量等 7 部分。二进制信源输出双极性不归零码，并向接收端提供原始数据以便对比和统计误码率。发送滤波器和接收滤波器是相互匹配的，均为平方根升余弦滤波器，高斯信道采用简单的随机数发生器和加法器实现。由于接收定时被假定是理想的，可用脉冲发生器实现 1000Hz 的矩形脉冲作为恢复定时脉冲，以乘法器实现在最佳采样时刻对接收滤波器输出的采样。然后对采样结果进行门限判决，最佳门限设置为零，判决输出结果在一个传输码元时隙内保持不变，最后以 10 倍降速率采样得出采样率为 1000Hz 的恢复数据。

由于发送滤波器和接收滤波器的滤波延迟均设计为 10 个传输码元时隙，因此在传输中共延迟 20 个时隙，加上接收机采样和判决恢复部分的 2 个时隙的延时，接收恢复数据比发送信源数

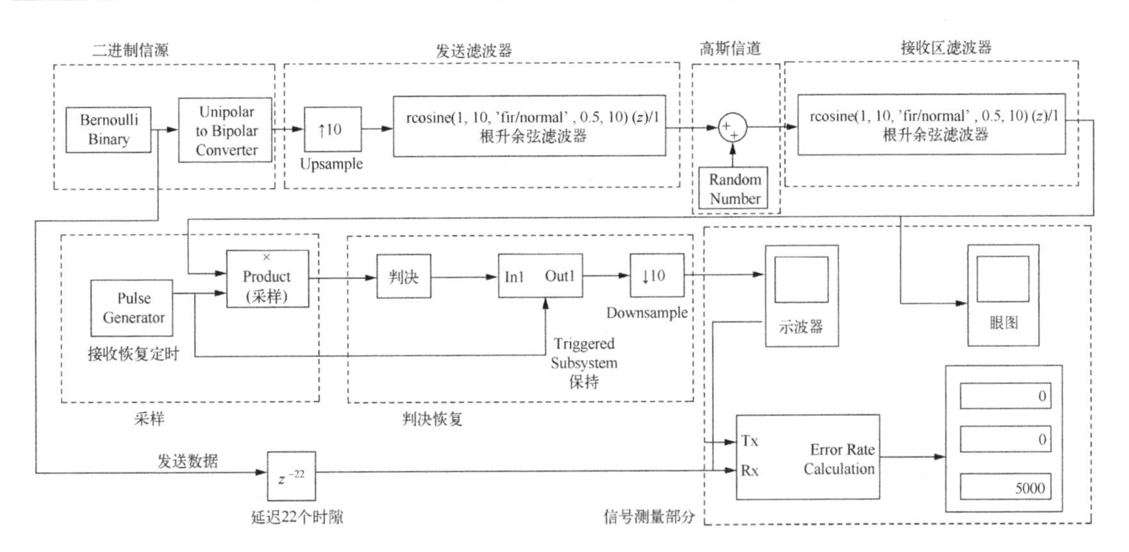

图 5-4-2　高斯信道下的基带传输系统测试模型示意图

据共延迟了 22 个码元。因此，在对比收发数据时需要将发送数据延迟 22 个采样单位（时隙）。信号测量部分对接收滤波器输出波形的眼图、收发数据波形以及误码率进行测量。

四、思考题

1. 比较“非归零码＋低通滤波的成形信号”与“α＝0.3 升余弦滤波”基带成形传输的不同点。
2. 比较“α＝0.3 升余弦滤波”与“α＝0.4 升余弦滤波”的不同点。
3. 比较“α＝0.4 升余弦滤波”与“α＝0.4 开根号升余弦滤波”的不同点。

第6章 数字频带传输

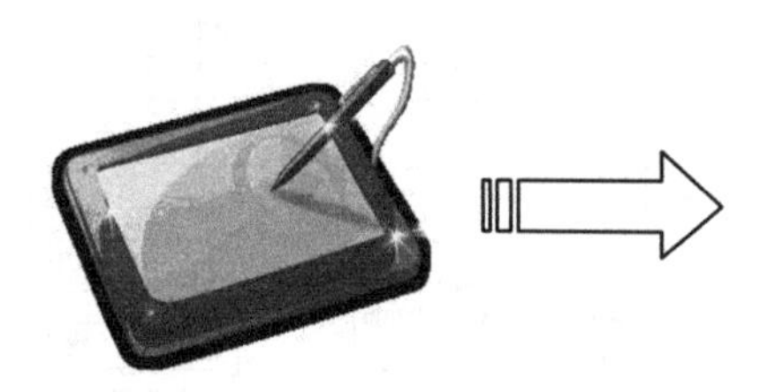

本章主要实验内容：

- √ BPSK 传输系统
- √ MPSK 调制系统
- √ MQAM 调制系统
- √ MAPSK 调制系统
- √ OQPSK/π/4-QPSK 调制系统
- √ MSK/GMSK 调制系统

实际通信中不少信道（如无线信道）不能直接传输基带信号，必须利用调制解调器将数字信息映射成与信道特性相匹配的信号波形。在通信系统中，数字调制模块位于信道之前。数字调制通常需要一个正弦波作为载波，把基带数字信号调制到这个载波上，使这个载波的一个或几个参量（振幅、频率和相位）上载有基带数字信号的信息，并且使已调信号的频谱位置适合在给定的带通信道中传输。本章所涉及的调制技术包括 MPSK、MQAM、MPSK 调制系统、OQPSK/π/4-QPSK、MSK/GMSK 等。

6.1 BPSK 传输系统实验

6.1.1 实验原理

一、基本原理

二进制相移键控，简记为 2PSK 或 BPSK。其信号表达式为

$$s(t)=A\cos(\omega_0 t+\theta)$$

式中，当发送“θ”时，$\theta=0$；当发送“1”时，$\theta=\pi$。

BPSK 信号产生方法有两种：一是相乘法，用二进制基带不归零矩形脉冲信号与载波相乘；二是选择法，用基带信号控制一个开关电路，以选择输入信号，开关电路的输入信号是相位相差 π 的同频载波。BPSK 信号的解调方法是相干接收法。其难点在于：第一，难以确定本地载波的相位，载波相位容易颠倒 0 和 π；第二，在随机信号码元序列中有可能出现信号波形长时间为连续的正（余）弦波形，致使在接收端无法辨认码元的起止时刻。

BPSK 存在倒 π 现象或反向工作现象，这直接影响到该信号的长距离传输。为了克服此缺点，并保存 BPSK 信号的优点，采用二进制差分相移键控（DBPSK）体制。DBPSK 是利用相邻码元载波相位的相对值表示基带信号“0”和“1”的。现在用 θ 表示载波的初始相位。设→$\Delta\theta$ 为当前码元和前一码元的相位之差

$$\begin{cases}\Delta\theta=0, & \text{当发送“0”时}\\ \Delta\theta=\pi, & \text{当发送“1”时}\end{cases}$$

则信号码元可以表示为

$$s(t)=\cos(w_0t+\theta+\Delta\theta),\quad 0<t\leqslant T$$

式中，θ 表示前一码元的相位。

若将基带序列称为绝对码，变换后的序列称为相对码。基带序列的变换规律是绝对码中的码元"1"使相对码元改变；绝对码元"0"使相对码元不变。这种变换是很容易实现的，例如，用一个双稳态触发器，它仅当输入"1"时状态才反转。由于这种间接法进行差分相移键控实现起来很简单，因此常被实际系统采用。

DBPSK 信号的解调，主要有两种方法。第一种方法是直接比较相邻码元的相位，从而判断接收码元是"0"还是"1"。为此，需要将前一码元延迟一码元周期，然后将当前码元的相位和前一码元的相位作比较。第二种方法是先把接收信号当作绝对相移信号进行相干解调，解调后的码序列是相对码；然后再将此相对码序列作逆码变换，还原成绝对码，即原基带信号码元序列。

在接收端很难区分信号是 DBPSK 还是 BPSK 体制的，二者功率谱密度完全一致。在 AWGN 信道下，二者的传输系统误码率公式如表 6-1-1 所示。

表 6-1-1　二进制频带传输系统误码率公式

调制方式	解调方式	误码率 P_e	近似 $P_e(r\gg1)$
PSK	相干	$\frac{1}{2}\mathrm{erfc}(\sqrt{r})$	$\frac{1}{2\sqrt{\pi r}}\mathrm{e}^{-r}$
DPSK	差分相干	$\frac{1}{2}\mathrm{e}^{-r}$	

其中，$r=\dfrac{A^2}{2\sigma_n^2}$，$A$ 为信号幅度，σ_n^2 为噪声方差。

二、实验电路组成及原理

星座图测量：与眼图一样，可以较为方便地估计出系统的性能，同时它还可以提供更多的信息，如 I、Q 支路的正交性、电平平衡性能等。星座图的观察方法如下：用示波器的一个通道接收 I 支路信号，另一通道接 Q 支路信号，将示波器设置成 X-Y 方式，这时就可以在荧光屏上看到相应调制方式的星座图了。星座点聚焦越好，则系统性能越好；否则，噪声与 ISI 越严重，系统的误码率越高。

误码率测量：误码率是衡量系统性能的一个十分重要的指标，其测量一般需通过专用仪表——误码测试仪进行。误码测试仪首先发送一串伪码数据给信道设备，在信道设备进行 BPSK 调制，并经信道返回（主要是完成加噪功能），然后解调。解调之后的数据送入误码测试仪中进行比较，将误码进行计数，将误码率显示出来。

信噪比测量：误码率的测量与信道的信号质量有很大的关系，BPSK 接收信号质量一般通过 E_b/N_0 来表示。对 E_b/N_0 的测量一般采用图 6-1-1 所示的测量方法。利用频谱仪可以直接在 B 点测量出 E_b/N_0。将频谱仪的带宽调整到较为合适的状态，使 BPSK 的信号频谱占据频谱仪的 2/3 左右。频谱仪的分析带宽 B_R 调整到 BPSK 信号带宽的 1/10～1/100，一般可得到如图 6-1-2 所示的频谱：在图中 X 是信号谱密度与噪声密度的差值（注意：X 为真值，而不是一般频谱仪上的对数值），$E_b/N_0=X-1$。因而，通过频谱仪可以较为方便地测量 E_b/N_0。

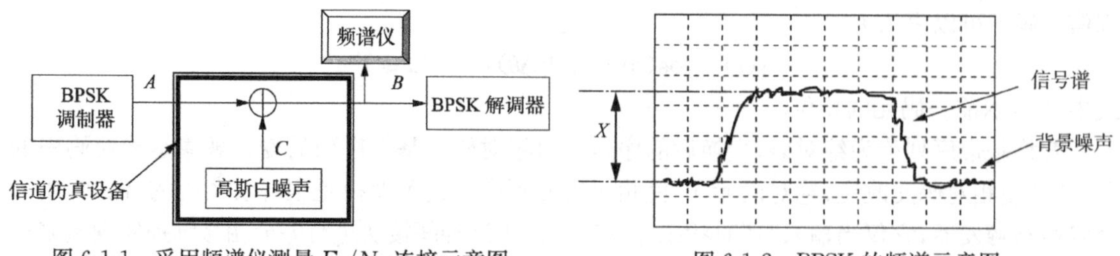

图 6-1-1 采用频谱仪测量 E_b/N_0 连接示意图

图 6-1-2 BPSK 的频谱示意图

本实验平台中,BPSK 的调制工作过程如下:首先输入数据进行 Nyquist 滤波,滤波后的结果分别送入 I、Q 两路支路。因为 I、Q 两路信号一样,本振频率是一样的,相位相差 180°,所以经调制合路之后仍为 BPSK 方式。采用成形信号调制的信号如图 6-1-3 所示。

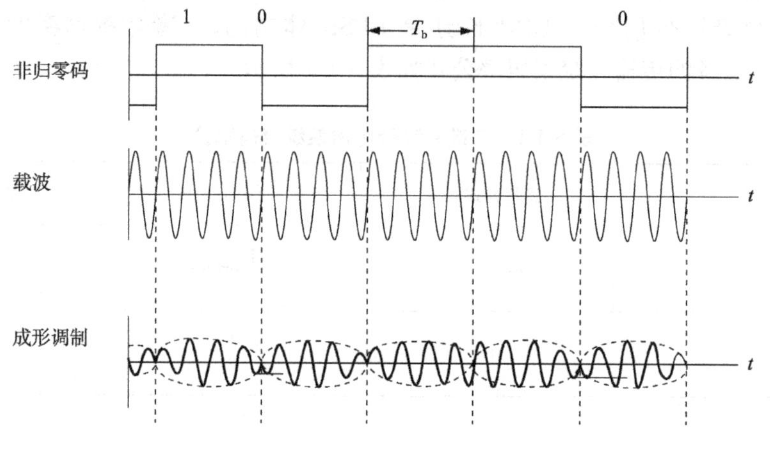

图 6-1-3 成形信号调制的波形

1. 数字调制解调模块电路原理。

该模块实现信源→信源编码→信道编码→信道传输(调制/解调)→信道译码→信源译码→信宿的整个信号传输,如图 6-1-4 所示。电路中通过 CPLD 完成 BPSK/DBPSK 的调制解调实验。

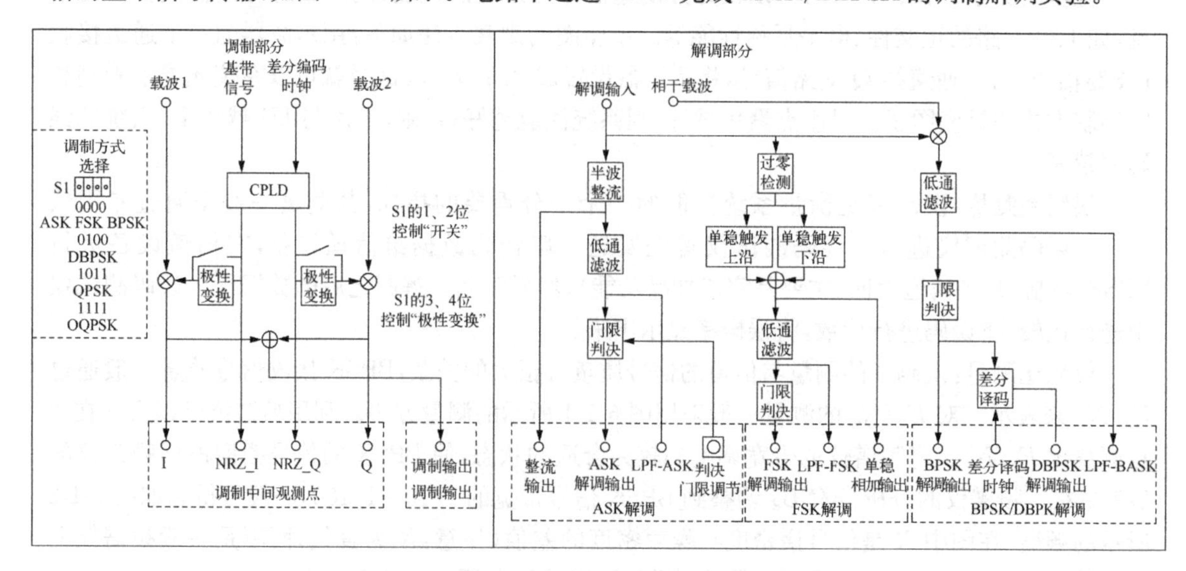

图 6-1-4 调制解调模块框图

模块功能说明如下。

(1)调制方式。

本模块可以支持:ASK/FSK/BPSK/DBPSK/QPSK/OQPSK。其中调制方式与载波频率对应表如表 6-1-2 所示。

表 6-1-2　调制方式与载波频率对应表

调制方式＼载波频率	载波 1	载波 2
ASK	128kHz	无
FSK	256kHz	128kHz
其他	256kHz	256kHz

(2)调制部分。

所有调制方式的待调制的基带信号、时钟以及载波统一在此部分对应端口输入输出。可观测到调制过程产生的 NRZ_I、NRZ_Q 以及 I、Q 信号。

(3)解调部分。

该部分的具体端口说明如 6-1-3 所示。

表 6-1-3　端口说明

端口名称		说明
总开关	S2	模块总开关
调制输入输出部分	基带信号	输入待调制的信号源
	差分编码时钟	输入差分编码时钟
	载波 1	输入 1 号载波
	载波 2	输入 2 号载波
	调制输出	调制信号输出端口
调制中间观测点	NRZ_I	调制过程 NRZ_I 分量输出
	NRZ_Q	调制过程 NRZ_Q 分量输出
	I	NRZ_I 与载波 1 相乘所得 I 信号观测点
	Q	NRZ_Q 与载波 2 相乘所得 Q 信号观测点
解调输入部分	解调输入	输入调制信号
	相干载波	输入相干载波信号
BPSK/DBPSK 解调	LPF-BPSK	低通滤波后的输出观测点
	BPSK 解调输出	BPSK 解调输出端口
	差分译码时钟	输入差分译码时钟信号
	DBPSK 解调输出	DBPSK 解调输出端口

(4)可调参数说明。

- S1:通过 S1 拨码开关选择:0000ASK/FSK/BPSK、0100DBPSK、1011QPSK、1111OQPSK。
- W1:通过 W1 调节门限判决的门限值。

2. 载波同步及位同步模块电路原理。

同步是通信系统中一个重要的实际问题。当采用同步解调或相干检测时,接收端需要提供一个与发射端调制载波同频同相的相干载波,这就需要载波同步。在最佳接收机结构中,需要对积分器或匹配滤波器的输出进行抽样判决。接收端必须产生一个用作抽样判决的定时脉冲序列,它和接收码元的终止时刻应对齐。这就需要位同步。实验平台中载波同步及位同步模块的电路如图 6-1-5 所示。

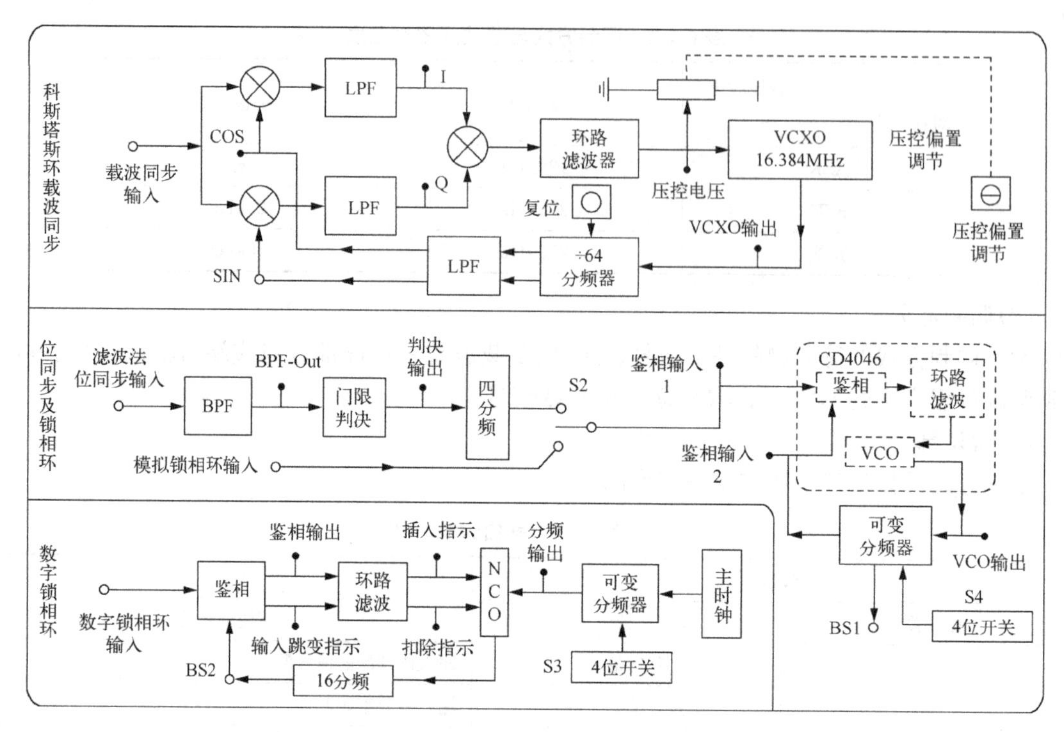

图 6-1-5 载波同步及位同步(13 号)模块

模块功能说明如下。

(1)科斯塔斯环载波同步。

在科斯塔斯环载波同步模块中,压控振荡器输出信号供给一路相乘器,压控振荡器输出经90°移相后的信号则供给另一路。两者相乘以后可以消除调制信号的影响,经环路滤波器得到仅与压控振荡器输出和理想载波之间相位差有关的控制电压,从而准确地对压控振荡器进行调整,恢复出原始的载波信号。

(2)位同步及锁相环。

滤波法位同步提取,信号经一个窄带滤波器,滤出同步信号分量,通过门限判决和四分频后提取位同步信号。锁相法位同步提取,在接收端利用锁相环电路比较接收码元和本地产生的位同步信号的相位,并调整位同步信号的相位,最终获得准确的位同步信号。

(3)数字锁相环。

压控振荡器的频率变化时,会引起相位的变化,在鉴相器中与参考相位比较,输出一个与相位误差信号成比例的误差电压,再经过低通滤波器,取出其中缓慢变动数值,将压控振荡器的输出频率拉回到稳定的值上来,从而实现了相位稳定。

(4)可调参数说明。

• S2:向上拨动,选择滤波法位同步电路;向下拨动,选择锁相环频率合成电路。

• 压控偏置调节:调节压控偏置电压。

· 分频设置:设置分频频率,“0000”输出 4096kHz 频率,“0011”输出 512kHz 频率,“0100”输出 256kHz 频率,“0111”输出 32kHz 频率。

端口说明如表 6-1-4 所示。

表 6-1-4　端口说明

模块	端口名称	端口说明
科斯塔斯环载波同步	载波同步输入	载波同步信号输入
	COS	余弦信号观测点
	SIN	正弦信号输入
	I	信号和 $\pi/2$ 相载波相乘滤波后的波形观测点
	Q	信号和 0 相载波相乘滤波后的波形观测点
	压控电压	误差电压观测点
	VCXO	压控晶振输出
	复位	分频器重定开关
	压控偏置调节	压控偏置电压调节
位同步及锁相环	滤波法位同步输入	滤波法位同步基带信号输入
	模拟锁相环输入	模拟锁相环信号输入
	S2	位同步方法选择开关
	鉴相输入 1	接收位同步信号观测点
	鉴相输入 2	本地位元元同步信号观测点
	VCO 输出	压控振荡器输出信号观测点
	BS1	合成频率信号输出
	分频设置	设置分频频率
数字锁相环	数字锁相环输入	数字锁相环信号输入
	BS2	分频信号输出
	鉴相输出	输出鉴相信号观测点
	输入跳变指示	信号跳变观测点
	插入指示	插入信号观测点
	扣除指示	扣除信号观测点
	分频输出	时钟分频信号观测点
	分频设置	设置分频频率

模块如图 6-1-6～图 6-1-8 所示。

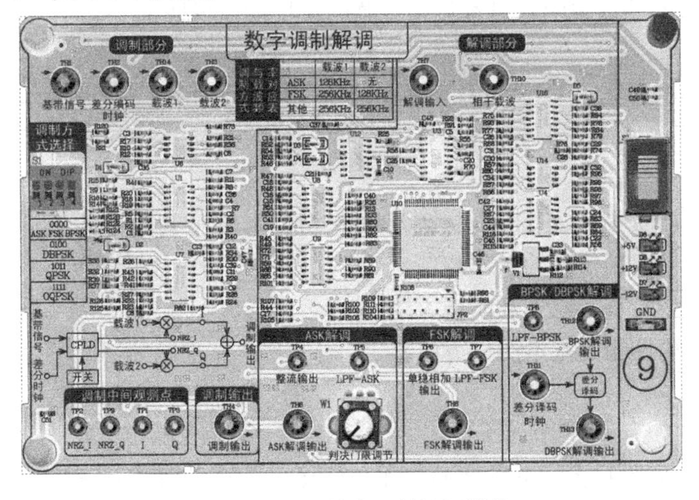

图 6-1-6　9#数字调制解调模块

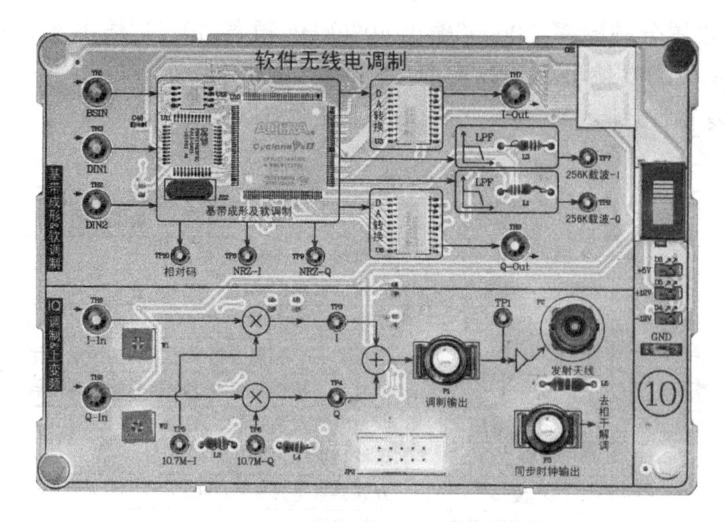

图 6-1-7　10#软件无线电调制模块

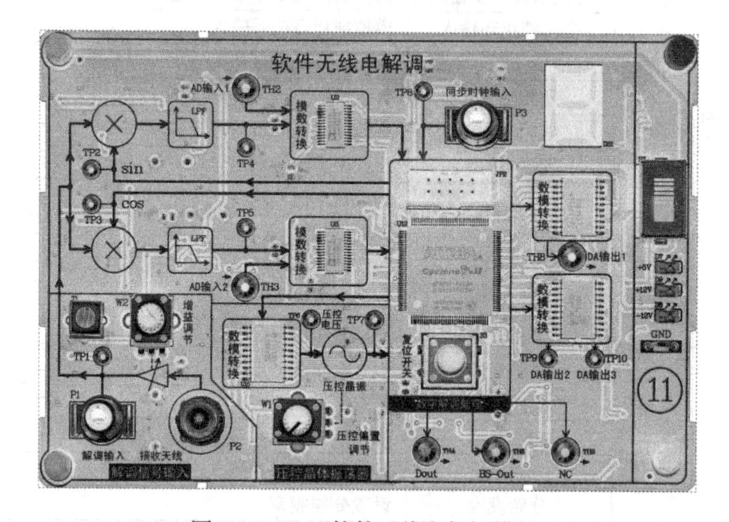

图 6-1-8　11#软件无线电解调模块

说明:其他模块的端口说明均可参见第 2 章的模块端口说明部分。

6.1.2　实验方法

一、实验目的

1. 掌握 BPSK/DBPSK、QPSK 调制解调的基本原理,熟悉其典型电路。
2. 熟悉数字频带调制信号的基本特征。
3. 熟悉载波同步的基本原理和实现方法。
4. 熟悉通信传输性能的基本测试方法。

二、实验工具与平台

1. 线上平台:国防科技大学通信实验工作坊(https://nudt.fmaster.cn/nudt/lessons)。
2. 线下设备:通信创新实训平台(主控 & 信号源模块、数字调制解调模块、数字终端 & 时分多址模块、载波同步及位同步模块、软件无线电调制模块、软件无线电解调模块)。

3. 双踪数字示波器。

三、实验内容与步骤

(一) BPSK 传输系统实验

1. 构建传输系统。

断电,可根据实验原理自行构建传输系统;也可按照表 6-1-5 中的提示进行。

表 6-1-5　连线列表

源端口	目的端口	连线说明
信号源:PN	9#模块:TH1(基带信号)	调制信号输入
信号源:256kHz	9#模块:TH14(载波 1)	载波 1 输入
信号源:256kHz	9#模块:TH3(载波 2)	载波 2 输入
9#模块:TH4(调制输出)	13#模块:TH2(载波同步输入)	载波同步模块信号输入
13#模块:TH1(SIN)	9#模块:TH10(相干载波输入)	用于解调的载波
9#模块:TH4(调制输出)	9#模块:TH7(解调输入)	解调信号输入

2. BPSK 调制信号观测与分析。

开电,设置主控菜单,选择【主菜单】→【通信原理】→【BPSK/DBPSK 数字调制解调】。将9#模块的 S1 拨为 0000,调节信号源模块 W3 使 256kHz 载波信号峰峰值为 3V(如果调不到 3V,则调至最大即可)。此时系统初始状态为:PN 序列输出频率 32kHz。

(1)以 9# 模块“NRZ-I”为触发,观测“I”(说明:示波器的 CH1 接 NRZ-I,CH2 接 I,以下同)。

(2)以 9# 模块“NRZ-Q”为触发,观测“Q”。

(3)以 9# 模块“基带信号”为触发,观测“调制输出”。

实验参考波形如图 6-1-9 所示。

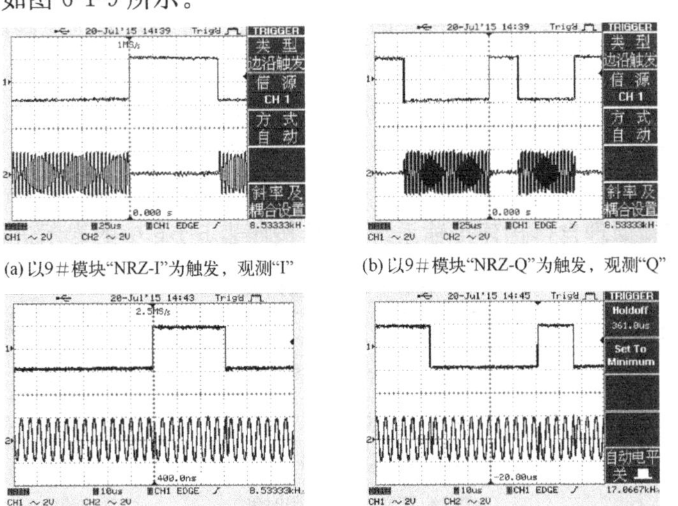

(a) 以9#模块“NRZ-I”为触发,观测“I”　(b) 以9#模块“NRZ-Q”为触发,观测“Q”

(c) PN频率为32K,“基带信号”和“调制输出”　(d) PN频率为64K,“基带信号”和“调制输出”

图 6-1-9　实验参考波形

思考：分析以上观测的波形，分析与 ASK 有何关系？

3. BPSK 解调信号观测与分析。

(1)以 9#模块的“基带信号”为触发，观测 13#模块的“SIN”，调节 13#模块的 W1 使“SIN”的波形稳定，即恢复出载波。

(2)以 9#模块的“基带信号”为触发观测“BPSK 解调输出”，调节 W1，在恢复的载波处于不同的状态时，观测“BPSK 解调输出”的变化，并分析原因。

实验参考波形如图 6-1-10 所示。

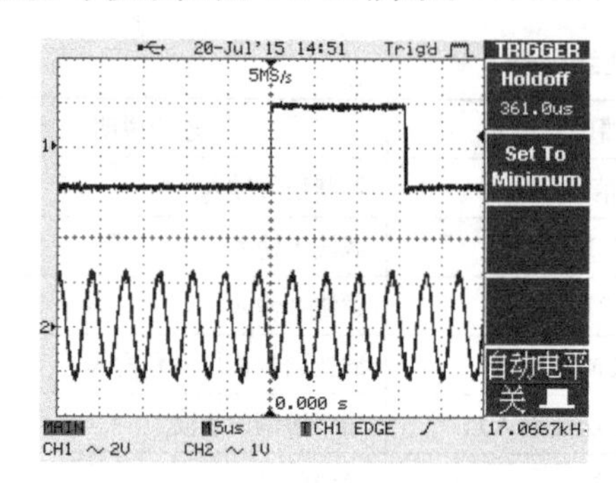

(a) 以“基带信号”为触发，观测“SIN”

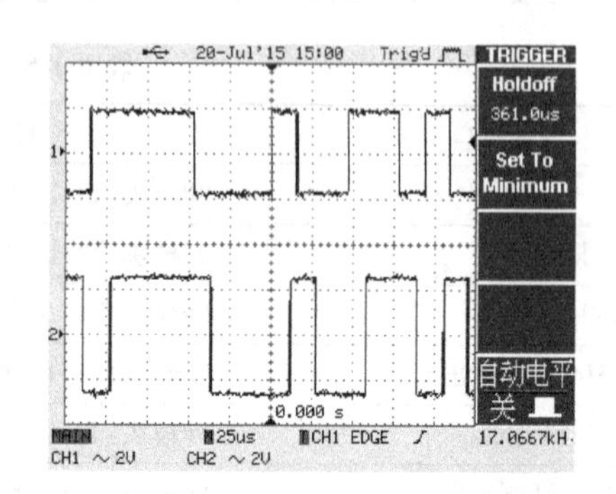

(b) 以“基带信号”为触发，观测“BPSK解调输出”

图 6-1-10　实验参考波形

思考：BPSK 调制存在相位模糊的原因是什么？

(二)载波同步实验

本项目是利用科斯塔斯环法提取 BPSK 调制信号的同步载波，通过调节压控晶振的压控偏置电压，观测载波同步情况并分析。

1. 断电，设置同实验步骤(一)“2. BPSK 调制信号观测与分析”。

2. 观测科斯塔斯环路中 LPF 输出、环路滤波输出、VCXO 输出等信号，构建载波恢复的过程，从而理解载波同步理论及实现的基本方法。

3. 对比观测信号源“256K”和 13#模块的“SIN”，调节 13#模块的压控偏置调节电位器，观测载波同步情况。

思考：在载波无法同步时，解调过程是否仍可以顺利进行？

(三) DBPSK 传输系统实验

1. 构建传输系统。

断电，可根据实验原理自行构建传输系统；也可按照表 6-1-6 中的提示进行。

表 6-1-6　连线列表

源端口	目的端口	连线说明
信号源：PN	9#模块：TH1(基带信号)	调制信号输入
信号源：256kHz	9#模块：TH14(载波 1)	载波 1 输入
信号源：256kHz	9#模块：TH3(载波 2)	载波 2 输入
信号源：CLK	9#模块：TH2(差分编码时钟)	调制时钟输入
9#模块：TH4(调制输出)	13#模块：TH2(载波同步输入)	载波同步模块信号输入
13#模块：TH1(SIN)	9#模块：TH10(相干载波输入)	用于解调的载波

续表

源端口	目的端口	连线说明
9#模块:TH4(调制输出)	9#模块:TH7(解调输入)	解调信号输入
9#模块:TH12(BPSK 解调输出)	13#模块:TH7(数字锁相环输入)	数字锁相环信号输入
13#模块:TH5(BS2)	9#模块:TH11(差分译码时钟)	用作差分译码时钟

2. DBPSK 调制信号观测与分析。

开电,设置主控菜单,选择【主菜单】→【通信原理】→【BPSK/DBPSK 数字调制解调】。将9#模块的 S1 拨为 0100,13# 模块的 S3 拨为 0111。此时系统初始状态为:PN 序列输出频率32kHz,调节信号源模块的 W3 使 256kHz 载波信号的峰峰值为 3V(如果调不到 3V,则调至最大即可)。

(1)以 9#模块“NRZ-I”为触发,观测“I”。

(2)以 9#模块“NRZ-Q”为触发,观测“Q”。

(3)以 9#模块“基带信号”为触发,观测“调制输出”。

(4)以“基带信号”为触发,观测“NRZ-I”。记录波形,并分析差分编码规则。

实验参考波形如图 6-1-11 所示。

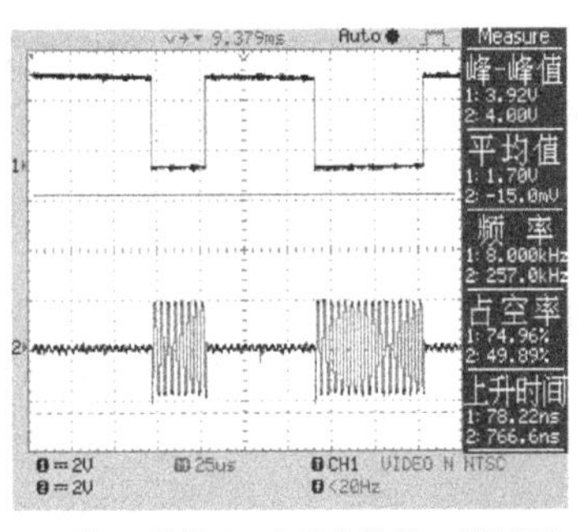

(a) 以9#模块“NRZ-I”为触发,观测“I”

(b) 以9#模块“NRZ-Q”为触发,观测“Q”

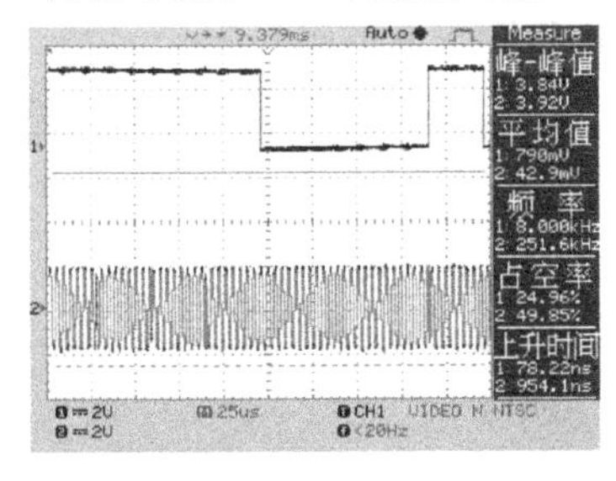

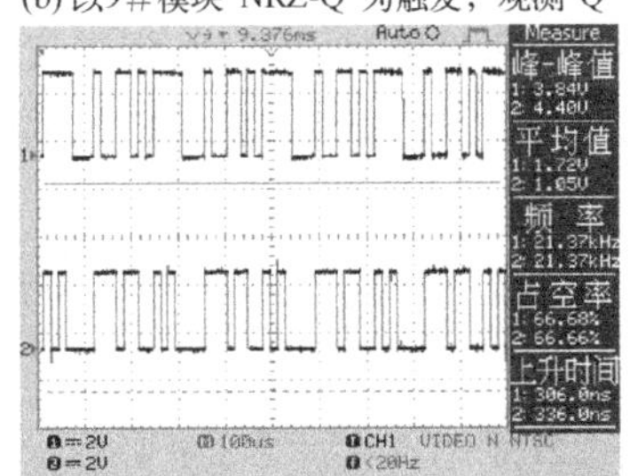

(c) 以“基带信号”为触发,观测“调制输出”　(d) 观测基带信号和NRZ-I,分析差分编码规则

图 6-1-11　实验参考波形

思考:从调制波形来看,是否可区分 BPSK、DPSK?

3. DBPSK 解调信号观测与分析。

(1)以 9#模块的“基带信号”为触发,观测 13#模块的“SIN”,调节 13#模块的 W1 使“SIN”的波形稳定,即恢复出载波。

(2)以 9#模块的“基带信号”为触发观测“DBPSK 解调输出”,多次单击 13#模块的“复位”按键,观测“DBPSK 解调输出”的变化。

实验参考波形如图 6-1-12 所示。

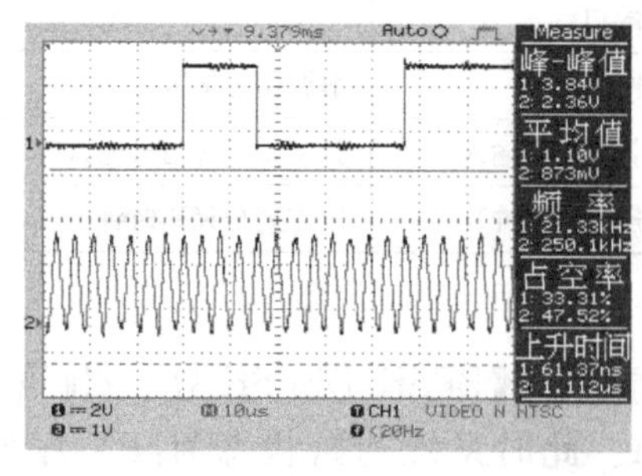

(a)"基带信号"和"SIN"

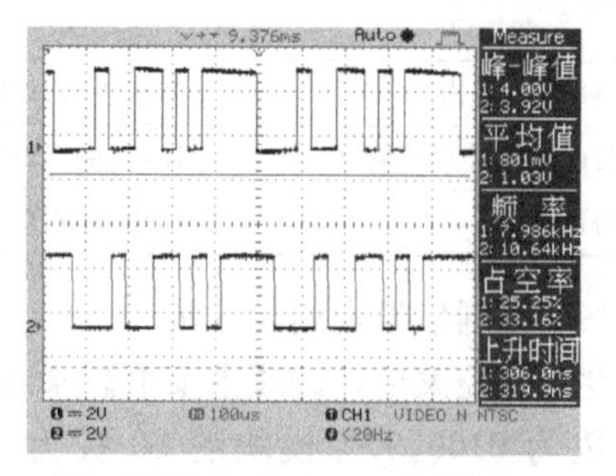

(b)"基带信号"和"DBPSK解调输出"

图 6-1-12　实验参考波形

思考:DBPSK 调制是否存在相位模糊的现象,为什么?

(四)性能测试

1. 以信号源的 CLK 为触发,测 9# 模块 LPF-BPSK,观测眼图。

2. 利用 23# 模块中的误码仪,自行构建性能测试系统,进行 BPSK/DBPSK 传输系统的性能测试;给出模块连接思路,记录测试结果;如果测试不成功,分析错误原因。

实验参考波形如图 6-1-13 所示。

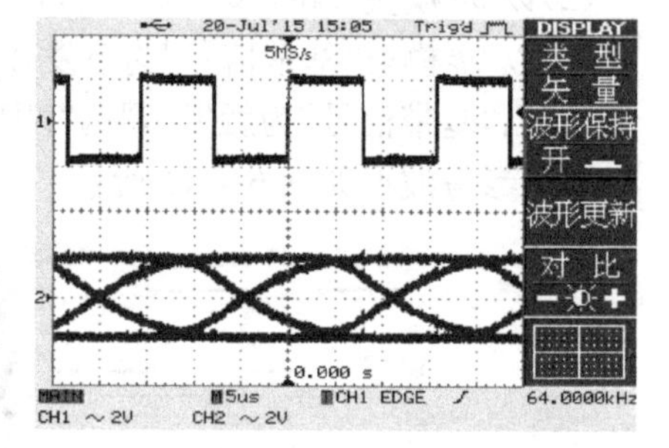

图 6-1-13　以信号源的 CLK 为触发,观测 LPF-BPSK 眼图

思考:载波同步对系统性能有何影响?并分析其原因。

四、思考题

1. 若对 DPSK 误码性能进行测试,误码仪需要进行同步调整吗?
2. 请通过测试数据比较 BPSK 和 DBPSK 的误码性能,并同理论结果比较,分析差异的原因。

6.2　MPSK 调制系统的设计

6.2.1　基本原理

MPSK 利用具有多个相位状态的正弦波来表示多组二进制信息码元,即用载波的一个相位对应于一组二进制信息码元。如果载波有 2^n 个相位,它可以代表 n 位二进制码元的不同组合的码组。多进制相移键控也分为多进制绝对相移键控和多进制相对(差分)相移键控。

在 MPSK 信号中,载波相位可取 M 个可能值。因此,MPSK 信号可表示为

$$s_{\mathrm{MPSK}}(t)=A\cos(2\pi f_c t+\theta_n),\quad \theta_n=\frac{2\pi}{M}(n-1),\quad n=1,2,\cdots,M$$

设 $A=1$,不失一般性,则这时上式展开可写成

$$\begin{aligned}s_{\mathrm{MPSK}}(t)&=\cos(2\pi f_c t+\theta_n)\\&=a_n\cos 2\pi f_c t-b_n\sin 2\pi f_c t\end{aligned}$$

式中，$a_n=\cos\theta_n$，$b_n=\sin\theta_n$。

上式表明，MPSK 信号可等效为两个正交载波进行多电平双边带调幅所得已调波之和。它们的振幅分别是 a_n 和 b_n。在 MPSK 体制中，M 一般取 2^n，即 2，4，8，16，…，1024，…。目前应用较多的为 BPSK、QPSK、8PSK 信号，图 6-2-1、图 6-2-2 和图 6-2-3 给出这些信号的信号矢量图。

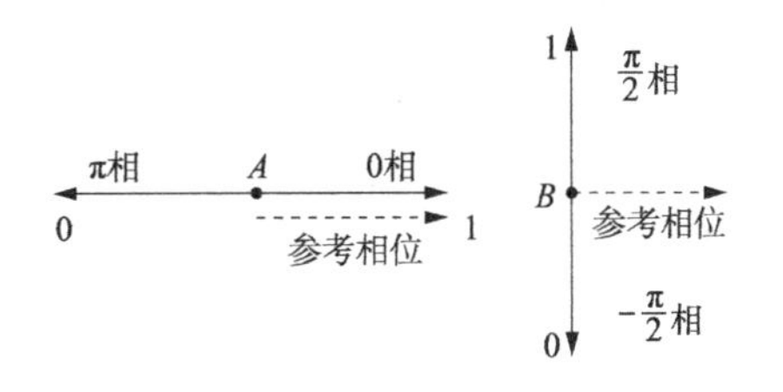

图 6-2-1　二进制数字相位调制信号矢量图

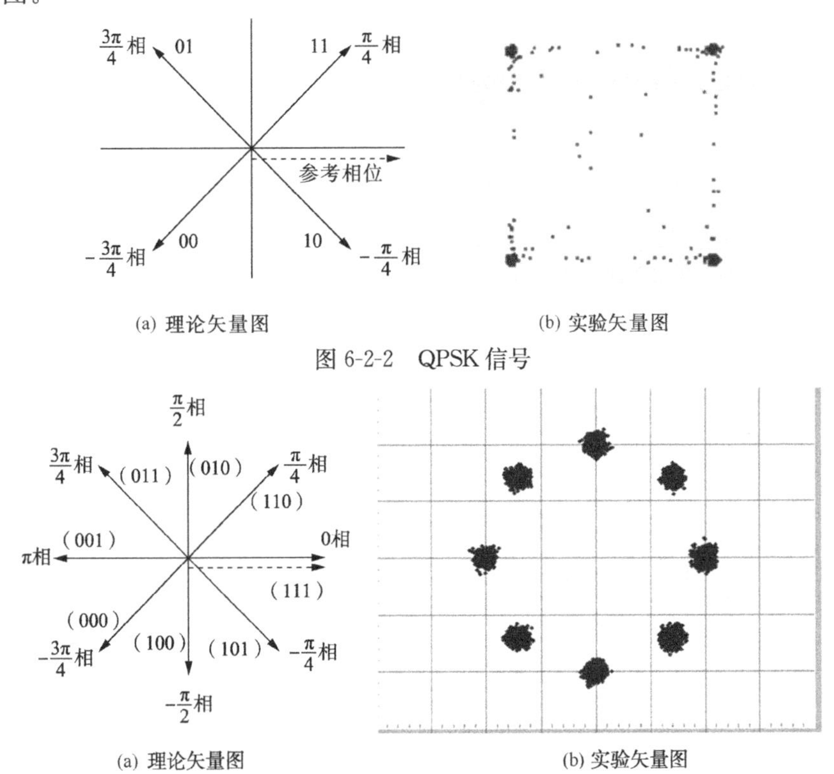

(a) 理论矢量图　　(b) 实验矢量图

图 6-2-2　QPSK 信号

(a) 理论矢量图　　(b) 实验矢量图

图 6-2-3　8PSK 信号

M 进制数字相位调制信号的功率如图 6-2-4 所示，图中给出了信息速率相同时，BPSK、QPSK 和 8PSK 信号的单边功率谱。可以看出，M 越大，功率谱主瓣越窄，从而频带利用率越高。

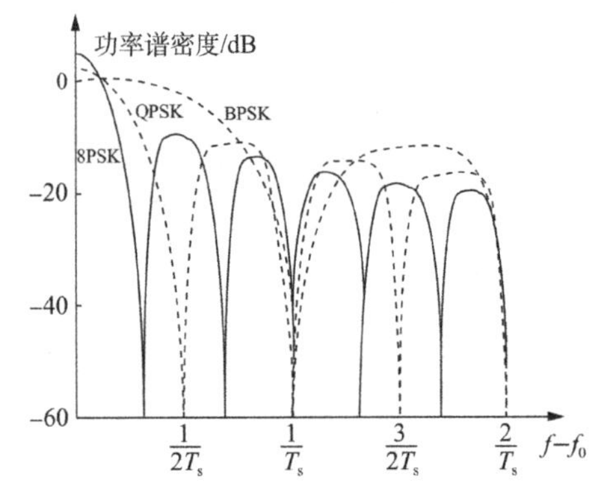

图 6-2-4　M 进制数字相位调制信号功率谱

6.2.2　设计方法

一、设计目的

1. 掌握 MPSK 调制解调基本原理及其信号特征。
2. 熟悉基于 MPSK 的数字调制传输系统流程。

二、设计工具与平台

C、Python、MATLAB 等软件开发平台。

三、设计内容和要求

设计 MPSK 调制系统，包括信源、调制、信道、解调、信宿等模块。

1. 基于 AWGN 信道，搭建数字调制传输系统。
2. 提出系统性能测试方案，对该传输系统进行性能测试。
3. 改变信道参数，在不同信道下对系统进行误码性能测试，绘出误码性能图。
4. 改变 MPSK 中 M 的取值，分析比较其性能差异；同时结合理论性能曲线进行比较。
5. 设计要求构建的 MPSK 系统测试性能与理论性能差值不大于 1dB(10^{-5})。

四、设计示例

例 6-1　不同 M 取值的 MPSK 频谱(MATLAB)。

1. 初始设置。

```
A = 1;                                          %幅度
Ts = 1;                                         %符号周期,1bit/符号
fc = 2;
N_sample = 8;                                   %采样点
N = 100;                                        %样值点数
dt = Ts/fc/N_sample;
t = 0:dt:N*Ts-dt;
Lt = length(t);
d = (sign(randn(1,N))+1)/2;
i = 0;
for j = 1 : N
    i = i+1;
    dd(i) = d(j);
    for j1 = 1 : fc*N_sample-1
        i = i+1;
        dd(i) = 0;
    end
end
gt = ones(1,fc*N_sample);
d_NRZ = conv(dd, gt);                           %输入数据(NRZ)
```

2. BPSK 调制。

```
ht = A*cos(2*pi*fc*t);                          %载波
d_2psk = 2*d_NRZ - 1;
s_2psk = d_2psk(1:Lt).*ht;                      %已调信号
[f,s_2pskf] = T2F(t,s_2psk);                    %计算频谱的函数
plot(f,10*log10(abs(s_2pskf).^2),'b');          %绘图
hold on;
```

3. QPSK 调制。

```
Ts = 2;                                         %符号周期,2bit/符号
dt = Ts/fc/N_sample;
t = 0:dt:N*Ts-dt;
Lt = length(t);
d = (sign(randn(1,N))+1)/2;
i = 0;
for j = 1 : N
```

```
    i = i+1;
    dd(i) = d(j);
    for j1 = 1 : fc * N_sample-1
        i = i+1;
        dd(i) = 0;
    end
end
d_NRZ = conv(dd, gt);                                     %输入数据(NRZ)
ht1 = A * cos(2 * pi * fc * t);                           %载波(I路)
ht2 = A * sin(2 * pi * fc * t);                           %载波(Q路)
d_4psk = 2 * d_NRZ - 1;
s_4psk = d_4psk(1:Lt). * ht1 + d_4psk(1:Lt). * ht2;       %已调信号
[f,s_4pskf] = T2F(t,s_4psk);
plot(f,10 * log10(abs(s_4pskf).^2 ),'r');
hold on;
```

4. 8PSK 调制。

```
Ts = 3;                                                   %符号周期,3bit/符号
dt = Ts/fc/N_sample;
t = 0:dt:N * Ts-dt;
Lt = length(t);
d = (sign(randn(1,N))+1)/2;
i = 0;
    for j = 1 : N
        i = i+1;
        dd(i) = d(j);
          for j1 = 1 : fc * N_sample-1
              i = i+1;
              dd(i) = 0;
          end
    end
d_NRZ = conv(dd, gt);                                     %输入数据(NRZ)
ht1 = A * cos(2 * pi * fc * t);
ht2 = A * sin(2 * pi * fc * t);
d_8psk = 2 * d_NRZ - 1;
s_8psk = d_8psk(1:Lt). * ht1 + d_8psk(1:Lt). * ht2;       %已调信号
[f,s_8pskf] = T2F(t,s_8psk);
plot(f,10 * log10(abs(s_8pskf).^2 ),'g')
```

5. 频谱函数,用于计算信号的傅里叶变换,函数的输入为时间和信号矢量,输出为频率和信号频谱。

```
function[f,sf] = T2F(t,st)
dt = t(2) - t(1);
T = t(end);
df = 1/T;
N = length(st);
f = -N/2 * df : df : N/2 * df -df;
sf = fft(st);
sf = T/N * fftshift(sf);
end
```

五、思考题

1. M 的不同取值，对于系统性能有何影响？
2. 将理论性能与仿真性能比较，有何规律？

6.3　MQAM 调制系统的设计

6.3.1　基本原理

正交幅度调制 QAM 是一种幅度和相位联合键控的调制方式。它可以提高系统的可靠性，同时能获得较高的频带利用率，是目前应用较为广泛的一种数字调制方式。

MQAM 信号矩形星座图如图 6-3-1 所示，一般当 M 为 2 的偶次幂(M=4、16、64、256 等)时，选择矩形的星座图，而 M 为 2 的奇次幂(M=32、128 等)时，选择十字形的星座图。图 6-3-2 给出 16QAM 的信号实验星座图。

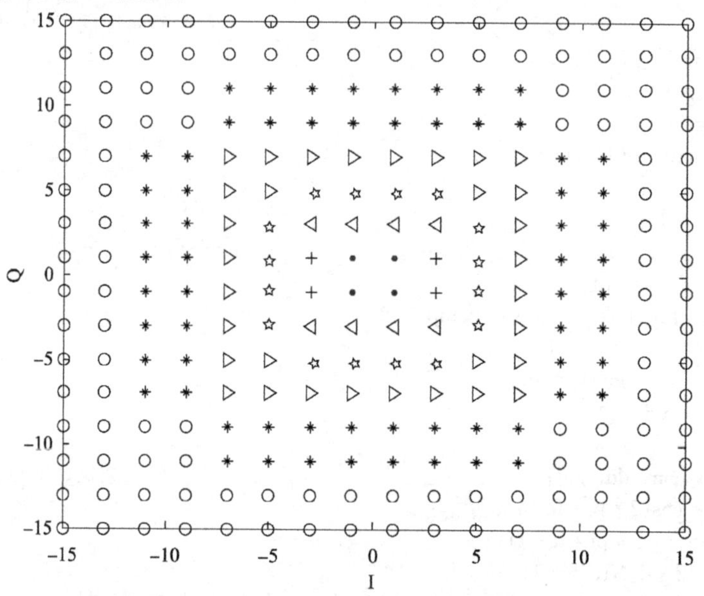

图 6-3-1　MQAM 信号矩形星座图

从里到外分别表示 4QAM、8QAM、16QAM、32QAM、64QAM、128QAM、256QAM

正交幅度调制信号的波形具有如下形式：

$$s_{\mathrm{QAM}}(t)=A_{mc}g_{\mathrm{T}}(t)\cos(2\pi f_c t)+A_{ms}g_{\mathrm{T}}(t)\sin(2\pi f_c t)$$

其中，$m=1,2,\cdots,M$，$\{A_{mc}\}$和$\{A_{ms}\}$是一组幅度电平，是通过将 k 比特序列映射到信号的幅度而得到的。更一般地说，QAM 可以看成是一种兼有数字幅度和数字相位调制的形式，因此传输的 QAM 信号波形可以表示成

$$s_{\mathrm{QAM}}(t)=A_m g_{\mathrm{T}}(t)\cos(2\pi f_c t+\theta_n)$$

其中，$m=1,2,\cdots,M_1$；$n=1,2,\cdots,M_2$。如果 $M_1=2^{k_1}$ 且 $M_2=2^{k_2}$，$k_1+k_2=\log(M_1M_2)$。图 6-3-3是一个 MQAM 调制器的功能框图。很显然，根据上式可给出信号的二维矢量形式

$$s_m=\left[\sqrt{E_s}A_{mc}\quad \sqrt{E_s}A_{ms}\right],\quad m=1,2,\cdots,M$$

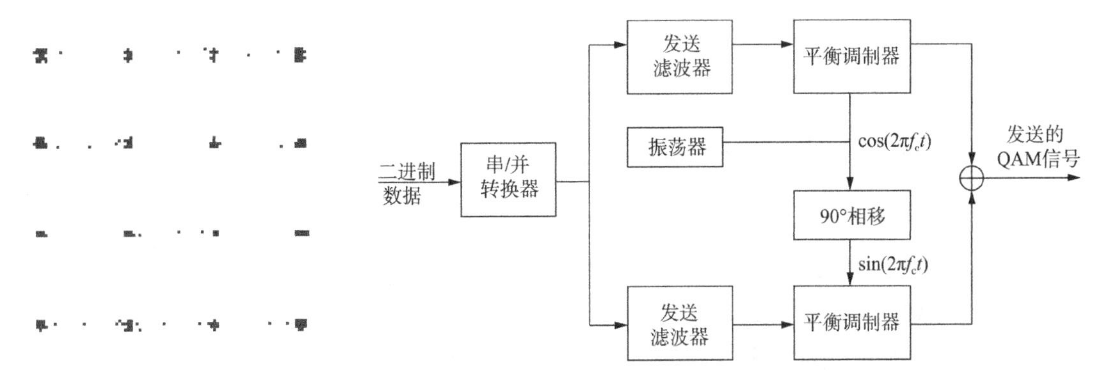

图6-3-2　16QAM 信号实验星座图

图 6-3-3　MQAM 调制器的功能框图

假设信号在传输过程中引入了载波相位偏移，同时受到加性高斯噪声的污染，接收信号可以表示为

$$r(t)=A_{mc}g_{\mathrm{T}}(t)\cos(2\pi f_{c}t+\phi)+A_{ms}g_{\mathrm{T}}(t)\sin(2\pi f_{c}t+\phi)+n(t)$$

其中，ϕ 是载波相位偏移，而

$$n(t)=n_{c}(t)\cos(2\pi f_{c}t)-n_{s}(t)\cos(2\pi f_{c}t)$$

将接收信号与两个相移的基函数

$$\phi_{1}(t)=g_{\mathrm{T}}(t)\cos(2\pi f_{c}t+\phi)$$

$$\phi_{2}(t)=g_{\mathrm{T}}(t)\sin(2\pi f_{c}t+\phi)$$

做相关，如图 6-3-4 所示，而且将相关器的输出进行采样并送至检测器。

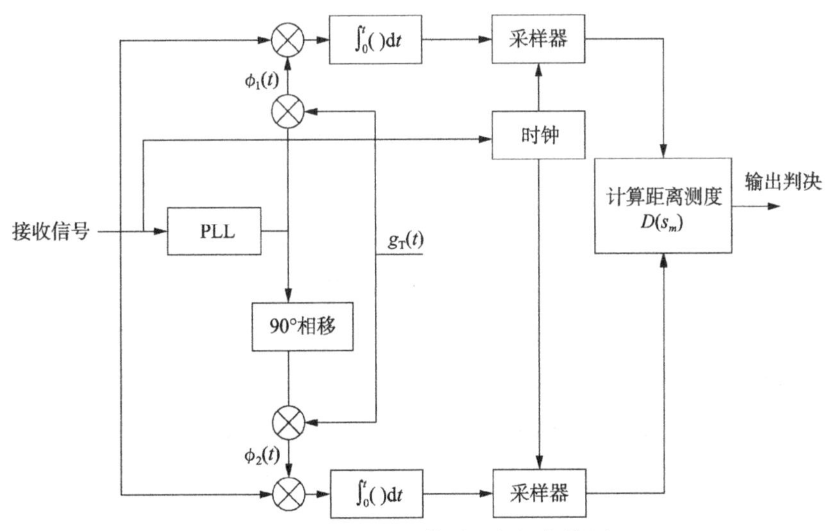

图 6-3-4　MQAM 信号的解调与检测

最佳检测器计算了距离测度

$$D(r,s_{m})\ =\ |r-s_{m}|^{2},\quad m=1,2,\cdots,M$$

6.3.2　设计方法

一、设计目的

1. 掌握 MQAM 调制基本原理。

2. 熟悉基于 MQAM 的数字调制传输系统流程。

二、设计工具与平台

C、Python、MATLAB 等软件开发平台。

三、设计内容和要求

设计 MQAM 调制系统，包括信源、调制、信道、解调、信宿等模块。

1. 基于 AWGN 信道，搭建数字调制传输系统。
2. 提出系统性能测试方案，对该传输系统进行性能测试。
3. 改变信道参数，在不同信道下对系统进行误码性能测试，绘出误码性能图。
4. 改变 MQAM 中 M 的取值，分析比较其性能差异；同时结合理论性能曲线进行比较。
5. 设计要求构建的 MQAM 系统测试性能与理论性能差值不大于 1dB(10^{-5})。

四、设计示例

例 6-2　采用 Simulink 搭建的 MQAM 调制系统。MQAM 调制系统如图 6-3-5 所示。

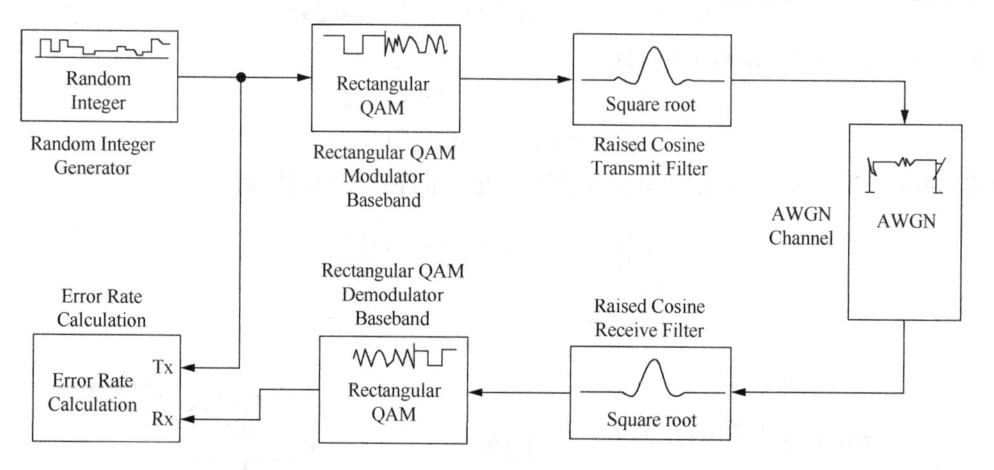

图 6-3-5　MQAM 调制系统

各模块参数说明如下。

1. Random Interger Generator 的参数设置如表 6-3-1 所示。

表 6-3-1　Random Interger Generator 的参数设置

参数名称	参数值
M-ary number	k
Initial seed	37(默认)
Sample time	xSampleTime
Frame-based outputs	Unchecked
Interpret vector parameters as 1-D	Unchecked
Output data type	Double

采样时间 xSampleTime 具体值在脚本程序中定义。

2. Rectangular QAM Modulator Baseband 的参数设置如表 6-3-2 所示。

表 6-3-2　Rectangular QAM Modulator Baseband 的参数设置

参数名称	参数值
M-ary number	M
Input type	Integer
Constellation ordering	Binary
Normalization method	Average Power
Average power	1
Output data type	double

3. Rectangular QAM Deodulator Baseband 的参数设置如表 6-3-3 所示。

表 6-3-3　Rectangular QAM Deodulator Baseband 的参数设置

参数名称	参数值
M-ary number	M
Normalization method	Average Power
Average power	1
Phase offset	0
Constellation ordering	Binary
Output data type	Integer

MQAM 调制中 M 的取值可以改变。

4. AWGN Channel 的参数设置如表 6-3-4 所示。

表 6-3-4　AWGN Channel 的参数设置

参数名称	参数值
Initial see	67
Mode	Signal to Noise Rate (SNR)
SNR	xSNR
Input signal power	1

信道的信噪比由变量 xSNR 确定，在后面的仿真过程中可以通过改变这个变量的数值得到相应的误码率，并且根据两者的关系绘制 MQAM 调制的误码率曲线。

5. Raised Cosine Transmit Filter 的参数设置如表 6-3-5 所示。

表 6-3-5　Raised Cosine Transmit Filter 的参数设置

参数名称	参数值
Filter type	Square root
Group delay (number of symbols)	4
Rolloff factor	0.2
Input sampling mode	Sample-based
Upsampling factor	8
Filter gain	Normalized
Export filter coefficients to workspace	Unchecked

6. Raised Cosine Receive Filter 的参数设置如表 6-3-6 所示。

表 6-3-6　Raised Cosine Receive Filter 的参数设置

参数名称	参数值
Filter type	Square Root
Input samples per symbol	8
Group delay (number of symbols)	4
Rolloff factor	0.2
Input sampling mode	Sample-based
Output mode	Downsampling
Downsampling factor (L)	8
Sample offset (0 to L-1)	0
Filter gain	Normalized
Export filter coefficients to workspace	Unchecked

群延时(Group delay)设为 4，相应地在 Error Rate Calculation 模块中 Receive delay 为 8，即为收、发滤波器的群延时之和。

7. Error Rate Calculation 的参数设置如表 6-3-7 所示。

表 6-3-7　Error Rate Calculation 的参数设置

参数名称	参数值
Receive delay	8
Computation delay	0
Computation mode	Entire Frame
Output data	Workspace
Variable name	xErrorRate
Reset port	Unchecked
Stop simulation	Unchecked

把仿真模型的运行时间设置为 xSimulationTime，这个变量的数值将在脚本程序中定义。

8. 主程序 MQAM_main.m。

为了得到不同 *M* 取值的 QAM 调制信号误码率与信号的信噪比之间的关系曲线，需编写如下 M 文件(MATLAB)。

```
xSampleTime = 1/1000000 ;                    %设置调制信号的抽样间隔
xSimulationTime = 10;                        %设置仿真时间的长度
x = 0:2:20;                                  %x 表示信噪比的取值范围
color = ['r','g','b','m'];                   %性能曲线的不同颜色
hold off
Mary = [16, 32, 64, 128]; %M-ary QAM 值
for i = 1:length(Mary)
    M = Mary(i);
    k = log2(M);
    for j = 1:length(x)
        xSNR = x(j);
        sim('MQAM_mod_awgn');                %执行 MQAM 仿真模型
```

```
            y(j) = xErrorRate(1);                    %获取调制信号的误码率
        end
        semilogy(x,y,color(i) );                     %绘制信噪比与误码率的关系曲线
        hold on;
    end
    grid on
    legend('16QAM', '32QAM', '64QAM', '128QAM');
    xlabel('SNR(dB)');
    ylabel('Error Rate');
```

五、思考题

1. M 的不同取值,对于系统性能有何影响?
2. 将理论性能与仿真性能比较,有何规律?
3. 查阅资料,阐述 MQAM 调制的应用。

6.4　MAPSK 调制系统的设计

6.4.1　基本原理

振幅相移键控(Amplitude Phase Shift Keying,APSK) 是一种幅度相位调制方式,与传统方型星座 QAM(如 16QAM、64QAM)相比,其分布呈中心向外沿半径发散,所以又名星型 QAM。与 QAM 相比,APSK 便于实现变速率调制,因而很适合根据信道及业务需要分级传输的情况。当然,16APSK、32APSK 是更高阶的调制方式,可以获得更高的频谱利用率。MAPSK 星座图如图 6-4-1 所示。

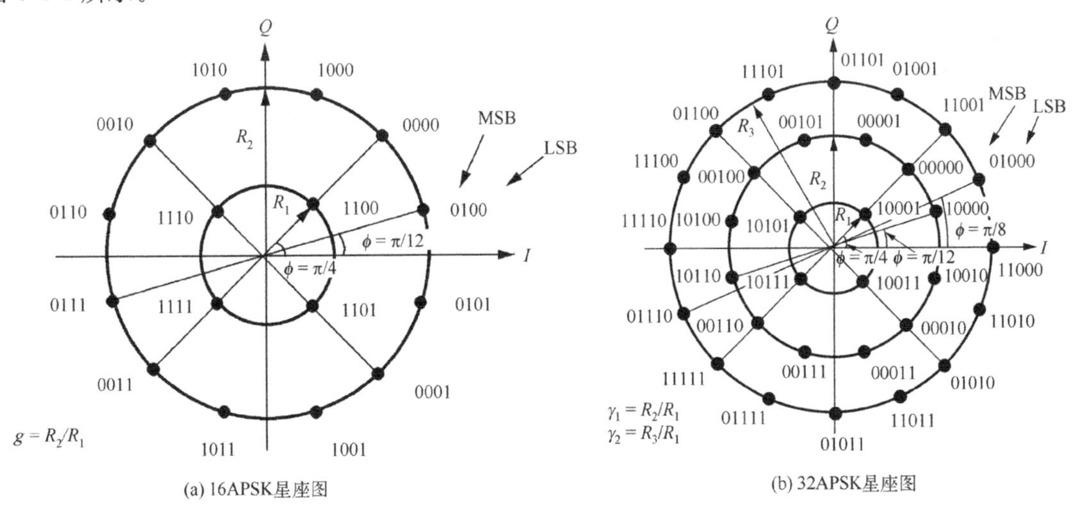

图 6-4-1　MAPSK 星座图

MAPSK 调制是标准 DVB-S2 的推荐调制方式,DVB-S. 2 与 DVB-S 采用单一的 QPSK 调制方式相比,DVB-S. 2 有更多的选择,即 QPSK、8PSK、16APSK、32APSK。对于广播业务来说,QPSK 和 8PSK 均为标准配置,而 16APSK、32APSK 是可选配置;对于交互式业务、数字新闻采集及其他专业服务,四者则均为标准配置。

6.4.2 设计方法

一、设计目的

1. 掌握 MAPSK 调制基本原理。
2. 熟悉 MAPSK 通信系统设计流程与测试方法。

二、设计工具与平台

C、Python、MATLAB 等软件开发平台。

三、设计内容和要求

设计构建基于 MAPSK 通信系统，基本模块包括：信源、调制器、信道、解调器、信宿（M 可选择 16、32、64，每组选择其中之一）。

信道：AWGN；信源：二进制伪随机序列。

1. 发射条件可选：有载波，无载波（基带）。
2. 接收条件可选：存在频偏和相偏，仅存在相偏，不存在频偏和相偏。
3. 功能要求。

（1）完成系统性能仿真，给出性能曲线（误码率和信道条件）。

（2）对比相同 M 下不同圆环设计下的性能差异，并总结圆环设计规律与原则。

（3）解调器功能测试：针对不同测试数据（由老师提供），解调后数据的误码率不大于 10 * 理论性能。

四、设计示例

例 6-3 MAPSK 调制系统的 MATLAB 仿真。

1. 调制参数。

```
%16APSK
M = [4 12];
radii = [1 2];
%64APSK
%M = [8 12 16 28]; %4PSK circles
%radii = [0.5 1 1.3 2];
%32APSK
%M = [16 16];
%radii = [0.6 1.2];
modOrder = sum(M);
```

2. 调制。

有几组不同的调制与解调过程。

```
x = randi([0 modOrder-1],1000,1);
txSig = apskmod(x,M,radii);
x = randi([0 1],100 * log2(modOrder),1);
```

```
cmap = 0:63;
y = apskmod(x,M,radii,'SymbolMapping',cmap,'inputType','bit',...
    'PlotConstellation',true);
x = randi([0 1], numSym * log2(modOrder),1);
refAPSK = apskmod(0:modOrder-1,M,radii);
constDiagAPSK = comm.ConstellationDiagram('ReferenceConstellation',refAPSK,...
    'Title','Received Symbols','XLimits',[-2 2],'YLimits',[-2 2]);
txSig = apskmod(x,M,radii,'InputType','bit');
```

3. 解调。

```
z = apskdemod(rxSig,M,radii);
z = apskdemod(y,M,radii,'SymbolMapping',cmap,'OutputType','bit');
apskdemod(rxSig,M,radii,'OutputType','approxllr',...
    'NoiseVariance',sigPow/snr);
```

五、思考题

1. M 的不同取值，对于系统的性能有何影响？
2. 将理论性能与仿真性能比较，有何规律？
3. 查阅资料，阐述 MAPSK 调制的应用。

6.5 OQPSK/π/4-QPSK 调制系统的设计

6.5.1 基本原理

一、偏移四相移键控 OQPSK

在讨论 QPSK 调制信号时，曾假定每个符号的包络是矩形，并认为信号的振幅包络在调制中是恒定不变的。但是当它通过限带滤波器进入信道时，其功率谱的旁瓣(即信号中的高频部分)会被滤除，所以限带后的 QPSK 信号已不能保持恒定包络，特别是在相邻符号间发生 180°相移(如 10→01，00→11)时，限带后还会出现包络为 0 的现象，如图 6-5-1 所示。

为了减小包络起伏，这里做一改进：在对 QPSK 做正交调制时，将正交路 $Q(t)$ 的基带信号相对于同相路 $I(t)$ 的基带信号延迟半个码元 $T_s/2$ 时隙。这种调制方法称为偏移四相相移键控(OQPSK)，又称参差四相相移键控(SQPSK)。

将正交路 $Q(t)$ 的基带信号偏移 $T_s/2$ 后，相邻 1 个比特信号的相位只可能发生±90°的变化，因而星座图中的信号点只能沿正方形四边形移动，消除了已调信号中相位突变 180°的现象，如图 6-5-2 所示。经限带滤波器后，OQPSK 信号中包络的最大值与最小值之比约为 $2^{1/2}$，不再出现比值无限大的现象。

OQPSK 信号的功率谱与 QPSK 信号的功率谱形状相同，其主瓣包含功率的 92.5%，第一个零点在 $0.5f_s$ 处。频带受限的 OQPSK 信号包络起伏比频带受限的 QPSK 信号小，经限幅放大后频谱展宽得少，所以 OQPSK 的性能优于 QPSK，由于 OQPSK 信号采用相干解调方式，因此其误码性能与相干解调的 QPSK 相同。

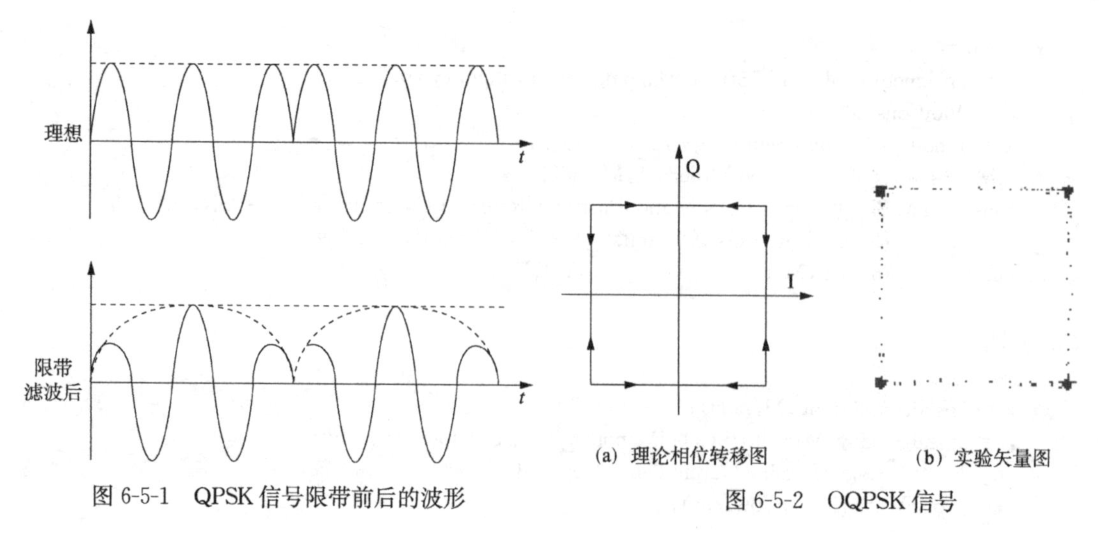

图 6-5-1　QPSK 信号限带前后的波形

图 6-5-2　OQPSK 信号

二、π/4-QPSK

OQPSK 信号经窄带滤波后不再出现包络为 0 的情况；但仍要采用相干解调方式，这是我们所不希望的。现在北美和日本的数字蜂窝移动通信系统中采用了 π/4-QPSK 调制方式，它不但消除了倒 π 现象，还可以采用差分相干解调技术。

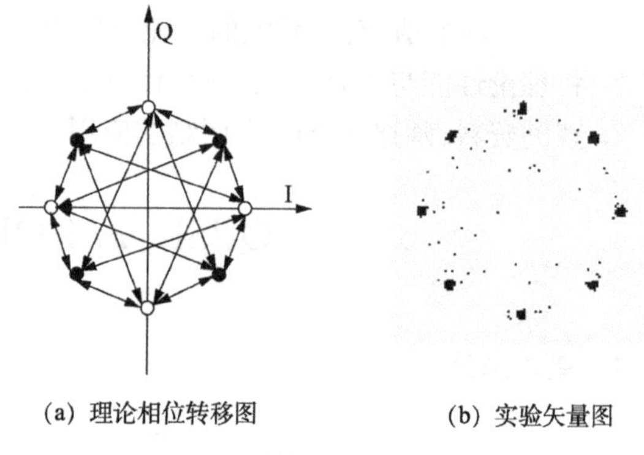

图 6-5-3　π/4-QPSK

π/4-QPSK 调制系统把已调信号的相位均匀等分为 8 个相位点，分成“○”和“●”两组，已调信号的相位只能在两组之间交替选择，这样就保证了它在码元转换时刻的相位突变只可能出现±π/4 或±3π/4 两种情况之一，其矢量状态转换图如图 6-5-3所示。

6.5.2　设计方法

一、设计目的

1. 掌握 OQPSK/π/4-QPSK 调制基本原理。
2. 熟悉基于 OQPSK/π/4-QPSK 的数字调制传输系统流程。

二、设计工具与平台

C、Python、MATLAB 等软件开发平台。

三、设计内容和要求

设计 OQPSK/π/4-QPSK 调制系统，包括信源、调制、信道、解调、信宿等模块。
1. 基于 AWGN 信道，搭建数字调制传输系统。
2. 提出系统性能测试方案，对该传输系统进行性能测试。
3. 改变信道参数，在不同信道下对系统进行误码性能测试，绘出误码性能图。

4. 设计要求：构建的 OQPSK/π/4-QPSK 调制系统测试性能与理论性能差值不大于 1dB (10^{-5})。

四、设计示例

例 6-4　OQPSK/Π/4-QPSK 调制系统的 MATLAB 仿真。

1. OQPSK 调制与解调仿真程序。

```
A = 1;                                  %载波幅度
fc = 600;                               %载波频率
IPOINT = 8;                             %每个符号采样点数(码元宽度)
N = 1000;                               %数据符号个数(码元个数)
fs = fc * IPOINT;                       %采样率
MSG = rand(1,N)>0.5;                    %产生二进制信源
msg = 2 * MSG-1;                        %转换成双极性不归零码
```

2. OQPSK 调制。

```
I = msg(1:2:length(msg)-1);             %串并变换分离出 I 分量、Q 分量
Q = msg(2:2:length(msg));
I1 = zeros(1,N * IPOINT/2);             %两路信号进行插值
Q1 = zeros(1,N * IPOINT/2);
for i = 1:N/2
I1((i-1) * IPOINT+1:i * IPOINT) = I(i);
Q1((i-1) * IPOINT+1:i * IPOINT) = Q(i);
end
Q1_delay = [-ones(1,IPOINT/2) Q1(1:length(Q1)-IPOINT/2)];
t = 0:1/(N * IPOINT/2):1-1/(N * IPOINT);
s_psk = sqrt(1/2) * I1. * cos(2 * pi * fc * t)-sqrt(1/2) * Q1_delay. * sin(2 * pi * fc * t);
                                        %调制
```

3. OQPSK 解调。

```
n = 30;
fl = [0,fc-60,fc+60,fs/2] * 2/fs;
a = [1 1 0 0];
b = firls(n,fl,a);
SNR = 0;
r_oqpsk = awgn(s_psk,SNR);              %叠加噪声
r_AI_dem1 = r_oqpsk. * cos(2 * pi * fc * t) * 2;     %解调
r_AI_dem = conv(r_AI_dem1,b);           %低通滤波
r_AI_dem = r_AI_dem(n/2+1:n/2+length(I1));           %剔除滤波延时
r_AQ_dem1 = r_oqpsk. * sin(2 * pi * fc * t) * 2;     %解调
r_AQ_dem = conv(r_AQ_dem1,b);           %低通滤波
r_AQ_dem = r_AQ_dem(n/2+1:n/2+length(Q1));           %剔除滤波延时
```

4. 下采样与抽样判决过程。

```
for i=1:N/2
r_AI(i) = sum(r_AI_dem((i-1) * IPOINT+1:i * IPOINT));   %画星座图使用
if r_AI(i)>=0                                           %判决门限为 0
```

```
dk_i(i) = 1;
else
dk_i(i) = 0;
end
r_AQ(i) = sum(r_AQ_dem((i-1) * IPOINT+1:i * IPOINT));        %用于画星座图
if r_AQ(i)>=0
dk_q(i) = 1;
else
dk_q(i) = 0;
end
end

dk_out = zeros(1,N);                                          %dk_out是接收机最后输出
dk_out(1:2:N-1) = dk_i;                                       %存放奇数位
dk_out(2:2:N) = dk_q;                                         %存放偶数位
dk_out = 2 * dk_out-1;                                        %转换成双极性不归零码
```

五、思考题

1. OQPSK 两个正交分量的眼图差别如何?

2. π/4-QPSK 和 OQPSK 的信号空间星座图有差异吗?

6.6 MSK/GMSK 调制系统的设计

6.6.1 基本原理

一、最小频移键控(MSK)

一般情况下,利用两个独立的振荡源产生的 2FSK 信号在频率转换点上相位不连续,因而使功率谱产生很大的旁瓣分量,带限后会引起包络起伏。为了克服上述缺点,需控制相位的连续性。这种形式的数字频率调制称为相位连续的频移键控(CPFSK)。

MSK 是 2FSK 的一种特殊情况。2FSK 信号可以看成是两个不同载频的 2ASK 信号之和,当$(\omega_2-\omega_2)T_s=n\pi$时,这两个信号相互正交。取$n=1$,这时两频率之差$\Delta f$是正交条件下的最小频差,$\Delta f$可表示为

$$\Delta f=f_2-f_1=\frac{1}{2T_s}$$

其频偏指数为

$$h=\frac{f_2-f_1}{R_s}=\frac{1}{2T_s}\frac{1}{R_s}=0.5$$

其中,$R_s=1/T_s$。这是满足正交条件下的最小调制指数,$h=0.5$的频移键控称为最小频移键控。在一个码元时间T_s内,MSK 信号可表示为

$$s_{\mathrm{MSK}}(t)=A\cos[\omega_c t+\theta(t)]$$

当$\theta(t)$为时间的连续函数时,已调波在所有时间上是连续的。若传 0 码时载频为f_1,传 1 码时载频为f_2。设f_c为载波频率,f_c和$\theta(t)$可分别表示为

$$f_c=\frac{f_1+f_2}{2}$$

$$\theta(t)=\pm\frac{2\pi\Delta ft}{2}+\theta(0)$$

其中，$\theta(0)$为初始相位。MSK 信号即可写为

$$s_{\mathrm{MSK}}(t)=A\cos\left[2\pi f_c t+\frac{p_n\pi t}{2T_s}+\theta(0)\right],\quad 0\leqslant t\leqslant T_s$$

式中，$p_n=\pm1$，分别表示二进制信息 1 和 0。

根据上述分析可知，在每个码元期间内载波相位变化$+\pi/2$或$-\pi/2$。假设初始相位$\theta(0)=0$，由于每比特相位变化$\pm\pi/2$，因此累积相位$\theta(t)$在每码元结束时必定为$\pi/2$的整数倍。

MSK 的调制与解调方框图如图 6-6-1 所示。发送端调制器为一典型的 MSK 调制器，输入是二进制码元±1，经差分编码后串/并变换得两路并行不归零双极性码，且相互错开一个T_s波形，再将它们分别和$\cos\pi t/(2T_s)$和$\sin\pi t/(2T_s)$及$\cos\omega_c t$和$\sin\omega_c t$相乘，上下两路相加后即为 MSK 信号。当两支路码元互相偏离T_s时，恰好使$\cos\pi t/(2T_s)$和$\sin\pi t/(2T_s)$错开 1/4 周期，这保证了 MSK 信号相位的连续性。与产生过程相对应，MSK 信号可采用正交相干解调的方法恢复原信息码。实验矢量图如图 6-6-2 所示。

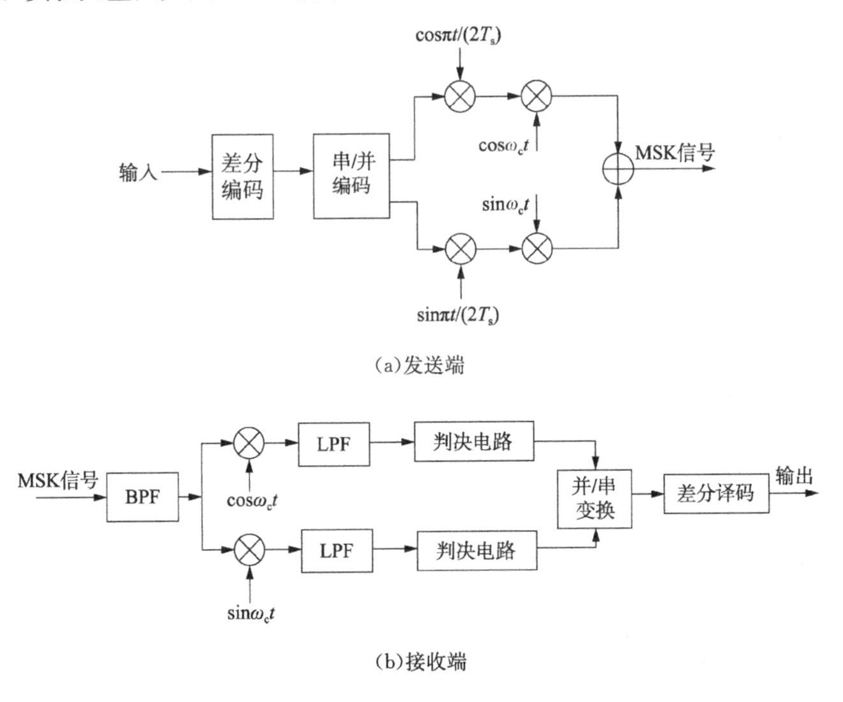

图 6-6-1　MSK 的调制解调方框图

二、高斯最小频移键控(GMSK)

MSK 信号具有恒定包络、相对窄带的带宽、相位连续等一系列优点。但它的旁瓣对于要求较高传输速率的数字传输系统来讲，不能满足$-80\sim-60$dB 的指标，为此还要对 MSK 做进一步的改进，这就是 GMSK 方式。

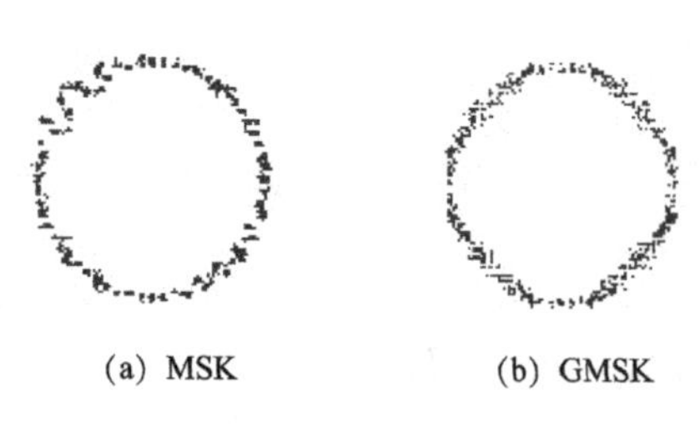

图 6-6-2　实验矢量图

GMSK 实现起来较简单，只需在 MSK 调制器前加一个高斯型滤波器，就可输出功率谱密度更紧凑、满足指标的调制信号。

高斯滤波器的传输函数

$$H(f)=\exp(-\alpha^2 f^2)$$

滤波器的冲激相应

$$h(t)=(\sqrt{\pi}/\alpha)\exp(-\pi^2 t^2/\alpha^2)$$

式中，α 是与滤波器 3dB 带宽 B_b 有关的一个常数。且有

$$\alpha B_b=\sqrt{(\ln 2)/2}\approx 0.5887$$

由此可见，改变 α，B_b 将随之改变。

高斯滤波器的输入是基带信号波形 $x(t)$，则高斯滤波器的输出是

$$y(t)=x(t)*h(t)=\sum_k d_k G(t-nT_0)$$

式中，$G(t)$是高斯滤波器的矩形脉冲响应，表示为

$$G(t)=g(t)*h(t)=\int_0^{T_0} g(\tau)h(t-\tau)\mathrm{d}\tau$$

GMSK 在无线移动通信中得到应用。目前流行的 GSM 蜂窝移动通信系统中就是采用 $B_b T_s=0.3$ 的 GMSK 调制，以便得到更大的用户量，因为在那里对带外辐射的要求非常严格。GMSK 体制的缺点是有码间串扰(ISI)，$B_b T_s$ 值越小，ISI 越大。

6.6.2　设计方法

一、设计目的

1. 掌握 MSK/GMSK 调制基本原理。
2. 熟悉基于 MSK/GMSK 的数字调制传输系统流程。

二、设计工具与平台

C、Python、MATLAB 等软件开发平台。

三、设计内容和要求

设计 MSK/GMSK 调制系统，包括信源、调制、信道、解调、信宿等模块。

1. 基于 AWGN 信道，搭建数字调制传输系统。
2. 提出系统性能测试方案，对该传输系统进行性能测试。
3. 改变信道参数，在不同信道下对系统进行误码性能测试，绘出误码性能图。
4. 分析比较 MSK 和 GMSK 的性能。
5. 设计要求构建的 MSK/GMSK 调制系统测试性能与理论性能差值不大于 1dB(10^{-5})。

四、设计示例

例 6-5　MSK 调制系统的 MATLAB 仿真。

1. MSK 调制与解调仿真。

```
A = 1;                                                    %载波幅度
fc = 76800;                                               %载波频率
IPOINT = 8;                                               %每个符号采样点数(码元宽度)
N = 1000;                                                 %数据符号个数(码元个数)
fs = fc * IPOINT;                                         %采样率
MSG = rand(1,N)>0.5;                                      %产生二进制信源
MSG = 2 * MSG-1;                                          %转换成双极性不归零码
for k = 1:IPOINT
dk(k:IPOINT:IPOINT * N) = MSG;                            %将序列扩展
end
theta = zeros(1,length(dk));
for k = 2:length(dk)
theta(1,k) = theta(1,k-1)+dk(1,k-1) * pi/2/IPOINT;
end
AI =A * cos(theta); AQ = A * sin(theta);
t = 0:1/(N * IPOINT):1-1/(N * IPOINT);
s_msk = AI. * cos(2 * pi * fc * t) - AQ. * sin(2 * pi * fc * t);
n = 300; fl = [0,fc-1000,fc+1000,fs/2] * 2/fs;
a = [1 1 0 0]; b = firls(n,fl,a);
for SNR = 0:10
r_msk = awgn(s_msk,SNR);                                  %叠加噪声
r_AI_dem = r_msk. * cos(2 * pi * fc * t) * 2;             %解调
r_AI_dem = conv(r_AI_dem,b);                              %低通滤波
r_AI_dem = r_AI_dem(n/2+1:n/2+length(AI));                %剔除滤波延时
r_AQ_dem = r_msk. * sin(2 * pi * fc * t) * 2;             %解调
r_AQ_dem = conv(r_AQ_dem,b);                              %低通滤波
r_AQ_dem = r_AQ_dem(n/2+1:n/2+length(AQ));                %剔除滤波延时
```

2. 下采样。

```
d_msg = zeros(1,N);
d_msg = r_AQ_dem(IPOINT);
for k = 2:N
    d_msg(k) = r_AQ_dem(k * IPOINT) * r_AI_dem((k-1) * IPOINT)-r_AI_dem(k *
IPOINT) * r_AQ_dem((k-1) * IPOINT);
end
d_msg = d_msg>0;
d_msg= 2 * d_msg-1;
[num,ber(SNR+1)] = symerr(d_msg,MSG);                     %计算误码率
end
semilogy([0:10],ber,'r * ');                              %误码率曲线
```

3. 误码率理论值计算。

```
snr = 0:0.1:10;
for i = 1:length(snr)
    snr1(1,i) = 10^(snr(1,i)/10);
    ps(1,i) = 1/2 * erfc(sqrt(snr1(1,i)));
    pe(1,i) =2 * ps(1,i);
```

```
end
hold on;
semilogy([0:0.1:10],pe);
```

五、思考题

1. 在实现过程中，GMSK 调制与 MSK 调制的异同？
2. 描述 MSK、GMSK 在通信中的应用。

第7章　同步技术

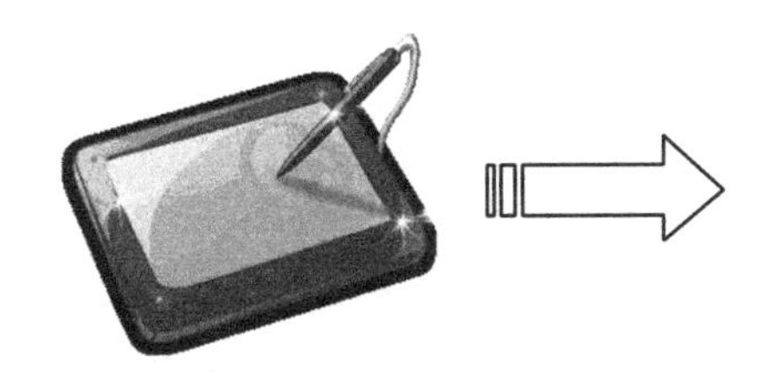

本章主要实验内容：
- √　模拟锁相环载波同步
- √　数字锁相环载波同步
- √　数字锁相环位同步
- √　帧成形及同步提取

同步是通信系统中，特别是数字通信系统中一个非常重要的技术问题，也是通信系统中必不可少的重要组成部分之一。同步系统的好坏直接影响着通信质量，甚至会影响通信系统能否正常进行有效而可靠地工作。本章涉及的同步技术包括模拟锁相环载波同步、数字锁相环载波同步、数字锁相环位同步和帧成形及同步提取等内容。

7.1　模拟锁相环载波同步实验

7.1.1　实验原理

一、载波同步基本原理

在数字通信中，采用频带传输系统方式时，一定要用到载波同步。载波同步是同步系统的一个重要方面。实现载波同步的方法有自同步法(直接法)和外同步法(插入导频法)两种。

直接法在发送端不需要专门加传输导频信号，接收端则是在接收到的信号中设法提取同步载波，例如平方变换法、平方环法、科斯塔斯环法、4次方变换法、多相科斯塔斯环法等。插入导频法是在发送有用信号的同时，在适当频率位置上插入一个(或多个)同步载波信息，称为导频信息，接收端则根据这个导频信息提取需要的同步载波。

载波同步系统的主要性能指：载波同步的精度、载波同步的效率、同步建立时间 t_s、同步保持时间 t_e。在实际系统中，同步建立时间与同步保持时间是矛盾的。

本地恢复载波信号的稳态相位误差Δ对解调性能存在影响。若存在相差Δ，则输出信号能量下降 $\cos^2\Delta$，即输出信噪比下降 $\cos^2\Delta$，其将影响信道的误码率性能，使误码增加。对 BPSK 而言，在存在载波恢复稳态相差时，信道误码率为

$$P_e=\frac{1}{2}\mathrm{erfc}\left[\sqrt{\frac{E_b}{N_0}}\cos\Delta\right]$$

为了提高 BPSK 的解调性能，一般尽可能地减小稳态相差，在实际中一般要求其小于5°。改善这方面的性能一般可通过提高环路的开环增益和减少环路时延来实现。当然在提高环路增益的同时，对环路的带宽可能产生影响。

环路的相位抖动是指环路输出的载波在某一载波相位点按一定分布随机摆动，其摆动的方差对解调性能有很大的影响：一方面，其与稳态相差一样对 BPSK 解调器的误码率产生影响；另

一方面，还使环路产生一定的跳周率(按工程经验，在门限信噪比条件下跳周一般要求小于每两小时一次)。

采用PLL环路进行载波恢复具有环路带宽可控。一般而言，环路带宽越宽，载波恢复时间越短，输出载波相位抖动越大，环路越容易出现跳周(所谓跳周是指环路从一个相位平衡点跳向相邻的平衡点，从而使解调数据出现倒相或其他的错误规律)；反之，环路带宽越窄，载波恢复时间越长，输出载波相位抖动越小，环路的跳周率越小。因而，可根据实际需要，调整环路带宽的大小。

二、实验电路组成及原理

模拟锁相环是一个相位自动控制系统。任何一个自动控制系统总是由两部分组成：一是误差检测元件；另一个是调整执行元件。在锁相环路中误差检测由鉴相器来完成，它对本地产生的输出信号相位和输入信号相位进行比较，产生一个与两个信号的相位差成比例的误差电压。受误差电压控制，鉴相器两个输入相位误差不断减小。在锁相环路中调整执行元件是由电压控制振荡器来完成。在锁相环路中，有时为了提高相位控制的性能，在上述两个元件之间，插入一低通滤波器。因此，对于锁相环路常由鉴相器、环路滤波器和压控振荡器(VCO)三个基本部分组成，如图7-1-1所示。

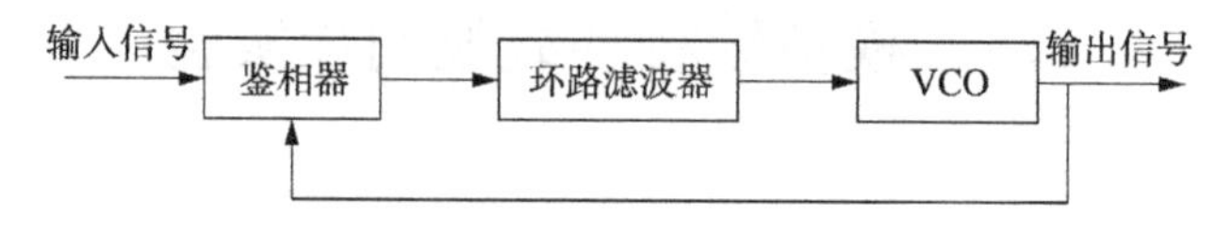

图7-1-1　模拟锁相环结构

在BPSK调制方式的接收机中，为了对接收信号中的数据进行正确的解调，要求在接收机端知道载波的相位和频率信息，这就是我们常说的载波恢复。这个过程一般是通过锁相的方法来实现的。

在BPSK解调器中，最常用的载波恢复算法为判决反馈环结构，其结构如图7-1-2所示。

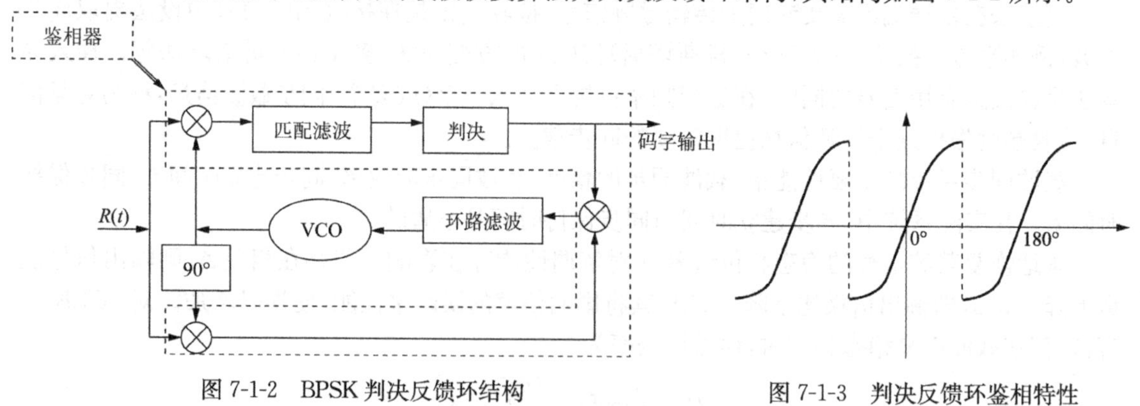

图7-1-2　BPSK判决反馈环结构　　图7-1-3　判决反馈环鉴相特性

判决反馈环鉴相器具有图7-1-3所示的特性。

从图7-1-3中可以看出，判决反馈环也有0°、180°两个相位平衡点。

模拟锁相环电路在本实验中是使用CD4046芯片实现的。图7-1-4中开关S2有两种选择，分别是滤波法位同步和锁相环位同步。其中，滤波法位同步提取，信号经一个窄带滤波器，滤出同步信号分量，通过门限判决和四分频后提取位同步信号；锁相法位同步提取，在接收端利用锁

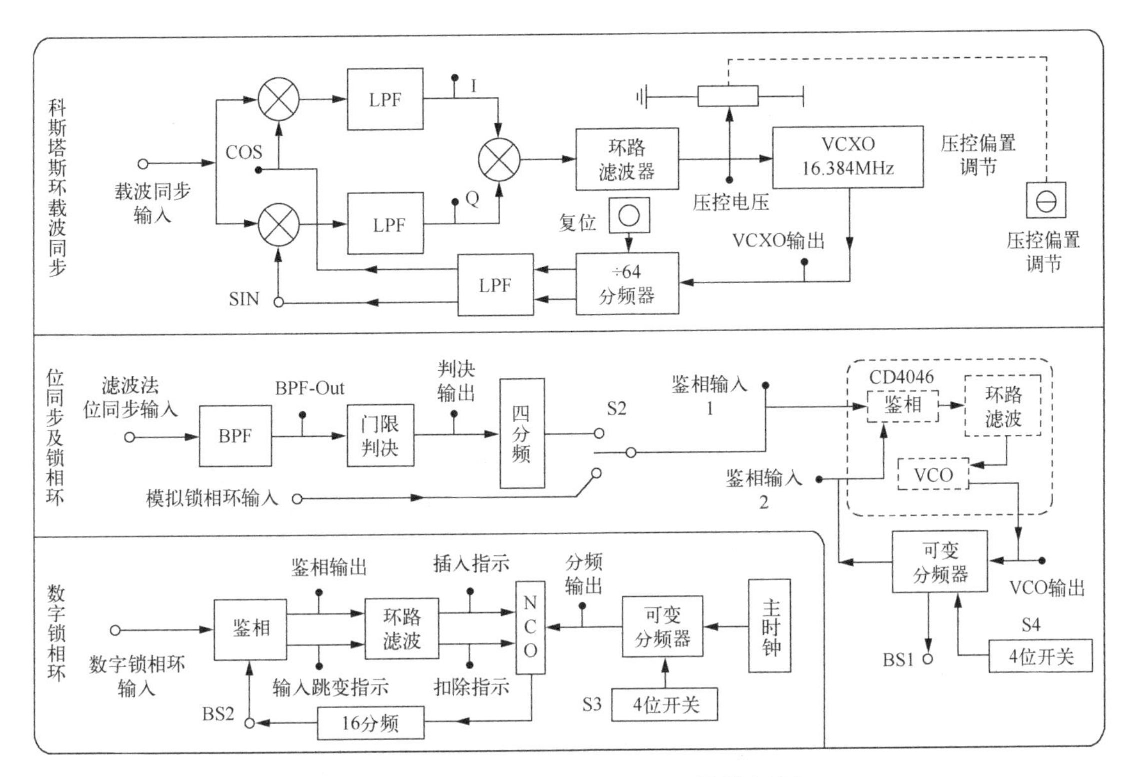

图 7-1-4 载波同步及位同步(13#)模块框图

相环电路比较接收码元和本地产生的位同步信号的相位,并调整位同步信号的相位,最终获得准确的位同步信号。端口说明表如表 7-1-1 所示。

表 7-1-1 模拟锁相环载波同步实验测试端口说明

模块	端口名称	端口说明
位同步及锁相环	滤波法位同步输入	滤波法位同步基带信号输入
	模拟锁相环输入	模拟锁相环信号输入
	S2	位同步方法选择开关
	鉴相输入 1	接收位同步信号观测点
	鉴相输入 2	本地位元元同步信号观测点
	VCO 输出	压控振荡器输出信号观测点
	BS1	合成频率信号输出
	分频设置	设置分频频率

7.1.2 实验方法

一、实验目的

1. 了解模拟锁相环的工作原理。
2. 掌握模拟锁相环的参数意义及测试方法。
3. 掌握锁相频率合成的原理及设计方法。

二、实验工具与平台

1. 线上平台:国防科技大学通信工程实验工作坊(https://nudt.fmaster.cn/nudt/lessons)。
2. 线下设备:通信创新实训平台(主控 & 信号源模块、载波同步及位同步模块)。
3. 双踪数字示波器。

三、实验内容与步骤

(一) VCO 自由振荡观测

概述:该项目是通过对比观测锁相环输入信号和 VCO 输出信号,了解 VCO 自由振荡输出频率。

1. 登录国防科技大学通信工程实验工作坊,创建实验文件,选择实验所需模块和示波器。
2. 将主控 & 信号源模块 CLK 输出连接到 13# 模块模拟锁相环输入。
3. 运行仿真,开启所有模块的电源开关。
4. 实验初始状态设置:将 13# 模块 S4 拨为"0001",S2 拨下至频率合成。
5. 实验初始状态说明:模拟锁相环输入信号 256K 时钟。
6. 实验现象的观测:示波器 CH1 通道接 13# 模块 TH8,CH2 通道接 TH4 输出,对比观测输入及输出波形。

(二)同步带测量

概述:该项目是通过改变输入信号的频率,测量锁相环的同步带,了解模拟锁相环的同步带工作原理。

1. 重新连线,将主控 & 信号源模块 A-OUT 输出连接到 13# 模块模拟锁相环输入。
2. 运行仿真,开启所有模块的电源开关。
3. 将 13# 模块 S4 拨为"0001"。调节【信号源】,使【输出波形】为正弦波,【输出频率】为 1kHz,调节 A-OUT 幅度旋钮 W1,使 A-OUT 输出 3V。
4. 用示波器 CH1 通道接 13# 模块 TH8 模拟锁相环输入,CH2 通道接 TH4 输出 BS1,观察 TH4 输出处于锁定状态。选择适当步进,将正弦波频率调小直到输出波形失锁,记下此时频率大小为 f_1;将频率调大,直到 TH4 输出处于失锁状态,记下此时频率 f_2。

(三)捕捉带测量

概述:该项目是通过改变输入信号的频率,测量锁相环的捕捉带,了解模拟锁相环的捕捉带工作原理。

1. 保持项目二的连线不变。
2. 运行仿真,开启所有模块的电源开关。
3. 将 13# 模块 S4 拨为"0001"。调节【信号源】,使【输出波形】为正弦波,【输出频率】为 10Hz,【调节步进】为 10Hz。
4. 将示波器 CH1 通道接 13# 模块 TH8,CH2 通道接 TH4 输出,观察 TH4 输出处于失锁状态。将频率调大直到输出波形锁定,记下此时频率大小为 f_3;将 S4 拨为 1000,调节信号源输出频率为 200kHz,步进为 1kHz,慢慢减小输入频率,直到 TH4 输出处于锁定状态,记下此时频率 f_4。

(四)锁相频率合成

概述:该项目是通过设置分频器的分频比,测量锁相环的锁相输出频率,了解锁相频率合成的工作原理。

1. 保持项目二的连线不变。

2. 运行仿真,开启所有模块的电源开关。

3. 将13#模块S4拨为“0001”。调节【信号源】,使【输出波形】为方波,【输出频率】为1kHz。

4. 用示波器CH1通道接13#模块TH8,CH2通道接TH4输出,观察TH4输出频率。拨动S4开关,观测TH4输出与TH8输入之间的关系。

四、思考题

1. 模拟锁相环有哪些设计指标,实际应用中如何权衡?

2. 试描述模拟锁相环的应用现状。

CD4046知识科普

图7-1-5是CD4046电路原理图,主要由相位比较器Ⅰ和Ⅱ、压控振荡器(VCO)、线性放大器、源跟随器、整形电路等部分构成。比较器Ⅰ采用异或门结构,当两个输入端信号U_i、U_o的电平状态相异时(即一个高电平,一个为低电平),输出端信号U_Ψ为高电平;反之,U_i、U_o电平状态相同时(即两个均为高,或均为低电平),U_Ψ输出为低电平。当U_i、U_o的相位差$\Delta\varphi$在0°~180°范围内变化时,U_Ψ的脉冲宽度m亦随之改变,即占空比亦在改变。从比较器Ⅰ的输入和输出信号的波形(图7-1-6)可知,其输出信号的频率等于输入信号频率的两倍,并且与两个输入信号之间

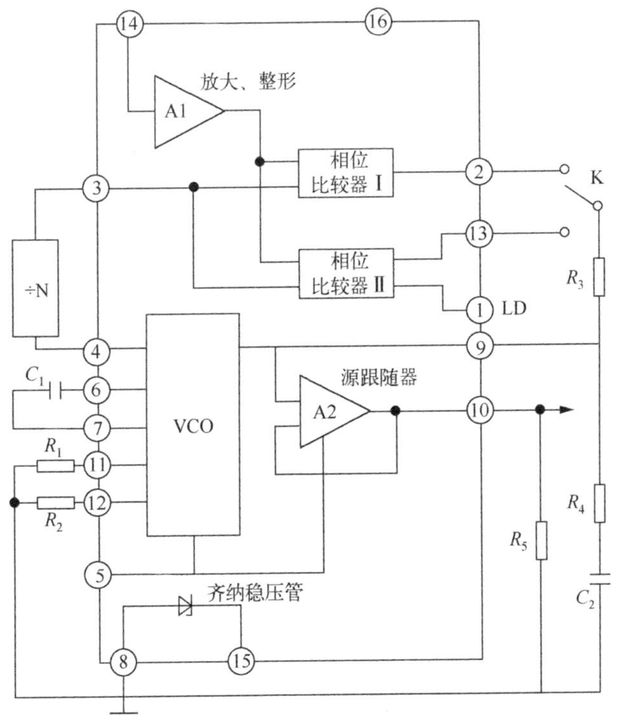

图7-1-5 CD4046电路原理图

的中心频率保持 90°相移。从图中还可知，fout 不一定是对称波形。对相位比较器Ⅰ，它要求 U_i、U_o的占空比均为 50%(即方波)，这样才能使锁定范围为最大。

相位比较器Ⅱ是一个由信号的上升沿控制的数字存储网络。它对输入信号占空比的要求不高，允许输入非对称波形，它具有很宽的捕捉频率范围，而且不会锁定在输入信号的谐波。它提供数字误差信号和锁定信号(相位脉冲)两种输出，当达到锁定时，在相位比较器Ⅱ的两个输入信号之间保持 0°相移。

对相位比较器Ⅱ而言，当 14 脚的输入信号比 3 脚的比较信号频率低时，输出为逻辑“0”；反之则输出逻辑“1”。如果两信号的频率相同而相位不同，当输入信号的相位滞后于比较信号时，相位比较器Ⅱ输出为正脉冲，当相位超前时则输出为负脉冲。在这两种情况下，从 1 脚都有与上述正、负脉冲宽度相同的负脉冲产生。从相位比较器Ⅱ输出的正、负脉冲的宽度均等于两个输入脉冲上升沿之间的相位差。而当两个输入脉冲的频率和相位均相同时，相位比较器Ⅱ的输出为高阻态，则 1 脚输出高电平。上述波形如图 7-1-7 所示。由此可见，从 1 脚输出信号是负脉冲还是固定高电平就可以判断两个输入信号的情况了。

CD4046 锁相环采用的是 RC 型压控振荡器，必须外接电容 C_1 和电阻 R_1 作为充放电元件。当 PLL 对跟踪的输入信号的频率宽度有要求时还需要外接电阻 R_2。由于 VCO 是一个电压控制振荡器，对定时电容 C_1 的充电电流与从 9 脚输入的控制电压成正比，使 VCO 的振荡频率亦正比于该控制电压。当 VCO 控制电压为 0 时，其输出频率最低；当输入控制电压等于电源电压 VDD 时，输出频率则线性地增大到最高输出频率。VCO 振荡频率的范围由 R_1、R_2 和 C_1 决定。由于它的充电和放电都由同一个电容 C_1 完成，故它的输出波形是对称方波。一般规定 CD4046 的最高频率为 1.2MHz(VDD=15V)，若 VDD<15V，则 fmax 要降低一些。

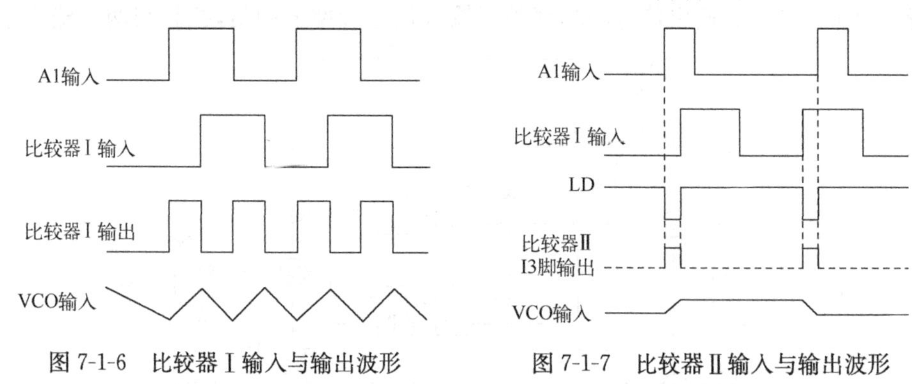

图 7-1-6　比较器Ⅰ输入与输出波形　　图 7-1-7　比较器Ⅱ输入与输出波形

引脚说明如表 7-1-2 所示。

表 7-1-2　引脚说明

引脚	说明
1	相位输出端(锁定时为高电平)
2	相位比较器Ⅰ的输出端
3	比较信号输入端
4	压控振荡器输出端
5	禁止端(高电平禁止)
6、7	外接振荡电容
8、16	电源

续表

引脚	说明
9	压控振荡器输入端
10	解调输出端
11、12	外接振荡电阻
13	相位比较器Ⅱ的输出端
14	信号输入端
15	内部独立的齐纳稳压管负极

工作原理：输入信号 U_i 从14脚输入后，经放大器A1进行放大、整形后加到相位比较器Ⅰ、Ⅱ的输入端，图7-1-5开关K拨至2脚，则比较器Ⅰ将从3脚输入的比较信号 U_o 与输入信号 U_i 作相位比较，从相位比较器输出的误差电压 U_Ψ 则反映出两者的相位差。U_Ψ 经 R_3、R_4 及 C_2 滤波后得到一控制电压 U_d 加至压控振荡器VCO的输入端9脚，调整VCO的振荡频率 f_2，使 f_2 迅速逼近信号频率 f_1。VCO的输出又经除法器再进入相位比较器Ⅰ，继续与 U_i 进行相位比较，最后使得 $f_2=f_1$，两者的相位差为一定值，实现了相位锁定。若开关K拨至13脚，则相位比较器Ⅱ工作，过程与上述相同，不再赘述。

7.2 数字锁相环载波同步设计

7.2.1 基本原理

载波同步的方法有许多，可以分成反馈结构、前向结构两大类。反馈结构的方法有M方环、Costas环、通用环等；前向结构的方法侧重于频偏及相偏的估计算法，算法包括最大似然估计、快速傅里叶变换频偏估计、M 方次相位估计及基于非线性变换的相位估计。

一、Costas环

科斯塔斯(Costas)环法又称为同相正交环法，原理如图7-2-1所示。此环路中，数字频率合成器DDS提供两路互为正交的载波，与输入接收信号分别在同相和正交两个鉴相器中进行鉴相，经低通滤波器之后的输出均不含倍频项，两者相乘后可以得到误差信号，然后送往环路滤波器得到仅与相位差有关的控制电压，从而准确地对压控振荡器进行调整。

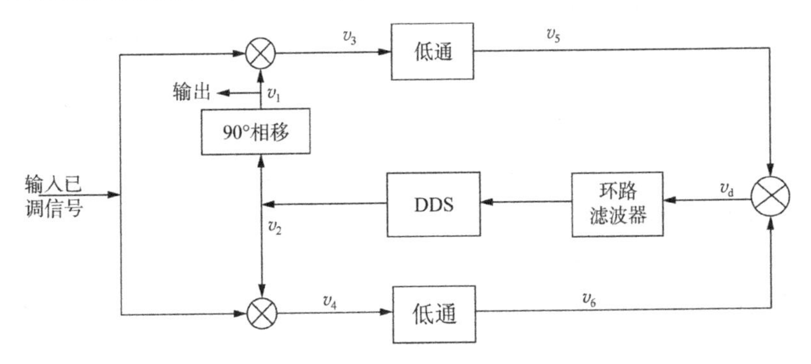

图7-2-1 Costas环法原理框图

设输入的抑制载波双边带信号为 $s(t)\cos\omega_c t$，并假定环路锁定，且不考虑噪声的影响，则

DDS 输出的两路互为正交的本地载波分别为

$$v_1=\cos(\omega_c t+\theta), \quad v_2=\sin(\omega_c t+\theta)$$

式中，θ 为 DDS 输出信号与输入已调信号载波之间的相位误差，通常是很小的一个值。

信号与本地载波相乘后得

$$v_3=s(t)\cos\omega_c t\cdot\cos(\omega_c t+\theta)=\frac{1}{2}s(t)[\cos\theta+\cos(2\omega_c t+\theta)]$$

$$v_4=s(t)\cos\omega_c t\cdot\sin(\omega_c t+\theta)=\frac{1}{2}s(t)[\sin\theta+\sin(2\omega_c t+\theta)]$$

经过低通滤波后，得到

$$v_5=\frac{1}{2}s(t)\cos\theta, \quad v_6=\frac{1}{2}s(t)\sin\theta$$

v_5 与 v_6 相乘产生的误差信号为

$$v_d=\frac{1}{8}s^2(t)\sin 2\theta\approx\frac{1}{8}s^2(t)2\theta=\frac{1}{4}s^2(t)\theta$$

它通过环路滤波器滤波后去控制 DDS 的相位和频率，最终使稳态相位误差减小到很小的数值，而没有剩余频差。此时 DDS 的输出 $v_1=\cos(\omega_c t+\theta)$ 就是所需的同步载波，而 $v_5=\frac{1}{2}s(t)\cos\theta\approx\frac{1}{2}s(t)$ 就是解调器的输出。

二、开环结构载波恢复

在传统的数字通信系统中通常采用锁相环来实现载波同步，而在全数字接收机中，主要利用开环频率估计算法直接估计出接收频率和本地载波的频差，然后加以校正。这是一种基于零中频的解调方案，将庞大的中频处理变为简单可靠的基带处理，避免了直接在中频数字化处理中面临的运算量与处理速度等问题。并且这种解调方案能提高解调性能、可靠性并降低成本。

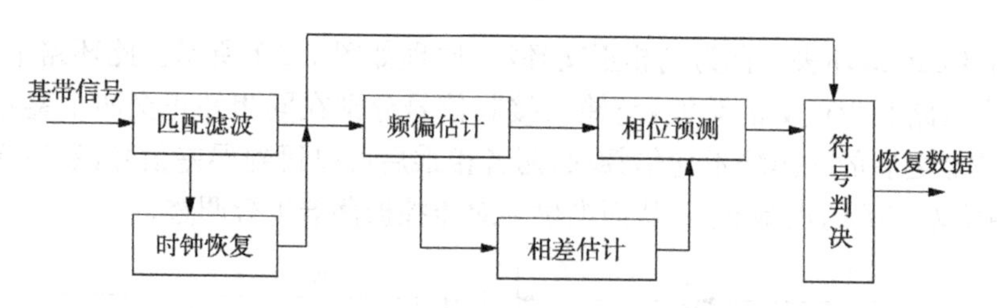

图 7-2-2　开环结构 PSK 接收机模型

开环结构 PSK 接收机模型如图 7-2-2 所示。接收信号经过中频数字正交下变频分解为基带信号，并在完成 A/D 采样和数字化后，送入匹配滤波器进行数字滤波，再由时钟恢复单元完成码元时钟恢复，然后由开环相位估计器估计出载波频差和初始相差值。载波相位预测时通过对含载波相位误差和载波频率误差的信号作非线性处理后，去除调制信号对相位的影响，直接提取出需要的载波频差，先根据载波频差的估计值消除频偏引起的相位偏差，再根据初始相差的估计值进行预测当前相位、并与当前载波相位进行比较判决，输出数据。由于该相位估计算法对在 $|\Delta fT|<0.05$ 条件下性能最优，Δf 为载波频偏，T 是符号周期，因此在进行载波频差估计前，我们让信号通过一个频率跟踪校正环，去除残余频偏，确保频差在一个较小的情况下。

1. 频偏估计。

我们已经假设匹配滤波器和时钟估计器理想，则载波恢复电路的输入信号可以表示为

$$r(k)=a_k\exp(\mathrm{j}2\pi\Delta fkT_s+\mathrm{j}\theta_0)+N(k)$$

其中，a_k 是复值 QPSR 传输数据的抽样值；Δf 和 θ_0 分别表示本地载波的频偏值和相位差值；T_s 是采样周期；$N(k)=N_I(k)+\mathrm{j}N_Q(k)$表示加性复白高斯噪声和 $\Delta f\neq 0$ 而引入的码间串扰。由于在接收机模拟前端配置 AFC 电路，可以实现$|\Delta fT|\ll 0.1$，因此 $N(k)$中码间串扰引入的噪声分量可以忽略不计，从而 $N(k)$可以等效为加性复白高斯噪声，它的两个分量的均值为 0，方差为 $N_0/(2E_s)=N_0/(4E_b)$，E_b 是比特能量，E_s 是符号能量，E_b/N_0 是归一化信噪比。频偏大小估计是通过计算两相邻码元的相位差得到的。所采用的频偏估计器的仿真模型如图 7-2-3 所示。

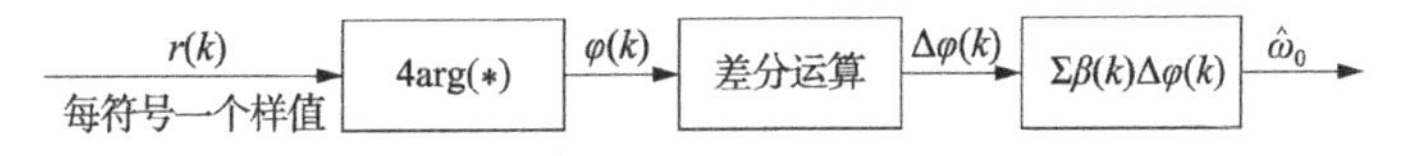

图 7-2-3 载波频偏估计器模型

高信噪比条件下，$r(k)$中的加性噪声可以等效为相位噪声，$\theta(k)$可以表示为

$$\theta(k)=2\pi\Delta fkT+\theta_0+\frac{2m+1}{4}\pi+N_Q(k)$$

式中，$k=-(H-1)/2,\cdots,(H-1)/2$；$m$ 取 0，1，2，3，估计间隔为 $H*T$（$H\leqslant N$，N 是一个突发中的符号数）；$N_Q(k)$是均值为零，方差为 N_0/E_b 的等效相位高斯噪声。将 $\theta(k)$乘以 4 以消除调制分量，有

$$(k)=4\theta(k)\mathrm{mod}2\pi=8\pi\Delta fkT_s+4\theta_0+\xi(k)$$

式中，$\xi(k)=4N_Q(k)\mathrm{mod}2\pi$ 是均值为零，方差为 $4N_0/E_b$ 的高斯噪声。对相位 $\varphi(k)$作差分运算，有

$$\Delta\varphi(k)=\varphi(k+1)-\varphi(k)=8\pi\Delta fT_s+\xi(k+1)-\xi(k)=\psi+\xi(k+1)-\xi(k)$$

式中可见，只要在噪声中估计出均值 ψ，也就可以估计出 Δf 来。ψ 可以由下式计算：

$$\hat{\psi}=\sum w_k[\Delta\varphi(k)]$$

其中，w_k是窗函数，窗函数不同，可能 ψ 的估计值也会有较大差异，对于最简单的形式，$\hat{\psi}=\frac{1}{H-1}\sum_{k=-(H+1)/2}^{(H-3)/2}\Delta\varphi(k)$，但是这并不是 ψ 的最优估计值。基于最大似然估计准则，ψ 的无偏估计算法如下：

观测矢量 $\Delta\bar{\varphi}=[\Delta\varphi(-(H-1)/2),\Delta\varphi(-(H-3)/2),\cdots,\Delta\varphi((H-3)/2)]^T$ 的条件概率密度函数为

$$p(\Delta\bar{\varphi}/\psi)=(2\pi)^{-(H-1)/2}|C|^{-1/2}\exp\left[-\frac{1}{2}(\Delta\bar{\varphi}-\bar{\psi})^T\cdot C^{-1}\cdot(\Delta\bar{\varphi}-\bar{\psi})\right] \quad (7\text{-}1\text{-}1)$$

式中，$\bar{\psi}=[\psi,\psi,\cdots,\psi]^T$；$C=(C_{ij})_{(H-1)\cdot(H-1)}=E[(\Delta\bar{\varphi}-\bar{\psi})\cdot(\Delta\bar{\varphi}-\bar{\psi})^T]$是协方差矩阵，且有

$$C=\frac{4N_0}{E_b}\begin{pmatrix}2 & -1 & 0 & 0 & \cdots & 0\\ -1 & 2 & -1 & 0 & \cdots & 0\\ \vdots & \vdots & \vdots & \vdots & & \vdots\\ 0 & 0 & 0 & \cdots & -1 & 2\end{pmatrix}$$

基于最大似然估计准则，ψ 无偏估计的计算公式为

$$\hat{\psi}=\frac{\bar{l}^tC^{-1}\Delta\bar{\varphi}}{\bar{l}^tC^{-1}\bar{l}}=\sum_{k=-(H-1)/2}^{(H-3)/2}\beta(k)\Delta\varphi(k) \quad (7\text{-}1\text{-}2)$$

式中，$\beta(k)$是式(7-1-1)中的窗函数 w_k，且有

$$\beta(k)=\frac{3H/2}{H^2-1}\left[1-\left(\frac{k+1/2}{H/2}\right)^2\right]$$

已经证明式(7-1-2)中估计量的方差与有效估计的 Cramer-Rao 界一致。

2. 载波初始相差估计。

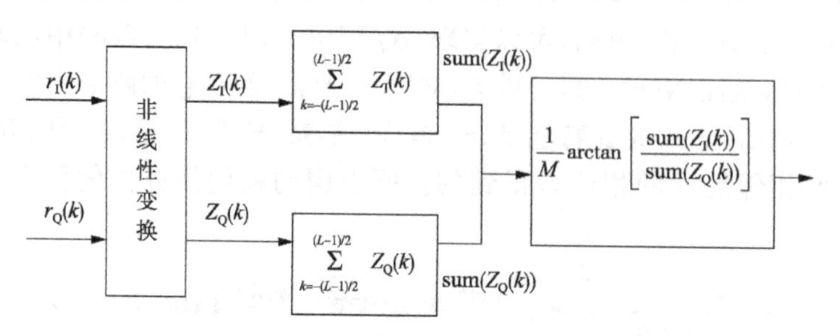

图 7-2-4　载波相位估计器模型

由于每个突发的相干载波参数 Δf 和 θ_0 均需独立估计，因此我们采用相位估计器如图 7-9 所示，即先对输入复信号进行非线性操作，有

$$z(k)=\rho^2(k)*\exp[\mathrm{j}M\theta(k)]*\exp(\mathrm{j}8\pi\Delta fT_s)$$

式中，对于 QPSK 信号，$M=4$，$\rho(k)$、$\theta(k)$分别是输入复信号 $r(k)$的幅值和相角，并有

$$\rho(k)=\sqrt{r_I^2(k)+r_Q^2(k)},\quad \theta(k)=\arctan[r_Q(k)/r_I(k)]$$

其中

$$Z_I(k)=a_k\sin[8\pi(\Delta f-\hat{\Delta} f)kT+\theta_0]+N_I(k)$$
$$Z_Q(k)=\mathrm{j}a_k\cos[8\pi(\Delta f-\hat{\Delta} f)kT+\theta_0]+\mathrm{j}N_Q(k)$$

然后，在长为 $L\cdot T$($L\leqslant N$，N 是一个突发中的符号数)的观测间隔内通过平均运算得到载波相位的估计值 θ_0，即

$$\hat{\theta}_0=\frac{1}{M}\arctan\left(\frac{\sum_{k=-(L-1)/2}^{(L-1)/2} Z_Q(k)}{\sum_{k=-(L-1)/2}^{(L-1)/2} Z_I(k)}\right)$$

7.2.2　设计方法

一、设计目的

1. 掌握载波同步的基本原理。
2. 了解载波同步的基本方法。

二、设计工具与平台

C、Python、MATLAB 等软件开发平台。

三、设计内容和要求

1. 设计载波同步系统，包括信源、调制、信道、解调、信宿等五大基本模块。
2. 设计载波同步系统中的载波同步模块。

3. 对该系统进行性能测试，讨论载波同步中频偏、相偏对系统的影响。

4. 设计要求：当$|\Delta fT|\leqslant 0.05$，可实现载波同步。

四、设计示例

例 7-1 频偏估计的 MATLAB 仿真。

```
for l= 1:length(EbN0dB)
for n =1:loop_num
    EbN0 =10^(EbN0dB(l)/10);              %信噪比的真值
    Std_dev=sqrt(1/EbN0);                 %噪声的方差
    eta = 2 * Std_dev * randn(1,H);       %eta 是均值为 0,方差为 4 * (N0/Eb)的高斯白噪声
    for m =-(H-1)/2:(H-1)/2
phi(m+(H+1)/2) = 8 * pi * delta_f * T * (m+(H+1)/2) + 4 * theta0 +eta(m+(H+1)/2);
                                          %4 倍 theta(k)表达式,已经去除调制数据
    end
for k=-(H-1)/2:(H-3)/2
      beta(k+(H+1)/2) = (3 * H/2) * (1-((k+1/2)/(H/2))^2)/(H^2-1);
                                          %窗函数
      delta_phi(k+(H+1)/2) =phi(k+1+(H+1)/2)-phi(k+(H+1)/2);
                                          %求相邻码元相差
end
alpha0_estim = 0;
for k=-(H-1)/2:(H-3)/2
      alpha0_estim = alpha0_estim + delta_phi(k+(H+1)/2) * beta(k+(H+1)/2);
%相邻码元相差估计
end
delta_f_estimate = alpha0_estim/(8 * pi * T);                  %估计 delta_f
     delta_f_mean(l) = delta_f_mean(l) + delta_f_estimate;     %先累加 delta_f
  delta_f_mse(l) = delta_f_mse(l) + delta_f_estimate^2;        %先累加 delta_f 平方
end
delta_f_mean(l) = delta_f_mean(l)/loop_num;                    %恢复 delta_f 的均值
delta_f_mse_theoretical = sqrt((1/(T^2)) * 3./(pi^2 * 4 * H * (H^2-1) * 10.^(EbN0dB/10))/10);
%频偏估计误差的均方差的理论值
delta_f_mse(l) = sqrt(delta_f_mse(l)/loop_num - delta_f_mean(l)^2);  %恢复 delta_f 标准差
end
```

例 7-2 相位估计的 MATLAB 仿真。

```
for l = 1:length(EbN0dB)
sum_zI=0;
sum_zQ=0;
for n = 1 :loop_num
    EbN0 =10^(EbN0dB(l)/10);              %信噪比的真值
    Std_dev = sqrt(1/EbN0);               %噪声的方差
    eta = 2 * Std_dev * randn(1,H);       %eta 是均值为 0,方差为 4 * (N0/Eb)的均匀噪声
    for k = 1:H
      phi(k) = 4 * theta0 + pi + eta(k);
%经过模 2pi 后,phi(k)在(0, 2pi)间取值,均值为 pi
z(k)=2 * exp(j * (phi(k)/4-pi/4));
                                          %已经不考虑调制数据影响并假使完成理想频偏矫正
                                          %确保 z(k)相位取值范围在(-pi/4,pi/4)
```

```
            sum_zI = sum_zI + real(z(k));
            sum_zQ = sum_zQ + imag(z(k));
        end
        theta0_est = atan(sum_zQ/sum_zI);                    %vv算法估计 theta0
        theta0_mean(l)=theta0_mean(l) + theta0_est;
    theta0_err = theta0_est - theta0;
    theta0_mse(l) = theta0_mse(l) + theta0_err^2;
    end
    theta0_mean(l) =theta0_mean(l) * 360/(loop_num * 2 * pi);
    theta0_mse(l) = sqrt(theta0_mse(l)/loop_num) * 360/(2 * pi);
    end
```

五、思考题

1. 载波同步有哪些设计指标,实现过程中如何权衡?
2. 分析实际通信系统中载波同步使用的方法现状。

7.3　数字锁相环位同步实验

7.3.1　实验原理

一、位同步基本原理

位同步是数字通信系统中一个非常重要的问题,它是数字通信系统的“中枢神经”。没有位同步,系统就会出现“紊乱”,无法正常工作。位同步只存在于数字通信中。应该说明的是在数字通信中,不论频带传输系统还是基带传输系统,都要涉及位同步问题。

在数字通信系统的接收端,位同步脉冲一般是通过位同步提取电路获得的。在传输数字信号时,信号通过信道会受到噪声的影响,而引起信号波形的变形(失真),因此数字通信系统中接收端都要对接收到的基带信号进行抽样判决,以判别出是“1”码还是“0”码。抽样判决器判决的时候都是由位同步脉冲来控制的。在频带传输系统中,位同步信号一般可以从解调后的基带信号中提取,只有特殊情况才直接从频带信号中提取;在基带传输系统中,位同步信号是直接从接收到的基带信号中提取的。

对位同步信号的基本要求如下。

(1)位同步脉冲的频率必须和发送端(接收到的数字信号)的码元速率相同。

(2)位同步脉冲的相位(起始时刻)必须与发送端(接收到的数字信号)的码元相位(起始时刻)对准。

位同步的方法与载波同步方法相似,也可以分为直接法(自同步法)和插入导频法(外同步法)两种。直接法中细分为数字锁相法和滤波法(非线性变换)。与载波同步系统的性能指标相似,位同步系统的性能指标通常也有相位误差(精度)、同步建立时间、同步保持时间等。

二、实验电路组成及原理

数字锁相环(DPLL)是一种相位反馈控制系统。它根据输入信号与本地估算时钟之间的相位误差对本地估算时钟的相位进行连续不断的反馈调节,从而达到使本地估算时钟相位跟踪输入信号相位的目的。DPLL 通常有三个组成模块:数字鉴相器(DPD)、数字环路滤波器(DLF)、数控振荡器(DCO)。根据各个模块组态的不同,DPLL 可以被划分出许多不同的类型。DPLL 实现框图如图 7-3-1 所示,在 LL-DPLL 中,DLF 用双向计数逻辑和比较逻辑实现,DCO 采用加扣脉冲式数控振荡器。这样设计出来的 DPLL 具有结构简洁明快、参数调节方便和工作稳定可靠的优点。

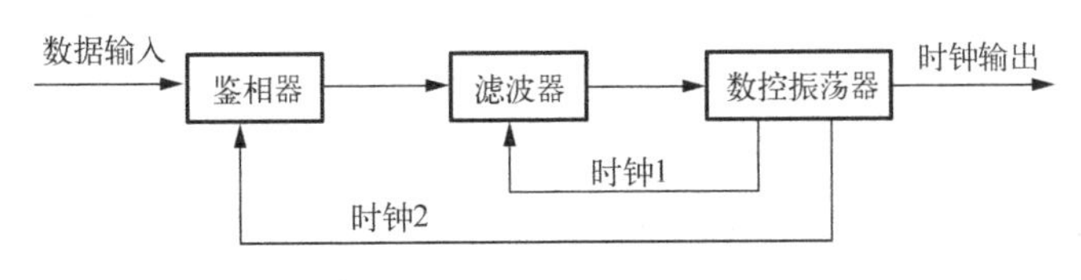

图 7-3-1 数字锁相环框图

下面就对数字锁相环的各个组成模块的详细功能、内部结构及对外接口信号进行介绍。

1. 超前-滞后型数字鉴相器。

与一般 DPLL 的 DPD 的设计不同,位同步 DPLL 的 DPD 需要排除位流数据输入连续几位码值保持不变的不利影响。LL-DPD 为二元鉴相器,在有效的相位比较结果中仅给出相位超前或相位滞后两种相位误差极性,而相位误差的绝对大小固定不变。LL-DPD 通常有两种实现方式:微分型 LL-DPD 和积分型 LL-DPD。积分型 LL-DPD 具有优良的抗干扰性能,而它的结构和硬件实现都比较复杂。微分型 LL- DPD 虽然抗干扰能力不如积分型 LL-DPD,但是结构简单,硬件实现比较容易。本实验采用微分型 LL-DPD,将环路抗噪声干扰的任务交给 DLF 模块负责。

如图 7-3-2 所示,LL-DPD 在 ClkEst 跳变沿(含上升沿和下降沿)处采样 DataIn 上的码值,寄存在 Mem 中。在 ClkEst 下降沿处再将它们对应送到两路异或逻辑中,判断出相位误差信息并输出。Sign 给出相位误差极性,即 ClkEst 相对于 DataIn 是相位超前(Sign=1)还是滞后(Sign=0)。AbsVal 给出相位误差绝对值:若前一位数据有跳变,则判断有效,以 AbsVal 输出 1 表示;否则,输出 0 表示判断无效。

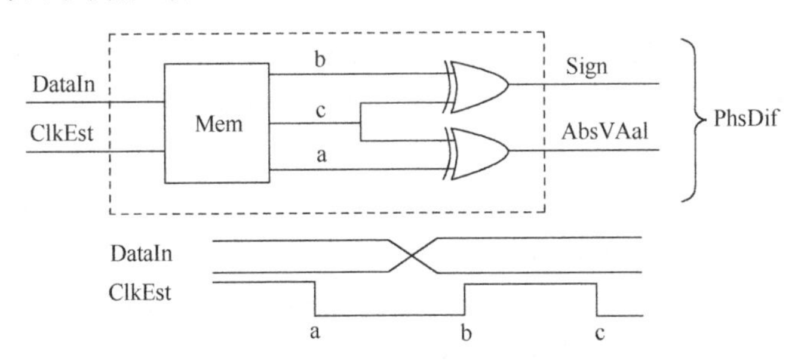

图 7-3-2 LL-DPD 模块内部结构与对外接口信号

2. 数字环路滤波器。

DLF 用于滤除因随机噪声引起的相位抖动,并生成控制 DCO 动作的控制指令。本实验实现的 DLF 内部结构及其对外接口信号如图 7-3-3 所示。

滤波功能用加减计数逻辑 CntLgc 实现,控制指令由比较逻辑 CmpLgc 生成。在初始时刻,CntLgc 被置初值 $M/2$。前级 LL-DPD 模块送来的相位误差 PhsDif 在 CntLgc 中作代数累加。在计数值达到边界值 0 或 M 后,比较逻辑 CmpLgc 将计数逻辑 CntLgc 同步置回 $M/2$,同时相应地在 Deduct 或 Insert 引脚上输出一高脉冲作为控制指令。随机噪声引起的 LL-DPD 相位误差

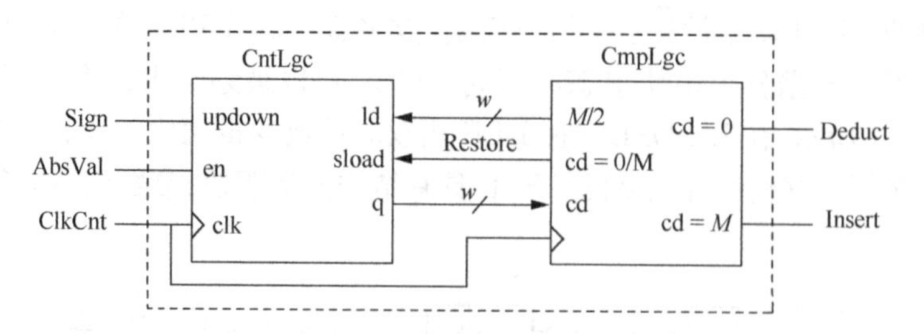

图 7-3-3　DLF 模块内部结构与对外接口信号

输出由于长时间保持同一极性的概率极小，在 CntLgc 中会被相互抵消，而不会传到后级模块中去，达到了去噪滤波的目的。计数器逻辑 CntLgc 的模值 M 对 DPLL 的性能指标有着显著地影响。加大模值 M，有利于提高 DPLL 的抗噪能力，但是会导致较大的捕捉时间和较窄的捕捉带宽。减小模值 M 可以缩短捕捉时间，扩展捕捉带宽，但是降低了 DPLL 的抗噪能力。根据理论分析和调试实践，确定 M 为 1024，图中计数器数据线宽度 w 可以根据 M 确定为 10。

3. 数控振荡器。

DCO 的主要功能是根据前级 DLF 模块输出的控制信号 Deduct 和 Insert 生成本地估算时钟 ClkEst，这一时钟信号即为 DPLL 恢复出来的位时钟。同时，DCO 还产生协调 DPLL 内各模块工作的时钟，使它们能够协同动作。要完成上述功能，DCO 应有三个基本的组成部分：高速振荡器(HsOsc)、相位调节器(PhsAdj)和分频器(FnqDvd)，如图 7-3-4 所示。

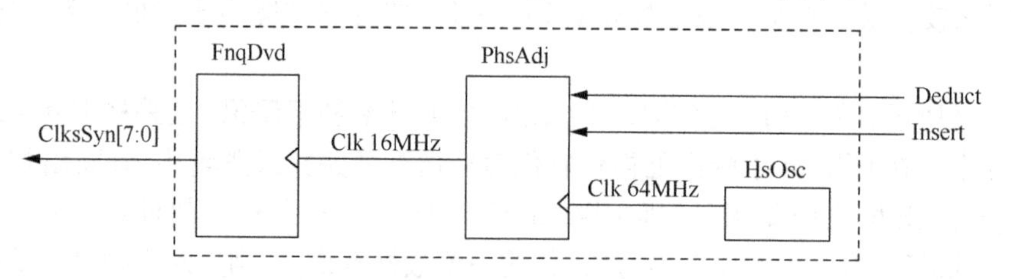

图 7-3-4　DCO 模块内部结构与对外接口信号

HsOsc 提供高速稳定的时钟信号 Clk，该时钟信号有固定的时钟周期，周期大小即为 DPLL 在锁定状态下相位跟踪的精度，同时，它还影响 DPLL 的捕捉时间和捕捉带宽。考虑到 DPLL 工作背景的要求，以及尽量提高相位跟踪的精度以降低数据接收的误码率，取 HsOsc 输出信号 Clk 频率为所需提取位时钟信号的 16 倍。若取 HsOsc 输出信号 Clk64MHz 的周期为 15.625ns，即高速振荡器 HsOsc 的振荡频率为 64MHz。

PhsAdj 在控制信号 Deduct 和 Insert 上均无高脉冲出现时，仅对 Osc 输出的时钟信号作 4 分频处理，从而产生的 Clk16MHz 时钟信号将是严格 16MHz 的。当信号 Deduct 上有高脉冲时，在脉冲上升沿后，PhsAdj 会在时钟信号 Clk16MHz 的某一周期中扣除一个 Clk64Mhz 时钟周期，从而导致 Clk16MHz 时钟信号相位前移。当在信号 Insert 上有高脉冲时，相对应的处理会导致 Clk16MHz 时钟信号相位后移。

引入分频器 FnqDvd 的目的主要是为 DPLL 中 DLF 模块提供时钟控制，协调 DLF 与其他模块的动作。分频器 FnqDvd 用计数器实现，可以提供多路与输入位流数据有良好相位同步关系的时钟信号。在系统中，分频器 FnqDvd 提供 8 路输出 ClksSyn[7…0]。其中，ClksSyn1 即为本地估算时钟 ClkEst，也即恢复出的位时钟；ClksSyn0 即为 DLF 模块的计数时钟 ClkCnt，其速率是 ClkEst 的两倍，可以加速计数，缩短 DPLL 的捕捉时间，并可扩展其捕捉带宽。

7.3.2 实验方法

一、实验目的

1. 熟悉数字锁相环位同步的基本概念。
2. 掌握数字锁相环位同步的提取原理。
3. 掌握数字锁相环位同步的设计方法。

二、实验工具与平台

1. 线上平台:国防科技大学通信工程实验工作坊(https://nudt.fmaster.cn/nudt/lessons)。
2. 线下设备:通信创新实训平台(主控 & 信号源模块、时分复用模块、载波同步及位同步模块、数字终端 & 时分多址模块、信源编译码模块、基带编译码模块)。
3. 双踪数字示波器。

三、实验内容与步骤

1. 关电,按表 7-3-1 所示进行连线。

表 7-3-1 端口连线

源端口	目标端口	连线说明
信号源:PN	13#模块:数字锁相环输入	基带传输信号输入

2. 开电,设置主控菜单,选择【信号源】→【通信原理】→【滤波法及数字锁相环位同步法提取】。将 13#模块的 S3 拨为 0100。

3. 此时系统初始状态为:PN 码速率 256K。

4. 实验操作及波形观测。

(1)观测 13#模块的"数字锁相环输入"和"输入跳变指示(AbsVal)";基于鉴相器原理,通过数据来分析结果的合理性(此时需要利用"数字锁相环输入"和"BS2"的关系图)。

(2)观测 13#模块的"数字锁相环输入"和"鉴相输出(Sign)";基于鉴相器原理,通过数据来分析结果的合理性(此时需要利用"数字锁相环输入"和"BS2"的关系图)。

(3)分别观测 13#模块中"鉴相输出"与"插入指示""扣除指示"的关系;"输入跳变指示"与"插入指示""扣除指示"的关系;依据结果分析位同步的基本过程。

(4)以信号源模块的"CLK"为触发,观测 13#模块的"BS2"。

思考:BS2 恢复的时钟是否有抖动的情况,为什么? 试分析 BS2 抖动的区间有多大? 如何减小这个抖动的区间?

实验部分参考波形如图 7-3-5 所示。

四、思考题

1. 数字锁相环有哪些设计指标,实际应用中如何权衡?
2. 试描述数字锁相环目前的发展现状。

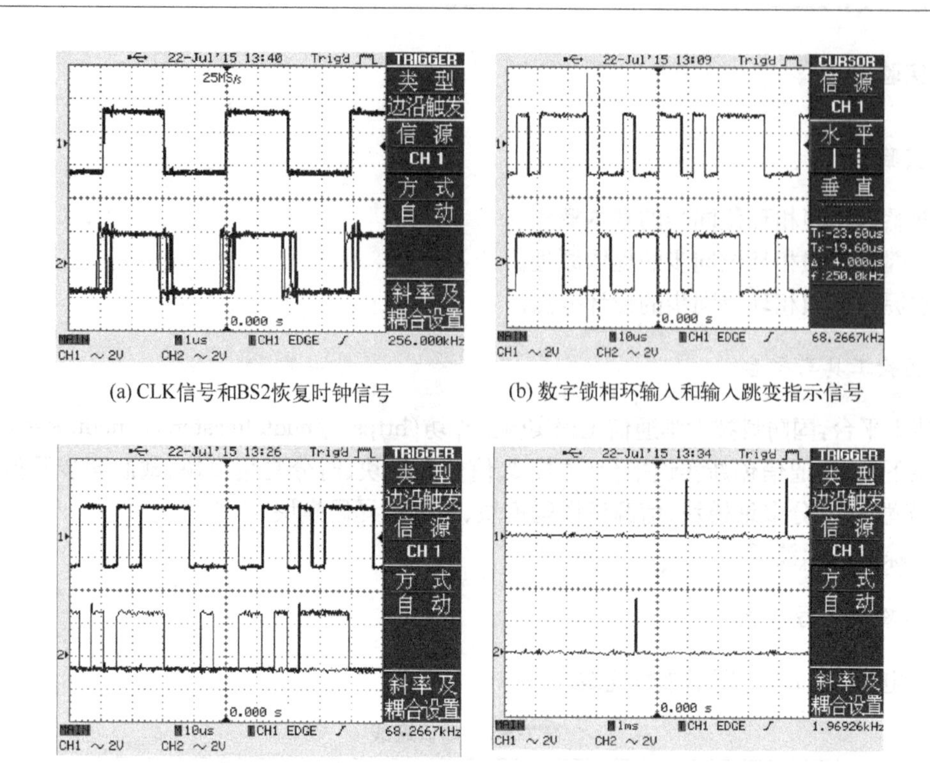

(a) CLK信号和BS2恢复时钟信号　　(b) 数字锁相环输入和输入跳变指示信号

(c) 数字锁相环输入和鉴相输出信号　　(d) 插入指示和扣除指示信号

图 7-3-5　实验部分参考波形

7.4　帧成形及同步提取实验

7.4.1　实验原理

一、帧同步基本原理

帧(frame)同步是建立在位同步基础上的一种同步。帧同步的实现常用的有两种方法：一种是插入特殊码组的方法，这种方法是在每群信息码元中(通常在开头处)插入一个特殊的码组，这个特殊的码组应该与信息码元序列有较大的区别，接收端通过识别这个特殊码组，就可以根据这些特殊码组的位置确定出群的“头”与“尾”，从而实现帧同步；另一种方法不需要外加的特殊码组，是利用信息码组本身彼此不同的特性实现帧同步的。

帧同步码组最常用的形式是巴克码。巴克码是一种具有特殊规律的二进制码组。它的特殊规律是，如果一个长度为 n 的巴克码($x_1, x_2, x_3, \cdots, x_n$)，每个码元 x_i 只可能取值+1 或−1，则它的自相关函数为

$$R(j)=\sum_{i=1}^{n-j} x_x x_{i+j}=\begin{cases} n, & j=0 \\ 0,+1,-1, & 0<j<n \end{cases}$$

通常把这种非周期序列的自相关函数 $R(j)=\sum_{i=1}^{n-1} x_x x_{i+y}$ 称为局部自相关函数。常见位数较低的巴克码组如表 7-4-1 所示。表中“+”表示+1，“−”表示−1。

表 7-4-1　常见的巴克码组

位数 N	巴克码组	位数 N	巴克码组
2	++;-+	7	+++--+-
3	++-	11	+++---+--+-
4	+++-;++-+	13	+++++--++-+-+
5	+++-+		

自相关函数在 $j=0$ 时，具有尖锐的单峰特性。自相关函数具有尖锐的单峰特性正是连贯式插入帧同步码组的主要求之一。

帧同步系统的性能指标有漏同步概率 P_1、假同步概率 P_2、帧同步平均建立时间 t_s 等。一般地，要求系统的同步建立时间要短，漏同步概率 P_1 和假同步概率 P_2 要小。

二、实验电路组成及原理

在数字传输系统中，几乎所有业务均以一定的格式出现（如 PCM 以 8 比特一组出现）。因而在信道上各种业务传输之前要对业务的数据进行包装。

信道上对业务数据包装的过程称为帧组装。不同的系统、信道设备帧组装的格式、过程不一样。

1. 帧成形。

TDM 制的数字通信系统，在国际上已逐步建立起标准并广泛使用。TDM 的主要特点是在同一个信道上利用不同的时隙来传递各路（语音、数据或图像）不同信号。各路信号之间的传输是相互独立的，互不干扰。32 路 TDM（一次群）系统帧组成结构示意图如图 7-4-1 所示。

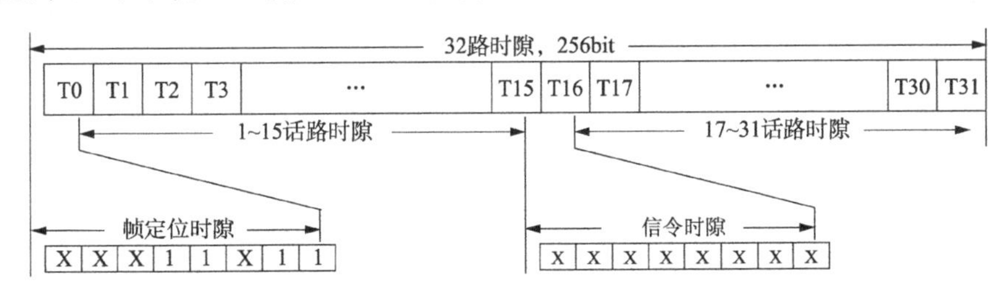

图 7-4-1　32 路 TDM 系统帧组成结构示意图

在一个帧中共划分为 32 段时隙（T0～T31），其中，30 个时隙用于 30 路话音业务。T0 为帧定位时隙（亦称报头），用于接收设备做帧同步用。在帧信号码流中除有帧定位信号外，随机变化的数字码流中也将会以一定概率出现与帧定位码型一致的假定位信号，它将影响接收端帧定位的捕捉过程。在搜索帧定位码时是连续的对接收码流搜索，因此帧定位码要具有良好的自相关特性。T1～T15时隙用于话音业务，分别对应第 1 路到第 15 路话音 PCM 码字。T16 时隙用于信令信号传输，完成信令的接续。T17～T31 时隙用于话音业务，分别对应第 16 路到第 30 路话音 PCM 码字。

数字复接/解复接由复接和解复接两个独立的模块构成。通信原理综合实验平台实现在信道传输上采用了类似 TDM 的传输方式：定长组帧、帧定位码与信息格式。具体原理详见 2.4 节描述。

2. 帧同步。

在 TDM 复接系统中，要保证接收端分路系统和发送端一致，必须要有一个同步系统，以实现发送端和接收端同步。帧定位同步系统是复接/解复接设备中最重要的部分。在帧定位系统中要解决的设计问题有：①同步搜索方法；②帧定位码型设计；③帧长度的确定；④帧定位码的码长选择；⑤帧定位保护方法；⑥帧定位保护参数的选择等。这些设计完成后就确定了复接系统的下列技术性能：①平均同步搜捕时间；②平均发现帧时间；③平均确认同步时间；④平均发生失帧的时间间隔；⑤平均同步持续时间；⑥失帧引入的平均误码率等。

通常帧定位同步方法有两种：逐码移位同步搜索法和置位同步搜索法。本实验平台的解复接同步搜索方法采用的是逐码移位同步法。逐码移位同步搜索法的基本工作原理是调整收端本地帧定位码的相位，使之与收到的总码流中的帧定位码对准。同步后用收端各分路定时脉冲就可以对接收到的码流进行正确的分路。如果本地帧同步码的相位没有对准接收信号码流的帧定位码位，则检测电路将输出一个一定宽度的扣脉冲，将接收时钟扣除一个，这等效于将数据码流后移一位码元时间，使帧定位检测电路检测下一位信码。如果下一位检测结果仍不一致，则再扣除一位时钟，此过程称"同步搜索"。搜索直至检测到帧定位码为止。因接收码流除有帧定位码型外，随机的数字码流也可能存在与帧定位码完全相同的码型。因此，只有在同一位置，多次连续出现帧定位码型，方可算达到并进入同步。这一部分功能由帧定位检测电路内的校核电路完成。

无论多么可靠的同步电路，由于各种因素(如强干扰、短促线路故障等)的影响，总会破坏同步工作状态，使帧失步。从帧失步到重新获得同步的这段时间(亦称同步时间)将使通信中断。误码也将会造成帧失步。因此，从同步到下一次失步的时间因尽量长一些，否则将不断的中断通信。这一时间的长短表示 TDM 同步系统的抗干扰能力。抗误码造成的帧失步主要由帧定位检测电路内的保护记数电路完成，只有当在一定的时间内在帧定位码位置多次检测不到帧定位码，才可判定为帧失步，需重新进入同步搜索状态。

如图 7-4-2 所示，帧同步是通过时分复用模块，展示在恢复帧同步时失步、捕获、同步三种状态间的切换，以及假同步和同步保护等功能。

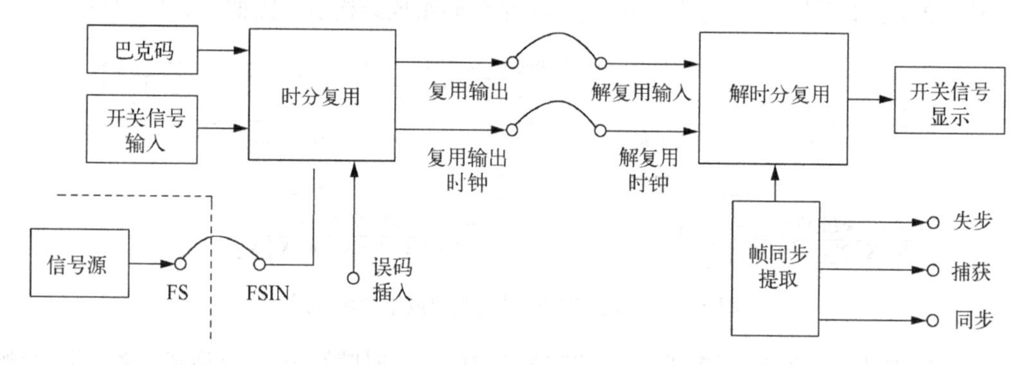

图 7-4-2　帧同步提取实验框图

3. 时分复用与解复用实验原理。

如图 7-4-3 所示，1A#模块(或者 3#)的 PCM 数据和 2#模块的数字终端数据，经过 7#模块进行 256K 时分复用和解复用后，再送入到相应的 PCM 译码单元和 2 号终端模块。时分复用是将各路输入变为并行数据。然后，按端口数据所在的时隙进行帧的拼接，变成一个完整的数据帧。最后，并串变换将数据输出。如图 7-4-4 所示，解复用的过程是先提取帧同步，然后将一帧数据缓存下来。接着按时隙将帧数据解开，最后，每个端口获取自己时隙的数据进行并串变换输出。

此时 256K 时分复用与解复用模式下，复用帧结构为：第 0 时隙是巴克码帧头、第 1～3 时隙是数据时隙。其中，第 1 时隙输入的数字信号源，第 2 时隙输入的 PCM 数据，第 3 时隙由 7#模块自带的拨码开关 S1 的码值作为数据。

注：框图中 3#、1A#和 2#模块的相关连线有所简略，具体参考实验步骤中所述。

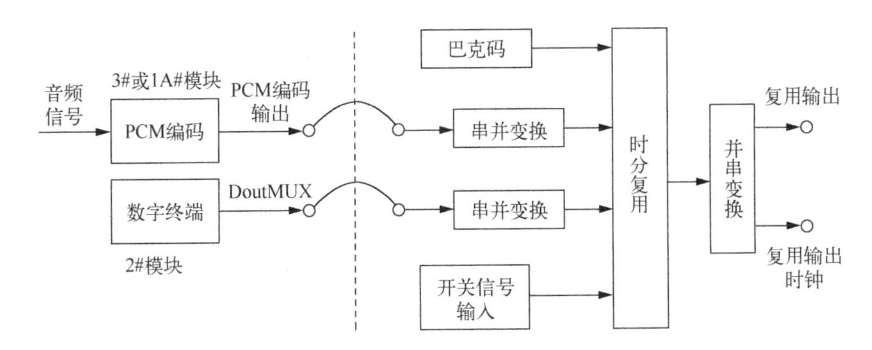

图 7-4-3 256K 时分复用实验框图

对于 2M 时分复用和解复用实验，其实验框图和 256K 时分复用和解复用实验框图基本一致。2048K 时分复用的复用帧结构有 32 路时隙。

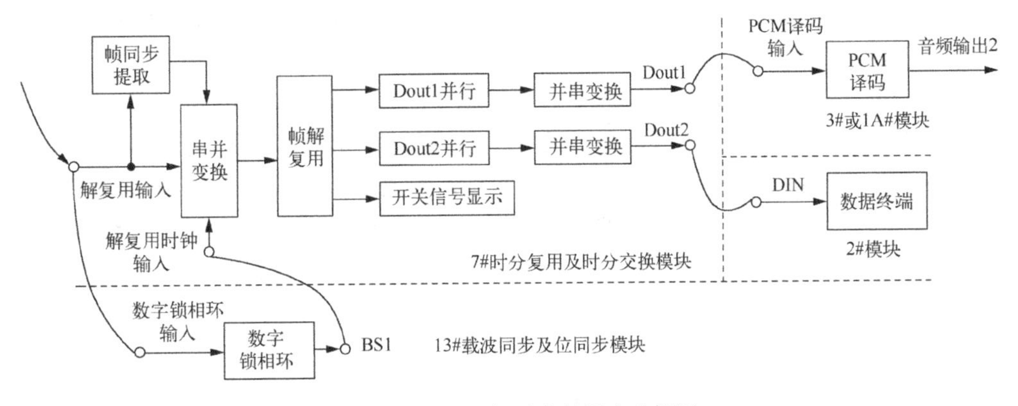

图 7-4-4 256K 解时分复用实验框图

7.4.2 实验方法

一、实验目的

1. 掌握帧同步的工作原理。
2. 熟悉帧信号的观测方法。
3. 熟悉接收端帧的同步过程和扫描状态。
4. 熟悉帧失步对数据业务的影响。

二、实验工具与平台

1. 线上平台：国防科技大学通信工程实验工作坊(https://nudt.fmaster.cn/nudt/lessons)。

2. 线下设备：通信创新实训平台(主控 & 信号源模块、时分复用模块、载波同步及位同步模块、数字终端 & 时分多址模块、信源编译码模块、基带编译码模块)。

3. 双踪数字示波器。

三、实验内容与步骤

(一)帧同步提取实验

1. 关电，按表 7-4-2 所示进行连线。

表 7-4-2　端口连线

源端口	目标端口	连线说明
信号源:FS	7#模块:TH11(FSIN)	提供复用帧同步信号
7#模块:TH10(复用输出)	7#模块:TH18(解复用输入)	复用与解复用连接
7#模块:TH12(复用输出时钟)	7#模块:TH17(解复用时钟)	提供解复用时钟信号

2. 开电,设置主控菜单,选择【主菜单】→【通信原理】→【帧同步】。

3. 此时系统初始状态为:帧同步信号为 8K。

4. 实验操作及波形观测。

(1)先打开其他模块电源,7# 模块最后上电。观测在没有误码的情况下“失步”“捕获”“同步”三个灯的变化情况;记录实验现象并进行分析。

(2)按住“误码插入”键不放。观测“失步”“捕获”“同步”三个灯的变化情况。记录实验现象并进行分析。注:误码插入功能是在巴克码中插入一个差错,若单击则插入一次单个码元差错,若长按表示连续插入单个码元差错。

(3)观察同步保护现象。当“同步”指示灯点亮时,设置拨码开关 S1 为 01110010,即与复用的巴克码一致;观察解复用端的开关信号显示光条亮灭的情况,并与 S1 做对比;记录实验现象并进行分析。

(4)观察假同步现象。S1 保持 01110010,在“同步”状态下长时间按住“误码插入”键不放,观测帧同步码元出现误码时三个 LED 灯的变化情况;记录实验现象并进行分析。将 7# 模块关电再开电,观察开关信号显示光条的状态,注意是否出现了假同步状态;记录实验现象并进行分析。

(二)256K 时分复用及解复用实验

1. 关电,按表 7-4-3 所示进行连线。

表 7-4-3　连线列表

源端口	目的端口	连线说明
信号源:FS	7#模块:TH11(FSIN)	帧同步输入
信号源:FS	3#模块:TH10(编码帧同步) * 1A#模块:TH9(编码帧同步)	
信号源:CLK	3#模块:TH9(编码时钟) * 1A#模块:TH11(编码时钟)	位同步输入
信号源:A-OUT	3#模块:TH13(音频接口 1) * 1A#模块:TH5(音频接口 1)	模拟信号输入
3#模块:TH14(PCM 编码输出) 1A#模块:TH8(PCM 编码输出)	7#模块:TH14(DIN2)	PCM 编码输入
7#模块:TH10(复用输出)	7#模块:TH18(解复用输入)	时分复用输入
7#模块:TH10(复用输出)	13#模块:TH7 (数字锁相环输入)	锁相环提取位同步
13#模块:TH5(BS2)	7#模块:TH17(解复用时钟)	
7#模块:TH7(FSOUT)	3#模块:TH16(译码帧同步) * 1A#模块:TH10 (译码帧同步)	提供译码帧同步
7#模块:TH3(BSOUT)	3#模块:TH15(译码时钟) * 1A#模块:TH18(译码时钟)	提供译码位同步
7#模块:TH4(DOUT2)	3#模块:TH19(PCM 译码输入) * 1A#模块:TH7(PCM 译码输入)	解复用输入

(说明:虚拟平台与实体平台(* 表示),虚拟平台没有1A#模块,用3#模块替换)

2. 开电,设置主控菜单,选择【主菜单】→【通信原理】→【时分复用】→【复用速率256kHz】。(若为虚拟实验,需返回上级,选择【PCM编译码】→【A律编码规则观测】)。将13#模块的S3拨位“0100”。

3. 此时系统初始状态为:在复用时隙的速率256K模式,7#模块的复用信号只有四个时隙。其中,第0、1、2、3输出数据分别为巴克码、DIN1、DIN2、开关S1拨码信号。信号源A-OUT输出1kHz的正弦波,幅度由W1可调(频率和幅度参数可根据主控模块操作说明进行调节);7#模块的DIN2端口送入PCM数据。正常情况下,7#模块的“同步”指示灯亮。此时1A#模块的工作模式为A律PCM编译码模式。

注:若发现“失步”或“捕获”指示灯亮,先检查连线或拨码开关是否正确,再逐级观测数据或时钟是否正常。

4. 实验操作及波形观测。

(1)帧内PCM编码信号观测。将PCM信号输入DIN2,观测PCM数据。以帧同步为触发,观测PCM编码数据(此时示波器CH1接主控信号源模块的FS,CH2接PCM编码输出);以帧同步为触发,观测复用输出的数据(此时示波器CH1接FS,CH2接复用输出的数据)。实验结果如表7-4-4所示。

注:PCM复用后会有两帧的延时。

表7-4-4 实验结果

<table>
<tr><th>记录</th><th>波形</th></tr>
<tr><td rowspan="2">复用PCM数据</td><td>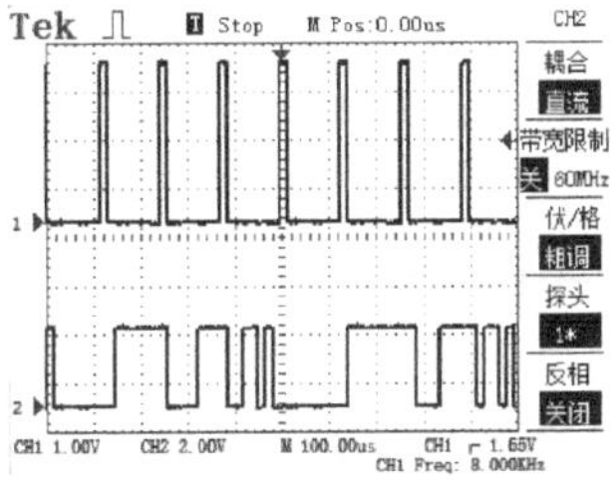

PCM编码</td></tr>
<tr><td>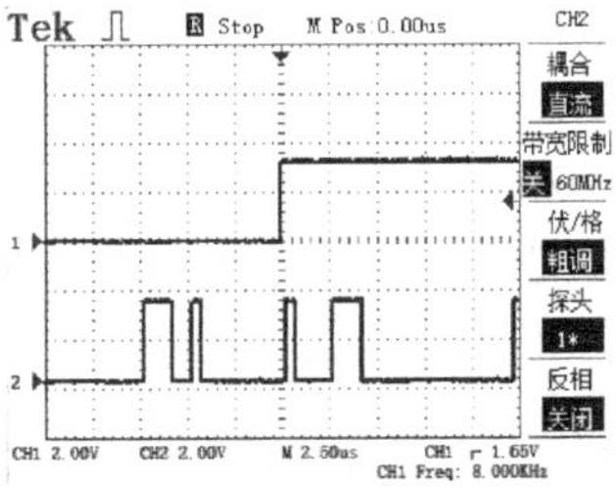

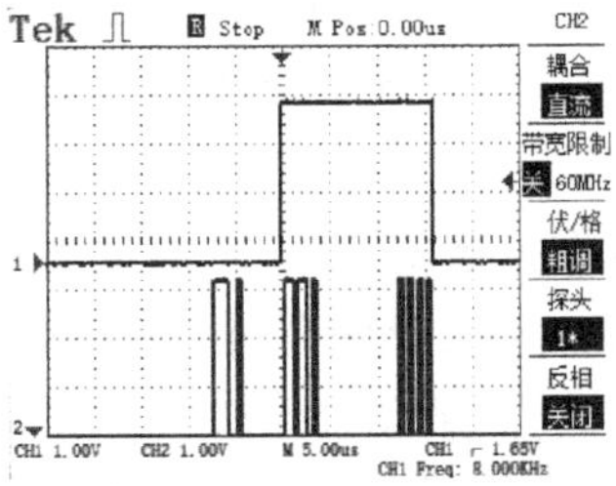

上图分别为展开前后的效果图</td></tr>
</table>

思考:PCM数据是如何分配到复用信号中去的?

(2)解复用帧同步信号观测。PCM对正弦波进行编译码;观测复用输出与FSOUT,观测帧同步上跳沿与帧同步信号的时序关系;记录实验结果并进行分析。

(3)解复用PCM信号观测。对比观测复用前与解复用后的PCM序列;对比观测PCM编译码前后的正弦波信号;记录波形如表7-4-5所示,并进行分析。

表 7-4-5　实验结果

记录	波形
复用前的PCM序列	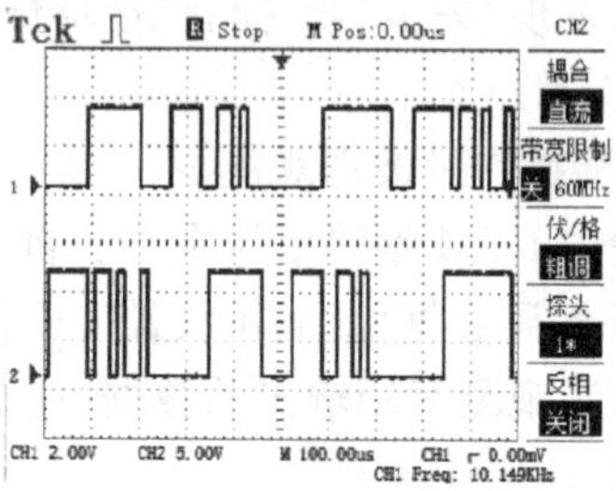
解复用后的PCM序列	
PCM编码前的波形	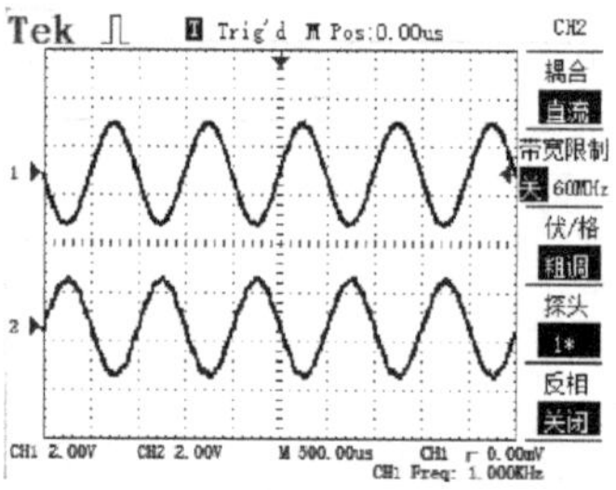
PCM译码后的波形	

(三)2M时分复用及解复用

1. 实验连线与256K时分复用及解复用的实验项目相同。

2. 开电,设置主控菜单,选择【主菜单】→【通信原理】→【时分复用】→【复用速率2048kHz】。将13#模块的S3拨位“0001”。

3. 此时系统初始状态为:在复用时隙的速率2048k模式,7#模块的复用信号共有32个时隙;第0时隙数据为巴克码,第1、2、3、4时隙数据分别为DIN1、DIN2、DIN3、DIN4端口的数据,开关S1拨码信号初始分配在第5时隙,通过主控可以设置7#模块拨码开关S1数据的所在时隙位置。另外,此时信号源A-OUT输出1kHz的正弦波,幅度由W1可调(频率和幅度参数可根据主控模块操作说明进行调节);PCM数据送至7#模块的DIN2端口。

4. 实验操作及波形观测。

(1)以帧同步信号作为触发,用示波器观测2048kHz复用输出信号;改变7#模块的拨码开关S1,观测复用输出中信号变化情况;记录实验结果并进行分析。

(2)在主控菜单中选择“第5时隙加”和“第5时隙减”,观测拨码开关S1对应数据在复用输出信号中的所在帧位置变化情况;记录实验结果并进行分析。

(3)用示波器对比观测信号源 A-OUT 和 1A# 模块的音频接口 2,观测信号恢复情况,记录并进行对比分析。

(4)将信号源 A-OUT 改变成 MUSIC 信号,观测信号恢复情况,记录并进行对比分析。

四、思考题

1. 如何选择帧同步码？绘制不同码长的巴克码的自相关函数图形。
2. 帧同步和位同步的性能指标及其对解调性能的影响?

第 8 章　信道建模与仿真

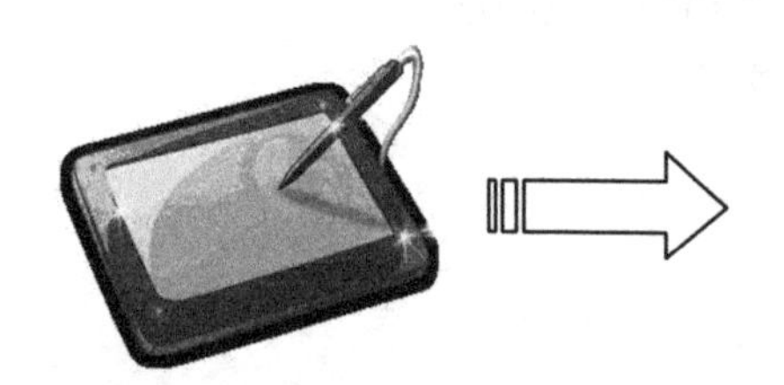

本章主要实验内容：

√　加性高斯白噪声信道建模与仿真

√　瑞利衰落信道建模与仿真

√　莱斯衰落信道建模与仿真

√　MIMO 信道建模与仿真

一般意义上来讲，信道表示从信源到信宿之间的所有设备。信道模型是用数学语言或算法规则描述信道模块的转化关系。通常这种描述并不是基于内在的物理联系，而是根据对外在（经验）观察的拟合。在具体实践中，信道模型涉及两种截然不同的实体。一方面是单纯的物理媒质，这种媒质可以是自由空间（只是一种理想状况）、大气、电缆、波导或光纤等。通常，这种定义下的信道无疑包括了一定的其他物理条件或几何限定条件，而这些限定条件对于发射端和接收端之间的有效传导功能具有重大意义。其中的一些限定条件包括了载波频率、带宽和物理环境等。由于“大气”或“无线”信道依赖于各种控制因素的不同组合，因此可能有多种不同的描述方法。另一方面，无线中继或移动系统工作于产生多个路径的环境，这种环境恰好可作为一个“多径”信道来描述。本章将对常用的一些信道进行建模和仿真，包括高斯白噪声信道、瑞利衰落信道、莱斯衰落信道和 MIMO 信道。

8.1　加性高斯白噪声信道建模与仿真

8.1.1　基本原理

加性高斯白噪声信道（AWGN）是最重要的一种信道模型，它在通信系统中起着非常重要的作用。在实际系统中所遇到的噪声往往是由正态（或高斯）概率分布来表征的，其最根本的原因是在电子器件中的热噪声（由热骚动引起电子的随机运动而产生）能够用一个高斯过程准确地建模。对于热噪声具有高斯行为的解释是，电路中由电子运动引起的电流可以看成是大量的小电流（即单个电子）的相加。可以假设，至少这些源中的大多数在特性行为上是独立的。因此，总电流就是这些大量的独立和同分布的随机变量之和。根据中心极限定理，总电流就有一个高斯分布。

x_i　y_i　n_i

x_i：样值，正态分布

n_i：样值，正态分布

$y_i=x_i+n_i$，正态分布

x_i、n_i，统计独立

图 8-1-1　加性高斯白噪声信道模型

加性高斯白噪声信道模型如图 8-1-1 所示，x_i 为输入信号，n_i 为加性高斯白噪声，y_i 是输出信号。高斯分布如图 8-1-2 所示。这个概率密度函数由式(8-1-1)给出：

$$f(C)=\frac{1}{\sqrt{2}\,\pi\sigma}e^{-C^2/(2\sigma^2)},\quad -\infty<C<\infty \tag{8-1-1}$$

其中，σ^2 是 C 的方差，它是概率密度函数 $f(C)$ 的分散程度的一种度量。概率分布函数 $F(C)$ 是在区间 $(-\infty,C)$ 内 $f(C)$ 下所包围的面积，即

$$F(C)=\int_{-\infty}^{C} f(x)\mathrm{d}x \qquad (8\text{-}1\text{-}2)$$

由于式(8-1-2)的积分无法用简单的函数来表示，使得完成逆映射很困难。已经找到了克服这个难题的一种办法。由概率论知道，具有概率分布函数为

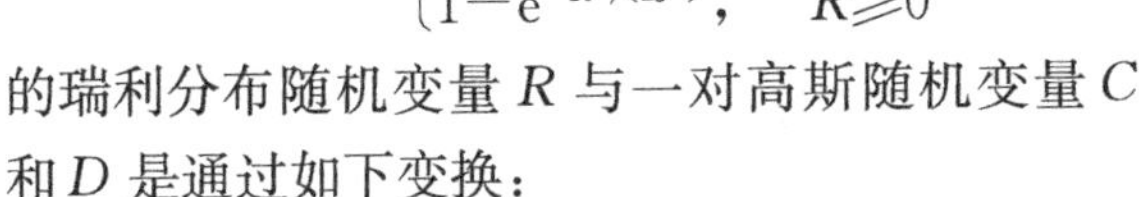

$$F(R)=\begin{cases}0, & R<0\\ 1-\mathrm{e}^{-R^2/(2\sigma^2)}, & R\geqslant 0\end{cases} \qquad (8\text{-}1\text{-}3)$$

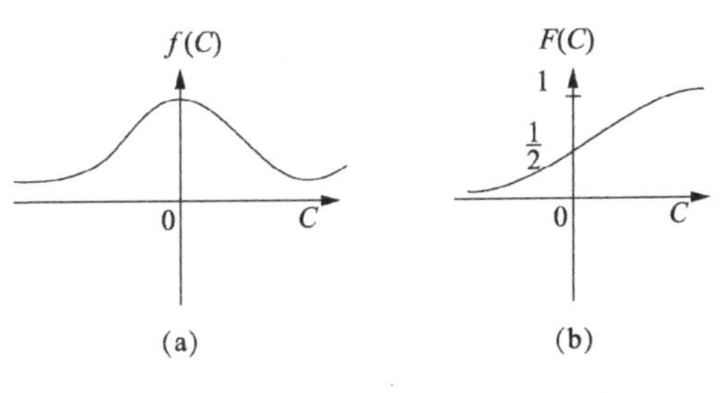

图 8-1-2　高斯概率密度函数和对应的概率分布函数

的瑞利分布随机变量 R 与一对高斯随机变量 C 和 D 是通过如下变换：

$$C=R\cos\Theta \qquad (8\text{-}1\text{-}4)$$

$$D=R\sin\Theta \qquad (8\text{-}1\text{-}5)$$

关联的。这里 Θ 是在 $(0,2\pi)$ 内的均匀分布变量，参数 σ^2 是 C 和 D 的方差。由式(8-1-3)容易求得逆函数，所以

$$F(R)=1-\mathrm{e}^{-R^2/(2\sigma^2)}=A \qquad (8\text{-}1\text{-}6)$$

并且

$$R=\sqrt{2\sigma^2\ln\left(\frac{1}{1-A}\right)} \qquad (8\text{-}1\text{-}7)$$

其中，A 是在 $(0,1)$ 内均匀分布的随机变量。现在，如果产生第二个均匀分布的随机变量 B，而定义

$$\Theta=2\pi B \qquad (8\text{-}1\text{-}8)$$

那么，从式(8-1-4)和式(8-1-5)可求得两个统计独立的高斯分布随机变量 C 和 D。

上面所述的方法在实际中常被作为产生高斯分布的随机变量。正如在图 8-1-2 中所看到的，这些随机变量有一个零均值和方差 σ^2。如果想要一个非零均值的高斯随机变量，那么用加一个均值的办法将变量 C 和 D 进行转换即可。

8.1.2　设计方法

一、设计目的

1. 掌握 AWGN 建模方法。
2. 熟悉高斯白噪声序列产生的基本方法。

二、设计工具与平台

C、Python、MATLAB 等软件开发平台。

三、设计内容和要求

1. 对 AWGN 进行信道建模。
2. 分析建模方法的正确性。
3. 搭建通信测试系统，基本模块为信源、信道、信宿；对 AWGN 进行硬判决性能测试。
4. 改变噪声参数，重新进行步骤 3。

5. 设计要求：实验测试的结果接近理论结果。

四、设计示例

例 8-1　产生高斯分布随机序列的 MATLAB 仿真。

```
function [gsrv1, gsrv2] = gngauss(m,sgma)        %m 为均值,sgma 为方差
u = rand;                                         %产生(0,1)区间均匀分布的随机变量
z = sgma * (sqrt(2 * log(1/(1-u))));              %瑞利分布随机变量
u = rand;
gsrv1 = m + z * cos(2 * pi * u);                  %高斯分布随机变量
gsrv2 = m + z * sin(2 * pi * u);
```

例 8-2　加性高斯白噪声信道的 Simulink 仿真。

1. AWGN 信道模块介绍。

加性高斯白噪声信道(AWGN Channel)模块位于 Blocks|Communications Blockset|Channels|AWGN Channel,它的作用是在输入信号中加入高斯白噪声。加性高斯白噪声信道模块有一个输入端口和一个输出端口,输入信号既可以是实信号,也可以是复信号。

加性高斯白噪声信道模块有一个输入端口和一个输出端口,输入信号既可以是实信号,也可以是复信号。当操作模式设置为 Variance from port 时,加性高斯白噪声信道模块具有两个输入端口,其中第二个输入端口输入的是表示高斯白噪声方差的信号。加性高斯白噪声信道模块有以下几个参数。

(1)Initial Seed(初始化种子):加性高斯白噪声信道模块的初始化种子。不同的 Initial Seed 对应于不同的输出,相同的 Initial Seed 产生相同的输出。因此,只要设置相同的 Initial Seed 就能够再现相同的随机过程,这种特性对于需要多次重复的仿真过程来说是相当重要的。当输入信号是一个 m * n 的矩阵时,Initial Seed 可以是一个 n 维向量,向量中的每个元素对应一列输入信号。

(2)Mode(操作模式):加性高斯白噪声信道模块的操作模式。当 Mode 设置为 Signal to noise ratio(E_s/N_0)时,加性高斯白噪声信道模块根据信噪比 E_s/N_0 确定高斯白噪声的功率,这时候需要确定 3 个参数:信噪比 E_s/N_0、输入信号功率以及信号周期。当 Mode 设置为 Signal to noise ratio(E_b/N_0)时,加性高斯白噪声信道模块根据信噪比 E_b/N_0 确定高斯白噪声的功率,这时候需要确定 3 个参数:信噪比 E_b/N_0、每符号比特数、输入信号功率以及信号周期。当 Mode 设置为 Signal to noise ratio(SNR)时,加性高斯白噪声信道模块根据信噪比 SNR 确定高斯白噪声的功率,这时候需要确定两个参数:信噪比 SNR 以及周期。当 Mode 设置为 Variance from mask 时,加性高斯白噪声信道模块根据方差确定高斯白噪声的功率,这个方差由 Variance 指定,并且必须是正数。当 Mode 设置为 Variance from port 时,加性高斯白噪声信道模块有两个输入:一个用于输入信号,另外一个输入用于确定高斯白噪声的方差。

(3)Symbol periods(符号周期):加性高斯白噪声信道模块每个输入符号的周期。本参数在 Mode 属性设置为 Signal to noise ratio(E_s/N_0)时有效。

(4)Variance(方差):加性高斯白噪声信道模块产生的高斯白噪声信号的方差。本参数在 Mode 属性设置为 Variance from mask 时有效。

2. 应用实例。

AMPS(Advanced Mobile Phone System)是由 AT&T Bell 实验室开发的最早的移动通信系统，它采用二进制频移键控(BFSK)对信号进行调制。在 AMPS 中，信道的带宽是 30kHz，话音信道的频率间隔为 24kHz，控制信道的频率间隔为 16kHz，信道的传输速率为 10kbit/s。本实例将结合 BFSK 介绍高斯白噪声信道(AWGN Channel)模块的一个应用。系统框图如图 8-1-3 所示。

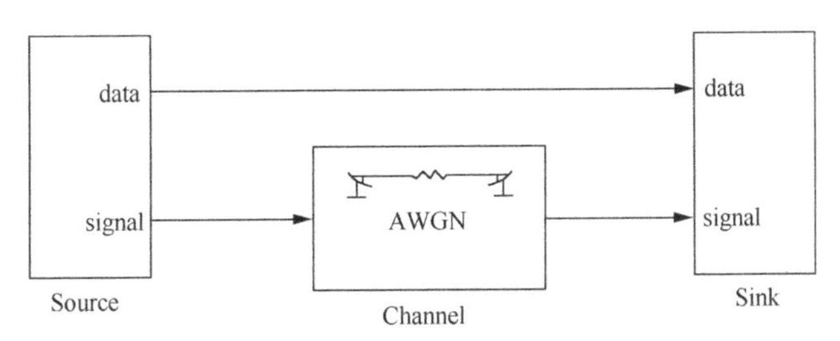

图 8-1-3　基于 AWGN 的系统框图

从图中可以看到，实例由 3 个部分组成：Source(信源模块)、Channel(信道模块)以及 Sink(信宿模块)。

(1)信源模块(Source)。

Source(信源模块)产生数据的速率为 10kbit/s，每帧的周期为 1 秒，因此，一帧长度等于 10000bit。图 8-1-4 所示是 Source(信源模块)的结构框图，它由两部分组成：Random Integer Generator(随机整数产生器)和 M-FSK Modulator Baseband(BFSK 基带调制器)。其参数设置参考表 8-1-1 和表 8-1-2。

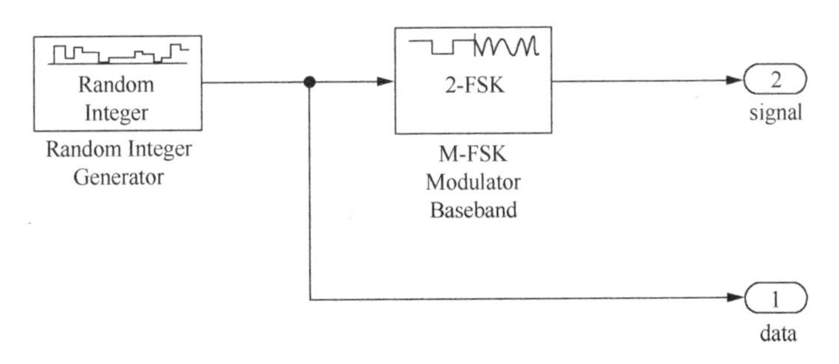

图 8-1-4　信源模块 Source

表 8-1-1　Random Integer Generator 的参数设置

参数名称	参数值
模块类型	Random Integer Generator
M-ary number	2
Initial Seed	37
Sample time	1/BitRate
Frame-based outputs	Checked
Samples per frame	BitRate

表 8-1-2　M-FSK Modulator Baseband 的参数设置

参数名称	参数值
模块类型	M-FSK Modulator Baseband
M-ary number	2
Input type	Bit
Symbol set ordering	Binary
Frequency separation	FrequencySeparation
Phase continuity	Continuous
Samples per symbol	SamplesPerSymbol

(2)信宿模块(Sink)。

如图 8-1-5 所示,在 Sink(信宿模块)中,M-FSK Demodulator Baseband(BFSK 基带解调器)对接收信号进行解调,然后通过 Error Rate Calculation(误码率计算器)计算该帧的误比特率、误码率计算器产生的数据是一个三维向量,分别表示误码率、误码个数以及信号总数。因此,通过一个 Selector(选择器)选择向量的第一个元素作为输出信号。这个输出信号进入 To Workspace (工作区)模块,并且保存为变量 BitErrorRate。主要模块的参数设置参照表 8-1-3～表 8-1-6 的设置。

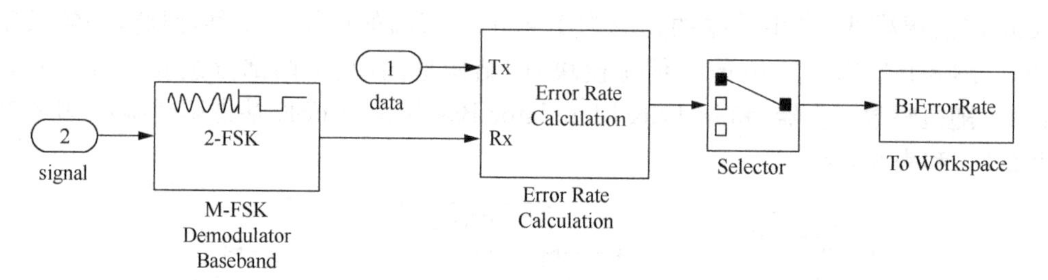

图 8-1-5　信宿模块 sink

表 8-1-3　M-FSK Demodulator Baseband 的参数设置

参数名称	参数值
模块类型	M-FSK Demodulator Baseband
M-ary number	2
Input type	Bit
Symbol set ordering	Binary
Frequency separation	FrequencySeparation
Samples per symbol	SamplesPerSymbol

表 8-1-4　Error Rate Calculation 的参数设置

参数名称	参数值
模块类型	Error Rate Calculation
Receive delay	0
Computation delay	0
Computation mode	Entire frame

续表

参数名称	参数值
Output data	Port
Reset port	Checked
Stop simulation	Unchecked

表 8-1-5　Selector 的参数设置

参数名称	参数值
模块类型	Selector
Number of input dimensions	1
Index mode	One-based
Index option	Index vector(dialog)
index	1
Input port size	3

表 8-1-6　To Workspace 的参数设置

参数名称	参数值
模块类型	To Workspace
Variable name	BitErrorRate
Limit data points to last	Inf
Decimation	1
Samples time	−1
Save format	Array

(3)Channel(信道模块)。

在本实例中,Channel(信道模块)就是一个 AWGN Channel(加性高斯白噪声产生器),它将噪声叠加到信源模块产生的 BFSK 调制信号中。AWGN Channel 的参数设置如表 8-1-7 所示。

表 8-1-7　AWGN Channel 的参数设置

参数名称	参数值
模块类型	AWGN Channel
Initial Seed	67
Mode	Signal to noise ratio(SNR)
SNR	SNR
Input signal power	1

最后,将运行参数 Simulation |Simulation Parameters|Stop Time 设置为 SimulationTime。本实例需要运行多次才能得到信道的信噪比与信号的误比特率之间的关系,为此需编写如下的脚本程序:

```
%x表示信噪比
x=0:15;
%y表示信号的误比特率
y=x;
%BFSK调制的频率间隔等于24kHz
FrequencySeparation=24000;
%信源产生信号的比特率等于10kbit/s
BitRate=10000;
%仿真时间设置为10秒
SimulationTime=10;
%BFSK调制信号每个符号的抽样数等于2
SamplesPerSymbol=2;
for i=1:length(x)
    %信道的信噪比依次取x中的元素
    SNR=x(i);
    %运行仿真程序,得到的误比特率保存在工作区变量BitErrorRate中
    sim('project9_2');
    %计算BitErrorRate的均值作为本次仿真的误比特率
    y(i)=mean(BitErrorRate);
end
%绘制x和y的对数关系图
semilogy(x,y);grid on;
```

五、思考题

1. 描述仿真过程中,AWGN中的信噪比参数SNR、E_s/N_0 和 E_b/N_0 之间的关系。
2. 产生高斯随机变量还有哪些方法?

8.2 瑞利衰落信道建模与仿真

8.2.1 基本原理

在无线环境中,接收机接收到的信号往往是发送信号的反射波。因此,当反射波很多时,根据中心极限定理,信道冲激响应可看作两个正交的0均值、σ^2 方差的高斯分量的组合。因此,信号的包络服从瑞利分布,相位服从$\{-\pi,+\pi\}$的均匀分布。

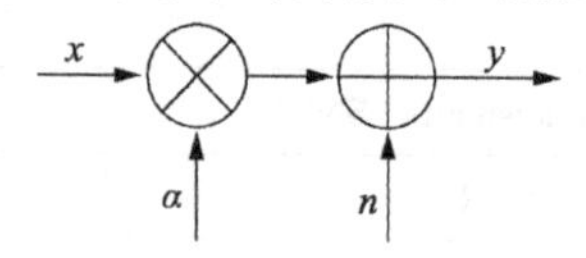

图8-2-1 瑞利衰落信道模型

由上可知,瑞利衰落信道模型如图8-2-1所示。

对于传输信号来说不仅引入了加性干扰,即高斯噪声,同时也引入乘性干扰。如果仅仅考虑信号包络,则接收信号可表示为

$$y=\alpha x+n \tag{8-2-1}$$

其中,n 为加性高斯噪声;α 为衰落因子,也称为信道增益,其概率分布为瑞利分布,即

$$p(\alpha)=\begin{cases}\dfrac{\alpha}{\sigma^2}\mathrm{e}^{-\alpha^2/2\sigma^2}, & \alpha\geqslant 0\\ 0, & \alpha<0\end{cases} \tag{8-2-2}$$

其中,σ^2 为高斯分布的方差,由式(8-2-2)可得瑞利分布的均值 m_α 和方差 σ_α^2 分别为

$$m_\alpha = \sqrt{\pi/2}\sigma = 1.2533\sigma$$

$$\sigma_\alpha{}^2 = (2-\frac{\pi}{2})\sigma^2 = 0.429\sigma^2$$

将乘性因子 α 归一化，即 $E\{\alpha^2\}=1$，则瑞利分布可表示为

$$p(\alpha)=\begin{cases}2\alpha e^{-\alpha^2}, & \alpha\geqslant 0\\ 0, & \alpha<0\end{cases} \tag{8-2-3}$$

均值和方差变为

$$m_\alpha = 0.8862$$

$$\sigma_\alpha{}^2 = 0.2146$$

在无线信道中，多径和衰落是对性能影响最严重的两种现象。在任何无线通信信道中，发送和接收天线之间通常存在多于一条的信号传播途径。多径的出现可能是因为大气的反射或折射，或建筑物和其他物体的反射，多径和衰落可能出现在所有的无线通信系统中。若存在 N 条路径，信道的输出信号为

$$y(t)=\sum_{i=1}^{N}\alpha_i(t)x[t-\tau_i(t)]+n(t) \tag{8-2-4}$$

其中，$\alpha_i(t)$ 和 $\tau_i(t)$ 表示与第 i 条多径分量相关的衰落和传播延迟。注意到延迟和衰落都表示为时间的函数，以表明对移动物体而言，衰落、延迟以及多径分量的个数通常都是时间的函数。

为说明仿真离散信道模型的基本方法，我们假设根据分量的个数 N、延迟和作为延迟函数的复衰落的概率分布来指定模型，得到信道的一个表示(瞬时信道)如下。

(1)产生一个随机数 N 作为延时的个数。

(2)根据延迟值的分布产生 N 个随机数。

(3)基于延迟值产生 N 个衰减值。

(4)产生符合高斯分布的随机数作为噪声分量。

这 $3N$ 个随机数以及高斯噪声随机数的集合代表了信道的一个瞬时值。

假设附加的多径分量来自于自然因素(如高山)和人为因素(如额外的建筑物)所引起的反射，每个多径分量或射线都可能在移动物体附近遭受到局部散射，致使到达接收机的信号是大量散射分量的总和。这些具有随机相位的分量叠加，根据中心极限定理，最终的复包络可以建模为复高斯过程。在 $\lambda/2$(在 1GHz 频段上大约为 15cm)量级上的短距离移动会导致一条路径中散射分量相位的明显改变，使得分量在一个地方建设性地叠加，而在距它很近的另一个地方却破坏性地叠加。这将导致接收信号幅度/功率快速地波动，这种现象称为小尺度衰落或快衰落。相对地，在长距离($\gg\lambda$)范围移动以及地形特征的改变对衰落和接收信号的功率有缓慢影响，这种现象称为大尺度或慢衰落。在某种程度上，快衰落和慢衰落的定义取决于观察者。慢衰落信道通常被定义为接收信号电平在多个符号或数据帧内保持恒定的信道，而快衰落信道通常意味着，接收信号的强度在符号时间这个量级的时段上会显著改变。因此，快衰落和慢衰落得到的定义主要依赖于基本的符号速率。

8.2.2　设计方法

一、设计目的

1. 掌握瑞利衰落信道的基本特点。

2. 熟悉瑞利衰落信道建模方法。

二、设计工具与平台

C、Python、MATLAB 等软件开发平台。

三、设计内容和要求

1. 对瑞利衰落信道进行建模。
2. 分析建模方法的正确性。
3. 搭建通信测试系统，基本模块：信源、信道、信宿；对该系统进行性能测试。
4. 设计要求：测试快衰落和慢衰落瑞利信道，并且比较其差异。

四、设计示例

例 8-3　瑞利衰落信道的 Simulink 仿真。

1. 信道模块介绍。

多径瑞利衰落信道模块(Multipath Rayleigh Fading Channel)实现基带信号的多径瑞利衰落信道仿真，它的输入信号是标量形式或帧格式的复信号。多径瑞利衰落信道模块及其参数设置对话框如图 8-2-2 所示。

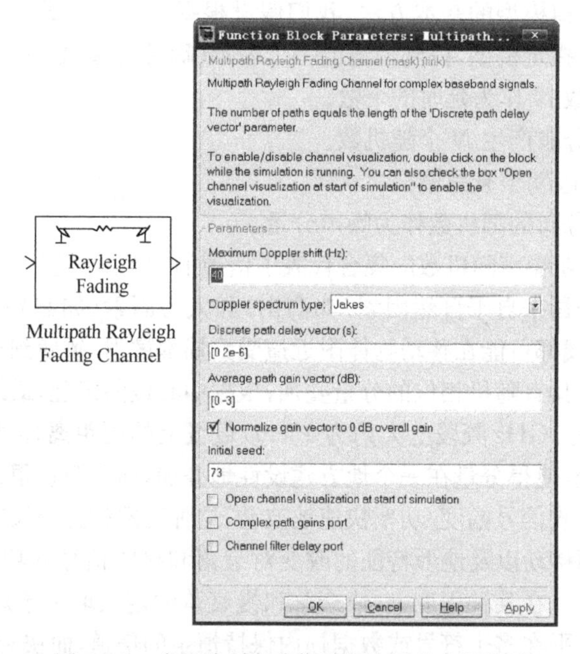

图 8-2-2　多径瑞利衰落信道模块及其参数设置

在多径瑞利衰落信道模块中，输入信号被延迟一定的时间之后形成多径信号，这些多径信号分别乘于相应的增益，叠加之后就形成了瑞利衰落信号。

多径瑞利衰落信道模块主要有以下几个参数。

(1)Maximum Doppler shift(最大多普勒频移)：多径瑞利衰落信道模块的最大多普勒频移(单位：Hz)。

(2)Doppler spectrum type(多普勒谱类型)：指定瑞利过程的多普勒谱类型。默认为 Jakes

型。Flat Gaussian ;Rounded;Restricted Jakes;Asymmetrical Jakes;Bi-Gaussian;Bell

(3)Discrete path delay vector(离散路径延迟矢量):指定每条路径的延迟的矢量。

(4)Average path gain vector(平均路径增益矢量):指定每条路径增益的矢量。

(5)Normalize gain vector to 0dB overall gain(增益向量归一化):当选择本参数前面的复选框之后,多径瑞利衰落信道模块把参数 Gain vector 乘于一个系数作为增益向量,使得所有路径的接收信号强度之后等于 0dB。

(6)Initial seed(初始化种子):多径瑞利衰落信道模块的初始化种子。

2. 应用实例。

在本实例中,将比较 BFSK 调制信号在加性高斯白噪声信道和多径瑞利衰落信道中传输时的性能差异。图 8-2-3 是本实例的系统结构框图,实例由 3 个部分组成:Source、Channel 以及 Sink。其中,Source、Sink 同例 8-2。

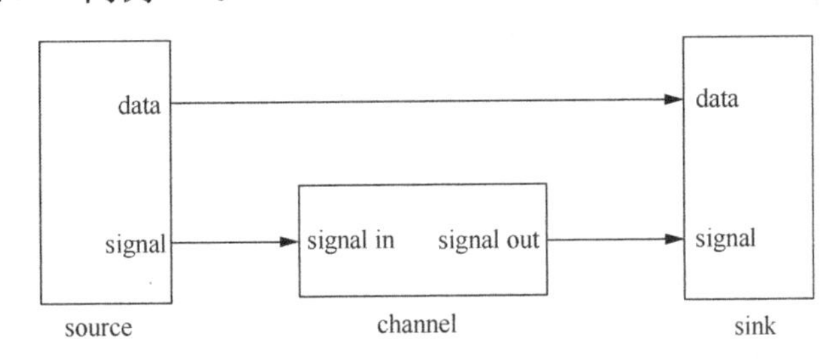

图 8-2-3　基于瑞利衰落信道的系统框图

在本实例中,Channel 由两部分组成,分别是 Multipath Rayleigh Fading Channel 与 AWGN Channel,如图 8-2-4 所示。信道模块首先在 BFSK 调制信号中引入两径瑞利衰落,然后在衰落信号中叠加高斯白噪声。

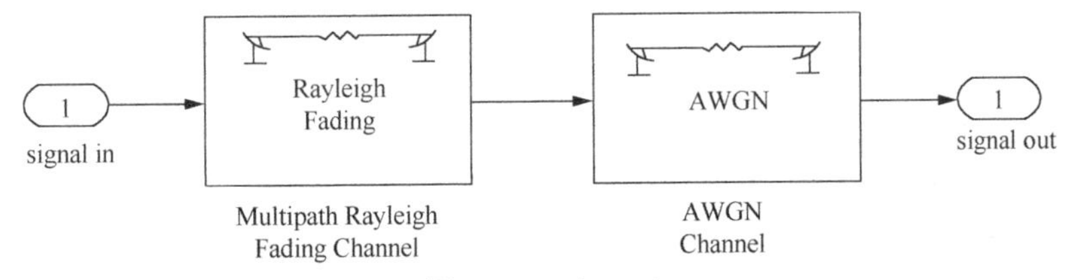

图 8-2-4　channel

信道模块中的多径瑞利衰落信道模块和加性高斯白噪声产生器的参数设置分别如表 8-2-1 和表 8-1-7 所示。这里我们使用了两径瑞利衰落信道,这两径信号的时延分别为 0 和 2μs,它们的相对增益则分别等于 0dB 和$-$3dB。

表 8-2-1　Multipath Rayleigh Fading Channel 的参数设置

参数名称	参数值
模块类型	Multipath Rayleigh Fading Channel
Maximum Doppler shift	Fd
Delay vector	[0 2e−6]
Gain vector	[0 −3]
Normalize gain vector to 0 dB overall gain	Checked
Initial Seed	67

最后，将运行参数 Simulation |Simulation Parameters|Stop Time 设置为 SimulationTime，并且编写如下的脚本程序：

```
%x表示信噪比
x=0:15;
%y表示信号的误比特率
y=x;
%BFSK调制的频率间隔等于24kHz
FrequencySeparation=24000;
%信源产生信号的比特率等于10kbit/s
BitRate=10000;
%仿真时间设置为10秒
SimulationTime=10;
%BFSK调制信号每个符号的抽样数等于2
SamplesPerSymbol=2;
%发送端和接收端的相对运动速度(km/h)
Velocity=40;
%光速
LightSpeed=3*10^8;
%载波频率(Hz)
Frequency=825*10^6;
%计算载波的波长
Wavelength=LightSpeed/Frequency;
%根据运动速度和波长计算多普勒频移
Fd=Velocity*10^3/3600/Wavelength;
%准备一个空白图
Hold off;
%执行实例的仿真程序，得到相应的曲线
project9_2main;
%保持实例中的曲线图
Hold on;
%循环执行仿真程序
for i=1:length(x)
    %信道的信噪比依次取x中的元素
    SNR=x(i);
    %运行仿真程序，得到的误比特率保存在工作区变量BitErrorRate中
    sim('project9_3');
    %计算BitErrorRate的均值作为本次仿真的误比特率
    y(i)=mean(BitErrorRate);
end
%绘制x和y的对数关系图
semilogy(x,y,'r');gird on;
```

运行本实例程序，得到一个信噪比与误码率关系的曲线图，比较其与 AWGN 信道下的曲线图的差别，得出相应的结论。

五、思考题

1. 分析用于 GSM 的离散信道模型，对应于乡村、丘陵、城市等不同情形下的信道模型有何异同。

2. 对典型的瑞利衰落信道进行举例。

8.3　莱斯衰落信道建模与仿真

8.3.1　基本原理

由于大量散射分量的存在，导致接收机输入信号的复包络是一个复高斯过程。在该过程均值为 0 的情况下，幅度满足瑞利分布。如果存在视距(line of sight，LOS)分量，幅度则变为莱斯(Ricean)分布。

幅度恒定的直达信号和瑞利分布的散射信号的和构成了一个包络服从莱斯分布的信号。莱斯分布的概率密度函数(pdf)由式(8-3-1)给出。

$$p(a)=\begin{cases}\dfrac{a}{\sigma^2}\mathrm{e}^{-(a^2+D^2)/2\sigma^2}I_0\left(\dfrac{aD}{\sigma^2}\right), & a\geqslant 0\\ 0, & a<0\end{cases} \tag{8-3-1}$$

式中，D^2 是直达信号的功率；$I_0(.)$是修正的第一类零阶贝塞尔函数。定义如下：

$$I_0(z)=\frac{1}{2\pi}\int_0^{2\pi}\exp[z\cos(u)]\mathrm{d}u \tag{8-3-2}$$

比值 $K=D^2/\sigma^2$ 称为莱斯分布因子，是非衰落分量功率对衰落分量功率的比值。$K\gg 1$ 表示衰落不严重，而 $K\ll 1$ 时表示存在严重的衰落。

8.3.2　设计方法

一、设计目的

1. 掌握莱斯衰落信道的基本特点。
2. 熟悉莱斯衰落信道建模方法。

二、设计工具与平台

C、Python、MATLAB 等软件开发平台。

三、设计内容和要求

1. 对莱斯衰落信道进行建模。
2. 分析建模方法的正确性。
3. 搭建通信测试系统，基本模块为信源、信道和信宿，对该系统进行性能测试。
4. 设计要求测试快衰落与慢衰落莱斯信道，并且与瑞利信道比较。

四、设计示例

例 8-4　莱斯衰落信道的 Simulink 仿真。

1. 信道模块介绍。

多径莱斯衰落信道模块(Multipath Rician Fading Channel)实现基带信号的多径莱斯衰落信道仿真，它的输入信号是标量形式或帧格式的复信号。多径莱斯衰落信道模块及其参数设置对话框如图 8-3-1 所示。

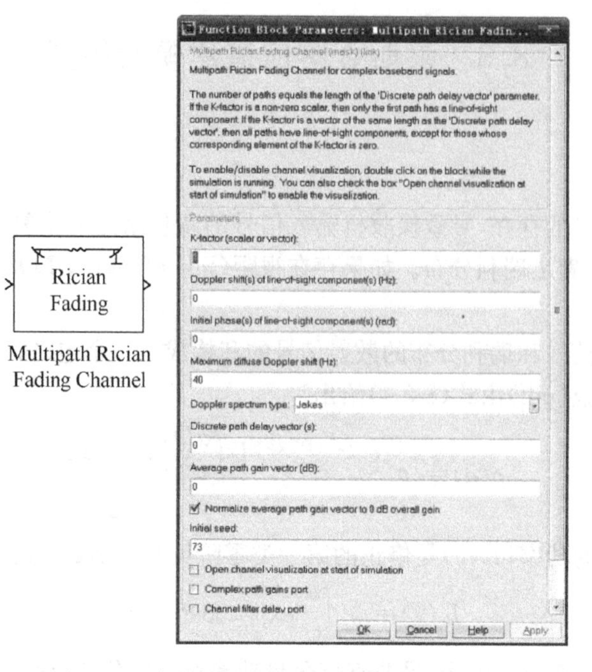

图 8-3-1　多径莱斯衰落信道模块及其参数设置

莱斯衰落信道模块主要有以下几个参数。

(1)K-factor(K 因子):莱斯衰落信道模块的 K 因子,它表示视距传播路径(LOS)的能量与其他多径信号的能量之间的比值。

(2)Doppler shift of line-of-sight component(视线分量的多普勒频移):多径莱斯衰落信道模块的视线分量的多普勒频移(单位:Hz)。

(3)Initial phase of line-of-sight component(视线分量的初始相位):视线分量的初始相位。

(4)Maximum diffuse Doppler shift (最大散射多普勒频移):最大散射多普勒频移,是一个正的标量。

(5)Doppler spectrum type:莱斯随机过程的多普勒谱。

(6)Discrete path delay vector:指定每条路径传播时延的矢量。

(7)Average path gain vector:指定每条路径增益的矢量。

(8)Initial seed:高斯噪声产生器的种子。

(9)Normalize gain vector to 0dB overall gain(增益向量归一化):当选择本参数前面的复选框之后,多径莱斯利衰落信道模块把参数 Average path gain vector 乘于一个系数作为增益向量,使得所有路径的接收信号强度之后等于 0dB。

2. 应用实例。

在本实例中,将比较 BFSK 调制信号在多径莱斯衰落信道中传输时的性能差异。本实例的系统结构框图如图 8-2-3 所示,分别由 Source(信源模块)、Channel(信道模块)以及 Sink(信宿模块)三部分组成。信源、信宿模块同例 8-3。

在本实例中,Channel(信道模块)由两部分组成,分别是 Multipath Rayleigh Fading Channel(多径瑞利衰落信道模块)与 AWGN Channel(加性高斯白噪声产生器),如图 8-3-2 所示。信道模块首先在 BFSK 调制信号中引入两径瑞利衰落,然后在衰落信号中叠加高斯白噪声。

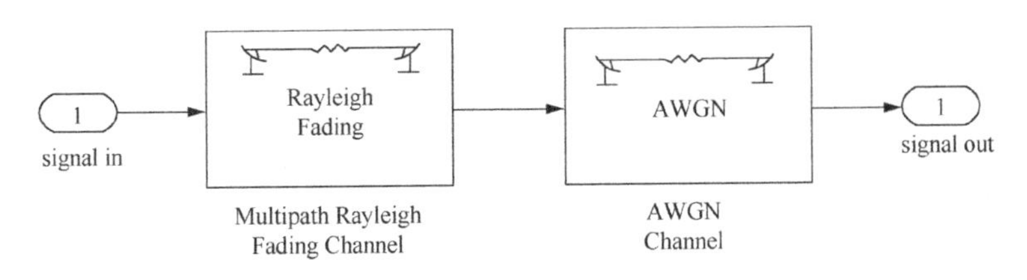

图 8-3-2　信道模块 channel

信道模块中的多径莱斯衰落信道模块和加性高斯白噪声产生器的参数设置分别如表 8-3-1 和表 8-1-7 所示。这里我们使用了两径瑞利衰落信道，这两径信号的时延分别为 0 和 2μs，他们的相对增益则分别等于 0dB 和－3dB。

表 8-3-1　Multipath Rician Fading Channel(多径莱斯衰落信道模块)的参数设置

参数名称	参数值
模块类型	Multipath Rician Fading Channel
Maximum Doppler shift	Fd
Sample time	1/BitRate/SamplesPerSymbol
Discrete path delay vector	[0 2e－6]
Average path gain vector	[0 －3]
Normalize gain vector to 0 dB overall gain	Checked
Initial Seed	67

最后，将运行参数 Simulation |Simulation Parameters|Stop Time 设置为 SimulationTime，并且编写如下的脚本程序：

```
%x 表示信噪比
x=0:15;
%y 表示信号的误比特率
y=x;
%BFSK 调制的频率间隔等于 24kHz
FrequencySeparation=24000;
%信源产生信号的比特率等于 10kbit/s
BitRate=10000;
%仿真时间设置为 10 秒
SimulationTime=10;
%BFSK 调制信号每个符号的抽样数等于 2
SamplesPerSymbol=2;
%发送端和接收端的相对运动速度(km/h)
Velocity=40;
%光速
LightSpeed=3 * 10^8;
%载波频率(Hz)
Frequency=825 * 10^6;
%计算载波的波长
Wavelength=LightSpeed/Frequency;
%根据运动速度和波长计算多普勒频移
Fd=Velocity * 10^3/3600/Wavelength;
%准备一个空白图
```

```
hold off;
%执行实例的仿真程序,得到相应的曲线
project9_2main;
%保持实例中的曲线图
hold on;
project9_3main;
hold on;
%循环执行仿真程序
for i=1:length(x)
    %信道的信噪比依次取 x 中的元素
    SNR=x(i);
    %运行仿真程序,得到的误比特率保存在工作区变量 BitErrorRate 中
    sim('project9_4');
    %计算 BitErrorRate 的均值作为本次仿真的误比特率
    y(i)=mean(BitErrorRate);
end
%绘制 x 和 y 的对数关系图
semilogy(x,y,'g');grid on;
```

运行本实例程序,得到莱斯衰落信道下信噪比与误码率关系的曲线图,比较其与瑞利衰落信道和 AWGN 信道下的曲线图的差别,得出相应的结论。

五、思考题

1. 分析室内无线信道模型与室外无线信道模型有何差异。
2. 对典型的莱斯衰落信道进行举例。

8.4　MIMO 信道建模与仿真

8.4.1　基本原理

MIMO 信道是一个矩阵信道,矩阵中的每个元素代表了一个天线对之间的衰落系数,此衰落系数包含了 MIMO 信道的时间域和频率域特征,时延扩展和多普勒扩展是需要考虑的两个重要因素。在发送机或接收机采用多根天线的 MIMO 系统中,发射天线和接收天线之间的相关性是 MIMO 信道的一个重要方面。MIMO 信道的空间相关性取决于每个多径分量的到达角度(AoA)。

如图 8-4-1 所示,考虑基站(Base Station,BS)有 M 根天线、移动台(Mobile Station,MS)有 N 根天线的 MIMO 系统。可以用 $M\times N$ 矩阵表示窄带 MIMO 信道 H(即 $H\in C^{M\times N}$):

$$H=\Theta_{Rx}^{1/2}A_{iid}\Theta_{Tx}^{1/2} \tag{8-4-1}$$

其中,$\Theta_{Rx}^{1/2}$ 和 $\Theta_{Tx}^{1/2}$ 分别为接收天线和发射天线的相关矩阵;A_{iid} 为独立同分布的瑞利衰落信道。在式(8-4-1)中,基于相关矩阵的 MIMO 信道是在可以分离发射机和接收机的相关矩阵的假设下建模的。对于大多数的无线通信环境来说,当发射机的天线间隔和接收机的天线间隔比发射

机和接收机之间的距离小很多时，这一特殊假设成立。通过调整相关矩阵 Θ_{Rx} 和Θ_{Tx} ，可以产生各种类型的 MIMO 信道。作为一种极端情况，当 Θ_{Rx} 和 Θ_{Tx} 是单位矩阵时，可以产生一个完全的 i. i. d 信道。此外，通过这种模型也可以产生其他特殊类型的 MIMO 信道，包括秩-1 信道和具有任意相位的莱斯信道。

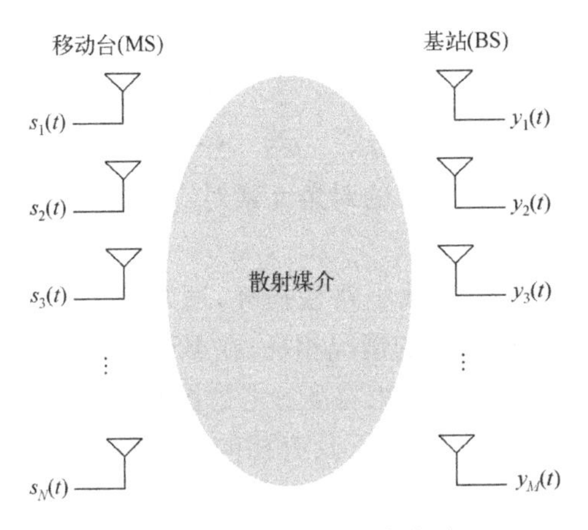

图 8-4-1　MIMO 天线阵列

通过抽头延迟线（TDL）能够建模宽带 MIMO 信道，它是式（8-4-1）中窄带 MIMO 信道的扩展：

$$H(\tau)=\sum_{i=1}^{L}A_l\delta(\tau-\tau_l) \tag{8-4-2}$$

其中，A_l 为第 l 条路径（时延为 τ_l ）的复信道增益矩阵。令 $\alpha_{mn}^{(l)}$ 为第 m 根 BS 天线和第 n 根 MS 天线之间在第 l 条路径上的信道系数。假设 $\alpha_{mn}^{(l)}$ 服从均值为 0 的复高斯分布，则 $|\alpha_{mn}^{(l)}|$ 服从瑞利分布。式(8-4-2)中的复信道增益矩阵 A_l 为

$$A_l=\begin{bmatrix}\alpha_{11}^{(l)} & \alpha_{12}^{(l)} & \cdots & \alpha_{1N}^{(l)}\\ \alpha_{21}^{(l)} & \alpha_{22}^{(l)} & \cdots & \alpha_{2N}^{(l)}\\ \vdots & \vdots & \ddots & \vdots\\ \alpha_{M1}^{(l)} & \alpha_{M2}^{(l)} & \cdots & \alpha_{MN}^{(l)}\end{bmatrix} \tag{8-4-3}$$

令 $y_m(t)$ 表示第 m 根 BS 天线上的接收信号，那么 BS 天线上的接收信号可以表示为 $y(t)=[y_1(t),y_2(t),\cdots,y_M(t)]^{\mathrm{T}}$ 。类似地，MS 天线上的发射信号可以表示为 $x(t)=[x_1(t),x_2(t),\cdots,x_M(t)]^{\mathrm{T}}$ ，其中，$x_N(t)$ 为第 n 根 MS 天线上的发射信号。MS 和 BS 信号之间的关系可以表示为

$$y(t)=\int H(\tau)x(t-\tau)\mathrm{d}\tau \tag{8-4-4}$$

考虑图 8-4-2 中的下行 MIMO 系统。当 Tx 和 Rx 分开得足够远时，BS 的天线间隔相对较小，MS 天线间的空间相关性不再依赖 Tx 天线。换句话说，MS 天线间的空间相关性和 BS 天线是相互独立的。对于两根不同的 MS 天线 n_1 和 n_2 ，其信道增益的相关系数可以表示为

$$\rho_{n_1n_2}^{\mathrm{MS}}=\langle|\alpha_{mn_1}^{(l)}|^2,|\alpha_{mn_2}^{(l)}|^2\rangle,\quad m=1,2,\cdots,M \tag{8-4-5}$$

其中

$$\langle x,y\rangle=(E\{xy\}-E\{x\}E\{y\})/\sqrt{(E\{x^2\}-E\{x\}^2)(E\{y^2\}-E\{y\}^2)} \tag{8-4-6}$$

对于受本地散射包围的 MS 来说，当 MS 天线间隔大于 $\lambda/2$ 时，空间相关性可以被忽略，即

$\rho_{n_1n_2}^{\mathrm{MS}} = <|\alpha_{mn_1}^{(l)}|^2, |\alpha_{mn_2}^{(l)}|^2> \approx 0, n_1 \neq n_2, m = 1,2,\cdots,M$。尽管理论上成立，但实验结果显示，在某些条件下(尤其是室内环境中)天线间隔为 $\lambda/2$ 的信道系数高度相关。定义 MS 的对称空间相关矩阵：

$$R_{\mathrm{MS}} = \begin{bmatrix} \rho_{11}^{\mathrm{MS}} & \rho_{12}^{\mathrm{MS}} & \cdots & \rho_{1N}^{\mathrm{MS}} \\ \rho_{21}^{\mathrm{MS}} & \rho_{22}^{\mathrm{MS}} & \cdots & \rho_{2N}^{\mathrm{MS}} \\ \vdots & \vdots & \ddots & \vdots \\ \rho_{N1}^{\mathrm{MS}} & \rho_{N2}^{\mathrm{MS}} & \cdots & \rho_{NN}^{\mathrm{MS}} \end{bmatrix} \tag{8-4-7}$$

其中，$\rho_{ij}^{\mathrm{MS}} = \rho_{ji}^{\mathrm{MS}}, i,j = 1,2,\cdots,N$。$R_{\mathrm{MS}}$ 的对角元素对应于自相关系数，其值通常为 1，即 $\rho_{ii}^{\mathrm{MS}} = 1, i = 1,2,\cdots,N$。

另外，在典型的城市环境中，为了减小路径损耗，通常将 BS 天线架设得高于本地散射体。因此，与 MS 天线附近存在本地散射体的情况相反，在 BS 天线附近没有局部散射体。在这种情况下，BS 的功率分布 PAS 具有较小的波束宽度。考虑图 8-4-3 中的上行 MIMO 系统。当 Tx 和 Rx 分开得足够远时，所有的 MS 天线趋向于具有相同的辐射图。说明周围具有相同的散射体。这使得 BS 天线间的空间相关性和 MS 天线独立。因此，对于两根不同的 BS 天线 m_1 和 m_2，其信道增益的相关系数可以表示为

$$\rho_{m_1m_2}^{\mathrm{BS}} = <|\alpha_{m_1n}^{(l)}|^2, |\alpha_{m_2n}^{(l)}|^2>, n = 1,2,\cdots,N \tag{8-4-8}$$

利用式(8-4-8)，定义 BS 的空间相关矩阵为

$$R_{BS} = \begin{bmatrix} \rho_{11}^{BS} & \rho_{12}^{BS} & \cdots & \rho_{1M}^{BS} \\ \rho_{21}^{BS} & \rho_{22}^{BS} & \cdots & \rho_{2M}^{BS} \\ \vdots & \vdots & \ddots & \vdots \\ \rho_{M1}^{BS} & \rho_{M2}^{BS} & \cdots & \rho_{MM}^{BS} \end{bmatrix} \tag{8-4-9}$$

与式(8-4-7)一样，R_{BS} 也是一个对称矩阵，其对角元素为 1。

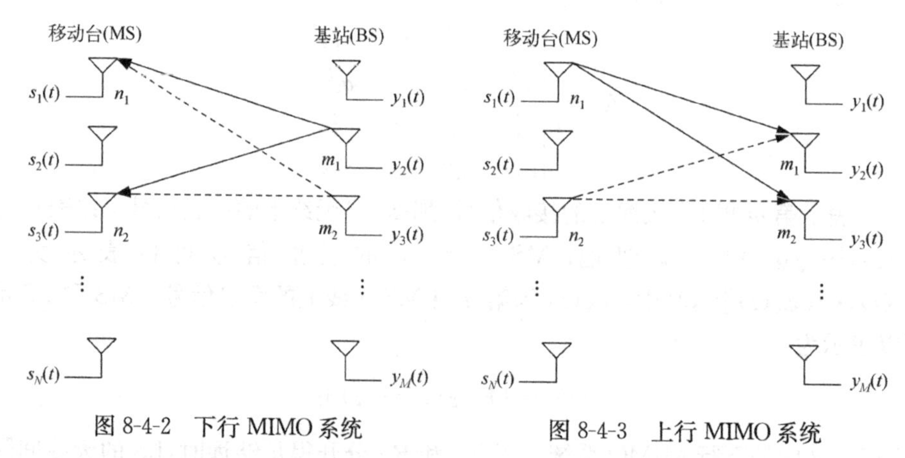

图 8-4-2 下行 MIMO 系统　　图 8-4-3 上行 MIMO 系统

为了产生式(8-4-3)中的信道增益 A_l，需要 Tx 和 Rx 天线之间信道相关性的信息。而 BS 和 MS 的空间相关矩阵 R_{BS} 和 R_{MS} 不能提供产生 A_l 所需的所有信息。如图 8-4-4 所示，产生信道增益矩阵 A_l 还需要 Tx 和 Rx 天线对($\alpha_{m_1n_1}^{(l)}$ 和 $\alpha_{m_2n_2}^{(l)}$)之间的相关系数：

$$\rho_{n_2m_2}^{n_1m_1} = <|\alpha_{m_1n_1}^{(l)}|^2, |\alpha_{m_2n_2}^{(l)}|^2> \tag{8-4-10}$$

其中，$n_1 \neq n_2$，$m_1 \neq m_2$。总地来说，无法得到式(8-4-10)的理论解。然而，假设所有路径的信道系数 $\alpha_{mn}^{(l)}$ 具有相同的平均功率时，可以将式(8-4-10)近似为：

$$\rho_{n_2 m_2}^{n_1 m_1} \cong \rho_{n_1 n_2}^{MS} \rho_{m_1 m_2}^{BS} \tag{8-4-11}$$

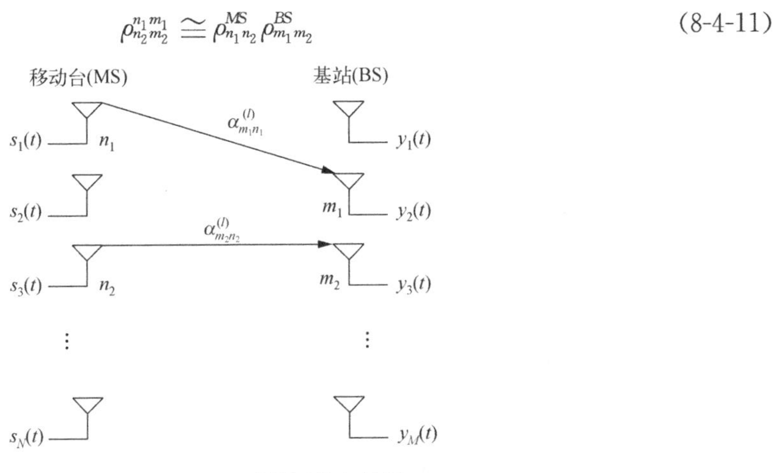

图 8-4-4　Tx 和 Rx 天线间的相关性

令 $MN \times l$ 的向量 $a_l = [a_1^{(l)}, a_2^{(l)}, \cdots, a_{MN}^{(l)}]^{\mathrm{T}}$ 表示第 l 条路径的 MIMO 衰落信道，它是式(8-4-3)中不相关 MIMO 信道增益矩阵 A_l 的向量表示形式。这里，$a_x^{(l)}$ 是复高斯随机变量，其均值为 0，$E\{|a_x^{(l)}|^2\} = 1$；而且对于 $x_1 \neq x_2$，$l_1 \neq l_2$，有 $\langle |a_{x_1}^{(l_1)}|^2, |a_{x_2}^{(l_2)}|^2 \rangle = 0$，即 $\{a_x^{(l)}\}$ 是不相关的信道系数。现在，将不相关 MIMO 衰落信道向量与一个 $MN \times MN$ 矩阵 C 相乘，可以产生相关 MIMO 信道系数：

$$\widetilde{A}_l = \sqrt{P_l} C a_l \tag{8-4-12}$$

其中，C 为相关成形矩阵或对称映射矩阵；P_l 为第 l 条路径的平均功率。$\widetilde{A}_l$ 为 $MN \times l$ 的相关 MIMO 信道向量：

$$\widetilde{A} = [\alpha_{11}^{(l)}, \alpha_{21}^{(l)}, \cdots, \alpha_{M1}^{(l)}, \alpha_{12}^{(l)}, \alpha_{22}^{(l)}, \cdots, \alpha_{M2}^{(l)}, \alpha_{13}^{(l)}, \cdots, \alpha_{MN}^{(l)}]^{\mathrm{T}} \tag{8-4-13}$$

实际上，式(8-4-12)中的相关成形矩阵 C 定义了空间相关系数。接下来介绍如何产生相关成形矩阵 C。首先，通过式(8-4-11)，可以得到空间相关矩阵：

$$R = \begin{cases} R_{\mathrm{BS}} \otimes R_{\mathrm{MS}}: \text{下行信道} \\ R_{\mathrm{MS}} \otimes R_{\mathrm{BS}}: \text{上行信道} \end{cases} \tag{8-4-14}$$

其中，$\otimes$表示 Kronocker 积。使用式(8-4-14)中的 R，得到平方根相关矩阵 Γ 为

$$\Gamma = \begin{cases} \sqrt{R}, & \text{功率 /field 实数类型} \\ R, & \text{复数类型} \end{cases} \tag{8-4-15}$$

其中，Γ 为非奇异矩阵，可以用 Cholesky 分解或平方根分解，将 Γ 分解为对称映射矩阵。平方根分解可以表示为

$$\Gamma = CC^{\mathrm{T}} \tag{8-4-16}$$

注意：根据 R_{BS} 和 R_{MS} 是复矩阵或实矩阵形式，可以由 Cholesky 分解或平方根分解得到式(8-4-16)中的 C。

8.4.2　设计方法

一、设计目的

1. 掌握 MIMO 信道的基本特点。

2. 熟悉 MIMO 信道的建模方法。

二、设计工具与平台

C、Python、MATLAB 等软件开发平台。

三、设计内容与要求

1. 对 MIMO 信道进行建模。
2. 分析建模方法的正确性。
3. 搭建通信测试系统，基本模块为信源、信道和信宿，对该系统进行性能测试。
4. 设计并测试 MIMO 信道。

四、设计示例

例 8-5　MIMO 信道的累积分布函数 CDF(MATLAB)。

```
SNR_dB = 10;                    %设定信噪比
SNR = 10.^(SNR_dB / 10.);       %转化信噪比
N_iter = 50000;                 %迭代次数
grps = ['b:'; 'b-'];            %画图
C = zeros(1, N_iter);           %信道容量初始化
N_hist = 50;                    %直方图分成多少份
CDFs = zeros(2, N_hist);        %CDF 初始化
Rates = zeros(1, N_hist);       %传输速率,此处实际上是容量
%%主函数(测试 2*2 和 4*4 两种情况)
for Icase = 1:2
    if Icase == 1
        nT = 2;
        nR = 2;                 %2x2
    else
        nT = 4;
        nR = 4;                 %4x4
    end

    rank = min(nT, nR);         %秩
    I = eye(rank);

    for iter = 1:N_iter
        H = sqrt(1/2) * (randn(nR, nT) + 1j * randn(nR, nT));
                                %假设信道是完全独立的,信道可以建模为瑞利信道
        C(iter) = log2(real(det(I + SNR / nT * (H' * H))));
                                %信道容量计算,H' * H 本身计算结果是实数,此处做一个类型转换
        %C(iter) = log2(det(I + SNR / nT * (H' * H)));
                                %信道容量计算
    end
    figure(1);
    hist = histogram(C, N_hist);
    PDF = hist.Values / N_iter;
```

```
        for i = 1:N_hist
            Rates(i) = (hist.BinEdges(i) + hist.BinEdges(i + 1)) / 2;
        end

        for i = 1:N_hist
            CDFs(Icase, i) = sum(PDF([1:i]));
        end

        figure(2);
        plot(Rates, CDFs(Icase, :), grps(Icase, :));
        hold on
    end

    %%画图
    xlabel('Rate[bps/Hz]');
    ylabel('CDF');
    axis([1 18 0 1]);
    grid on;
    set(gca, 'fontsize', 10);
    legend('{\it N_T}={\it N_R}=2', '{\it N_T}={\it N_R}=4');
```

五、思考题

1. 查阅资料，进行 MIMO 容量的分析，进而探索基于 MIMO 技术提升容量的秘密。
2. 针对 5G 采用的 Massive MIMO 技术，分析其实现中需要考虑的问题。

第 9 章　信 道 均 衡

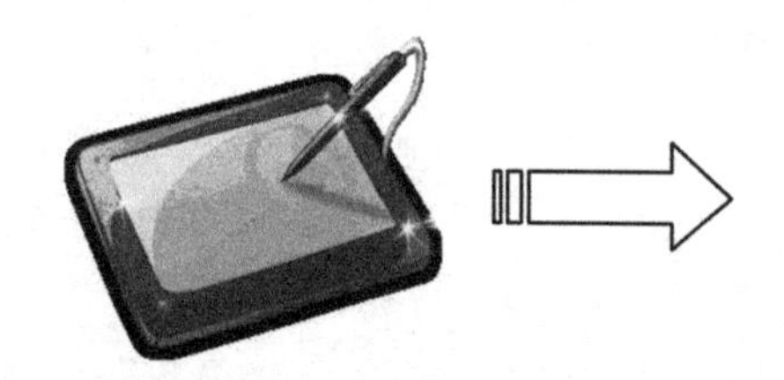

本章主要实验内容：

√　多径信道的自适应线性均衡

√　多径信道的自适应判决反馈均衡

√　均衡技术在智能天线中的应用

数字基带系统的传输特性是非理想的，这导致前后码元的波形畸变，出现很长的拖尾，从而对当前码元造成干扰。无线数字传输系统受信道多径的影响，也会导致相邻码元间的干扰。码间干扰严重时会使判决发生大量错误，因此两种通信系统都需要采取措施抑制码间干扰，改善系统的性能，信道均衡是广泛采用的方法。本章实验主要基于基带传输码间干扰抑制和多径信道均衡，探讨码间干扰产生的原因和抑制干扰的原理和方法，以及均衡技术在智能天线中的应用。

9.1　多径信道的自适应线性均衡实验

发射机发出的信号在无线信道中传输时，会受到树木、建筑物、山体或大气层等散射形成多条信号路径，这些路径信号在接收端叠加在一起，如图 9-1-1 所示。由于不同路径信号到达接收端的时延和强度不同，它们叠加在一起时会造成前后发送数据间的干扰，即符号间干扰(ISI)，这就是无线信道的多径效应。以正弦发送信号为例(图 9-1-2 (a))，假设经过无线信道后有三条不同延时和幅度的路径(图 9-1-2 (b))到达接收端，三路信号在接收端叠加波形(图 9-1-2 (c))，显然接收到信号失真严重，已不是标准正弦信号。在实际通信过程中，假设发送端发送 QPSK 调制信号，其星座图如图 9-1-3 (a)所示，该信号经过典型多径信道后，接收端星座图如图 9-1-3 (b)所示。由于 ISI 干扰严重，从图中已难以分辨出 QPSK 信号星座。如果直接对接收信号进行解调判决，系统的误码率会非常高，无法进行正常通信。

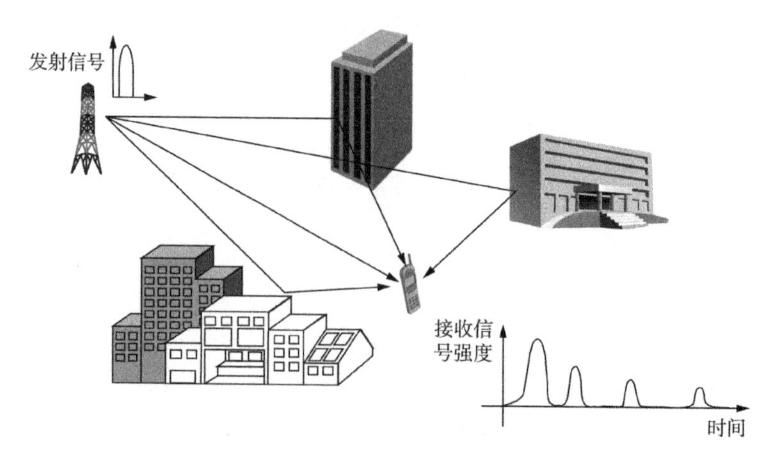

图 9-1-1　无线信道多径效应示意图

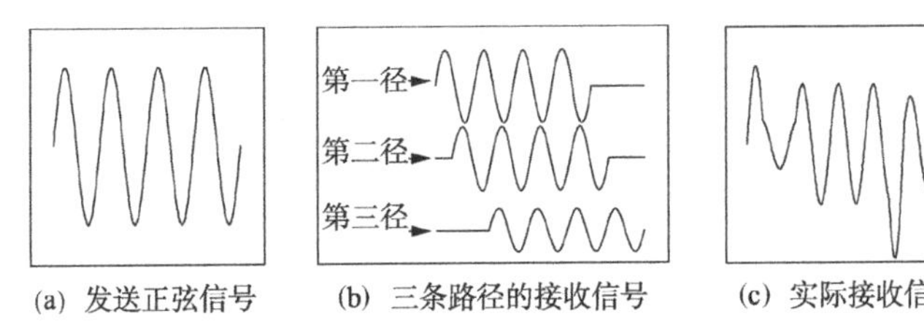

(a) 发送正弦信号　(b) 三条路径的接收信号　(c) 实际接收信号

图 9-1-2 多径信道对正弦发送信号的影响示意图

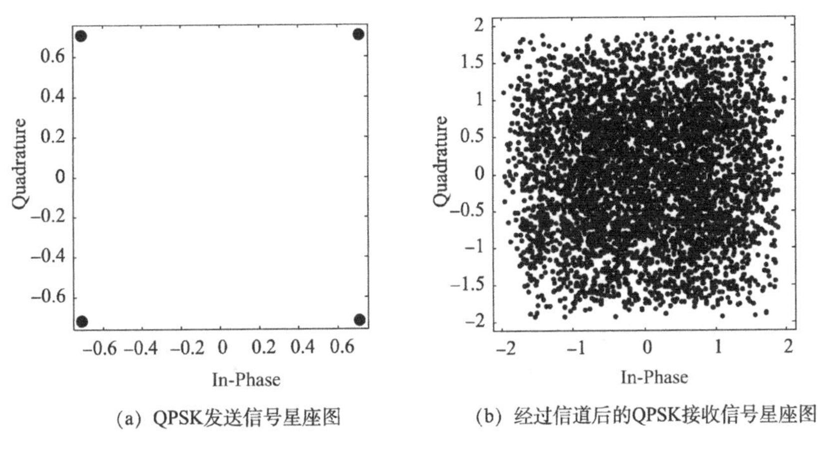

(a) QPSK发送信号星座图　(b) 经过信道后的QPSK接收信号星座图

图 9-1-3 多径信道对 QPSK 调制信号的影响示意图

实际通信系统常采用均衡技术来抑制信道多径引起的 ISI 干扰。均衡可分为频域均衡和时域均衡，其中时域均衡在高速数据传输中应用广泛。时域均衡常用的方法有：自适应线性均衡、自适应判决反馈均衡(DFE)、最大似然序列检测(MLSE)和 Turbo 均衡等。多径信道下，MLSE 计算复杂度随信道时域冲激响应长度呈指数增长，在实际系统中因复杂度过高而较难实现。实际系统常采用次优的信道均衡方法，如线性均衡和 DFE 均衡。本实验重点验证时域自适应线性均衡和自适应判决反馈均衡的性能。

频域均衡

频域均衡常用于信道时域冲激响应非常长(即多径数非常多)的情况，该技术将信号变换到频域，使得频域待估计的参数数目明显小于时域参数数目。而且，在单载波频域均衡系统(SC-FDE)和 OFDM 系统中，频域均衡是广泛采用的抑制 ISI 干扰的技术。

9.1.1 实验原理

时域均衡通常利用具有可变增益的多抽头横向滤波器来减少接收波形的码间干扰。均衡器的输入为信道输出序列$\{y_k\}$，输出是发送信息序列$\{I_k\}$的估计。I_k 的估计可表示为

$$\hat{I}_k = \sum_{j=-K}^{K} c_j y_{k-j} \tag{9-1-1}$$

式中，$\{c_j\}$为该滤波器的抽头系数。对式(9-1-1)的估值 $\hat{I}_k$ 进行判决得到 $\tilde{I}_k$，若 $\tilde{I}_k$ 等于发送信号 I_k，则判决正确；否则，发生判决错误。要想获得正确的判决结果，就要求估计值 $\hat{I}_k$ 与实际发送信号 I_k 的距离最接近，进而要求设计合适的均衡器系数。人们对均衡器系数$\{c_j\}$的优化准则进

行了大量研究。目前，广泛应用的准则有峰值失真准则和均方误差(MSE)准则。本小节以MSE准则为例介绍线性均衡器的设计。

假设信道冲激响应为$\{h_n\}$，则发送信号$\{I_k\}$经过信道后的输出$\{y_n\}$为

$$y_n = \sum_k I_k h_{n-k} + w_n \tag{9-1-2}$$

这里，w_n为噪声采样。将$\{y_n\}$经过线性均衡器$\{c_j\}$，其输出为发送信号I_k的估计值$\hat{I}_k$，$\hat{I}_k$可表示为

$$\hat{I}_k = q_0 I_k + \sum_{n\neq k} I_n q_{k-n} + \sum_j c_j w_{k-j} \tag{9-1-3}$$

式中，$q_n = \sum_j c_j h_{n-j}$是信道$\{h_n\}$与均衡器$\{c_j\}$级联的等效滤波器，实际上就是两者的卷积。式(9-1-3)中，第一项$q_0 I_k$为包含发送信号I_k的项；第二项$\sum_{n\neq k} I_n q_{k-n}$为其他发送信号$\{I_n\}(n\neq k)$对当前信号$I_k$的干扰(即ISI)；第三项是噪声经过均衡器后的输出。

MSE准则定义误差$e_k = I_k - \hat{I}_k$的均方值为代价函数，即

$$J(\boldsymbol{c}) = E[|e_k|^2] = E[|I_k - \hat{I}_k|^2] \tag{9-1-4}$$

该准则通过选择合适的系数使$J(\boldsymbol{c})$达到最小。实际系统的均衡器往往是有限长的，假设均衡器具有$2K+1$个抽头，信道有L径。那么第k采样时刻，均衡器的输出为

$$\hat{I}_k = \sum_{j=-K}^{K} c_j y_{k-j} \tag{9-1-5}$$

从而，均衡器的MSE为

$$J(\boldsymbol{c}) = E[|I_k - \hat{I}_k|^2] = E\left[\left|I_k - \sum_{j=-K}^{K} c_j y_{k-j}\right|^2\right] \tag{9-1-6}$$

将式(9-1-6)对所有$c_j^*(j=-K,-K+1,\cdots,K)$求导，令导数为0，可得

$$\sum_{j=-K}^{K} c_j E[y_{k-j} y_{k-l}^*] = E[I_k y_{k-l}^*],\quad l=-K,\cdots,K \tag{9-1-7}$$

结合式(9-1-2)和式(9-1-7)可知，求最佳滤波器系数需要利用信道抽头、噪声和信号的统计信息，然而这些信息对接收机一般都是未知的。此时，为获得合适的均衡器系数，可以采用最小均方算法(LMS)。该算法对系数进行递推调整，系数调整的方向与MSE代价函数$J(\boldsymbol{c})$的变化方向相反，也就是说与$J(\boldsymbol{c})$的梯度矢量相反。从而，所有系数$\boldsymbol{c}=[c_{-K}, c_{-K+1}, \cdots, c_K]^{\mathrm{T}}$的更新方程可写为

$$\boldsymbol{c}_{k+1} = \boldsymbol{c}_k - \mu \frac{\partial J(\boldsymbol{c})}{\partial \boldsymbol{c}} \tag{9-1-8}$$

其中，$\mu(\mu>0)$为系数调整步长因子，为小于1的正常数。由式(9-1-6)可知

$$\frac{\partial J(\boldsymbol{c})}{\partial \boldsymbol{c}} = -E[e_k \boldsymbol{y}_k^*] \tag{9-1-9}$$

这里$\boldsymbol{y}_k = [y_{k+K}, \cdots, y_k, \cdots, y_{k-K}]^{\mathrm{T}}$。将式(9-1-9)代入式(9-1-8)有

$$\boldsymbol{c}_{k+1} = \boldsymbol{c}_k + \mu E[e_k \boldsymbol{y}_k^*] \tag{9-1-10}$$

考虑到统计信息难以获得，实际系统用$e_k \boldsymbol{y}_k^*$代替统计值$E[e_k \boldsymbol{y}_k^*]$，式(9-1-10)最终可写成

$$\boldsymbol{c}_{k+1} = \boldsymbol{c}_k + \mu e_k \boldsymbol{y}_k^* \tag{9-1-11}$$

式(9-1-11)就是系数调整的LMS算法。

下面将自适应线性均衡算法总结如下。

步骤一：初始化参数$\boldsymbol{c}_0$，μ；

步骤二：对接收信号进行线性均衡，即 $\hat{I}_k=\boldsymbol{c}_k^{\mathrm{T}}\boldsymbol{y}_k$；

步骤三：计算均衡后误差信号 $e_k=I_k-\hat{I}_k$；

步骤四：更新均衡器系数 $\boldsymbol{c}_{k+1}=\boldsymbol{c}_k+\mu e_k\boldsymbol{y}_k^*$。

在大多数通信系统中，信道特性先验未知，且信道响应是时变的。因此，均衡器系数需要根据信道响应的变化而不断调整，即系数是自适应的。自适应均衡器的工作原理是，首先发送一个预定长度的对接收端已知的训练序列，接收端根据训练序列计算误差信号 $e_k=I_k-\hat{I}_k$（I_k 为 k 时刻训练符号），并对均衡器系数进行调整；初始训练完成后，均衡器系数收敛到最佳值附近，此时可以利用判决结果来计算误差信号 $e_k=\tilde{I}_k-\hat{I}_k$（$\tilde{I}_k$ 为 k 时刻均衡器输出 $\hat{I}_k$ 的判决值），然后继续调整均衡器系数，这称为自适应面向判决模式。该均衡器称为自适应线性均衡器，其原理框图如图 9-1-4 所示。

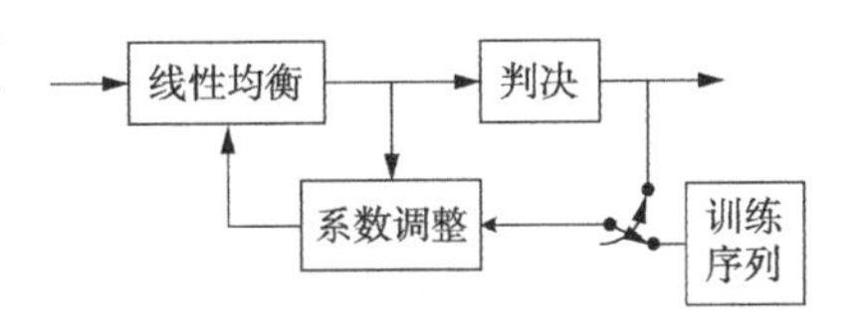

图 9-1-4 自适应线性均衡器原理框图

9.1.2 实验方法

一、实验目的

1. 了解通信系统的基本框架。
2. 掌握自适应线性均衡的基本原理。
3. 了解多径信道均衡的关键技术。

二、实验工具与平台

C、Python、MATLAB 等软件开发平台。

三、实验内容和要求

1. 编写 MQAM 调制系统的自适应线性均衡算法，给出发送信号、均衡前后信号的星座图，进行对比观察。
2. 给定信道和均衡器参数，统计不同信噪比时系统的误符号率或误比特率性能。
3. 通过调节均衡系数更新步长因子，对比不同因子下线性均衡的效果，给出误符号率或误比特率随步长因子的变化曲线。
4. 固定步长因子，改变训练符号长度，给出相应的误符号率或误比特率性能。
5. 给定信道和均衡器参数，统计不同调制方式下系统的误符号率或误比特率性能。
6. 基于通信网络实验系统编写自适应线性均衡的 Verilog HDL(或 VHDL)程序，并加以验证。
7. 实验要求给出系统的均衡误差能量和误符号率性能曲线。

四、参考程序

例 9-1 自适应均衡器的 MATLAB 仿真。

使用 MATLAB 完成一个自适应均衡器，程序名为 adpeq.m。要求均衡器的阶数为 64，信源信号经过一个两径信道，在接收端通过自适应均衡器得到期望信号，并比较有、无均衡器的误比特率。

```
len = 20000;
Tlen = 2000;                          %假设用前 2000 个数据作为均衡器的训练数据
```

```
step = 0.001;
N = 64;                                    %均衡器抽头个数
s = zeros(1,len);
s1 = zeros(1,len);
x = zeros(1,N);
w = zeros(1,N);
s = randsrc(1,len);                        %信源
s1(2:len) = s(1:len-1);                    %第二径
p = 0.9;
SNR = [0:10];
for db = 1:length(SNR)
    s2 = sqrt(p) * s+sqrt(1-p) * s1;
    s3 = awgn(s2,db,'measured');
    for i = N:len
        u(1:N) = s3(i:-1:i-N+1);
        y(i) = u * conj(w.');
        e(i) = u * w'-conj(s(i));
        w = w-step * u * (e(i));
        if y(i)>0                          %有均衡器的判决输出
            y1(i) = 1;
        else y1(i) = -1;
        end
        if s3(i)>0                         %无均衡器的判决输出
            y2(i) = 1;
        else y2(i) = -1;
        end
    end
errornum1 = sum(y1(Tlen:end)~=s(Tlen:end));
errornum2 = sum(y2(Tlen:end)~=s(Tlen:end));
ber1(db) = errornum1/(len-Tlen);
ber2(db) = errornum2/(len-Tlen);
end
semilogy(SNR,ber1,'+-');hold on;
semilogy(SNR,ber2);
```

例 9-2　采用自适应线性均衡的 PSK 传输系统(MATLAB)。

说明:多径信道抽头系数为[0.04,−0.05,0.07,−0.21,−0.5,0.72,0.36,0,0.21,0.03,0.07]。

1. 系统分析。

对给定的时不变多径信道,根据自适应线性均衡原理,系统设计如下。

(1)首先,均衡器工作于训练模式。在发送信号前加上一段训练序列,利用该序列对均衡器系数进行训练;系数更新采用 LMS 算法;

(2)然后,均衡器工作于均衡模式。利用训练得到的均衡器系数对接收信号进行均衡。由于信道没有时变,本阶段不需要利用判决信号更新均衡器系数。

参数说明如表 9-1-1 所示。

表 9-1-1 参数说明

参数	说明	参数	说明
N_train	训练序列长度	miu	系数更新步长因子
N_symbol	数据符号长度	Filter_len	均衡器长度
SNR	信噪比	M	调制阶数

2. MATLAB 程序代码。

```
%仿真参数设置
N_train = 20;                          %训练符号长度
N_symbol = 5000;                       %数据符号长度
SNR = 20;                              %信噪比,单位 dB
M = 4;                                 %PSK 调制阶数
miu = 0.005;                           %均衡器系数更新步长
Filter_len = 18;                       %均衡器长度
pha_offset = pi/4;
Constell_train = pskmod([0:1],2,0);
Constell_symbol = pskmod([0:M-1],M,pha_offset);
Ch_taps = [0.04 -0.05 0.07 -0.21 -0.5 0.72 0.36 0 0.21 0.03 0.07];
%信道时域抽头系数
Taps_len = length(Ch_taps);
[Ch_maxtap,Ch_lag] = max(Ch_taps);
Delay = Ch_lag + floor(Filter_len/2) - 1;
%计算信道幅频响应
Ch_freq_ampresp = abs(fft(Ch_taps,64));
figure;plot(Ch_freq_ampresp);title('信道幅频响应');
%产生训练符号
Train_seq = randint(1,N_train,2);
Train_psk = pskmod(Train_seq,2,0);
%产生 PSK 调制信号
Msg = randint(1,N_symbol,M);
Sig_psk = pskmod(Msg,M,pha_offset);
%信号经过信道
Frame_trans = [Train_psk,Sig_psk];
Frame_recev_temp = conv(Ch_taps,Frame_trans);
Frame_recev = awgn(Frame_recev_temp,SNR,'measured');
scatterplot(Frame_recev(N_train+Delay:end));title('均衡前信号星座图');
%线性均衡部分一训练和均衡
C_Filter = zeros(Filter_len,1);
Receive_sample = zeros(Filter_len,1);
N_total = N_train + N_symbol;
err_power = zeros(N_total,1);
Msg_demapped = [];
err = 0;
for k=1:N_total
    Receive_sample = [Frame_recev(k);Receive_sample(1:end-1)];
    %训练模式
    if k>max(Delay,Filter_len-1) & k<=N_train+Delay
        Q(k) = C_Filter.'* Receive_sample;
        err = Q(k) - Train_psk(k-Delay);
        C_Filter = C_Filter - miu*err*Receive_sample;
```

```
        elseif k>N_train+Delay
        %均衡模式
            [Const_min,Cons_ind]=min(abs(Q(k)-Constell_symbol));
            Decision = Constell_symbol(Cons_ind);
            err = Decision - Q(k);
            Msg_demapped = [Msg_demapped,Cons_ind - 1];
        end
        err_power(k) = abs(err).^2;
    end
    scatterplot(Q(N_train+Delay+100:end));title('均衡后信号星座图');
    %计算解调后误符号率
    Symbol_compare = Msg_demapped(1:end) - Msg(1:end-Delay);
    Ser = length(find(Symbol_compare))/length(Symbol_compare)
```

五、思考题

1. 自适应线性均衡的性能如何？计算复杂度如何？能否有效对抗实际无线信道的多径效应？

2. 自适应线性均衡的性能主要受哪些因素影响？

3. 实际系统中，设计线性均衡器时，需要考虑哪些参数？这些参数设计应遵循什么原则？

9.2　多径信道的自适应判决反馈均衡实验

9.2.1　实验原理

判决反馈均衡器(DFE)由前馈滤波器和反馈滤波器组成，如图 9-2-1 所示。前馈滤波器输入为接收信号，而反馈滤波器的输入则是先前均衡符号的判决序列。前馈部分与线性均衡器相同，反馈部分用于从当前估计值中去除先前被检测符号引起的那部分 ISI 干扰。假定前馈部分有 K_1+1 个抽头，反馈部分有 K_2 个抽头，则 DFE 均衡的输出可表示为

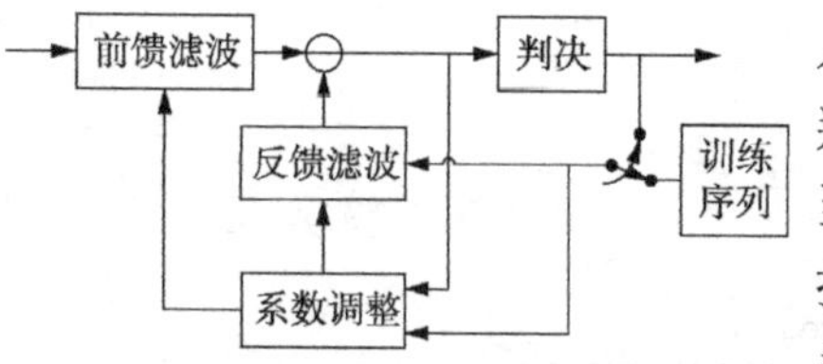

图 9-2-1　DFE 均衡器原理框图

$$\hat{I}_k=\sum_{j=-K_1}^{0}c_j y_{k-j}+\sum_{j=1}^{K_2}c_j\tilde{I}_{k-j} \tag{9-2-1}$$

采用峰值失真准则和 MSE 准则都可得到均衡器的系数。由于 MSE 准则应用更普遍，下面以 MSE 准则为例介绍 DFE 均衡器的原理。

假设先前均衡符号的判决是正确的，DFE 均衡器的 MSE 为

$$\begin{aligned}J(\boldsymbol{c})&=E[\,|I_k-\hat{I}_k|^2]\\&=E\left[\left|I_k-\sum_{j=-K_1}^{0}c_j y_{k-j}-\sum_{j=1}^{K_2}c_j\tilde{I}_{k-j}\right|^2\right]\end{aligned} \tag{9-2-2}$$

其中，$\boldsymbol{c}=[c_{-K_1},\cdots,c_0,\cdots,c_{K_2}]^{\mathrm{T}}$。选择合适的系数可使 $J(\boldsymbol{c})$ 最小。与自适应线性均衡器类似，判决反馈均衡器中的前馈滤波器和反馈滤波器的系数可以递推调整，调整方向与 $J(\boldsymbol{c})$ 的梯度矢量相反。从而，DFE 系数的调整方程为

$$\boldsymbol{c}_{k+1}=\boldsymbol{c}_k-\mu\frac{\partial J(\boldsymbol{c})}{\partial \boldsymbol{c}} \tag{9-2-3}$$

$\mu(\mu>0)$为系数调整步长因子。由式(9-2-2)可知

$$\frac{\partial J(\boldsymbol{c})}{\partial \boldsymbol{c}}=-E[e_k\boldsymbol{V}_k^*] \tag{9-2-4}$$

这里，$e_k=I_k-\hat{I}_k$，$\boldsymbol{V}_k=[y_{k+K_1},\cdots,y_k,\tilde{I}_{k-1},\cdots,\tilde{I}_{k-K_2}]^{\mathrm{T}}$。用 $e_k\boldsymbol{V}_k^*$ 代替 $E[e_k\boldsymbol{V}_k^*]$可得

$$\boldsymbol{c}_{k+1}=\boldsymbol{c}_k+\mu e_k\boldsymbol{V}_k^* \tag{9-2-5}$$

下面将自适应DFE均衡算法总结如下。

步骤一：初始化参数 $\boldsymbol{c}_0$，μ；

步骤二：对接收信号进行DFE均衡，即 $\hat{I}_k=\boldsymbol{c}_k^{\mathrm{T}}\boldsymbol{V}_k=\sum_{j=-K_1}^{0}c_jy_{k-j}+\sum_{j=1}^{K_2}c_j\tilde{I}_{k-j}$；

步骤三：计算均衡后误差信号 $e_k=I_k-\hat{I}_k$；

步骤四：更新均衡器系数 $\boldsymbol{c}_{k+1}=\boldsymbol{c}_k+\mu e_k\boldsymbol{V}_k^*$。

在大多数通信系统中，信道特性先验未知，且信道响应是时变的。因此，均衡器系数需要根据信道响应的变化而不断调整，即系数是自适应的。自适应均衡器的工作原理是，首先发送一个预定长度的对接收端已知的训练序列，接收端根据训练序列计算误差信号 $e_k=I_k-\hat{I}_k$（I_k 为 k 时刻训练符号），并对均衡器系数进行调整；初始训练完成后，均衡器系数收敛到最佳值附近，此时可以利用判决结果来计算误差信号 $e_k=\tilde{I}_k-\hat{I}_k$（$\tilde{I}_k$ 为 k 时刻均衡器输出 $\hat{I}_k$ 的判决值），然后继续调整均衡器系数，这称为自适应面向判决模式。该均衡器称为自适应线性均衡器，其原理框图如图9-2-1所示。

9.2.2　实验方法

一、实验目的

1. 了解通信系统的基本框架。
2. 掌握自适应DFE均衡的基本原理。
3. 了解多径信道均衡的关键技术。

二、实验工具与平台

C、Python、MATLAB等软件开发平台。

三、实验内容和要求

1. 编写自适应线性均衡算法，给出发送信号、均衡前信号和均衡后信号的星座图，进行对比观察。
2. 给定信道和均衡器参数，统计不同信噪比时系统的误符号率或误比特率性能。
3. 通过调节均衡系数更新步长因子，对比不同因子下DFE均衡的效果，给出误符号率或误比特率随步长因子的变化曲线。
4. 固定步长因子，改变训练符号长度，给出相应的误符号率或误比特率性能。
5. 给定信道和均衡器参数，统计不同调制方式下系统的误符号率或误比特率性能。
6. 基于通信网络实验系统，编写自适应线性均衡算法的VerilogHDL（或VHDL）程序，并

加以验证。

7. 实验要求给出系统的均衡误差能量和误符号率性能曲线。

四、参考程序

例 9-3　采用自适应判决反馈均衡的未编码 PSK 传输系统。

说明：多径信道抽头系数为[0.04，−0.05，0.07，−0.21，−0.5，0.72，0.36，0，0.21，0.03，0.07]。

1. 系统分析。

对给定的时不变多径信道，根据自适应线性均衡原理，系统设计如下：

(1)首先，均衡器工作于训练模式。在发送信号前加上一段训练序列，利用该序列对均衡器系数进行训练；系数更新采用 LMS 算法；

(2)然后，均衡器工作于判决反馈均衡模式。利用训练得到的均衡器系数对接收信号进行均衡。由于信道没有时变，本阶段不需要利用判决信号更新均衡器系数。

参数说明如表 9-2-1 所示。

表 9-2-1　参数说明

参数	说明	参数	说明
N_train	训练序列长度	miu	系数更新步长因子
N_symbol	数据符号长度	FFFilter_len/FBFilter_len	前馈/反馈滤波器长度
SNR	信噪比	M	调制阶数

2. MATLAB 程序代码。

```
%仿真参数设置
N_train = 20;                                     %训练符号数
N_symbol = 5000;                                  %数据符号数
SNR = 25;                                         %信噪比，单位 dB
M = 4;                                            %PSK 调制阶数
miu = 0.005;                                      %前馈和反馈滤波器系数更新步长
FFFilter_len = 4;                                 %前馈滤波器长度
FBFilter_len = 5;                                 %反馈滤波器长度
pha_offset = pi/4;
Constell_train = pskmod([0:1],2,0);
Constell_symbol = pskmod([0:M-1],M,pha_offset);
%信道时域抽头系数
Ch_taps = [0.04 -0.05 0.07 -0.21 -0.5 0.72 0.36 0 0.21 0.03 0.07];
%Ch_taps = [0.227 0.460 0.688 0.460 0.227];
%Ch_taps = [0.407 0.815 0.407];
Taps_len = length(Ch_taps);
[Ch_maxtap,Ch_lag] = max(Ch_taps);
%计算信道频率响应
Ch_freq_ampresp = abs(fft(Ch_taps,64));
%plot(ch_freq_ampresp); title('信道幅频响应');
%产生训练符号
```

```
Train_seq = randint(1,N_train,2);
Train_psk = pskmod(Train_seq,2,0);
%产生数据符号
Msg = randint(1,N_symbol,M);
Sig_psk = pskmod(Msg,M,pha_offset);
%信号经过多径信道
Frame_trans = [Train_psk,Sig_psk];
Frame_recev_temp = conv(Ch_taps,Frame_trans);
Frame_recev = awgn(Frame_recev_temp,SNR,'measured');
scatterplot(Frame_recev(N_train+Delay:end));title('DFE 均衡前星座图');
%判决反馈均衡部分—训练和均衡
C_FF = zeros(FFFilter_len,1);                          %前馈滤波器系数
C_FB = zeros(FBFilter_len,1);                          %反馈滤波器系数
Receive_sample = zeros(FFFilter_len,1);
Decision_sample = zeros(FBFilter_len,1);
N_total = N_train + N_symbol;
Delay = Ch_lag + floor(FBFilter_len/2) - 1;
err_power = zeros(N_total,1);
Msg_demapped = [];
for k=1:N_total
    Receive_sample = [Frame_recev(k);Receive_sample(1:end-1)];
    %进行前馈和反馈滤波
    Q(k) = C_FF.'*Receive_sample - C_FB.'*Decision_sample;
    if k>Delay & k<=N_train+Delay
    %训练模式
        [Const_min,Cons_ind]=min(abs(Q(k)-Constell_train));
        Decision = Constell_train(Cons_ind);
        err = Train_psk(k-Delay) - Q(k);
    %前馈和反馈滤波器系数更新
        C_FF = C_FF + miu*err*Receive_sample;
        C_FB = C_FB - miu*err*Decision_sample;
        Decision_sample = [Decision;Decision_sample(1:end-1)];
    elseif k>N_train+Delay
    %判决反馈模式
        [Const_min,Cons_ind]=min(abs(Q(k)-Constell_symbol));
        Decision = Constell_symbol(Cons_ind);
        err = Decision - Q(k);
        Msg_demapped = [Msg_demapped,Cons_ind - 1];
%前馈和反馈滤波器系数更新
        C_FF = C_FF + miu*err*Receive_sample;
        C_FB = C_FB - miu*err*Decision_sample;
        Decision_sample = [Decision;Decision_sample(1:end-1)];
    end
    err_power(k) = abs(err).^2;
end
scatterplot(Q(N_train+Delay+100:end));title('DFE 均衡后星座图');
%计算判决反馈均衡器均衡后的误符号率
Symbol_compare = Msg_demapped(1:end) - Msg(1:end-Delay);
Ser = length(find(Symbol_compare))/length(Symbol_compare)
```

例 9-4　自适应均衡器的 FPGA 实现。

使用 Verilog 实现一个前向抽头数和反馈抽头数都为 2 的判决反馈滤波器，其中判决器采用硬判决准则，更新步长为 $1/2^4$。

```
module dfe_filter(clk,reset,x_in,y_out);
input clk;                                          //数据速率
input reset;                                        //复位信号
input [15:0] x_in;                                  //输入数据
output y_out;                                       //输出数据,1 表示“-1”,0 表示“1”
//用于正向、反馈支路滤波器的缓存
reg [31:0] x_t,f_t;
wire [15:0] y_t;
//正向、反馈滤波器的系数
reg [15:0] ccoe1,ccoe2,bcoe1,bcoe2;
wire [15:0] s_yt,s_x1,s_x2;
wire [15:0] f_f1,f_f2;
//正向、反馈滤波器的输出
wire [15:0] y_i,f_i;

//完成滤波数据的移位
always @(posedge clk)begin
if(! reset)begin
x_t <= 0;
f_t <= 0;
ccoe1 <= 0;
ccoe2 <= 0;
bcoe1 <= 0;
bcoe2 <= 0;
end
else begin
x_t[31:0] <= {x_t[15:0],x_in};
f_t[31:0] <= {f_t[15:0],y_t};
ccoe1 <= ccoe1 - {{4{s_x1[15]}},s_x1[15:4]};
ccoe2 <= ccoe2 - {{4{s_x2[15]}},s_x2[15:4]};
bcoe1 <= bcoe1 + {{4{f_f1[15]}},f_f1[15:4]};
bcoe2 <= bcoe2 + {{4{f_f2[15]}},f_f2[15:4]};
end
end

//完成正向通路的滤波
wire [15:0] m_out1,m_out2;
dfe_mult dfe_mult_01(.clk(clk),.a(x_t[15:0]),.b(ccoe1),.q(m_out1));
dfe_mult dfe_mult_02(.clk(clk),.a(x_t[31:16]),.b(ccoe2),.q(m_out2));
assign y_i = m_out1 + m_out2;

//完成反馈支路的滤波
wire [15:0] m_out3,m_out4;
dfe_mult dfe_mult_03(.clk(clk),.a(f_t[15:0]),.b(bcoe1),.q(m_out3));
dfe_mult dfe_mult_04(.clk(clk),.a(f_t[31:16]),.b(bcoe2),.q(m_out4));
assign f_i = m_out3 + m_out4;
```

```
//完成前向、反馈滤波器输出相减及判决输出
wire [15:0] s_i;
assign s_i = y_i - f_i;
//这里采用硬判决,将数据判决到正最大和负最大
assign y_t = s_i[15]? 16'b1000_0000_0000_0000:16'b0111_1111_1111_1111;
assign y_out = y_t[15];

//正向通路的系数更新模块
assign s_yt = s_i - y_t;
dfe_mult dfe_mult_05(.clk(clk), .a(s_yt), .b(x_t[15:0]), .q(s_x1));
dfe_mult dfe_mult_06(.clk(clk), .a(s_yt), .b(x_t[31:16]), .q(s_x2));

//反馈通路的系数更新模块
dfe_mult dfe_mult_07(.clk(clk), .a(s_yt), .b(f_t[15:0]), .q(f_f1));
dfe_mult dfe_mult_08(.clk(clk), .a(s_yt), .b(f_t[31:16]), .q(f_f2));
endmodule
```

五、思考题

1. 自适应 DFE 均衡的性能与自适应线性均衡的性能相比如何？计算复杂度如何？
2. 总结 DFE 均衡的优缺点。
3. 调查自适应 DFE 均衡在实际系统中应用情况。

9.3 均衡技术在智能天线中的应用

9.3.1 智能天线的基本原理

智能天线主要由天线阵列、模/数转换、数字波束形成网络和自适应处理器 4 部分组成。智能天线系统框图如图 9-3-1 所示。智能天线的“智能”主要体现为天线波束能够在一定范围内根据用户的情况和无线通信环境的改变进行智能调整：以自适应滤波算法和 DSP 为核心的自适应信号处理器，依据各种性能准则，产生收敛于最优维纳(Wiener)解的自适应的最优权矢量，以动态自适应加权网络构成自适应数字波束形成网络(DBF)。DBF 对阵元接收信号进行加权求和处理形成天线波束，主波束对准期望用户方向，而将波束零点对准干扰方向。天线各阵元接收的信号通过自适应网络，根据噪声、干扰和多径情况，自适应调整加权值，达到自适应改变天线方向图，跟踪多个用户的目的。

天线阵列由一系列阵元组成，根据阵元不同的排列方式，可分为直线等距、圆周等距或平面等距排列，不同阵列的天线对信号的阵列响应不同。本文以直线等距天线阵列进行说明，如图 9-3-2所示。假设 M 个阵元均匀分布在一条直线上，阵元为具有各向同性的天线，各阵元间距为 d。图中，窄带信号 $s(t)$入射到阵列上的平面波的方位角为 ϕ，与水平面的夹角为 θ，此 (ϕ,θ) 称为信号的波达方向。$\beta = 2\pi/\lambda$ 为相位传播因子，其中，ϕ 表示信号的波长。则对于入射到阵列上的平面波，在阵元 m 上接收到的信号为

$$u_m(t) = As(t)e^{-j\beta m\Delta d} = As(t)e^{-jd\cos\phi\sin\theta} \tag{9-3-1}$$

其中，A 是增益常数。阵列输出端的信号为

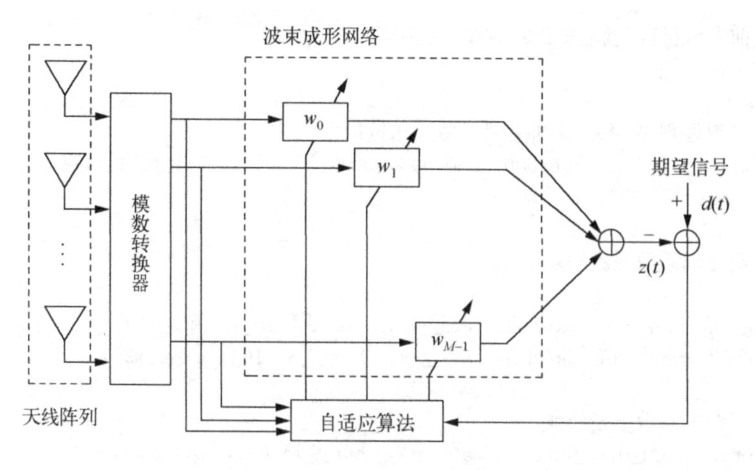

图 9-3-1 智能天线系统框图

$$z(t)=\sum_{m=0}^{M-1}w_m u_m(t)=As(t)\sum_{m=0}^{M-1}w_m \mathrm{e}^{-\mathrm{j}\beta m d\cos\phi\sin\theta} \tag{9-3-2}$$

自适应阵列中就是通过调整权矢量 $\{w_m\}$，使输出信号质量最优。

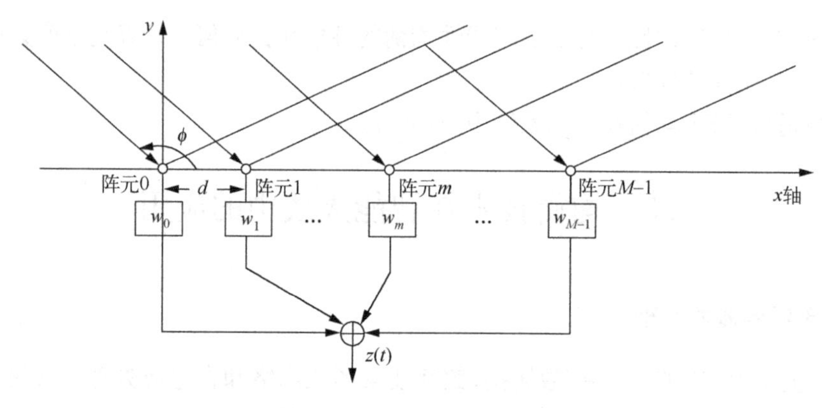

图 9-3-2 均匀直线阵列图

确定智能天线性能可以采用不同的性能度量准则，它们适用于不同的信号与接收环境。但是，这些不同准则下的最优解 w_{opt} 都收敛于维纳解。主要的准则如下。

(1)最小均方误差准则(MMSE)：要求阵列输出信号 $z(t)$和本地参考信号 $d(t)$之间的均方误差最小。

(2)最大信干噪比准则(Max SINR)：要求系统输出信号与干扰噪声比达到最大，以实现系统误码率最小的要求。

(3)最大似然准则：似然性能度量主要用于期望信号波形完全未知时，这时期望信号可以认为是一个待估计的时间函数。

智能天线经过 20 多年的不断发展，现在已提出了大量的结构，它们大致可以分为：波束切换智能天线和全自适应智能天线。

在波束切换天线中，阵列加权因子是预先设计好的。天线的工作模式只能在几种波束覆盖模式中选择，随着用户在小区中的移动，基站选择不同的波束使得接收信号最强。波束切换天线利用多个并行波束覆盖整个用户区，每个波束的指向是固定的，波束宽度也随着阵元数目的确定而确定。由于用户信号不一定在固定波束的中心处，因此此方法并不能实现信号的最佳接收。

但是与自适应阵列相比，其结构简单，无须判定用户信号的到达方向。

在全自适应天线中，采用自适应信号处理技术，通过自适应算法实现信号的最佳接收。目前的自适应算法可以分为：基于导频的算法和盲算法。前者利用系统的导频符号来更新加权系数；后者无须导频符号，利用信号结构的基本特性更新空间处理权向量。

当线阵阵元数很多时，线阵口径将变得很大，给实际使用带来困难。尤其是在频率低端，对应的波长长，天线口径将很大，所以在实际使用中多用圆形阵。圆形阵是指其阵元在半径为 R 的周围上等间隔排列的天线阵，如图 9-3-3 所示。虽然阵列天线的方向图是全方向的，但阵列的输出经过加权求和后，可以将阵列接收的方向增益聚集在一个方向上，相当于形成了一个波束。这就是波束形成的物理意义所在。

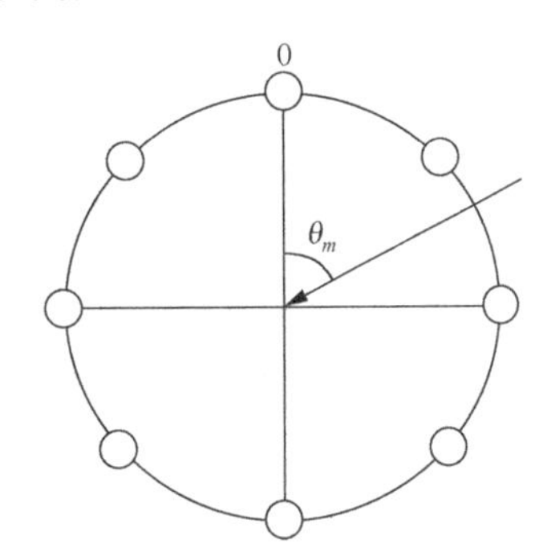

图 9-3-3 八元圆形阵天线结构示意图

典型的波束成形器的结构如图 9-3-1 所示，由于加权因子相当于滤波器系数，而输入的信号为空间位置不同的天线接收的信号，使用波束成形器也被称为空域滤波器。

总的来说，智能天线带来的优点如下。

(1)智能天线对信号多径具有抑制作用，利用多径来改善链路的质量，而通过减小相互干扰来增加系统的容量。

(2)增加覆盖范围，以改善建筑物中和高速运动时的信号接收质量。

(3)降低功率/减小成本。智能天线可以对特定用户的传输进行优化，这样就会使发射功率降低，从而降低放大器的成本，也可以延长移动台的使用寿命。

(4)改善链路质量/增加可靠性。

(5)增加频谱效率。

9.3.2 智能天线的仿真实现

(一)智能天线自适应 LMS 算法的 MATLAB 仿真

在本节中，对自适应智能天线进行 MATLAB 仿真。其中利用了基于 MMSE 准则的最小均方误差算法(LMS)进行加权向量的更新。波达方向为 $(\phi,\theta)=(\pi/3,\pi/2)$，统计数据的误码率。

例 9-5 使用 MATLAB 对智能天线自适应 LMS 算法部分进行仿真，程序名为 ante.m。假设具有 4 个天线阵元。

```
SNR = [-5:2:10];
NumAntenna = 4;                          %天线阵元数
Tlen = 1000;                             %训练序列长度
Dlen = 20000;                            %数据长度
step = 0.0001;                           %步长
alfa = pi/3;                             %波达方向
theta = pi/2;

for nEN = 1:length(SNR)
    numoerror1 = 0;
    numoerror2 = 0;
```

```
        w = zeros(1,NumAntenna)';
        w(1) = 1;
        d = randsrc(1,Tlen+Dlen);                                       %产生训练序列
        en = 10^(SNR(nEN)/10);
        sigma = sqrt((1/(2 * en)));
        m = [1:NumAntenna];
        a = exp(-i * 2 * pi * (m-1) * cos(alfa) * sin(theta));       %产生引导向量
        rd1 = d.' * a;
        rd2 = awgn(rd1,SNR(nEN),'measured');
        for n = 1:Tlen
            u = rd2(n,:).';
            r(n) = w' * u/NumAntenna;                                  %天线阵元输出
            w = w-step * u * conj(r(n)-d(n));                          %利用 LMS 算法,更新加权因子
        end

        for n = Tlen+1:Tlen+Dlen
            u = rd2(n,:).';
            r(n) =w' * u/NumAntenna;
        end
        s = awgn(d(Tlen+1:end),SNR(nEN),'measured');
        for n = 1:Dlen
            s1(n) = sign(real(s(n)));
            ds(n) = sign(real(r(n+Tlen)));
            s_data(n) = d(n+Tlen);
        end

        numoerror1 = sum(s1~=s_data);
        numoerror2 = sum(ds~=s_data);
        ber1(nEN) = numoerror1/Dlen;
        ber2(nEN) = numoerror2/Dlen;
    end
    figure;semilogy(SNR,ber1);hold on;
    semilogy(SNR,ber2,'*-');
    xlabel('信噪比');
    ylabel('误比特率');
```

(二)高速加权单元的 FPGA 仿真

智能天线的数字处理部分一般由两个主要部分组成:一部分是以数字信号处理器和自适应算法为核心的最优(次优)权值产生网络;另一部分是以动态自适应加权网络构成的自适应波束成形网络。由于智能天线抽头众多,权值更新模块的计算复杂度大,大多用高速的 DSP 器件来完成;波束成形加权运算则常常由 FPGA 完成。本节主要介绍高速加权单元的 FPGA 实现。

例 9-6　使用 Verilog 实现一个 16 天线阵的波束成形器,系统的处理位宽为 16 比特,信号速率为 3.84Mbps,模块工作时钟为 61.44Mbps。

空域滤波的本质就是一个复数滤波器,完成复输入信号与复加权因子的相乘和累加,系数更新通过块 RAM 交互,即自适应滤波模块将加权因子写入 RAM 中相应的地址,然后波束成形模块再从中读出即可。此外,由于系统工作时钟是数据速率的 16 倍,因此只需要一个复数乘法器和两个实数加法器就能完成设计。

```
module ad_a(clk_61p44MHz,reset,x_r,x_i,y_r,y_i,address,we_coe,coe_r,coe_i);
input clk_61p44MHz;
input reset,we_coe;                              //we_coe 为高时,才能将加权因子写入 RAM 中
input [15:0] x_r,x_i;                            //数据速率为 3.84Mbps
input [3:0] address;
input [15:0] coe_r,coe_i;
output [15:0] y_r,y_i;
reg [3:0] cnt;

always @(posedge clk_61p44MHz) begin
if(! reset)
cnt <= 0;
else
cnt <= cnt+1;
end

//SRL16 单元的写控制信号,在 cnt=0 的时刻写一个数
assign we = (cnt==0)? 1:0;

//由于复数乘法器需要 4
//当 cnt=4 的时刻,本次累加的第一个数才达到
//此刻将 bypass
assign bypass = (cnt==4)? 1:0;

//声明众多 IP Core 之间的连线变量
wire [15:0] ar,ai,br,bi,pr,pi;
wire bypass,we,wea,web;
wire [31:0] ram_out;  //高 16 位为实部,低 16 位为虚部
//RAM 的端口 A 只能用来读取数据
assign wea = 0;
//调用 SRL16 的移位寄存结构,用于滤波器数据的缓存
shift16 shift16_01(.d(x_r), .spra(cnt), .clk(clk_61p44MHz), .we(we), .spo(ar));
shift16 shift16_02(.d(x_i), .spra(cnt), .clk(clk_61p44MHz), .we(we), .spo(ai));

//调用复数乘法器
aa_cmult aa_cmult(.ar(ar), .ai(ai), .br(ram_out[31:16]), .bi(ram_out[15:0]), .pr(pr), .pi
(pi), .clk(clk_61p44MHz), .ce(reset));

//调用两个实数累加器实现一个复数累加器
aa_adder aa_adder01(.B(pr), .Q(y_r), .CLK(clk_61p44MHz), .BYPASS(bypass));
aa_adder aa_adder02(.B(pi), .Q(y_i), .CLK(clk_61p44MHz), .BYPASS(bypass));

//调用一个双端口 BLOCK RAM,位宽为 32 比特,深度为 16,其中端口 A 只读,端口 B 只写
aa_bram
aa_bram(.clka(clk_61p44MHz), .addra(cnt), .wea(wea), .douta(ram_out), .clkb(clk_
61p44MHz), .dinb({coe_r,coe_i}), .addrb(address), .web(we_coe));

endmodule
```

(三)思考题

1. 了解智能天线中的均衡技术的研究进展情况。
2. 调查智能天线在实际系统中的发展应用情况。

第 10 章　综合设计实验

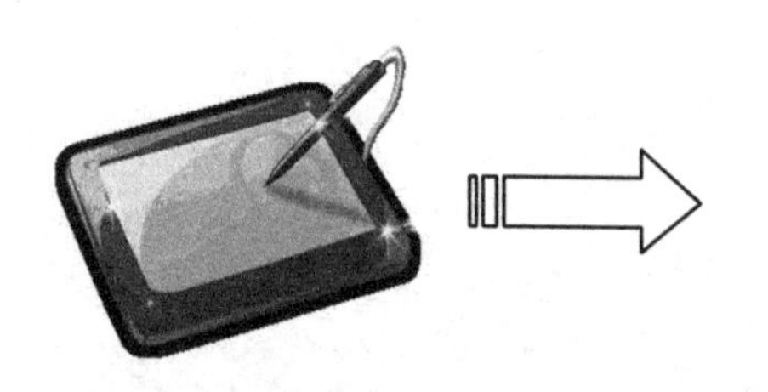

本章主要实验内容：

- √　数字基带传输系统
- √　数字频带传输系统
- √　差错控制系统
- √　综合通信系统

通信系统是指完成信息传递所需的一切设备及传输媒介的综合。广义地讲，通信系统涵盖全球通信网络、地球同步通信卫星、陆地微波传输系统、集群通信系统、个人通信系统等。复杂的通信系统设计是以“自顶至底”的方式完成，其设计过程开始于分析用户要求和性能期望，包括吞吐率、误码率、中断概率，以及对带宽、功率、复杂度与成本和系统生命周期等的限制。此时，主要涉及的问题是调制方式、编码、均衡，以及各种新的通信技术的采用。本章的实验主要涉及各通信系统的设计，包括数字基带传输系统、频带传输系统、差错控制系统及综合通信系统，其内容涵盖了大量的实用通信系统，如 CDMA、DVB-C、CCSDS、IEEE 802.16、蓝牙等。

10.1　数字基带传输系统设计

数字通信系统中，描述系统性能的重要指标是比特误码率(BER)或符号错误概率，二者是等效的，一般采用蒙特卡罗法来进行仿真估计。该方法是伯努利(Bernoulli)试验序列的实现，它不需要有关系统和输入过程的任何假设条件。图 10-1-1 给出蒙特卡罗法实现的方框图。一般来说，若所要估计的错误概率为 $P(m)$，则所选取样本大小为 $N \gg (1/P(m))$。通常，蒙特卡罗估计是无偏估计，N 越小，估计的方差就越大；N 越大，估计的方差就越小。当 N 趋于无穷时，估计值收敛于真实值。这就需要在仿真精度与仿真运行时间之间进行折中。

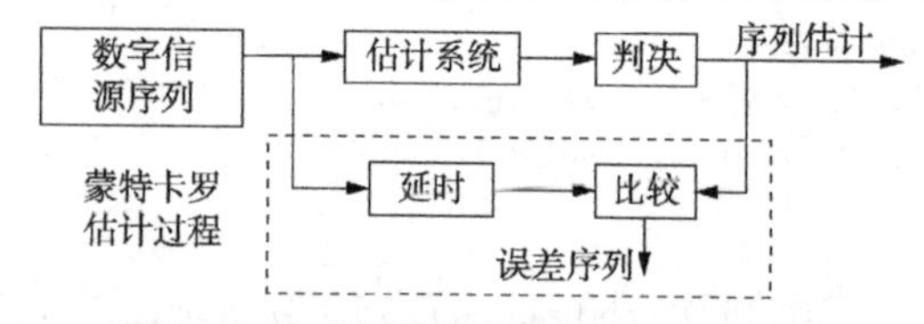

图 10-1-1　实现蒙特卡罗估计的原理框图

在很多实际应用的基带传输系统中，典型框图如图 10-1-2 所示。其中，脉冲形成器用来将输入的码元变换成适合于基带信道传输的各种码型，也称码型变换器；脉冲形成器的各种码型是以矩形脉冲为基础的，一般低频分量较大，占用频带较宽，为了更适合信道传输要求，可以通过发送滤波器将其平滑；接收滤波器用于滤除大量的带外噪声，并对失真的波形进行均衡，以便得到有利于抽样判决的波形；在抽样判决中，根据定时脉冲来判别信号为“1”码还是“0”码；同步提取电路用来完成定时脉冲的提取，以便进行数字信号传输系统的同步。

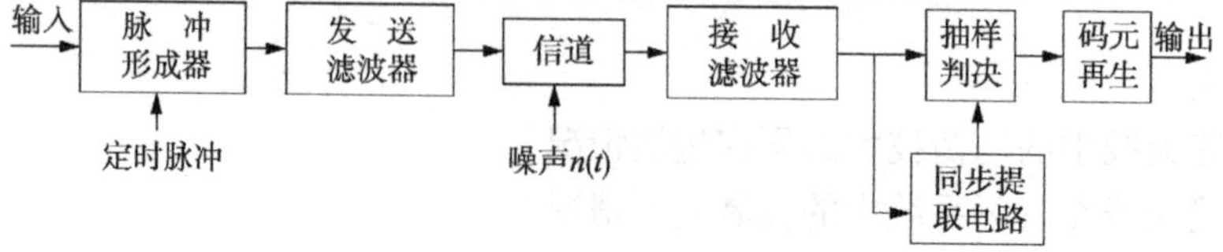

图 10-1-2　数字基带信号传输系统框图

10.1.1　基带传输系统眼图的仿真

一、系统概述

眼图是数字信号在示波器上重复扫描得到的显示图形。其观察方法见 5.5.1 节。眼图反映了整个传输系统的质量，如果眼图清晰，张开度大，则可实现二进制数码的可靠传输，误码会非常少(10^{-6}以下)。如果观察到的眼图不好，则需要对图 10-1-3 所示系统进行调整。

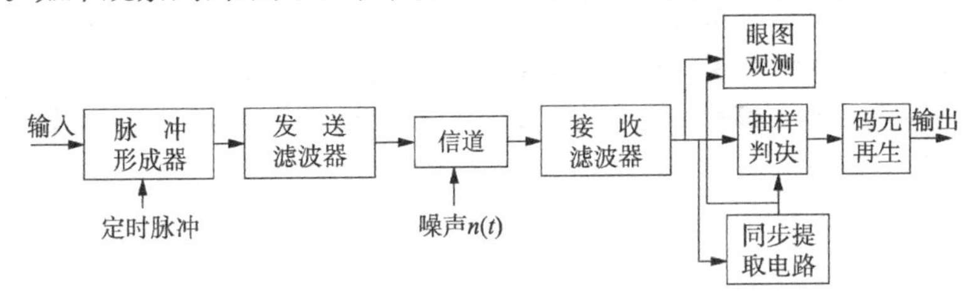

图 10-1-3　数字基带信号传输系统眼图观测示意图

(1)发送滤波器。系统中插入发送滤波器的作用，一方面是为了波形设计，另一方面是为了抑制基带码中的高频分量。因为脉冲形成器输出的信号波形前、后沿很陡，信号中的高频分量丰富。如果这些分量送入线路将干扰其他设备，这是不允许的。因此任何电子设备都需通过电磁泄漏检测才准下线，投放市场。对电信设备的检测指标尤其严格。所以，在送入信道之前需将基带码过滤，使基带码达到所要求的功率谱密度函数。

(2)接收滤波器。即均衡电路，它是为补偿线路传输失真，为改善眼图开启度而加入的。调整均衡电路可观察到眼图的明显变化。能使眼图开启最大的均衡电路是最好的均衡电路。

关于仿真中眼图的观测如下例所示。

例 10-1　发送端眼图观测。

眼图是接收、发送滤波器之后的波形重叠效果，本例中讨论发送端的眼图观测。在 MATLAB 中，基带传输系统发送端采用的升余弦滤波器可用 rcosflt(X, Fd, Fs, TYPE_FLAG, R, DELAY) 函数来实现，其中，X 为输入信号；Fd 为输入信号频率(Hz)；Fs 为输出信号频率(Hz)，该信号必须为 Fd 的整数倍；TYPE_FLAG 为滤波器选型参数；R 为滚降系数；DELAY 为从滤波器开始至脉冲响应峰值的时延。另外，eyediagram 是用来得到眼图的函数。awgn(X,SNR)是高斯噪声函数，其中，X 为输入信号，即待加噪声的信号；SNR 为信噪比(dB)，此时输入信号 X 功率设为 0 dBW。发送端眼图观测的 MATLAB 程序如下：

```
M = 16; Fd = 1; Fs = 10;                          %M为进制数
Pd = 100;                                         %数据量
msg_d = randint(Pd,1,M);                          %信源随机数
msg_a = qammod(msg_d,M);                          %QAM基带调制符号
delay = 3;                                        %定义升余弦滤波器延时
rcv = rcosflt(msg_a,Fd,Fs,'fir/normal',.5,delay);
N = Fs/Fd;
propdelay = delay .* N + 1;
rcv1 = rcv(propdelay:end-(propdelay-1),:);        %对升余弦滤波输出进行结尾处理

offset1 = 0;
```

```
h1 = eyediagram(rcv1,N,1/Fd,offset1);                    %绘制眼图
set(h1,'Name','Eye Diagram Displayed with No Offset');
```

仿真眼图如图 10-1-4 所示。可以改变滤波参数，进一步观察眼图的特征。

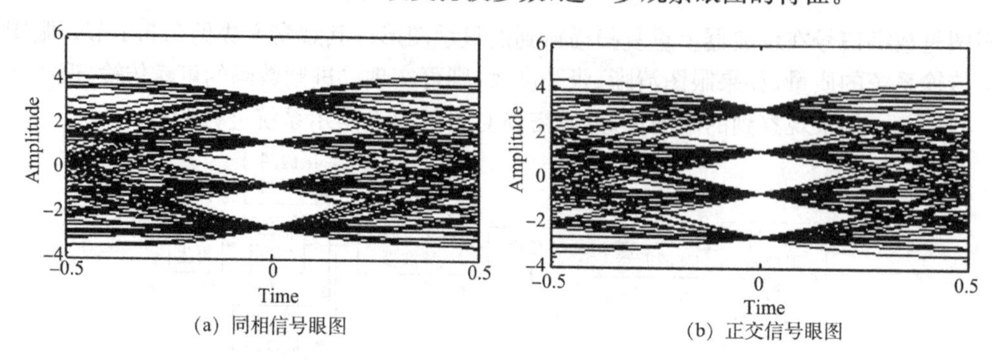

(a) 同相信号眼图　　(b) 正交信号眼图

图 10-1-4　QAM 信号发送端眼图

二、设计方法

1. 设计目的。

(1)熟悉数字基带传输系统流程。

(2)掌握各模块基本原理。

2. 设计工具与平台。

(1)C、Python、MATLAB 等软件开发平台。

(2)创新开发实验平台。

3. 设计内容和要求。

(1)设计基带传输系统，包括脉冲成形、发送滤波、接收滤波、抽样判决和码元再生等模块。

(2)加入 AWGN，搭建基带传输系统。

(3)固定信道，调整发送滤波器、接收滤波器，使眼图效果最佳(即眼睛开启度最大)。

(4)改变信道参数，分析、观测眼图变化规律。

(5)设计要求：二进制码元下，信噪比为 15dB 时，眼突清晰，张开度大。

4. 思考题。

(1)发送滤波器的设计要考虑哪些因素?

(2)接收滤波器设计中重点是什么?

10.1.2　基带传输系统误码率的仿真

一、系统概述

无论是设备故障、传播衰落、码间干扰、邻近波道干扰等因素都可能造成系统性能恶化甚至造成通信中断，其结果都可以通过误码的形式表现出来。误码可以通过误码测试仪来进行检测，其工作过程可概括为以下几个过程和步骤。

(1)以某种方式产生和发送码组相同的码型，以相同相位的本地码组作为比较标准。

(2)将本地码组与接收码组逐个进行比较，并输出误码脉冲信号。

(3)对误码脉冲信号进行统计，并给出相应的误码率。

图 10-1-5 为采用蒙特卡罗仿真时的误码测试示意图，以输入数据进行延时后的结果作为误码测试标准。例 10-2 构建了一个基带传输系统，并进行了误码率测试。

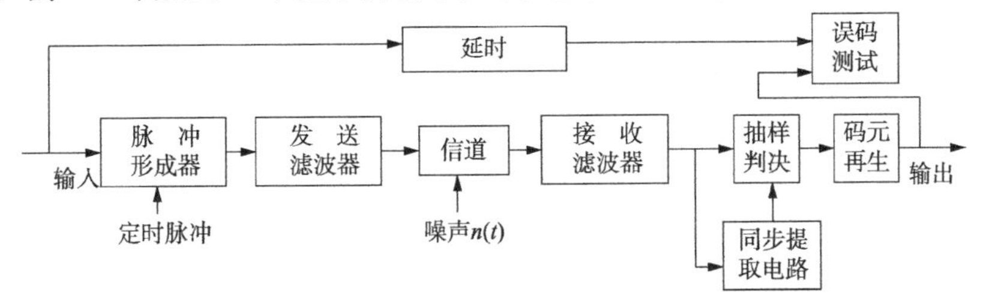

图 10-1-5　数字基带信号传输系统误码观测示意图

例 10-2　基带传输系统。

图 10-1-6 为 MATLAB Simulink 构建的一个基带传输系统，发送滤波器、接收滤波器模块参数如图 10-1-7 所示。

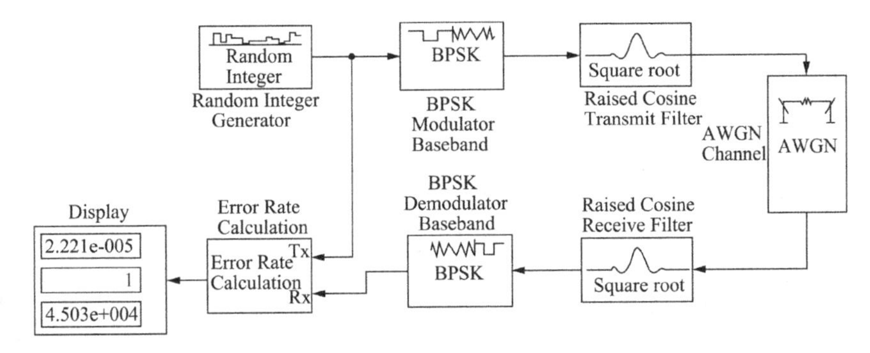

图 10-1-6　基带传输系统示例

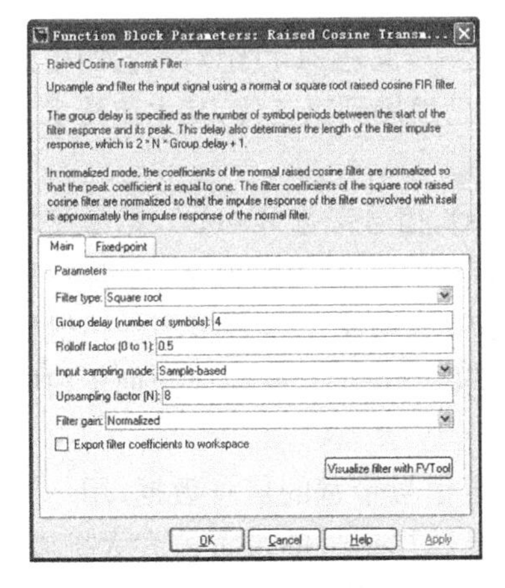

(a)发送滤波器模块

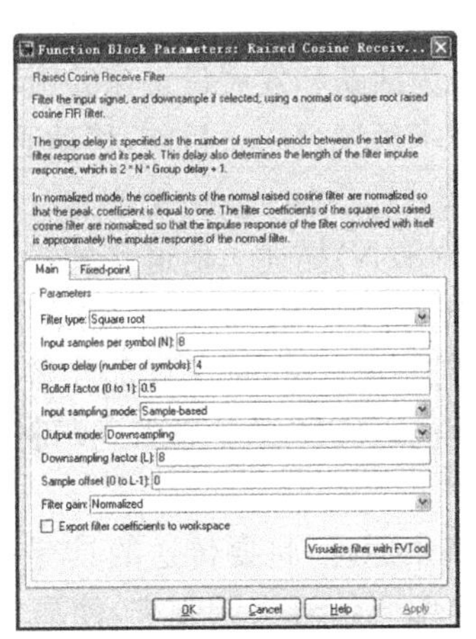

(b)接收滤波器模块

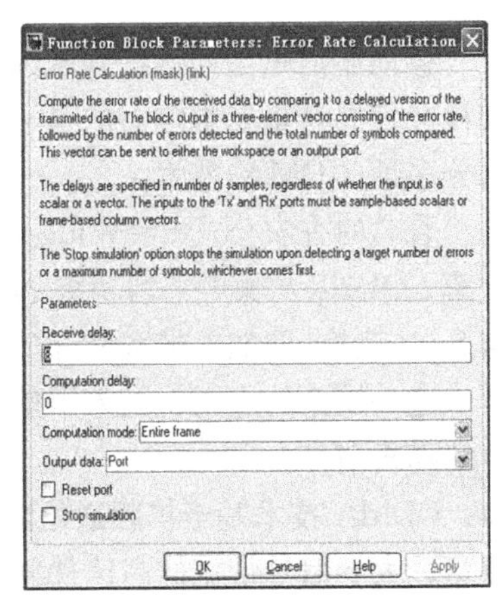

(c)误码率计算模块

图 10-1-7　模块参数

滤波器中滚降系数选 0.5，群延时为 4。为进行误码率测试，在误码率计算模块(error rate calculation)中必须对由信源模块(random integer)直接来的信号添加延时，如图 10-1-7(c)所示，接收延时设为收发滤波器群延时之和。

二、设计方法

1. 设计目的。

(1)熟悉数字基带传输系统流程。

(2)掌握各模块基本原理。

2. 设计工具与平台。

(1)C、Python、MATLAB 等软件开发平台。

(2)创新开发实验平台。

3. 设计内容和要求。

(1)设计基带传输系统,包括脉冲成形、发送滤波、接收滤波、抽样判决和码元再生等模块。

(2)加入 AWGN,搭建基带传输系统。

(3)固定信道,调整发送滤波器、接收滤波器,使误码率最低。

(4)改变信道参数,测试系统误码率,绘制误码曲线图。

(5)设计要求:二进制码元下,信噪比为 15dB 时,系统误码率小于 10^{-6}。

4. 思考题。

(1)发送滤波器的设计要考虑哪些因素?

(2)接收滤波器设计对误码性能有何影响?

(3)在基带传输系统中,影响误码性能的因素有哪些?

10.1.3　CDMA 数字基带收发系统的设计

CDMA 程序

一、系统概述

移动通信是当今通信领域内最为活跃和发展最迅速的领域之一,也是 21 世纪对人们的生活和社会发展有重要影响力的科学技术领域之一。目前,移动通信已发展到第三代,其主流技术为码分多址(CDMA)技术。

著名的香农公式 $C=W\log_2(1+S/N)$ 描述了信道容量 C(b/s)、信号带宽 W(Hz)、信号平均功率 S(W)以及噪声平均功率 N(W)之间的换算关系,在信道容量 C 一定的情况下,可以将 W 与 S/N 互换,即如果带宽 W 扩充到一定程度,那么就能在较低 S/N 要求下得到很高的传输质量。这一结论的应用就是采用伪随机码(PN)的扩频编码调制,把原数据信号变换成类似于白噪声的随机信号。

CDMA 技术基于扩频通信的基本原理,将要传送的具有一定信号带宽的信息数据,用一个带宽远大于信号带宽的高速伪随机编码信号去调制它,使原信息数据信号的带宽被大大扩展。长期以来,扩频通信主要用于军事保密通信和电子对抗系统,随着世界范围政治格局的变化和冷战的结束,该项技术才转向"商业化"。

由于用户在不断地随机运动,建立用户之间的通信,首先必须引入区分和识别动态用户地址的多址技术。多址技术的基本类型有频分多址(FDMA)、时分多址(TDMA)和码分多址(CDMA)。

码分多址与频分多址、时分多址不同,被分割的参量不是频率或时间,而是信号的波形,即码的结构。这时复用的各个信号,从频谱或时间上看就不再是互不重叠的。码分是利用各路信号的正交性，其基本方法是：在发送端先将多路信号分别由一组正交码进行某种调制或变换，使各路信号成为某种正交信号组，然后混合传输。接收端产生一组与发端同步的正交码，并将收到的信号与正交码组中的每个码分别做点积。根据两个矢量相同信号的点积为1，两个矢量正交信号的点积为零，就可以利用复合信号中所含各信号的正交性，通过求点积来从复合信号中分离出各路信号。

地址码的选择直接影响到码分多址的容量、抗干扰能力、接入和切换速度等性能。所选择的地址码应能提供足够数量的自相关函数特性尖锐的码序列，保证信号经过地址码解扩后具有较高的信噪比。地址码提供的码序列应接近白噪声特性，同时编码方案简单，保证建立同步速率较快。常用的地址码有：m序列、Gold码、Walsh码。m序列、Gold码是伪随机码，而Walsh则是正交码。

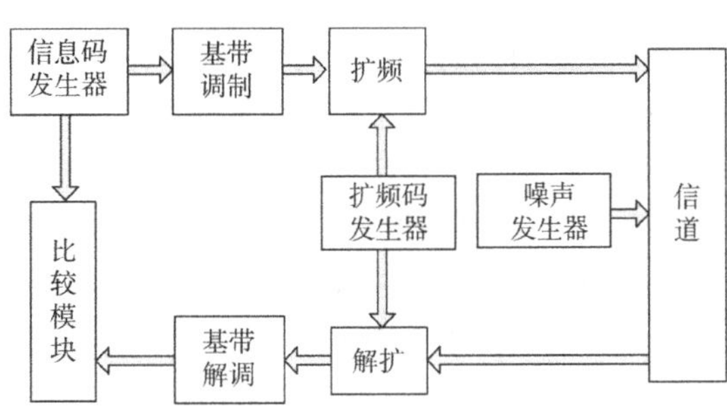

图 10-1-8　CDMA基带收发系统整体框图

CDMA基带收发系统整体框图如图10-1-8所示。

1. Walsh码。

Walsh码是正交码，经常被用作码分多址系统的地址码。例如

$$\begin{pmatrix} W_1 \\ W_2 \\ W_3 \\ W_4 \end{pmatrix} = \begin{pmatrix} 1 & 1 & 1 & 1 \\ 1 & -1 & 1 & -1 \\ 1 & 1 & -1 & -1 \\ 1 & -1 & -1 & 1 \end{pmatrix}$$

就是一组码长为4的Walsh码。所谓正交性是指

$$\frac{\sum\limits_{k=1,2,3,4} W_i(k) \times W_j(k)}{4} = \begin{cases} 1, & i=j \\ 0, & i \neq j \end{cases}$$

上式说明这个码字内的4个码只有本身相乘叠加后归一化值是1，任意两个不同的码相乘加后的值都是0，即互相关值为零。对于其他长度的沃尔什码也是这样。

上面的沃尔什码的码长是4，只有4个地址码，也就是系统的信道数不能超过4个。当用信道数更多时，必须产生码长更长的沃尔什码。沃尔什码的生成比较简单，可以通过阿达马(Hadamard)矩阵来生成。

例如，上面长度为4的沃尔什码，矩阵可写成如下形式：

$$\begin{pmatrix} W_1 \\ W_2 \\ W_3 \\ W_4 \end{pmatrix} = \begin{pmatrix} 1 & 1 & 1 & 1 \\ 1 & -1 & 1 & -1 \\ 1 & 1 & -1 & -1 \\ 1 & -1 & -1 & 1 \end{pmatrix} = \begin{pmatrix} \boldsymbol{M}_2 & \boldsymbol{M}_2 \\ \boldsymbol{M}_2 & \overline{\boldsymbol{M}}_2 \end{pmatrix}$$

其中，矩阵$\overline{\boldsymbol{M}}_2$是$\boldsymbol{M}_2$取反的结果，矩阵$\boldsymbol{M}_2$是

$$\boldsymbol{M}_2 = \begin{pmatrix} 1 & 1 \\ 1 & -1 \end{pmatrix} = \begin{pmatrix} \boldsymbol{M}_1 & \boldsymbol{M}_1 \\ \boldsymbol{M}_1 & \overline{\boldsymbol{M}}_1 \end{pmatrix}$$

其中，矩阵$\boldsymbol{M}_1$是[1]。

所有的 Walsh 码都可以通过这种方式来产生，从而得到码长为 $2n$ 的 Walsh 码

$$\boldsymbol{M}_{2n}=\begin{pmatrix}\boldsymbol{M}_n & \boldsymbol{M}_n\\ \boldsymbol{M}_n & \overline{\boldsymbol{M}}_n\end{pmatrix}$$

其中，n 为大于 1 的正整数。

2. PN 码。

作为扩频码的伪随机码具有类似白噪声的特性。因为真正的随机信号和噪声是不能重复再现和产生的，只能产生一种周期性的脉冲信号来近似随机噪声的性能，故称为伪随机码或 PN 码。用于扩频通信系统的伪随机码常用的共有 2 种，m 序列优选对和 Gold 序列。m 序列优选对产生方便，但是数量较少；Gold 码序列则可以有较多的数量。

m 序列具有与随机噪声类似的尖锐自相关特性，但它不是真正随机的，而是按一定规律周期性的变化。由于 m 序列容易产生、规律性强等许多优良特性。在扩频通信和码分多址系统中最早获得广泛应用。

表 10-1-1　m 序列的本原特征多项式

n	$f(x)$
2	[1,2]
3	[1,3]
4	[1,4]
5	[2,5][2,3,4,5][1,2,4,5]
6	[1,6][1,2,5,6][2,3,5,6]
7	[3,7][1,2,3,7][1,2,4,5,6,7][2,3,4,7][1,2,3,4,5,7][2,4,6,7][1,7][1,3,6,7][2,5,6,7]
8	[2,3,4,6][3,5,6,8][1,2,5,6,7,8][1,3,5,8][2,5,6,8][1,5,6,8][1,2,3,4,6,8][1,6,7,8]

如表 10-1-1 所示，n 阶本原特征多项式周期为 $P=2^n-1$，例如，[2,5]的多项式为

$$f(x)=1+x^2+x^5$$

其互反多项式也是本原的，如上式的互反多项式为

$$\widetilde{f}(x)=x^n f(x^{-1})=1+x^3+x^5$$

其电路图如图 10-1-9 所示。

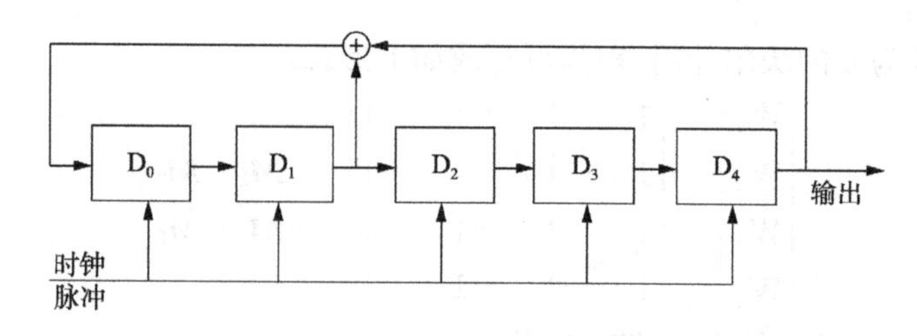

图 10-1-9　五级移位寄存器构成的 m 序列发生器

3. 扩频与解扩。

扩频码是很窄的脉冲序列，即比特速率较高。扩频码的比特速率被称为码片速率，而信息数据序列的比特速率被称为符号速率。假设扩频码有 16 位(Chip)，1kb/s 的基带数据被扩频成

16k Chips/s,则扩频 16 倍。数据速率提高了 16 倍,带宽也就宽了 16 倍。以 2 阶 Walsh 码为例,在 BPSK 调制下,单用户扩频过程如表 10-1-2 所示。

表 10-1-2　单用户扩频过程

信息位	0		1	
基带调制	−1		1	
Walsh 码	1	1	1	1
扩频信号	−1	−1	1	1

信息位通过 BPSK 基带调制后,成为±1 的调制信号,再分别与 Walsh 码进行相乘运算,其运算规则为

$(+1)\times(+1)=+1;(-1)\times(-1)=+1;(-1)\times(+1)=-1;(+1)\times(-1)=-1$

在接收端,利用该用户的 Walsh 码,对扩频信号进行解扩,其过程如表 10-1-3 所示。

表 10-1-3　单用户解扩过程

扩频信号	−1	−1	1	1
Walsh 码	1	1	1	1
相乘	−1	−1	1	1
积分	−2		2	
基带解调	0		1	

现考虑多用户的情况,以两个用户为例。用户 1 的信息位及扩频码如表 10-1-2 所示,用户 2 信息位为(1,1),其扩频码为(1,−1),则两用户的扩频、解扩过程如表 10-1-4 所示。

表 10-1-4　两用户扩频、解扩过程

	用户 1				用户 2			
扩频信号	−1	−1	1	1	1	−1	1	−1
发送信号	0　−2　2　0　(两个用户序列相加)							
相乘	0	−2	2	0	0	2	2	0
积分	−2		2		2		2	
基带解调	0		1		1		1	

上述过程没有考虑信道噪声,接收信号即为发送信号。下例为一个 8 用户 CDMA 数字基带收发系统。

例 10-3　8 用户 CDMA 数字基带收发系统。

该系统的 Simulink 模型如图 10-1-10 所示。

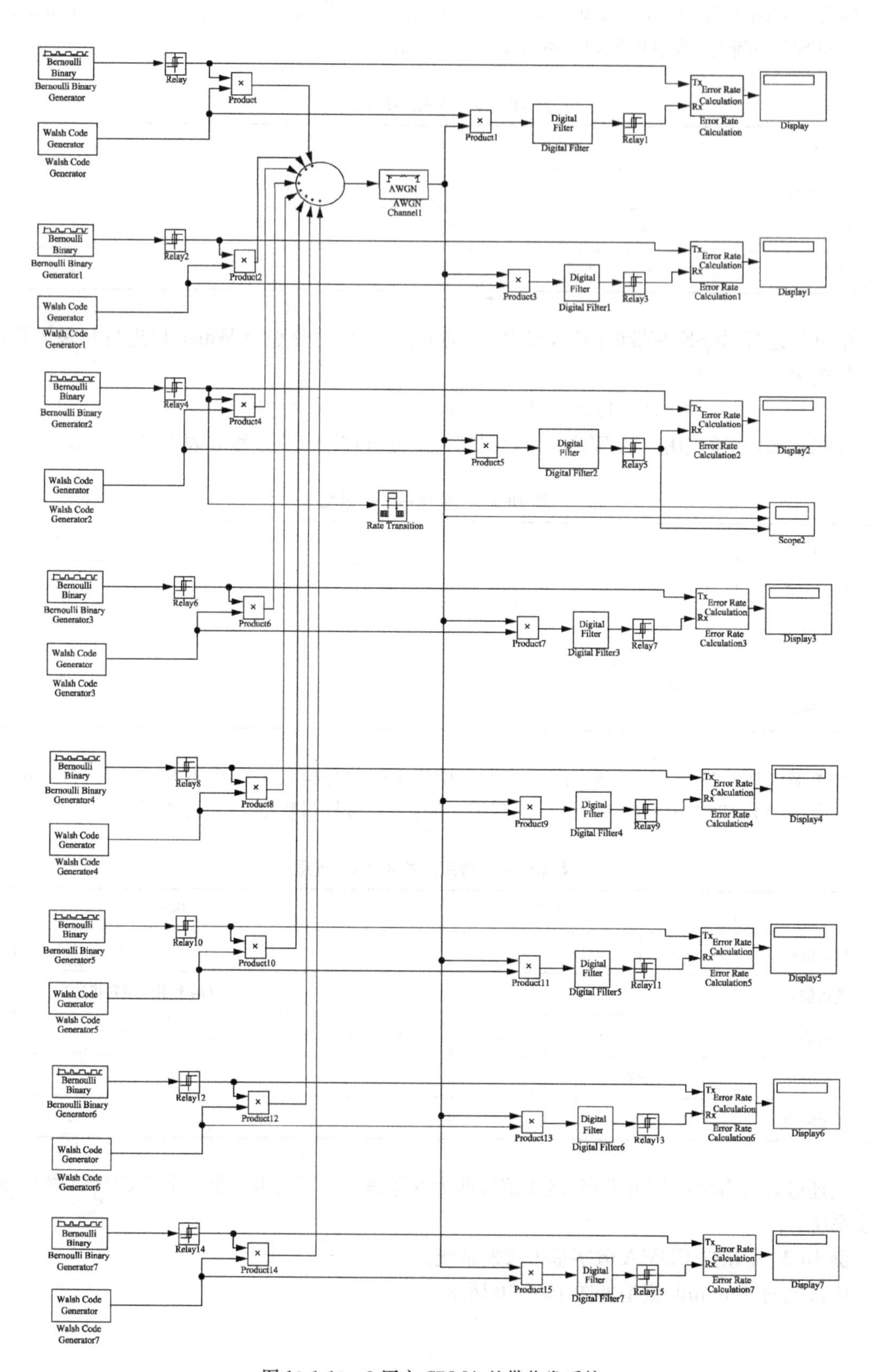

图 10-1-10　8 用户 CDMA 基带收发系统

图 10-1-11 给出了其中主要模块的参数设置。

(a)Bernoulli Binary Generator 模块

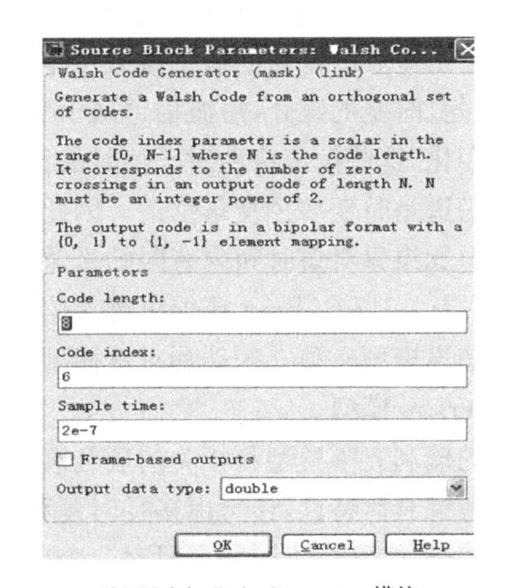

(b)Walsh Code Generator 模块

图 10-1-11　主要模块参数设置

二、设计方法

1. 设计目的。

(1)了解 CDMA 数字基带收发系统的基本组成。

(2) 掌握扩频、解扩的基本原理。

2. 设计工具与平台。

(1)C、Python、MATLAB 等软件开发平台。

(2)创新开发实验平台。

3. 设计内容与要求。

(1)构建 CDMA 数字基带收发系统,信道采用 AWGN。

(2)设计性能测试方案,完成对该传输系统的性能测试。

(3)设计要求:完成各模块功能,SNR=10dB 时,$P_e<0.05$。

4. 思考题。

(1)针对该系统,若要提高噪声中的性能,有哪些措施?

(2)若要加入载波调制,该系统还有哪些问题需要考虑?

10.2　数字频带传输系统设计

本节基于短波信道、卫星信道等典型无线信道进行频带传输系统设计,在第 8、9 章的基础上,侧重探讨信息传输的格式设计以及均衡器设计的一般方法。

10.2.1　短波通信系统设计

一、短波通信及短波信道仿真概述

短波通信是利用频率为 1.5～30MHz 的电磁波进行的无线电通信。短波的传播方式主要分为地波和天波传播。地波沿地球表面进行传播，衰减较大，只能近距离传播；天波依靠电离层反射来传播，可以实现远距离传播。对于短波通信线路，研究天波传播具有更重要的意义。

电离层给短波的传播创造了得天独厚的条件，同时也给它带来了许多弱点。由于电离层是分层、不均匀、时变的媒介，短波信道属于随机变参信道，又称时变色散信道。所谓“时变”即传播特性随机变化，这些信道特性对于信号的传播是很不利的。

短波信道是时变多径衰落信道。因此，要用一个准确的数学模型来全面描述短波信道是很困难的。但如果只对短时间内有限的带宽范围感兴趣，那么短波信道可以用一个稳定的统计模型来表示。从 1947 年 Bray 等提出衰落信道模型开始，相继提出的窄带信道模型有十几种。典型的短波信道模型有独立的瑞利衰落模型、相关的瑞利衰落模型、时变多径模型、单音双路径模型和 Watterson 模型。

独立的瑞利衰落模型和相关的瑞利衰落模型，均只考虑了短波信道的衰落特性；时变多径模型则不仅考虑衰落特性，还考虑多径时延和时变性；单音双路径模型则在时变多径模型的基础上增加了多普勒的考虑，不同的是只对一个单音信号而言；而 Watterson 模型则较全面地考虑了短波信道的瑞利衰落、多径时延以及多普勒效应等特性，且瑞利衰落和多普勒效应是通过独立的复高斯过程对多径信号进行幅度和相位调制来实现的。

1. Watterson 模型的结构。

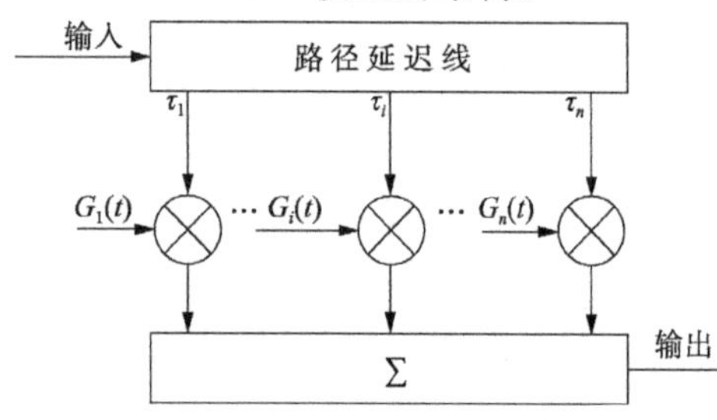

图 10-2-1　Watterson 信道模型原理框图

Watterson 模型是 Watterson 等在 1969 年提出的，是一种典型的高斯散射模型，原理如图 10-2-1 所示，在 1969 年被美国电信科学协会(ITS)证明是一种性能良好的信道模型。后来，在 1986 年 CCIR 的 549-2 报告中，将此模型作为一种典型的短波信道模型加以推荐。

模型的时变频率响应函数

$$H(f,t)=\sum_{i=1}^{n}\exp(-\mathrm{j}2\pi f\tau_i)G_i(t) \tag{10-2-1}$$

其中，i 为路径标号；n 为路径总数；τ_i 为第 i 条路径的延迟时间；$G_i(t)$ 为第 i 条路径由于电离层波动导致的信号随时间变化的路径增益函数，它是一个零均值复平稳高斯随机过程。

短波信号通过电离层后可以从两条路径反射回来，可分为高角波和低角波，如图 10-2-2(a) 所示。在考虑地磁场影响的情况下，每一路径信号又分裂成两个相速不等的椭圆极化波(磁离子分量)：寻常波和非寻常波，如图 10-2-2 (b)所示。

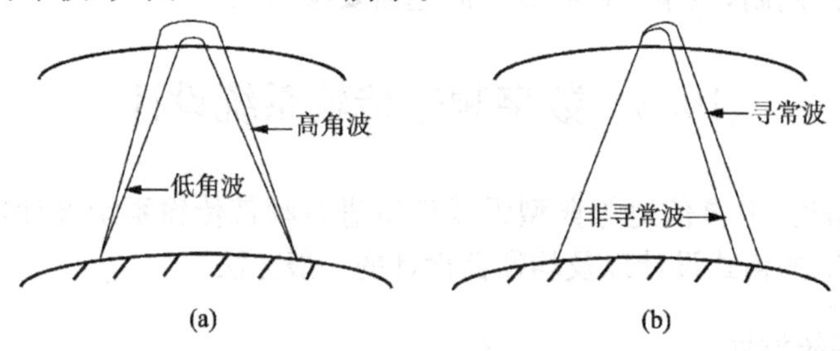

图 10-2-2　短波信号电离层反射方式

当两个磁离子分量的传输时延大于四分之一的传输带宽的倒数时，它们可以被区分开。因此，对于一个窄带系统(如带宽小于 12kHz，时间小于 10min)，大部分时间信道近似于静态系统，对于高角波的两个磁离子分量通常具有不同的增益函数；而对于低角波的两个磁离子分量则具有相似的传播特性，近似看作具有相同的增益函数，即两个磁离子分量的频谱重合。

1962 年和 1967 年 Davies、Shepherd 和 Lomax 分别用实验证明，用两个磁离子分量来描述低角波是合适的。

路径增益函数是两个具有相互独立的瑞利振幅分布的零均值的复高斯函数，即

$$G_i(t)=G_{ia}(t)\exp(\mathrm{j}2\pi f_{ia}t)+G_{ib}(t)\exp(\mathrm{j}2\pi f_{ib}t) \tag{10-2-2}$$

其中，a、b 分别表示两个不同的磁离子分量；f_{ia} 和 f_{ib} 为对应不同磁离子分量的多普勒频移；$G_{ia}(t)$ 和 $G_{ib}(t)$ 为两个独立的、稳定的且具有各态历经性的复高斯随机过程，其包络服从瑞利分布。每一个又是由具有零均值、相同方差、相互独立的实部和虚部组成的两部分。

$$G_{ia}(t)=g_{iac}(t)+\mathrm{j}g_{ias}(t) \tag{10-2-3}$$

其中，$g_{iac}(t)$ 和 $g_{ias}(t)$ 是两个独立的实正交高斯过程，其联合概率密度函数为

$$p[g_{iac},g_{ias}]=\frac{1}{\pi C_{ia}(0)}\exp\left[-\frac{g_{iac}^2+g_{ias}^2}{C_{ia}(0)}\right] \tag{10-2-4}$$

其中，$C_{ia}(0)$ 为当 $\Delta t=0$ 时的自相关函数的值；g_{iac} 和 g_{ias} 具有相同的频谱结构，即

$$F\{E[g_{iac}(t)g_{iac}(t+\Delta t)]\}=F\{E[g_{ias}(t)g_{ias}(t+\Delta t)]\} \tag{10-2-5}$$

因此，路径增益的自相关函数为

$$\begin{aligned}C_i(\Delta t)=&C_{ia}(0)\exp[-2\pi^2\sigma_{ia}^2(\Delta t)^2+\mathrm{j}2\pi f_{ia}\Delta t]\\&+C_{ib}(0)\exp[-2\pi^2\sigma_{ib}^2(\Delta t)^2+\mathrm{j}2\pi f_{ib}\Delta t]\end{aligned} \tag{10-2-6}$$

路径增益频谱

$$\nu_i(f)=\frac{C_{ia}(0)}{\sqrt{2\pi}\sigma_{ia}}\exp\left[-\frac{(f-f_{ia})^2}{2\sigma_{ia}^2}\right]+\frac{C_{ib}(0)}{\sqrt{2\pi}\sigma_{ib}}\exp\left[-\frac{(f-f_{ib})^2}{2\sigma_{ib}^2}\right] \tag{10-2-7}$$

其中，$C_i(0)=C_{ia}(0)+C_{ib}(0)$，$C_{ia}(0)$ 和 $C_{ib}(0)$ 是当 $\Delta t=0$ 时 $G_{ia}(t)$ 和 $G_{ib}(t)$ 的自相关函数值；f_{ia} 和 f_{ib} 为对应的多普勒频移；$2\sigma_{ia}$ 和 $2\sigma_{ib}$ 为对应的多普勒扩展。Watterson 模型路径增益频谱如图 10-2-3 所示。

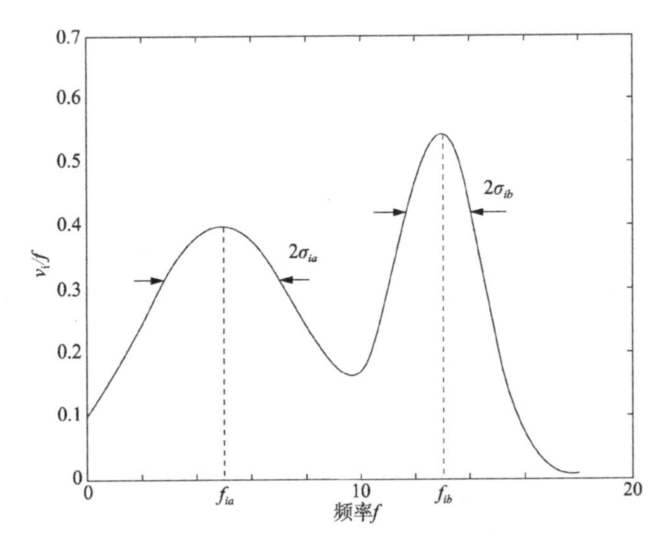

图 10-2-3　Watterson 模型路径增益频谱

2. Watterson 模型的算法实现和仿真。

Watterson 模型的软件仿真框图如图 10-2-4 所示。

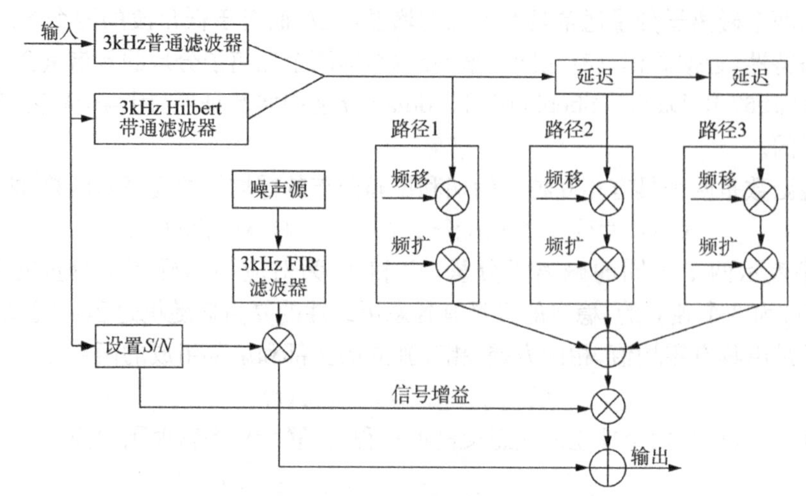

图 10-2-4　Watterson 模型的软件仿真框图

(1)多径仿真算法。

设输入信号 $S(t)=a\cos(\omega_0 t+\theta)$,经双线性 Hilbert 滤波器后信号变成复信号 $S_0(t)$,其中 I 路和 Q 路分量为

$$I_{\text{in0}}=a\cos(\omega_0 t+\theta),\quad Q_{\text{in0}}=a\sin(\omega_0 t+\theta) \tag{10-2-8}$$

则 $S_0(t)=I_{\text{in0}}+\mathrm{j}Q_{\text{in0}}$ 为原始信号的复数形式,即路径 1。

对这两个分量时延相同的时间就可以得到不同的路径,从而实现对多径的仿真,例如,延迟 τ 得到另一条 $S_1(t)$。

$$\begin{aligned}I_{\text{in1}}&=a\cos[\omega_0(t-\tau)+\theta]\\Q_{\text{in1}}&=a\sin[\omega_0(t-\tau)+\theta]\end{aligned} \tag{10-2-9}$$

则 $S_1(t)=I_{\text{in1}}+\mathrm{j}Q_{\text{in1}}$ 为原始的延迟信号,即多径信号,或路径 2 或路径 3。

Hilbert 滤波器的实现如下:

设计一个 FIR 低通滤波器,其通常为希望的带通滤波器通带的 1/2,利用式(10-2-10)将设计的低通滤波器的系数转化为带通 FIR 滤波器 I 路和 Q 路系数

$$\begin{aligned}h_{\text{IBP}}(n)&=2h_{\text{LP}}(n)\cos\left\{2\pi f_0\left[n-\frac{(N-1)}{2}\right]T\right\}\\h_{\text{QBP}}(n)&=2h_{\text{LP}}(n)\sin\left\{2\pi f_0\left[n-\frac{(N-1)}{2}\right]T\right\}\end{aligned} \tag{10-2-10}$$

其中,$h_{\text{LP}}(n)$为 n 阶低通 FIR 滤波器的系数;f_0 为通带中心频率;N 为系数的个数;T 为采样周期。

(2)衰落仿真算法。

①多普勒频扩仿真算法。

如图 10-2-5 所示。以原始信号的复数形式 $S_0(t)$为例分析其多普勒扩展产生的过程。由噪声源产生两路相互独立的高斯信号 I、Q,由于正态过程通过线性系统,其输出仍为正态过程,因此高斯信号 I、Q 经过高斯 FIR 低通滤波器、插值 FIR 滤波器,其输出 II、QQ 仍为高斯信号。

$$\begin{aligned}&S_0(t)^*(II+\mathrm{j}QQ)=(I_{\text{in0}}+\mathrm{j}Q_{\text{in0}})(II+\mathrm{j}QQ)\\&I_{\text{in0}}II-Q_{\text{in0}}QQ=A\cos(\omega_0 t+\theta)II-A\sin(\omega_0 t+\theta)QQ\\&I_{\text{in0}}II+Q_{\text{in0}}QQ=A\cos(\omega_0 t+\theta)QQ-A\sin(\omega_0 t+\theta)II\end{aligned} \tag{10-2-11}$$

其中,II、QQ 为两相互独立的高斯随机过程。

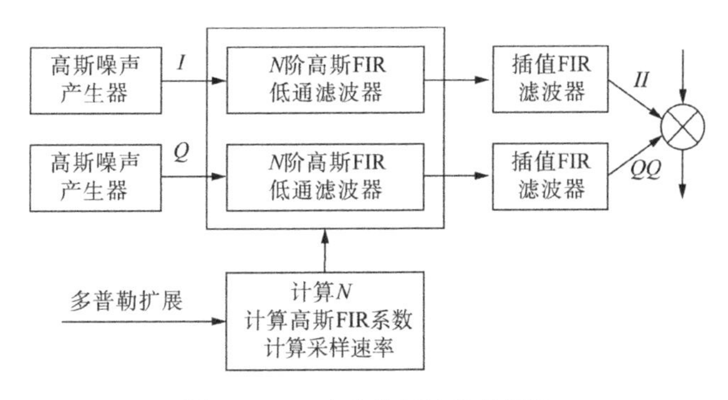

图 10-2-5 多普勒频扩仿真框图

设 $r=\sqrt{II^2+QQ^2}$，$\psi=\arctan\dfrac{QQ}{II}$，输出 $I_{out}=Ar\cos(\omega_0+\theta+\psi)$，$r\cos$ 概率密度函数 $f_r(r)=\dfrac{r}{\sigma^2}\mathrm{e}^{-\frac{r^2}{2\sigma^2}}$ 服从瑞利分布。

频率扩展的产生是由频率扩展参数 σ_{si} 来控制噪声源要通过的 3kHz 滤波器，使其频率响应为

$$Ar(f)=\mathrm{e}^{-\frac{f^2}{2\sigma_{si}^2}} \tag{10-2-12}$$

设输入高斯白噪声物理谱 $G_x(\omega)=N_0$，则通过滤波器后系统物理谱为

$$G_y(\omega)=N_0\exp(-f^2/\sigma_{si}^2) \tag{10-2-13}$$

于是与输入信号作用后产生 $2\sigma_{si}$ 的频率扩展。

②多普勒频移仿真算法。

多普勒频移主要是因为多普勒效应引起的通信双方载波频率的偏移，W_0 为多普勒频移。在仿真算法中，分别产生两路相互正交的频率为 W_0 的信号，与原始信号或经过延迟的多径信号相乘即可。仍以原始信号的复数形式 $S_0(t)$ 为例分析其多普勒频移产生过程。

$$I=\cos(W_0t),\quad Q=\sin(W_0t) \tag{10-2-14}$$

$$S_0(t)^*(I+\mathrm{j}Q)=\exp[\mathrm{j}(\omega_0+W_0)t] \tag{10-2-15}$$

从式(10-2-15)可见，原始信号频率 ω_0 叠加上了多普勒频移 W_0。

③噪声仿真算法。

为仿真真实的短波信道以及测试不同信噪比条件下的短波通信系统性能，可以在仿真的 3kHz 带宽内加入高斯噪声以产生特定的信噪比条件。

(3)短波标准测试信道模型。

ITU-R 为仿真短波数字通信系统的性能建议了测试信道，在 ITU-R F. 520 中定义了三种测试信道，在 ITU-R F. 1487 定义了十种测试信道。这些测试信道均为 Watterson 两径抽头延迟线模型，两径间的延迟为时延扩展，具体参数见表 10-2-1。

表 10-2-1 ITU-R 建议的测试信道模型

建议	信道模型及适应条件	时延扩展/ms	多普勒扩展/Hz
F. 520	好信道	0.5	0.1
	中等信道	1	0.5
	差信道	2	1

续表

建议	信道模型及适应条件	时延扩展/ms	多普勒扩展/Hz
F.1487	低纬度静态环境	0.5	0.5
	低纬度中等环境	2	1.5
	低纬度恶劣环境	6	10
	中纬度静态环境	0.5	0.1
	中纬度中等环境	1	0.5
	中纬度恶劣环境	2	1
	中纬度恶劣近似垂直入射	7	1
	高纬度静态环境	1	0.5
	高纬度中等环境	3	10
	高纬度恶劣环境	7	30

二、短波通信系统设计

1. 模拟传输系统设计。

目前，军用短波电台中模拟电台占有相当的比重，研究模拟通信技术仍然具有十分重要的意义。例如，RF3200 是美国 Harris 公司生产的自适应单边带电台，是目前较典型的装备。下面简要介绍该电台的主要技术指标。

(1)频率范围。发信：1.6～30MHz，频率间隔 10Hz，收信：0.1～30MHz，频率间隔 10Hz。信道：249 个出厂已编程信道。扫描组：1～9 组用户编程组。频率稳定度：5×10^{-7}。

(2)工作种类。①USB 上边带话(J3E：载波抑制式 SSB 话)、LSB 下边带话(J3E：载波抑制式 SSB 话)。②AM 全载波兼容调幅话(H3E)。③CW 等幅报(J2A)。④ARQ：自动请求重发数据通信。⑤DATA 数据通信。

(3)发射机。①SSB 话输出功率：125W 峰包/平均；②AM(兼容)载波功率：35W；③SSB 话载波话抑制：46dB PEP；④互调：32dB 等。

(4)接收机。①灵敏度(1.6～30MHz)：SSB 话时 0.5μV 10dB SINDA；AM 话时 3μV 10dB SINDA。②音频输出：5W，失真<5%，600Ω 辅助输出。③AGC 特性：信号输入 10μV～1V，输出音频变化小于 2dB。④抗矩比：镜抗比－70dB，中抗比－80dB。⑤互调失真：－80dB。

从该电台的主要体制来看，AM 和 SSB 是目前短波电台常用的两种模拟调制方式，本节针对这两种体制进行实践研究。

(1)AM 调制。

振幅调制又称为常规双边带调制，调制信号 $m(t)$叠加直流 A_0 后与载波相乘，就可形成调幅 AM(Amplitude Modulation)信号，如图 10-2-6 所示。

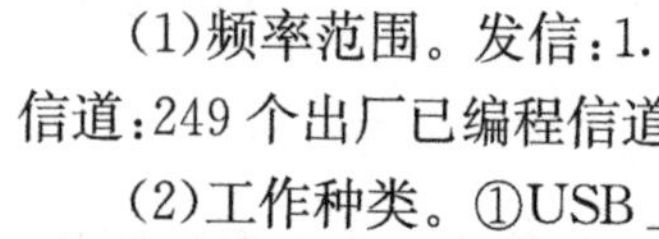

m(t)　A_0　$\cos\omega_c t$　$s_{AM}(t)$

图 10-2-6　AM 调制器模型

AM 信号的时域表达式为

$$s_{AM}(t)=[A_0+m(t)]\cos\omega_c t \tag{10-2-16}$$

式中，通常认为 $m(t)$的平均值$\overline{m(t)}=0$。AM 信号的时域波形如图 10-2-7(a)所示。

AM 信号的解调一般有两种方法，一种是相干解调方法，相干解调也称为同步解调法；另一种是非相干解调法，就是通常的包络检波法。由于包络检波法电路很简单，而且又不需要本地提供同步载波，因此，对 AM 信号的解调大都采用包络检波法。

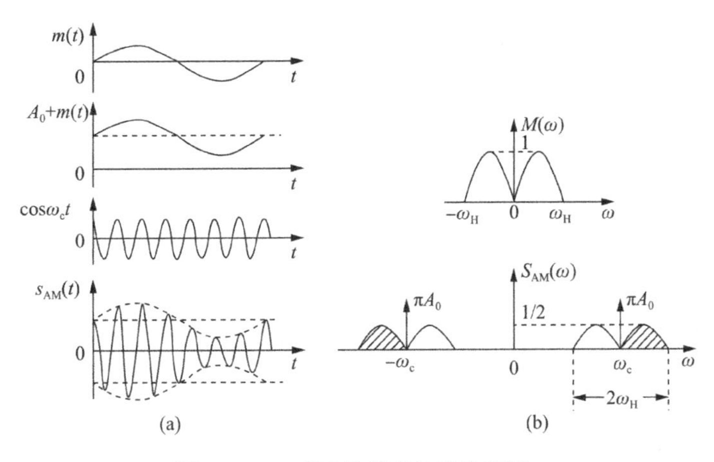

图 10-2-7　AM 信号的波形和频谱

用相干解调法接收 AM 信号的原理如图 10-2-8 所示。相干解调法一般由乘法器、低通滤波器(Low Pass Filter,LPF)和带通滤波器(Band Pass Filter,BPF)组成。AM 信号经信道传输后,接收端接收的信号首先通过 BPF,BPF 的主要作用是滤除带外噪声。AM 信号 $s_{AM}(t)$通过 BPF 后与本地载波 $\cos\omega_c t$ 相乘再经过低通滤波器 LPF 隔直流后就完成了 $s_{AM}(t)$信号的解调。

图 10-2-8 中 $s_{AM}(t)$与载波相乘后输出为

$$\begin{aligned} z(t) &= s_{AM}(t) \cdot \cos\omega_c t = [A_0 + m(t)]\cos\omega_c t \cdot \cos\omega_c t \\ &= \frac{1}{2}(1+\cos 2\omega_c t)[A_0 + m(t)] \end{aligned} \tag{10-2-17}$$

经过低通滤波后的输出信号为

$$s_o(t) = \frac{A_0}{2} + \frac{1}{2}m(t) \tag{10-2-18}$$

其中,常数 $A_0/2$ 为直流成分,可以方便地用一个隔直流电路无失真地恢复原始调制信号。

相干解调法的优点是接收性能好,但实现较为复杂,要求在接收端产生一个与发送端同频同相的载波。AM 信号非相干解调法的原理如图 10-2-9 所示,它由 BPF、线性包络检波器(Linear Envelop Detector,LED)和 LPF 组成。图 10-2-9 中 BPF 的作用与相干解调法中的完全相同。LED 直接提取 AM 信号的包络,即把一个高频信号直接变成低频调制信号,低通滤波器可以对包络检波器的输出起到平滑作用。最简单的包络检波器由二极管和阻容电路构成,具体电路参考高频电子线路有关文献。包络检波法的优点是实现简单,成本低,不需要同步载波,但系统抗噪声性能较差。

图 10-2-8　AM 信号的相干解调法　　　　图 10-2-9　AM 信号的非相干解调法

下面给出一个示例,用于构建基于 AM 的音频信号模拟传输系统。

例 10-4　基于 AM 的音频信号模拟传输系统。

本系统的实现过程为:首先将音频信号内插到与载波相同的采样率,这可利用 MATLAB 的 interp 函数实现内插;然后进行 AM 调制;最后根据 AM 解调原理进行信号解调,这可利用 MATLAB 的 decimate 函数对解调信号进行抽取滤波。该系统的参数如表 10-2-2 所示。由载波频率与采样率的关系可知，载波的采样率为 $f_s/f_c=4.14$；根据载波采样率与音频信号采样率可知，对音频进行内插的倍数为 4.14MHz/44.1kHz。

表 10-2-2　AM 模拟传输系统参数列表

参数名	取值
载波频率 f_c	1MHz
载波采样率 f_s	4.14MHz
音频信号源	Windows 系统的 logon.wav 文件，采样率 44.1kHz

在 MATLAB 的命令窗口运行 fdatool（滤波器设计工具箱），设计低通滤波器，参数为：采样率 $f_s=4.14$MHz，通带截止频率 $f_{pass}=10$kHz，阻带截止频率 $f_{stop}=100$kHz，生成滤波器系数保存到文件 lowpass.mat。相应 MATLAB 程序代码如下。

①AM 调制程序代码。

```
fc=1e6;                                  %输入载波频率
fs=4.14e6;                               %抽样频率要大于 2 倍载波频率
Am=0.15;                                 %Am 为信源输出的幅度最大值
A=0.2;                                   %输入 A>Am,防止过载

%%读取调制音频信号,该信号可在 Windows 中搜索得到,也可用其他音频 wav 文件替代
[y, Fs, nbits] = wavread('logon.wav');
mt=y(:,1);                               %取双通道语音的一路信号,采样率为 44.1kHz
%%进行 100 倍内插,使得信源的采样率达到 4.14MHz,内插后的速率等于载波的采样率
mt=interp(mt,100)';                      %插值到 4.14MHz
N=length(mt);
K=N-1;
n=0:N-1;
%%绘制 AM 调制前信号波形
t=(0:1/fs:K/fs);                         %载波的采样时刻,也是信源的采样时刻
subplot(3,1,1),plot(t,mt),title('调制信号 mt 的时域波');
%%将信源与余弦载波相乘,实现 Am 调制
y2=(A+mt).*cos(2*pi*fc*t);               %已调信号

%%绘制 AM 调制后信号波形
subplot(3,1,2),plot(t,y2),title('已调制信号 y2 的时域波');
```

②AM 解调程序代码。

```
%%非相干解调,包络检波
c = find(y2<0);
y2(c) = 0;
load lowpass.mat;                        %fs=4.14MHz,fpass=10kHz,fstop=100kHz,低通滤波
y3=conv(y2,lowpass);
%%画解调信号时域波形
subplot(3,1,3),plot(t,y3(1:N)),title('解调信号 y3 的时域波')
y4=10*decimate(y3,100);
%%将解调信号写入 wav 文件
wavwrite(y4,Fs,'amdemod.wav');
```

(2)SSB调制。

除掉DSB的一个边带就可以得到SSB信号,因此SSB占有DSB一半的带宽。依据所保留的边带是上边带还是下边带,有两种类型的SSB,即USSB和LSSB。这些信号的时域表示为

$$u(t)=\frac{A_c}{2}m(t)\cos(2\pi f_c t)\mp\frac{A_c}{2}\hat{m}(t)\sin(2\pi f_c t) \tag{10-2-19}$$

其中,减号对应于USSB;加号对应于LSSB;$\hat{m}(t)$是$m(t)$的希尔伯特变换,定义为$\hat{m}(t)=m(t)*[1/(\pi t)]$,在频域中则满足$\hat{M}(f)=-\mathrm{j}\,\mathrm{sgn}(f)M(f)$。换句话说,一个信号的希尔伯特变换代表在全部信号分量上进行$\pi/2$的相移。这样,在频域中有

$$U_{\mathrm{USSB}}(f)=\begin{cases}[M(f-f_c)+M(f+f_c)], & f_c\leqslant|f|\\ 0, & 其他\end{cases} \tag{10-2-20}$$

和

$$U_{\mathrm{LSSB}}(f)=\begin{cases}[M(f-f_c)+M(f+f_c)], & f\leqslant|f_c|\\ 0, & 其他\end{cases} \tag{10-2-21}$$

有消息信号$m(t)$为

$$m(t)=\begin{cases}1, & 0\leqslant t<t_0/3\\ -2, & t_0/3\leqslant t<2t_0/3\\ 0, & 其他\end{cases} \tag{10-2-22}$$

用LSSB方法调制载波$c(t)=\cos(2\pi f_c t)$。假定$t_0=0.15\mathrm{s}$,$f_c=250\mathrm{Hz}$,画出消息信号的希尔伯特变换和已调信号$u(t)$,同时也画出已调信号的频谱。

消息信号的希尔伯特变换可用MATLAB的希尔伯特变换函数hilbert.m计算得出。然而,值得注意的是,这个函数所得到的是一个复数序列,其实部是原序列,而虚部才是要求的希尔伯特变换。因此,序列的希尔伯特变换可以用指令imag(hilbert(m))得到。现在,利用下面的关系:

$$u(t)=m(t)\cos(2\pi f_c t)\mp\hat{m}(t)\sin(2\pi f_c t) \tag{10-2-23}$$

就能得到已调信号。图10-2-10显示的是LSSB已调信号$u(t)$的频谱图。

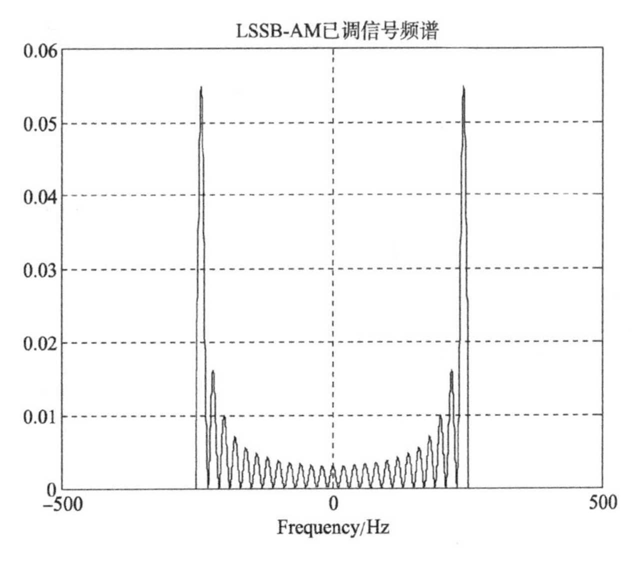

图10-2-10　SSB信号频谱

SSB信号的解调过程基本上与DSB信号的解调过程相同,也就是说混频之后紧接着低通滤

波，即

$$u(t)=\frac{A_c}{2}m(t)\cos(2\pi f_c t)\mp\frac{A_c}{2}\hat{m}(t)\sin(2\pi f_c t) \tag{10-2-24}$$

其中，减号对应于USSB；加号对应于LSSB。$u(t)$与本地振荡器混频之后得到输出

$$\begin{aligned}y(t)&=\frac{A_c}{2}m(t)\cos^2(2\pi f_c t)\mp\frac{A_c}{2}\hat{m}(t)\sin(2\pi f_c t)\cos(2\pi f_c t)\\&=\frac{A_c}{4}m(t)+\frac{A_c}{4}m(t)\cos(4\pi f_c t)\mp\frac{A_c}{4}\hat{m}(t)\sin(4\pi f_c t)\end{aligned} \tag{10-2-25}$$

其中，含有在$\pm 2f_c$的带通分量和正比于消息信号的低频分量。低频分量用低通滤波器滤出，以恢复消息信号。

下面通过示例来分析SSB的调制解调过程。

例 10-5　SSB调制过程。

```
%%参数设置
t0=.15;                                              %信号持续时间
ts=0.001;                                            %采样间隔
fc=250;                                              %载波频率
snr=10;                                              %信噪比(dB)
fs=1/ts;                                             %采样频率
df=0.25;                                             %所需的频率分辨率
t=[0:ts:t0];                                         %时间矢量
snr_lin=10^(snr/10);                                 %线性信噪比
%%消息矢量
m=[ones(1,t0/(3*ts)),-2*ones(1,t0/(3*ts)),zeros(1,t0/(3*ts)+1)];
c=cos(2*pi*fc.*t);                                   %载波矢量
udsb=m.*c;                                           %DSB已调信号
[UDSB,udssb,df1]=fftseq(udsb,ts,df);                 %傅里叶变换
UDSB=UDSB/fs;                                        %归一化
f=[0:df1:df1*(length(udssb)-1)]-fs/2;                %频率矢量
n2=ceil(fc/df1);                                     %载波在频率矢量中的位置
%%去除DSB中的上边带
UDSB(n2:length(UDSB)-n2)=zeros(size(UDSB(n2:length(UDSB)-n2)));
ULSSB=UDSB;                                          %产生LSSB信号的频谱
[M,m,df1]=fftseq(m,ts,df);                           %傅里叶变换
M=M/fs;                                              %归一化
u=real(ifft(ULSSB))*fs;                              %从频谱产生LSSB信号
signal_power=spower(udsb(1:length(t)))/2;            %计算信号功率
noise_power=signal_power/snr_lin;                    %计算噪声功率
noise_std=sqrt(noise_power);                         %计算噪声标准差
noise=noise_std*randn(1,length(u));                  %产生噪声矢量
r=u+noise;                                           %添加噪声到信号中
[R,r,df1]=fftseq(r,ts,df);                           %傅里叶变换
R=R/fs;                                              %归一化
pause                                                %观察调制信号的功率
signal_power
pause                                                %观察消息信号
clf
subplot(2,1,1)
plot(t,m(1:length(t)))
```

```
axis([0,0.15,-2.1,2.1])
xlabel('时间')
title('消息信号')
grid;
%%观察载波
pause
subplot(2,1,2)
plot(t,c(1:length(t)))
xlabel('时间')
title('载波')
grid;
%%观察已调信号及其频谱
pause
clf
subplot(2,1,1)
plot([0:ts:ts*(length(u)-1)/8],u(1:length(u)/8))
xlabel('时间')
title('LSSB 已调信号')
grid;
subplot(2,1,2)
plot(f,abs(fftshift(ULSSB)))
xlabel('频率')
title('LSSB 已调信号频谱')
grid;
%%观察消息信号和已调信号的频谱
pause
clf
subplot(2,1,1)
plot(f,abs(fftshift(M)))
xlabel('频率')
title('消息信号频谱')
grid;
subplot(2,1,2)
plot(f,abs(fftshift(ULSSB)))
xlabel('频率')
title('LSSB 已调信号频谱')
grid;
%%观察噪声采样值
pause
subplot(2,1,1)
plot(t,noise(1:length(t)))
title('噪声采样值')
xlabel('时间')
grid;
%%观察已调信号和噪声
```

```
pause
subplot(2,1,2)
plot(t,r(1:length(t)))
title('已调信号加噪声')
grid;
xlabel('时间')
subplot(2,1,1)
%%观察已调信号的频谱
pause
plot(f,abs(fftshift(ULSSB)))
title('已调信号频谱')
grid;
xlabel('频率')
subplot(2,1,2)
%%观察已调信号加噪声的频谱
pause
plot(f,abs(fftshift(R)))
grid;
title('已调信号加噪声频谱')
xlabel('频率')
```

图 10-2-11 为 LSSB 调制过程中的波形图。

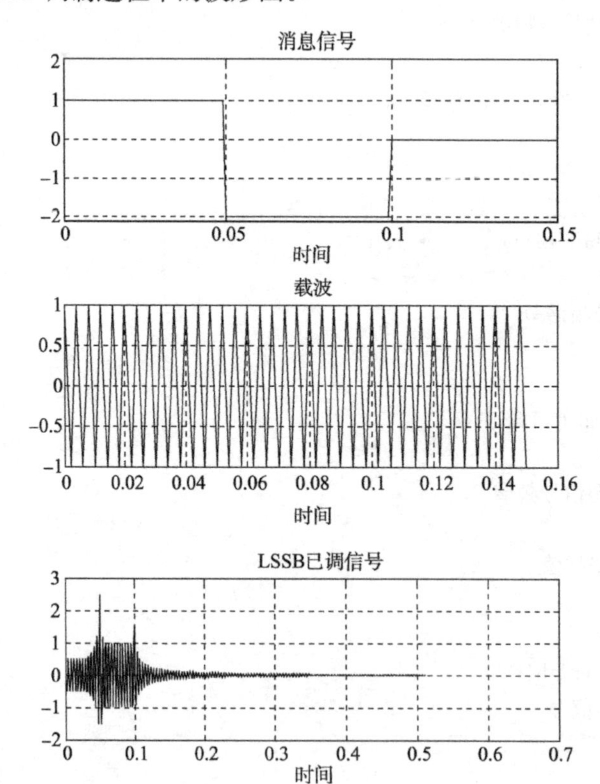

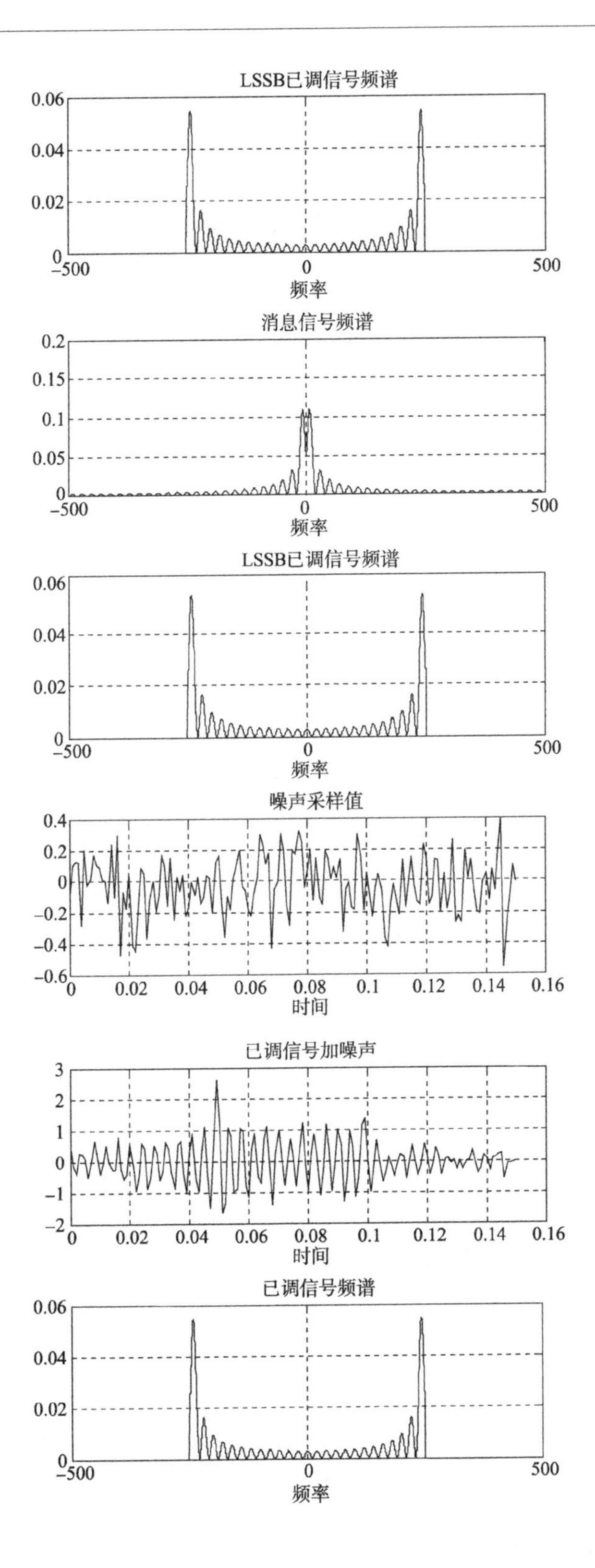

LSSB已调信号频谱
频率
消息信号频谱
频率
LSSB已调信号频谱
频率
噪声采样值
时间
已调信号加噪声
时间
已调信号频谱
频率

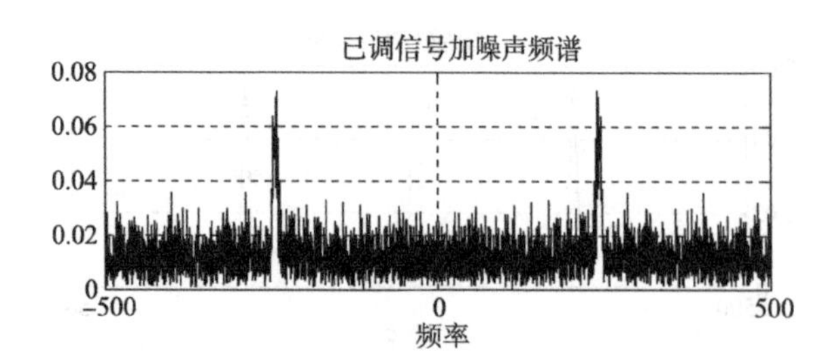

图 10-2-11　示例中的信号波形及其频谱对比

例 10-6　SSB 解调过程。

在 SSB 解调系统中，若消息信号为

$$m(t)=\begin{cases}1, & 0\leqslant t<t_0/3\\ -2, & t_0/3\leqslant t<2t_0/3\\ 0, & 其他\end{cases}$$

其中，$t_0=0.15\mathrm{s}$；$f_c=250\mathrm{Hz}$。求 $U(f)$ 和 $Y(f)$，并将解调信号与消息信号进行比较。已调信号和它的频谱在前面的例子中已给出，$U(f)$ 的表达式为

$$U(f)=\begin{cases}0.025\mathrm{e}^{-0.05\mathrm{j}\pi(f-250)}\mathrm{sinc}[0.05(f-250)][1-2\mathrm{e}^{-0.1\mathrm{j}\pi(f-250)}]\\ +0.025\mathrm{e}^{-0.05\mathrm{j}\pi(f+250)}\mathrm{sinc}[0.05(f+250)][1-2\mathrm{e}^{-0.1\mathrm{j}\pi(f+250)}], & |f|\leqslant f_c\\ 0\end{cases}$$

$$Y(f)=\frac{1}{2}U(f-f_c)+\frac{1}{2}U(f+f_c)$$

$$\approx\begin{cases}0.0125\mathrm{e}^{-0.05\mathrm{j}\pi f}\mathrm{sinc}(0.05f)(1-2\mathrm{e}^{-0.01\mathrm{j}\pi f}), & |f|\leqslant f_c\\ 0.0125\mathrm{e}^{-0.05\mathrm{j}\pi(f-500)}\mathrm{sinc}[0.05(f-500)][1-2\mathrm{e}^{-0.01\mathrm{j}\pi(f-500)}], & f_c\leqslant f\leqslant 2f_c\\ 0.0125\mathrm{e}^{-0.05\mathrm{j}\pi(f+500)}\mathrm{sinc}[0.05(f+500)][1-2\mathrm{e}^{-0.01\mathrm{j}\pi(f+500)}], & -2f_c\leqslant f\leqslant -f_c\\ 0, & 其他\end{cases}$$

程序代码如下：

```
%%参数设置
t0=.15;                                                    %信号持续时间
ts=1/1500;                                                 %采样间隔
fc=250;                                                    %载波频率
fs=1/ts;                                                   %采样频率
df=0.25;                                                   %所需的频率分辨率
t=[0:ts:t0];                                               %时间矢量
%%消息信号矢量
m=[ones(1,t0/(3*ts)),-2*ones(1,t0/(3*ts)),zeros(1,t0/(3*ts)+1)];
c=cos(2*pi*fc.*t);                                         %载波矢量
udsb=m.*c;                                                 %DSB已调信号
[UDSB,udsb,df1]=fftseq(udsb,ts,df);                        %傅里叶变换
UDSB=UDSB/fs;                                              %归一化
n2=ceil(fc/df1);                                           %载波在频率矢量中的位置
```

```
%%去除DSB中的上边带
UDSB(n2:length(UDSB)-n2)=zeros(size(UDSB(n2:length(UDSB)-n2)));
ULSSB=UDSB;                                          %产生LSSB频谱
[M,m,df1]=fftseq(m,ts,df);                           %消息信号的频谱
M=M/fs;                                              %归一化
f=[0:df1:df1*(length(M)-1)]-fs/2;                    %频率矢量
u=real(ifft(ULSSB))*fs;                              %从频谱产生LSSB信号
%%混频
y=u.*cos(2*pi*fc*[0:ts:ts*(length(u)-1)]);
[Y,y,df1]=fftseq(y,ts,df);                           %混频器输出信号的频谱
Y=Y/fs;                                              %归一化
f_cutoff=150;                                        %选择滤波器的截止频率
n_cutoff=floor(150/df);                              %设计滤波器
H=zeros(size(f));
H(1:n_cutoff)=4*ones(1,n_cutoff);
%%滤波器输出信号的频谱
H(length(f)-n_cutoff+1:length(f))=4*ones(1,n_cutoff);
DEM=H.*Y;                                            %滤波器输出信号的频谱
dem=real(ifft(DEM))*fs;                              %滤波器输出信号
%%观察混频效果
pause
clf
subplot(3,1,1)
plot(f,fftshift(abs(M)))
title('消息信号频谱')
grid;
xlabel('频率')
subplot(3,1,2)
plot(f,fftshift(abs(ULSSB)))
title('已调信号频谱')
grid;
xlabel('频率')
subplot(3,1,3)
plot(f,fftshift(abs(Y)))
title('混频器输出信号频谱')
grid;
xlabel('频率')
%%观察混频器输出滤波后的效果
pause
clf
subplot(3,1,1)
plot(f,fftshift(abs(Y)))
title('混频器输出信号频谱')
grid;
xlabel('频率')
subplot(3,1,2)
plot(f,fftshift(abs(H)))
title('低通滤波器特性')
grid;
```

```
xlabel('频率')
subplot(3,1,3)
plot(f,fftshift(abs(DEM)))
title('解调器输出信号频谱')
grid;
xlabel('频率')
%%观察消息信号和解调器输出的信号
pause
subplot(2,1,1)
plot(t,m(1:length(t)))
title('消息信号')
grid;
xlabel('时间')
subplot(2,1,2)
plot(t,dem(1:length(t)))
title('解调器输出')
grid;
xlabel('时间')
```

图 10-2-12 为 SSB 解调过程示例中的信号波形及其频谱对比。

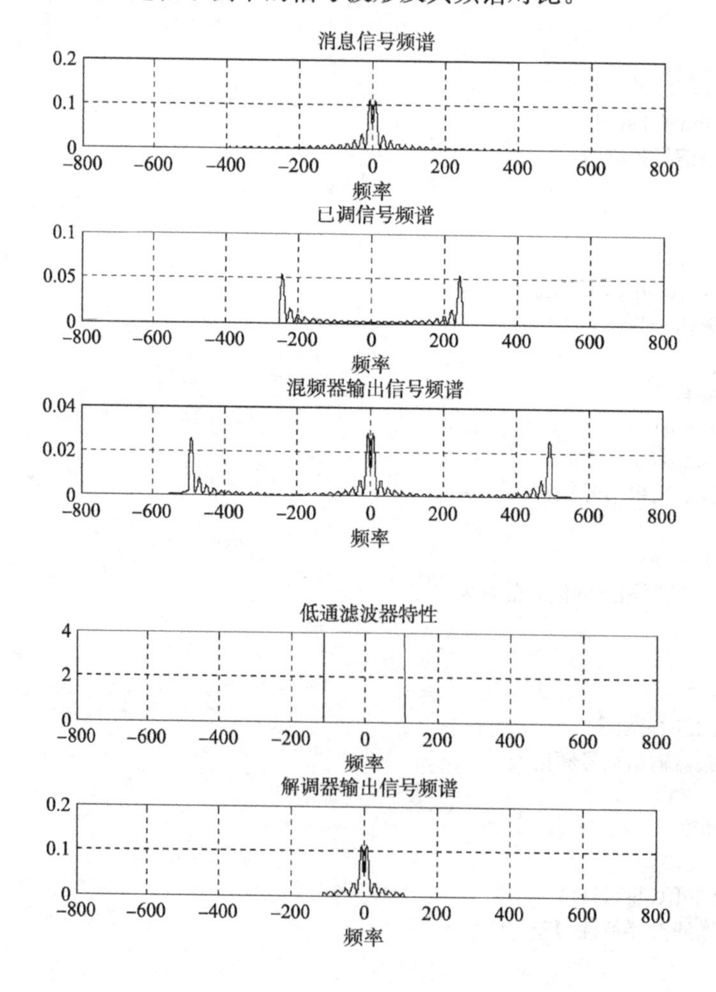

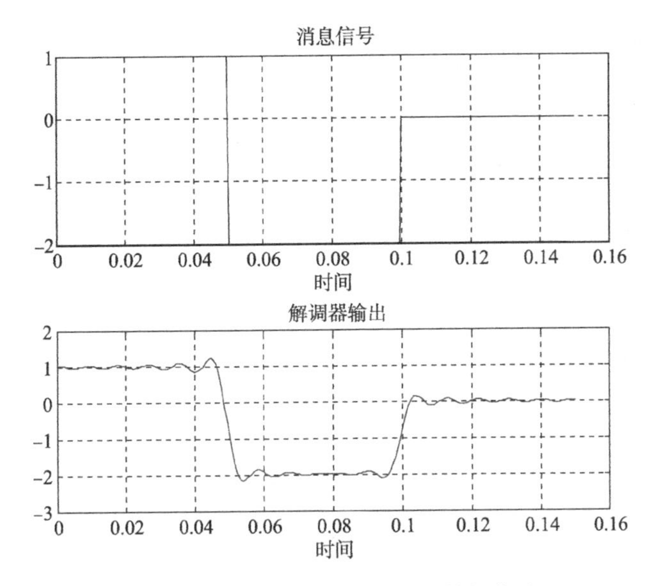

图 10-2-12　示例中的信号波形及其频谱对比

2. 数字传输系统设计。

短波信道中一般采用相移键控的数字传输体制，如常用的 QPSK，QPSK 传输体制的特点在前面第 6 章中已有详细论述。短波信道中的 QPSK 传输系统设计需要处理信道时变性和衰落对传输的影响，为估计信道特性，在帧格式设计时可以考虑加入一定的训练序列。由于信道的时变性，均衡器设计时需要考虑采用信道估计与信道跟踪相结合的方式。下例给出了一种可以借鉴的设计方案。

例 10-7　短波信道下 QPSK 传输系统。

(1)仿真条件说明。

符号速率：2400Baud；

成型滤波：平方根升余弦滤波器，滚降因子 0.25；过采样因子 16；

信号频率范围：0.3～3.3kHz；

调制方式：QPSK；

帧格式如图 10-2-13 所示；

均衡方式：DFE，4 倍分数间隔，遗忘因子 0.96。

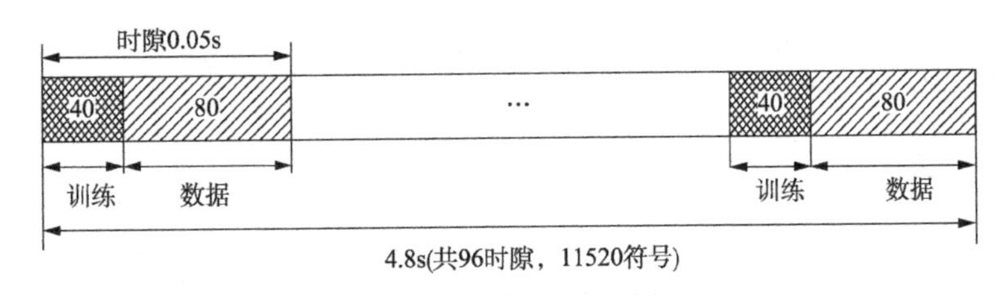

图 10-2-13　帧格式

(2)MATLAB 代码。

```
%%调制信号参数
SNR = 0:30;
baud_rate=2400;
```

```
M=4;k = log2(M);
bit_rate = baud_rate * log2(M);
modObj = modem.pskmod('M', M, 'PhaseOffset', 0, 'SymbolOrder', 'gray', 'InputType',
'integer');
demodObj = modem.pskdemod(modObj);
%%生成数据
data_len= 2000;
data_len1=80;
slots_per_frame=data_len/data_len1;
nloop=10;
data=randint(1,data_len,M);
train_len = 40;
train=randint(1,train_len,M).';
%%训练序列调制
%%发送匹配滤波器
Fd=1; Delay=3;
Fs=16;
roll_coeff=1/4;
[yf, tf] = rcosine(Fd, Fs, 'fir/sqrt', roll_coeff, Delay);

%% 判决反馈均衡器
forwardcoeff=33;
feedbackcoeff=7;
forgetting=0.96;
overfactor=4;
sigconst=modObj.Constellation;
eqobj=dfe(forwardcoeff,feedbackcoeff,rls(forgetting),sigconst,overfactor);
eqobj.RefTap = 17;
D = (eqobj.RefTap -1)/eqobj.nSampPerSym;
eqobj.ResetBeforeFiltering=0;

%%均衡器填充序列
tail=transpose(randint(1,D,M));

%%ITU-R 信道
fd=1;baud_rate=2400;
Fs=16;
ts=1/baud_rate/Fs;
chan=stdchan(ts,fd,'iturHFMM');
chan.ResetBeforeFiltering = 0;

%%开始仿真
for i=1:length(SNR)
[receive_soft,ser_single(i)]=single_file_process(data,data_len1,D,chan,eqobj,slots_per_frame,
modObj,demodObj,Fd,Fs,yf,SNR(i),overfactor,train,tail);
end
figure
semilogy( SNR, ser_single, '-*');
grid on;


函数 single_file_process:
```

```
function receive_soft, ser_single]=single_file_process(data, data_len1, D, chan, eqobj, slots_per_
frame, modObj, demodObj, Fd, Fs, yf, adjSNR,overfactor,train,tail)
train_len=length(train);
receive_soft=[];
for ii=1:slots_per_frame
    %%每次取存储数据 100 个
    msg_orig=transpose(data((ii-1) * data_len1+1:ii * data_len1));
    msg_tx =[train;msg_orig;tail];
    msg_enc = modulate(modObj, msg_tx);

    %%设置合成空数组
    [yo, to] = rcosflt(transpose(msg_enc), Fd, Fs, 'filter', yf);
    yo=yo((length(yf)+1)/2:end-(length(yf)-1)/2);

    %%高斯白噪声
    yo=awgn(filter(chan,yo),adjSNR);
    [yr, tr] = rcosflt(yo, Fd, Fs, 'filter/Fs', yf);
    yr=yr((length(yf)+1)/2:end-(length(yf)-1)/2);
    filtmsg=yr(1:Fs/overfactor:end);

    %%信道均衡
    [symbolest,receivedMsg]=equalize(eqobj,filtmsg,modulate(modObj,train));

    %%去掉软硬信息——均衡器延迟填充
    receivedMsg=receivedMsg(train_len+D+1:end);
    symbolest=symbolest(train_len+D+1:end);

    %%将每组数据存入空数组
    receive_soft=[receive_soft;symbolest];
end
[t1,ser_single]=symerr(transpose(data),demodulate(demodObj,receive_soft));
```

图 10-2-14 为仿真的性能曲线图。

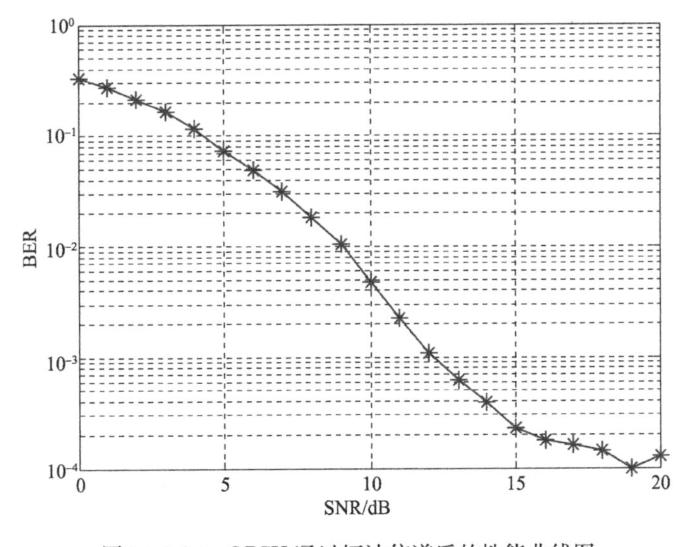

图 10-2-14 QPSK 通过短波信道后的性能曲线图

三、设计方法

1. 设计目的。

(1)掌握短波信道的基本特点。

(2)熟悉短波信道建模方法。

2. 设计工具与平台。

C、Python、MATLAB 等软件开发平台。

3. 设计内容和要求。

(1)分析短波信道建模方法的正确性。

(2)设计 QPSK 传输系统的帧格式。

(3)针对不同的短波信道模型,设计不同的均衡器。

(4)在不同的信噪比下,采用蒙特卡罗仿真对该传输系统进行性能测试。

(5)改变信道参数,绘出误码性能图。

4. 思考题。

(1)短波信道对于数字通信系统的影响主要体现在哪些方面?

(2)采用何种方法可提高该系统的传输性能?

(3)帧格式设计中时隙长度与短波信道多普勒频扩之间应该满足什么关系?

10.2.2 基于卫星信道的 QAM 传输系统设计

一、系统概述

卫星通信链路特性较为复杂,本节主要考虑卫星信道的非线性失真对于 QAM 通信系统的影响及其消除方法。卫星信道的非线性特性表现在很多方面,例如,转发器、I/Q 不平衡、相位噪声、群时延等,本节重点放在转发器、相位噪声和群时延上。

1. 转发器的非线性特性。

实际卫星通信系统中,转发器所用的高功率放大器(HPA)具有非线性的传递函数,其特性可用幅度变换(AM/AM)和相位变换(AM/PM)来表示,其典型特性如图 10-2-15 所示。

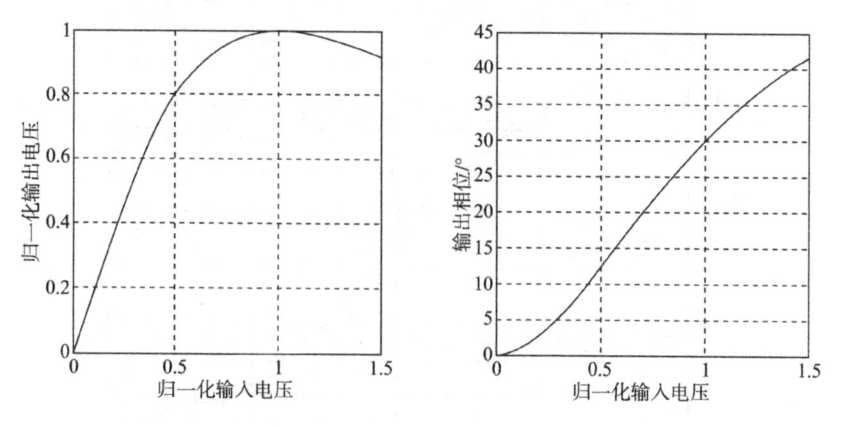

图 10-2-15　HPA 的 AM/AM 与 AM/PM 特性

对于 HPA 的 AM/AM 与 AM/PM 特性可用如下的数学模型表示:

$$A(P)=\frac{a_1 P}{1+b_1 P^2} \tag{10-2-26}$$

$$\varphi(P)=\frac{a_2 P^2}{1+b_2 P^2} \tag{10-2-27}$$

式中,模型系数 a_1,a_2 和 b_1,b_2 是使用数值曲线拟合法,由数据得到的。

2. 系统群时延。

在卫星通信系统中,除高斯噪声对传输误码的影响外,地面发射设备、卫星信道和地面接收设备的传递函数不理想性产生的幅度失真及相位失真引起的码间干扰(ISI),将使传输误码性能进一步恶化。

假定信道的频响特性函数为

$$H(\mathrm{e}^{\mathrm{j}\omega})=|H(\mathrm{e}^{\mathrm{j}\omega})|\mathrm{e}^{\mathrm{j}\phi(\omega)} \tag{10-2-28}$$

式中,$|H(\mathrm{e}^{\mathrm{j}\omega})|$为幅频特性函数;$\phi(\omega)$为相频特性函数。

群时延——频率特性为

$$\tau(\omega)=\frac{\mathrm{d}\phi(\omega)}{\mathrm{d}\omega} \tag{10-2-29}$$

如果 $\tau(\omega)$是一个常数,即 $\phi(\omega)$与 ω 呈线性关系,此时,信号的不同频率部分具有相同的群时延,因而信号经过传输后不会发生畸变。反之,当信号不同频率的部分到达接收端的时间不同时,产生群时延畸变。在卫星链路中,典型的群时延失真主要是线形群时延失真和抛物线形群时延失真。其仿真过程如图 10-2-16 所示。

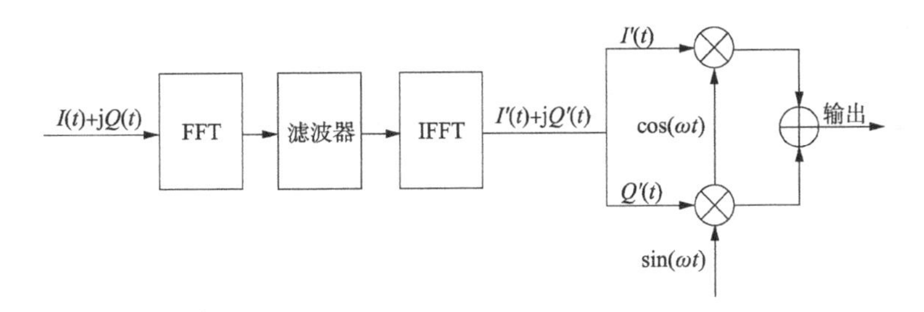

图 10-2-16　群时延仿真模型

输入 QAM 基带调制信号 $I(t)+\mathrm{j}Q(t)$经过 FFT 变换后,在频率乘以一群延时滤波器,然后经过 IFFT 变换为 $I'(t)+\mathrm{j}Q'(t)$,再分别用 $I'(t)$、$Q'(t)$对同相与正交分量进行调制,实现 QAM 调制。

抛物线群延时

$$y=ax^2+b$$

正弦群延时

$$y=A_\mathrm{s}\sin\left(\frac{B_\mathrm{s}f_\mathrm{s}x}{B}+\pi B_\mathrm{s}\right)+C_\mathrm{s}$$

其中,B_s 表示带宽 B 内正弦的周期数。

3. 相位噪声。

在载波传输中,本振信号的稳定性将直接影响到信号的解调,而其不稳定性的一个主要表现就是相位的不稳定。由于晶振本身的不稳定形成对正弦波的相位调制,这使得射频源发出的是非零带宽的载波信号,也就是所谓的相位噪声。相位噪声是围绕振荡信号的噪声谱的频域表现,它使中心频率的功率向邻近频率扩散,从而形成一个非零带宽的边带。

值得注意的是,在描述振荡器相位不稳定性时,一般有两个类似的指标——相位噪声(Phase Noise)和抖动(Jitter),不同的设备给出的指标形式不同,但可通过计算公式进行转换。相位噪声多以在指定频偏处 1Hz 带宽功率与载波总功率之比表示(dBc/Hz),而抖动可以用弧度表示,两者之间可按下式转换:

$$\text{RMSJitter(radians)} = 2\sqrt{10^{N/10}} \tag{10-2-30}$$

其中,N 为噪声功率,即

$$N = \int_a^b L(f)\mathrm{d}f \tag{10-2-31}$$

式中,$L(f)$噪声功率谱密度;a、b 为频率范围。

采用高斯白噪声通过 IIR 的方法来实现符合相关设备的相位噪声曲线。其关键在于由设备相位噪声指标确定滤波器的系数。实现原理如图 10-2-17 所示。

图 10-2-18 表示了相位噪声的功率谱密度模型,其中,P_s 表示 0Hz 处的单边相位噪声功率。下面两个参数用于定义相位噪声的特性。

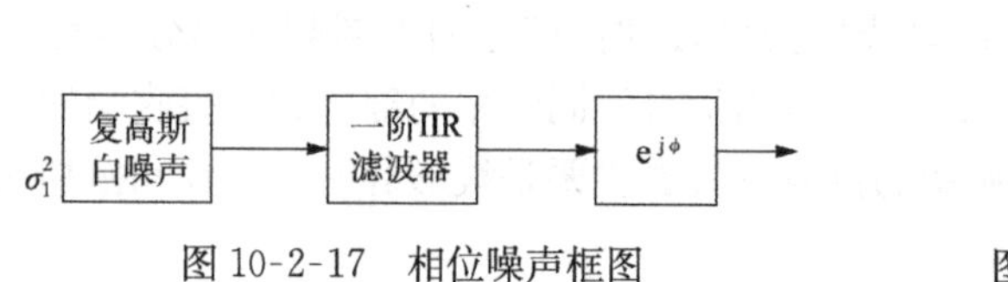

图 10-2-17　相位噪声框图

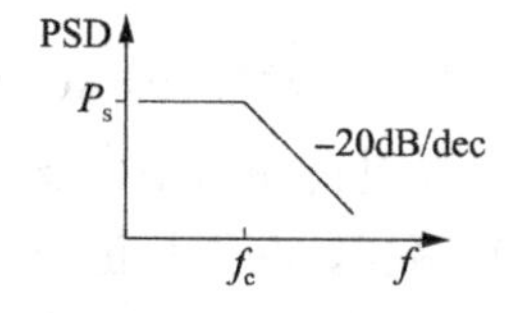

图 10-2-18　相位噪声功率谱密度

f_c 为相位噪声的 3dB 截止带宽;

P_{rms}为以度表示的均方根相位噪声。

P_s 与 P_{rms}的关系由下式表示:

$$P_{s(dB)} = 10\log\left[\left(\frac{P_{rms} \cdot \pi}{180}\right) \cdot \frac{1}{\pi f_c}\right] \tag{10-2-32}$$

所需要的相位噪声可以由一个零均值的高斯白噪声经过一个滤波器产生,其方差为

$$\text{Var} = P_s \cdot f_s \tag{10-2-33}$$

式中,f_s 为采样频率。

滤波器设计为一阶的巴特沃思 IIR 低通滤波器,截止频率为 f_c。

在工程技术上,相位噪声可以用频谱仪直接测量,因此常用相位功率谱来描述相位噪声。相位噪声是一个零均值的高斯过程,大多数情况下,相位噪声功率谱密度与以频带中心为基点的频率值 f 有关。实践表明,可能是 f^{-4}、f^{-3}、f^{-2}、f^{-1}或者 f^0 的函数。一般采用 IIR 方法来实现,对于 $1/f$ 谱密度结构的滤波器,要精确得到比较困难,只能近似获得,可以采用系数拟合法来获得。如果得到了 $1/f$ 功率谱密度结构的滤波器之后,就可以利用它来进一步得到 f^{-4}、f^{-3}、f^{-2} 谱密度结构的滤波器,只要将多个 $1/f$ 谱密度的滤波器串接就可以。对于不同段特性谱密度结构不同的滤波器,可以采用低通、带通、高通等滤波器首先对高斯白噪声进行过滤,滤除相应频带之外的噪声,余下的噪声经过相应谱结构的滤波器。所有段的噪声之和就是所要求的谱结构噪声。例如,一个本振相位噪声的功率谱密度可以表示为

$$P(f) = \begin{cases} 1/f^3, & 10\text{Hz} < f < 1\text{kHz} \\ 1/f, & 1\text{kHz} < f < 100\text{kHz} \end{cases} \tag{10-2-34}$$

可以通过如图 10-2-19 所示的方式产生。

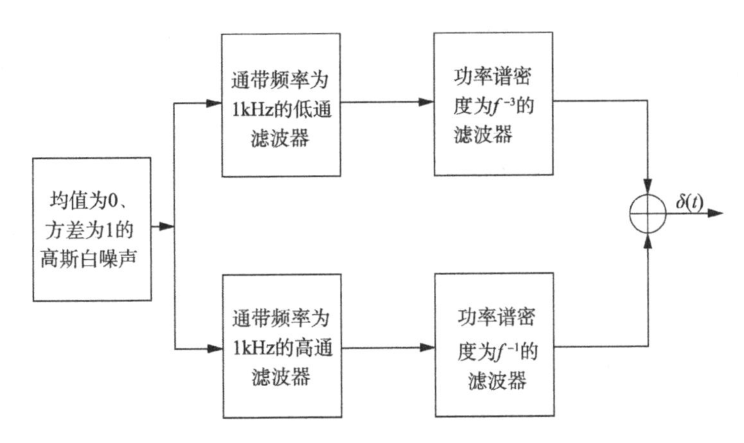

图 10-2-19 多折线谱密度特性的相位噪声产生原理图

前面给出了时钟抖动与相位噪声功率谱密度之间的关系，如果知道了在某一个频率范围内时钟抖动的均方根值，按照近似计算的方法只能得出该频率区间两个端点功率谱密度之和，无法得出每个频点的具体值。

4. QAM 传输系统设计。

QAM 传输体制的特点在前面第 6 章中已有详细论述。卫星信道中的 QAM 传输系统设计需要处理信道非线性对传输的影响，为估计信道特性，在帧格式设计时可以考虑加入一定的训练序列。设计时可以参照前节中短波信道 QPSK 传输系统设计的相关思路。

例 10-8 基于卫星信道的 QAM 传输系统。

图 10-2-20 为 Simulink 搭建的卫星信道中 QAM 传输的模型，其中的传输损耗包括自由空

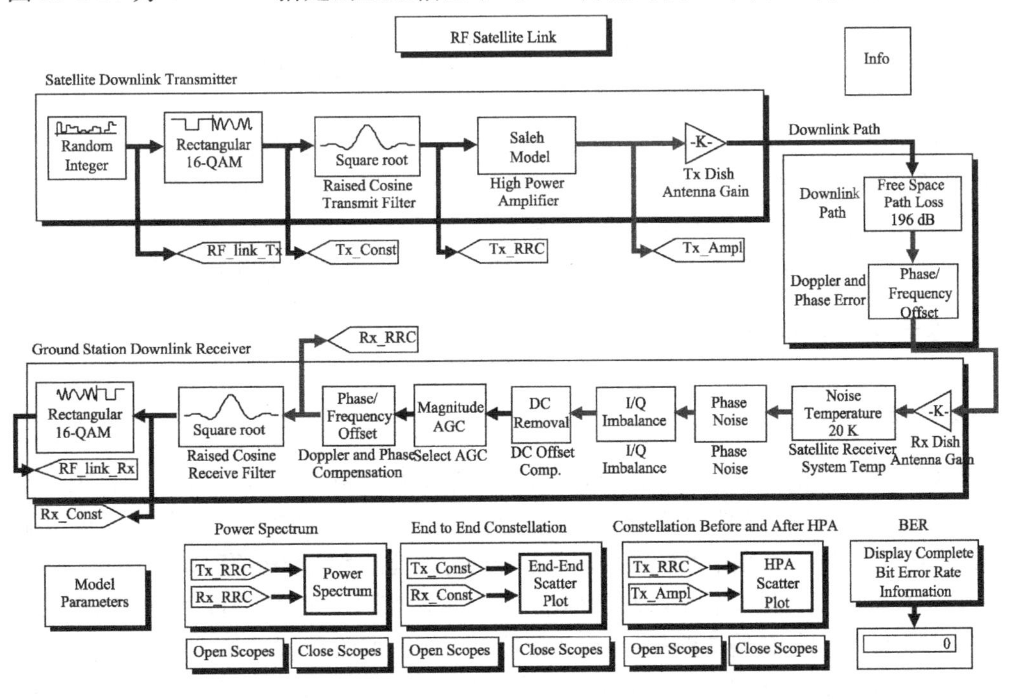

图 10-2-20 Simulink 搭建的 QAM 传输系统

间路径损耗、接收机热噪声、转发器非线性、相位/频率偏差、I/Q 不平衡和相位噪声。接收端没有采取相应的补偿措施，可以利用这些表征损耗的模块搭建相应的链路对 QAM 解调性能进行仿真，损耗模块既可以单独使用，也可以组合使用。MATLAB 2010a 版本提供了相应的系统模型“commrfsatlink. mdl”，通过 Simulink 打开该文件即可。图 10-2-20 中的“Open Scopes”可以进行双击以打开相应的波形进行观察。

二、设计方法

1. 设计目的。
(1)掌握卫星信道的非线性特性。
(2)分析卫星信道非线性对于 QAM 传输系统性能的影响。
(3)掌握处理非线性失真影响的方法。
2. 设计工具与平台。
C、Python、MATLAB 等软件开发平台。
3. 设计内容和要求。
(1)转发器非线性、群时延、相位噪声模型的 MATLAB 仿真。
(2)仿真上述三种非线性特性各自对于 QAM 传输系统性能的影响。
(3)设计相应的均衡器补偿非线性特性带来的失真。
4. 思考题。
(1)均衡器的设计要注意哪些因素的影响?
(2)短波信道和卫星信道中的传输系统设计有何异同?

10.3　差错控制系统研究与实现

在有噪信道上传输数字信号时，所收到的数据不可避免地会出现差错，所以在数字通信、数据传输、图像传输、计算机网络等数字信息交换和传输中所遇到的主要问题是可靠性问题。解决传输可靠性问题的一个有效措施就是采用差错控制，使用高性能纠错编码，提高系统的抗干扰能力，降低误码率。本节将针对 DVB-C、CCSDS、IEEE 802. 16 等实用系统进行差错控制设计。

10. 3. 1　基于 DVB-C 标准的前向纠错系统研究与实现

一、系统概述

DVB-C 标准针对的是有线电视系统，它规定从基带数字电视信号到 CATV 信道之间的适配方法，即信道编码及调制方法，它输入的数字电视信号可以是卫星接收到的节目、分配链路传来的节目或本地节目，DVB-C 前端系统需对这些信号进行处理。系统结构原理如图 10-3-1 所示。

DVB-C 系统中信号源采用 MPEG-2 标准，来自本地节目源的 MPEG-2 基带数字信号和接收的数字卫星电视信号、传输链路信号，经复接器复用成标准的 MPEG-2 传输复用包，由基带物理接口进入由扰码器、RS 编码、交织、字节/符号变换、差分编码、QAM 调制和上变频组成的 DVB-C 系统。

各单元的基本功能如下。

(1)基带接口与同步：使数据结构与信号源格式相适配，而且本单元中的信号帧结构应与含

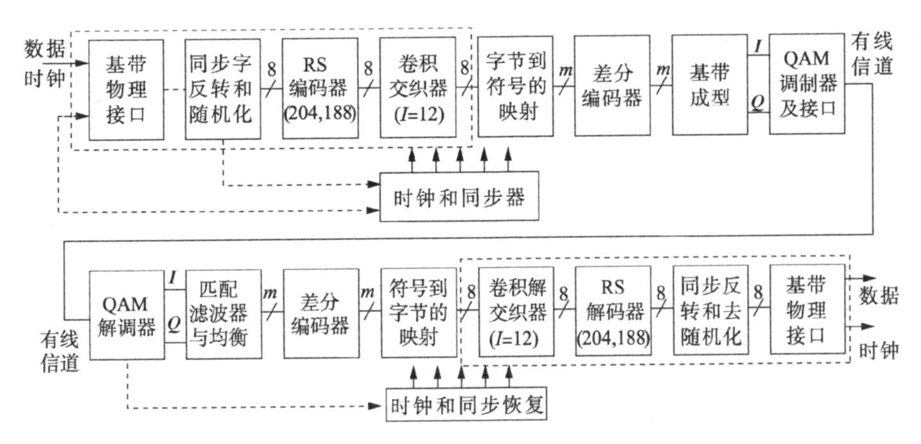

图 10-3-1　DVB-C 传输系统框图

同步字节的 MPEG-2 传输层一致。

(2)SYNC1 变换和随机化：根据 MPEG-2 帧结构将 SYNC1 字节反转，同时为实现视频谱成形，对数据流进行随机化处理。

(3)RS 编码器：使用 RS(255，239)的截断码，对每一个已经随机化的传送包产生一个错误保护包，同时，对同步字节本身也使用这种编码。

(4)卷积交织器：完成一个深度位 $I=12$ 的误码保护包的卷积交织，同步字节的周期保持不变。

(5)字节到 M 比特符号(M-TUPLE)变换：将交织器产生的字节变为 QAM 符号。

(6)差分编码：对每个符号的两个最高有效位(MSBs)进行差分编码，从而获得旋转不变的星座图。

(7)基带成形：将经过差分编码的 m 比特符号映射为 I，Q 信号，在 QAM 调制前，对 I，Q 信号进行平方根升余弦滚降滤波。

(8)QAM 调制和物理接口：对信号进行 QAM 调制，随后将 QAM 已调信号送到射频(RF)信道。

对于有线数字电视接收，按照上述调制处理，系统接收设备要完成信号逆处理，从而获得基带信号。

例 10-9　RS 码的扩域生成及码生成多项式获取。

DVB-C 系统中采用 GF(2^8)域中的 RS(255，239)的截断码(204，188)。本例给出 RS 码扩域生成及码生成多项式获取的 C 语言代码，该通用方法可用于其他 RS 码的构造中。

(1)求 $x^8+x^4+x^3+x^2+1$ 生成的扩域 GF(2^8)。

说明　GX_DEGREE——生成扩域本原多项式的最高幂次，此处取 8；

GF_ELE_NUM——所在扩域的元素个数，此处取 256。

```
int * GF2_8;
GF2_8=(int *)calloc((GF_ELE_NUM-1)*(GX_DEGREE+1),sizeof(int));
GF2_8[0]=1;
int prime_poly[GX_DEGREE]={1,0,1,1,1};                    //本原多项式的最低 3 位
int * exptodeci;
exptodeci=(int *)calloc((GF_ELE_NUM-1),sizeof(int));
int * decitoexp;
```

```
    decitoexp=(int *)calloc(GF_ELE_NUM,sizeof(int));
        decitoexp[0]=100000000;                    //100000000 代表 0,而不是 0 次方
    for(int exp_degree=1;exp_degree<=GF_ELE_NUM-2;exp_degree++)
        {
            for(int z=GX_DEGREE;z>=1;z--)
        {
GF2_8[exp_degree*(GX_DEGREE+1)+z]=GF2_8[(exp_degree-1)*(GX_DEGREE+1)+(z-1)];
    }
            if(GF2_8[exp_degree*(GX_DEGREE+1)+GX_DEGREE]==1)
            {
                for(int x=0;x<GX_DEGREE;x++)
            {
    GF2_8[exp_degree*(GX_DEGREE+1)+x]=xor(GF2_8[exp_degree*(GX_DEGREE+1)+x],
prime_poly[x]);
                }
        }
    }
    for(exp_degree=0;exp_degree<GF_ELE_NUM-1;exp_degree++)
        {
            int exp_tmp=0;
            for(int x=0;x<GX_DEGREE;x++)
            {
                exp_tmp=exp_tmp+(GF2_8[exp_degree*(GX_DEGREE+1)+x]<<x);

            }
            exptodeci[exp_degree]=exp_tmp;
        }
        for(int now_deci=1;now_deci<GF_ELE_NUM;now_deci++)
        {
            for(int y=0;y<GF_ELE_NUM-1;y++)
            {
                if(exptodeci[y]==now_deci)
                {
                    decitoexp[now_deci]=y;
                    break;
                }
            }
        }
        free(GF2_8);
```

(2)码生成多项式获取。

```
        int generator[(2*T+1)*GX_DEGREE]={1};                //生成多项式的二进制表示
    for(int m=1;m<=2*T;m++)
        {


            int generator_tmp[(2*T+1)*GX_DEGREE]={0};
            int generator_tmp2[(2*T+1)*GX_DEGREE]={0};
            for(int n=0;n<2*T*GX_DEGREE;n++)
            {
```

```
            generator_tmp[n+GX_DEGREE]=generator[n];
        }
    for(n=0;n<2*T;n++)
        {
            int tmp=0;
            for(int q=0;q<GX_DEGREE;q++)
        {
    tmp=tmp+(generator[n*GX_DEGREE+q]<<q);
             }
             if(tmp! =0)
             {
                 int tmp2=exptodeci[(decitoexp[tmp]+m)              %(GF_ELE_NUM-1)];
                 for(int q=0;q<GX_DEGREE;q++)
                 {
                   }generator_tmp2[n*GX_DEGREE+q]=(tmp2&(1<<q))>>q;
             }
        }
        for(n=0;n<(2*T+1)*GX_DEGREE;n++)
        {
             generator[n]=xor(generator_tmp[n],generator_tmp2[n]);
        }
    }
    int generator_exp[2*T+1]={0};                          //生成多项式的生成元幂次表示
    for(m=0;m<(2*T+1);m++)
    {
        int tmp=0;
        for(int q=0;q<GX_DEGREE;q++)
        {
             tmp=tmp+(generator[m*GX_DEGREE+q]<<q);
        }
        generator_exp[m]=decitoexp[tmp];
```

二、设计方法

1. 设计目的。

(1)掌握 DVB-C 标准中差错控制关键技术。

(2)熟悉 DVB-C 传输系统。

2. 设计工具与平台。

(1)C、Python、MATLAB 等软件开发平台；

(2)创新开发实验平台。

3. 设计内容与要求。

(1)设计 DVB-C 基带系统，主模块为 RS 编、译码器、卷积码交织器及解交织器，QAM 调制与解调。

(2)加入 AWGN 信道，进行误码率性能测试。

(3)设计要求：误码率为 10^{-5}时，编码增益与理论值(或其他文献提供的参考值)相差在1dB内。

4. 思考题。

(1) 卷积交织器深度的选择依据，及其对系统性能的影响？

(2) 如果要提高该系统传输性能，可以在哪些方面改进？

10.3.2　基于CCSDS的前向纠错系统研究与实现

一、系统概述

1982年，美国宇航局(NASA)、欧洲空间局(ESA)和许多其他国家的空间局成立了CCSDS，即空间数据系统咨询委员会。该组织的宗旨是通过技术协商方式，建立一整套空间数据系统的标准，以便实现广泛的国际合作和相互支持。深空通信是指地球上的实体与执行深空任务的航天器之间的通信，由于深空通信距离很远，因此必须极大地提高系统的接收灵敏度和信道增益，所以深空通信的技术水平总处于测控领域的最前沿。为了提高编码增益和具有良好的纠错性能，CCSDS推荐了针对深空通信的遥测信道编码标准，主要采用卷积码、RS码、Turbo码等。

1. 卷积码。

CCSDS中规定，卷积码编码采用的是码率为1/2，约束长度为7的码，且译码方法采用最大似然译码方法，即Viterbi译码。其编码框图如图10-3-2所示。

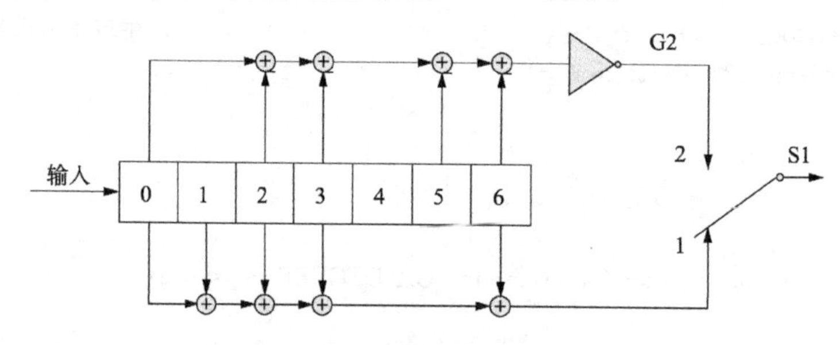

图10-3-2　卷积码编码框图

其中，G1=1111001；G2=1011011；S1为选择开关。

2. RS码。

在CCSDS中对RS码的具体参数进行了规定，具体如下。

(1)J=8为每RS符号表示的信息比特数。

(2)E=16，为RS(255,223)一个码字内最大错误纠正能力；E=8，为RS(255,239)一个码字内最大错误纠正能力。

(3)RS码的大体特征。

(4)GF(2^8)域上生成多项式

$$F(x)=x^8+x^7+x^2+x+1$$

(5)码生成多项式

$$g(x)=\prod_{j=128-E}^{127+E}(x-\alpha^{11j})=\sum_{i=0}^{2E}G_i x^i$$

在GF(2^8)域内定义，其中，$F(\alpha)=0$，α^{11}是GF(2^8)中的一基本元素且$F(x)$和$g(x)$刻画了

RS(255,223)码和 RS(255,239)码的特点。

CCSDS 规定允许的交织深度值为 $I=1,2,3,4,5$，$I=1$ 等同于没有交织。交织深度通常为某一任务固定于一物理信道上。

3. Turbo 码。

CCSDS 中的 Turbo 码编码器如图 10-3-3 所示，其由前向连接矢量(G1=11011，G2=10101，G3=11111)和后向反馈矢量(G0=10011)组成。根据不同的码率选择不同的 G1、G2、G3 组合。

CCSDS 标准规定的信息码组的长度 k 在表 10-3-1 中列出。与它们兼容的对应的 RS 交织深度也在该表中列出，对应规定的码率的分组码长度以比特衡量是 $n=(k+4)/r$，在表 10-3-2 中列出。

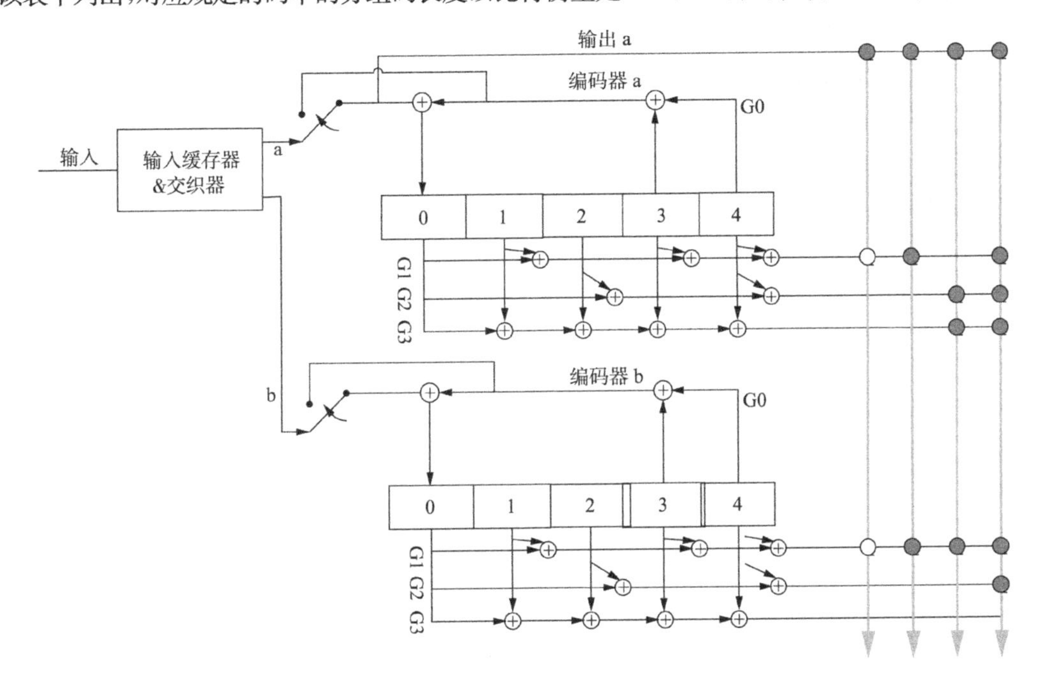

图 10-3-3　Turbo 码编码器

表 10-3-1　规格化的信息码块的长度

信息码块的长 k 比特	对应的 RS 交织深度 I	备注
1784(=223×1 字节)	1	针对很低数据率或低延时
3568(=223×2 字节)	2	
7136(=223×4 字节)	4	
8920(=223×5 字节)	5	针对最高编码增益

表 10-3-2　所支持的码率的码组长度(以比特表示)

信息码块的长度 k	分组码的长度 n			
	码率 1/2	码率 1/3	码率 1/4	码率 1/6
1784	3576	5364	7152	10728
3568	7144	10716	14288	21432
7136	14280	21420	28560	42840
8920	17848	26772	35696	53544

对于卷积码、Turbo，译码时都可以采用维特比译码方法，例 10-10 给出了基于维特比软译码的 SOVA 算法的 C 语言代码，可用在本系统的构建中，作为译码部分的重要内容。

例 10-10　基于维特比软译码的 SOVA 算法。

本例中用到的参数说明如下：

rec —— 接收数据；

N —— 数据长度；

g——生成矩阵；

L_a —— 先验信息；

ind_dec —— 译码输出；

L_all —— 外信息输出；

(1)变量定义。

```
int i,j,k,bit,m,max_state,state;
double tmp[2], llr;
double Mk0, Mk1,tmpmax;
int state0,state1,tmp_state;
```

(2)生成矩阵解析。

```
for(i = 0; i < 8; i++)
{
    if(g[i]==8)
    {
        m = i-1;
        break;
    }
}
trellis(g);
max_state= int(pow(2,m));
double Infty = 1e+11;
```

(3)SOVA 译码过程。

```
int delta = 20;
double path_metric[L][L_Frame];
double Mdiff[L][L_Frame];
int prev_bit[L][L_Frame];
int mlstate[L_Frame];
int est[L_Frame];

for(i = 0; i<N+1;i++)
{
    for(j=0; j < max_state; j++)
        path_metric[j][i] = -Infty;
}
```

```
    path_metric[0][0] = 0;
  for(i = 0; i < N; i++)
  {
       for(j = 0; j < 2; j++)
            tmp[j] = rec[2 * i+j];
       for(state=0; state < max_state; state++)
            {
            state0 = last_state[2 * state];
            state1 = last_state[2 * state+1];
            Mk0 = -tmp[0] + tmp[1] * last_out[2 * state];
            Mk1 = tmp[0] + tmp[1] * last_out[2 * state+1];

            Mk0 = Mk0 - L_a[i]/2 + path_metric[state0][i];
             Mk1 = Mk1 + L_a[i]/2 + path_metric[state1][i];

            if(Mk0 > Mk1)
            {
                path_metric[state][i+1] = Mk0;
                Mdiff[state][i+1] = Mk0 - Mk1;
                prev_bit[state][i+1] = 0;
            }
            else
            {
                path_metric[state][i+1] = Mk1;
                Mdiff[state][i+1] = Mk1 - Mk0;
                prev_bit[state][i+1] = 1;
            }
      }
 }

 if(ind_dec==1)
     mlstate[N] = 0;
 else
 {
     tmpmax = -Infty;
     for(i = 0; i < max_state; i++)
     {
          if(path_metric[i][N] > tmpmax)
          {
               tmpmax = path_metric[i][N];
               k = i;
          }
     }
          mlstate[N] = k;
 }

 for(i = N-1; i>=0;i--)
 {
```

```
        est[i] = prev_bit[mlstate[i+1]][i+1];
        mlstate[i] = last_state[2 * mlstate[i+1] + est[i]];
    }

    for(i = 0; i < N; i++)
    {
        llr = Infty;
        for(j = 0; j <= delta; j++)
        {
            if((i+j) < N)
            {
                bit = 1 - est[i+j];
                tmp_state = last_state[2 * mlstate[i+j+1]+bit];
                for(k = j-1;k>=0;k--)
                    {
                        bit = prev_bit[tmp_state][i+k+1];
                        tmp_state = last_state[2 * tmp_state+bit];
                    }
                    if(bit==(1-est[i]))
                        if(llr > Mdiff[mlstate[i+j+1]][i+j+1])
                            llr = Mdiff[mlstate[i+j+1]][i+j+1];
                }
            }
            L_all[i] = (2 * est[i] - 1) * llr;
    }
    return N;
}
```

二、设计方法

1. 设计目的。

(1)掌握 CCSDS 中纠错编码关键技术。

(2)了解 CCSDS 的基本标准。

2. 设计工具与平台。

(1)C、Python、MATLAB 等软件开发平台。

(2)创新开发实验平台。

3. 设计内容与要求。

(1)设计基于 CCSDS 的前向纠错系统,包括信源、信道编码、调制、信道、解调、信道译码、信宿等五大基本模块。

(2)调制采用基于星座映射的基带处理方式,信道为 AWGN。

(3)信道编码可选。

(4)对该系统进行误码性能测试。

(5)设计要求误码率为 10^{-5} 时,编码增益与理论值(或其他文献提供的参考值)相差在 1dB 内。

4. 思考题。

(1)剖析 CCSDS 标准中关于信道编码的要求,给出提高传输可靠性的措施。

(2)跟踪 CCSDS 的最新发展动态,描述其信道编码标准中的关键技术。

10.3.3　基于 IEEE 802.16 标准的差错控制系统研究与实现

一、系统概述

IEEE 802.16 工作组于 2001 年 10 月完成了 IEEE Standard 802.16-2001 协议的制定,并于 2002 年 4 月 8 日正式发布。协议为第 2 代无线城域网(WMAN)定义了 WirelessMAN™空中接口,支持 10～66GHz 的超高频段。IEEE 802.16 标准描述了一个点到多点的固定宽带无线接入系统的空中接口,包括媒体访问控制层(MAC)和物理层(PHY)两大部分。以该系统组建的无线城域网(WMAN)可提供多种业务。物理层由传输汇聚子层(TCL)和物理媒质依赖子层(PMD)组成,通常说物理层主要指后者。PMD 层具体执行信道编码、调制解调等一系列过程。下行链路 PMD 子层概念框图如图 10-3-4 所示。

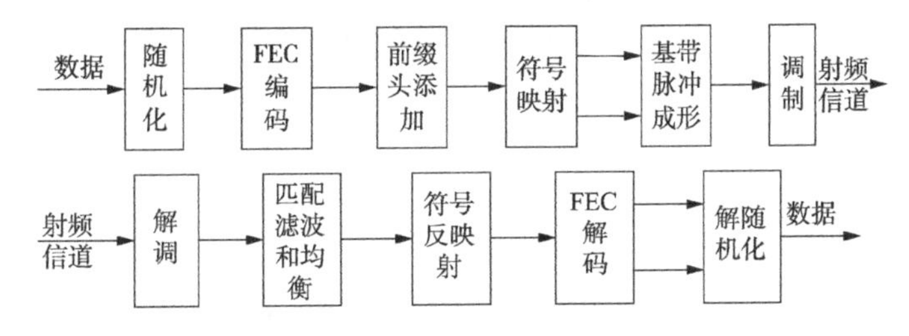

图 10-3-4　PMD 子层概念框图

其中,随机化是将进入的数据流和一个伪随机二进制序列模 2 加,用于抑制长连零出现,以利于时钟提取。伪随机序列发生器的长度为 15,在每个突发(burst)的起始位置初始化,种子为 100101010000000,生成多项式 $g(x)=x^{15}+x^{14}+1$。

标准中建议了四种编码类型,如表 10-3-3 所示。其中,类型 1 和 2 两种方案的外码均采用 $GF(2^8)$上的 RS 码;信息字节长度 K 可在 6～255 选择;纠错字节长度 T 可在 0～16 选择。第一种方案没有内码,第二种方案中的内码为码率 2/3 的凿孔卷积码。

表 10-3-3　FEC 编码类型

编码类型	外码	内码
1	$GF(2^8)$的 RS 码	无
2	$GF(2^8)$的 RS 码	卷积码
3(可选)	$GF(2^8)$的 RS 码	奇偶校验码
4(可选)	BTC 码	无

RS 的码生成多项式

$$g(x)=(x+\mu^0)(x+\mu^1)(x+\mu^2)\cdots(x+\mu^{2T-1})$$

其中,$\mu=(02)_{\text{hex}}$。

RS 的域生成多项式

$$p(x)=x^8+x^4+x^3+x^2+1$$

卷积码的生成多项式为(7,5),凿孔矩阵为

$$\begin{pmatrix} 1 & 1 \\ 1 & 0 \end{pmatrix}$$

BTC 码即 TPC,可参考 4.4 节的说明。

调制解调支持 QPSK、16QAM、64QAM 三种方案,其中 64QAM 可选。

二、设计方法

1. 设计目的。

(1)掌握 IEEE 802.16 中的纠错编码关键技术。

(2)了解 IEEE 802.16 的基本标准。

2. 设计工具与平台。

(1)C、Python、MATLAB 等软件开发平台。

(2)创新开发实验平台。

3. 设计内容及要求。

(1)设计基于 IEEE 802.16 标准的前向纠错系统,包括随机化、FEC、符号映射、信道、符号反映射、FEC 解码、解随机化等基本模块。

(2)信道为 AWGN。

(3)FEC 可选。

(4)对该系统进行误码性能测试。

(5)设计要求:误码率为 10^{-5} 时,编码增益与理论值(或其他文献提供的参考值)相差在 1dB 内。

4. 思考题。

(1)剖析 IEEE 802.16 标准中关于信道编码的要求,给出提高传输可靠性的措施。

(2)探讨级联码的优势与不足。

10.4　综合通信系统设计

10.4.1　蓝牙传输系统

一、系统概述

蓝牙是一种低成本、短距离的无线连接开放性技术标准,工作于全球统一的 2.4GHz ISM 频段。其主要技术指标和系统参数如表 10-4-1 所示。

表 10-4-1　主要技术指标和系统参数

指标类型	系统参数
工作频段	ISM 频段,2.042～2.480MHz
双工方式	全双工,TDD 时分双工
业务类型	支持电路交换和分组交换业务

续表

指标类型	系统参数
数据速率	1Mb/s
异步信道速率	非对称连接为 721kb/s～57.6kb/s,对称连接为 432.6kb/s
同步信道速率	64kb/s,2.0+EDR 规范支持更高的速率
功率	美国 FCC 要求功率级<0dBm(1mW),其他可扩展为 100mW
跳频频率数	79 个频点/1MHz
跳频速率	1600 次/s
工作模式	PARK/HOLD/SNIFF
数据连接方式	面向连接业务 SCO,无连接业务 ACL
纠错方式	1/3FEC,2/3FEC,ARQ 等
信道密码	采用 0 位、40 位和 60 位密钥
发射距离	一般可达 10cm～10m,增加功率情况下可达 100m

蓝牙系统中有两种物理链路:异步无连接链路 ACL 和同步面向连接链路 SCO。ACL 链路主要用于对时间要求不敏感的数据传输,如文件传输;SCO 链路主要用于对时间要求很高的数据通信,如语音。它们有着各自的特点、性能与收发规则。

1. 物理链路。

(1)ACL 链路。ACL 链路在主从设备间以分组交换(packet-switched)方式传输数据,既可以支持异步应用,也可以支持同步应用。一对主从设备只能建立一条 ACL 链路。ACL 通信的可靠性由分组重传来保证。

(2)SCO 链路。SCO 链路在主设备预留的 SCO 时隙内传输,因而可以看作电路交换(circuit-switched)。SCO 分组不进行重传操作,一般用于像语音这样的实时性很强的数据传输。只有建立了 ACL 链路后,才可以建立 SCO 链路。一个微微网中的主设备最多可以同时支持 3 条 SCO 链路(这 3 条 SCO 链路可以与同一从设备建立,也可以与不同从设备建立)。

2. 分组格式。

(1)基带分组的基本格式。

蓝牙系统采用了分组(包)的传输方式:将信息分组打包,时间划分为时隙,每个时隙发送一个分组包。在蓝牙基带协议中定义了分组的编码序列必须遵循图 10-4-1 的一般格式。每一分组由三部分组成:接入码(Access Code)、分组头(Header)和有效载荷(Payload),图中给出了每个部分所占的位数。

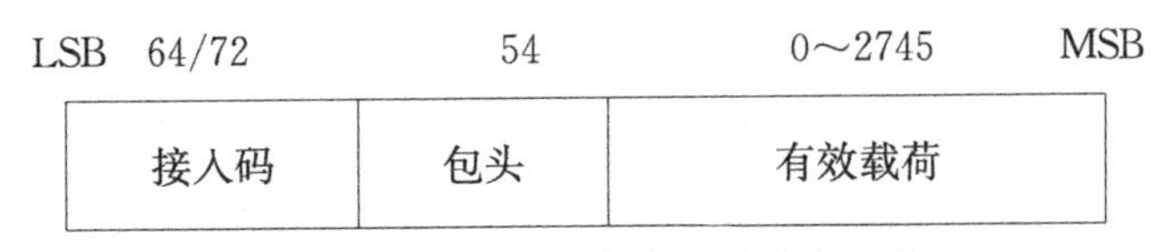

图 10-4-1　蓝牙基本分组的基本格式

如果接入码之后有分组头信息,则长度为 72 位。它主要用于同步、DC 补偿平衡和识别,对于至关重要的接入地址单元采用(64,30)BCH 编码和 64 位 PN 码异或而成。该编码的最小汉明码为 14,纠错能力极强。

分组头包含链路控制信息，信息长度为 18 位，经过 1/3 速率的 FEC 编码形成 54 位的头序列。这是一种较简单的纠错码方式，对每位信息采用了三位重复码。在分组头中定义了分组的类型，其中能够进行信息传输的是 ACL 分组和 SCO 分组。SCO 分组采用电路交换方式，进行同步传输，该分组不包括循环冗余检测(CRC)码，而且不允许重传，目前主要用于 64kb/s 的话音传输。真正适用于数据传输的是 ACL 分组，该分组采用分组交换方式，进行异步传输。目前已定义了七种 ACL 分组，分别为 DH1、DM1、DH3、DM3、DH5、DM5、AUX。

净荷部分因分组类型不同，其编码的方式也不同。对于 DH 分组只进行 16 位的 CRC 校验，生成多项式为 $g(x)=x^{16}+x^{12}+x^5+1$。对于 DM 分组不仅有 CRC，还有 2/3 码率的 FEC 编码，2/3 FEC 方案采用了一种(15,10)简明汉明码表示方式，其生成多项式为

$$g(x)=x^5+x^4+x^2+1$$

(2)基带分组的数据传输增强格式。

蓝牙特别兴趣小组(SIG)最近发布的蓝牙核心规范 Version 2.0＋EDR(增强数据速率)提高了数据传输速率并降低了功耗。由于带宽的增加，新规范提高了设备同时进行多项任务处理与同时连接多个蓝牙设备的能力，并可传输较大的数据文件，其位错误率(BER)也进一步降低。其格式如图 10-4-2 所示。

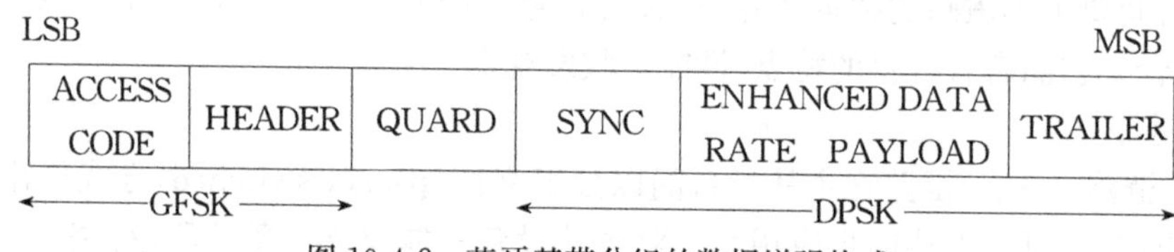

图 10-4-2　蓝牙基带分组的数据增强格式

新规范增加了 6 种新的 ACL 分组格式，2-DH1、2-DH3、2-DH5、3-DH1、3-DH3、3-DH5，其中 2-DH 和 3-DH 类型分组与 DH 类型分组格式基本相似，但载荷部分分别使用 π/4-DQPSK 与 8DPSK 调制方式。新增的 6 种 ACL 分组格式均提供了 CRC 机制，但是并没有提供载荷的前向纠错(FEC)机制。

3. 调制方式。

蓝牙的基本调制方式为 GFSK(Gaussian Frequency Shift Keying)。其调制系数为 0.28～0.35；二进制的“1”用正频偏表示，“0”用负频偏表示；最大频偏为 140～175kHz。其位速率为 1Mb/s。

在蓝牙的最新协议 2.0EDR 中，增加了 PSK 调制方式，可实现 2Mb/s 和 3Mb/s 的位速率。其中，2Mb/s 速率采用 π/4-DQSK 调制；3Mb/s 速率采用 8DPSK 调制。

4. 跳频技术。

蓝牙系统工作在 2.4GHz 的 ISM(即工业、科学、医学)频段，该频段可以被任何满足规范的设备访问，在这样的频点上工作，干扰必然相对恶劣，因此蓝牙系统使用了跳频技术来抑制干扰和防止衰落。蓝牙设备在建立连接以前在固定的一个频段内选择跳频频率，迅速交换握手信息(时间和地址)，快速取得时间和频率同步。建立连接后，设备双方根据信道跳变序列改变频率，使跳频频率呈现随机特性。

蓝牙系统定义了 5 种工作状态下的跳频序列：寻呼、寻呼响应、查询、查询响应和连接跳频序列，不同状态下的跳频序列产生策略不同。蓝牙定义了 32 个频点为一个频段，划分为 79 个子频段，工作频段为 2400～2483.5MHz，射频信道为 $(2402+k)$MHz$(k=0,1,\cdots,78)$，每个信道带宽

为 1MHz。工作的频段及跳频序列取决于所输入的蓝牙主设备时钟 CLK 和主设备地址的最低 28 位。

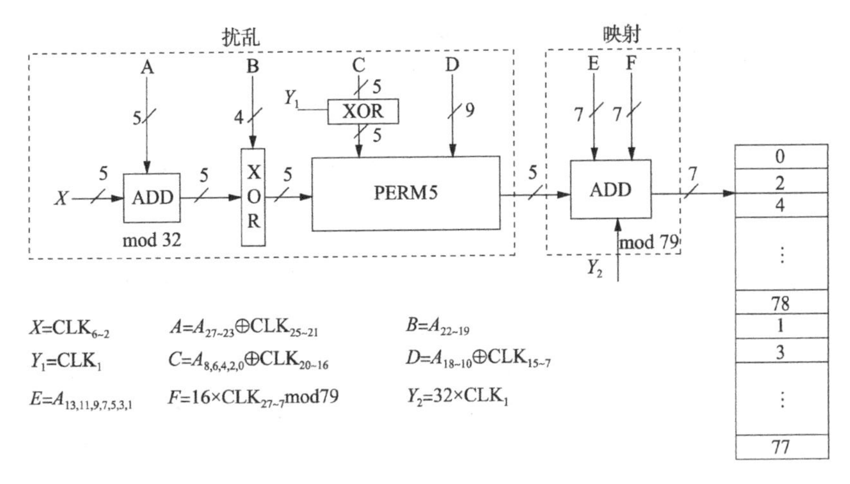

图 10-4-3　蓝牙 79 跳系统频率选择内核框图

图 10-4-3 是蓝牙系统的跳频序列产生框图。输入 X 由时钟信息决定,它决定了起跳频点在某一频段的 32 个频率序列中的偏移量,同时也决定了跳频频点改变的速度;A～F 决定跳频序列的顺序,在蓝牙系统中,正是利用了不同状态改变 A～F 的取值,从而获得相应状态的跳频序列。在查询/寻呼扫描状态下,A～F 输入序列只与地址有关,因此其跳频序列唯一确定,在其他状态下,A～F 由蓝牙地址和时钟共同控制,其跳频序列随着时钟的改变而作相应的跳变。Y_1、Y_2 控制着收发跳频序列的选择,Y_1 保证收发频点不重复,Y_2 使收发频点在不同的频段内。PERM5 是一个由 C、D、Y_1 控制的蝶形运算器,起到扰乱作用。

(1)寻呼/寻呼扫描状态。蓝牙设备通过寻呼来呼叫其他的设备加入其所在的微微网。寻呼设备每 312.5μs 选择一个新的频率来发送寻呼,在寻呼扫描时,被寻呼设备每 1.28s 选择一个新的监听频率,寻呼和被寻呼设备使用被寻呼设备地址的低 28 位,产生的寻呼跳变序列是一个定义明确的周期序列,它的 32 个频点均匀分布在 79 个频率信道上。

(2)查询/查询扫描状态。蓝牙设备通过查询来寻找其周围邻近的设备,查询设备每312.5μs 选择一个新的频率来发送查询,被查询设备每 1.28s 选择一个新的监听频率。查询和被查询设备使用通用查询接入码作为查询地址,产生的 32 个查询跳变序列均匀分布在 79 个频率信道上。

(3)连接状态。在当前的状态下,蓝牙通信设备双方每隔 625μs 改变一个频率,使用主设备地址的最低 28 位有效位,产生的信道跳变序列周期非常长,而且 79 跳变序列在任何的一小段时间内都是接近均匀分布的,满足跳频系统的要求。

在蓝牙 1.2 协议中增加了自适应跳频的算法。当蓝牙通信时发现某个信道信号质量差,即成为“坏”信道,可以在跳频时用其他信道质量好的跳频信道来代替,从而避开了某些频点上的干扰。

蓝牙技术目前应用非常广泛,主要有以下几种。

(1)蓝牙技术在计算机及外设中的应用包括计算机与键盘和鼠标等计算机外设的无线连接,多台计算机共享一台打印机等设备资源,数码相机、PDA 和移动电话等与计算机进行数据通信,多台计算机组成无线局域网等。

(2)蓝牙无线语音通信的应用,如无线耳麦和车内的免提电话系统等。

(3)无线网络的实现包括拨号上网和网络接入点两种“互联网桥”的实现方法。拨号上网可以使得笔记本电脑等移动设备通过移动电话接入 Internet；蓝牙无线网络接入点不仅可以让数字设备访问 Internet 和接入本地局域网，还可以作为 PSTN 的接入点使用。

(4)基于 OBEx 替代红外技术的蓝牙技术应用，包括 PDA 和笔记本电脑等设备间交换电子名片、不同设备上的日程表和资料等实现同步、不同的设备之间传递文件等功能。

(5)家用电器的蓝牙无线组网和遥控，让家用电器上网，可以在回家之前就打开空调和热水器，使各种智能家电和信息网络相连。

(6)实现“三合一”电话功能，将移动电话、无绳电话和对讲机三种功能集中在一部电话中。

目前，蓝牙技术在汽车远程通信应用中取得突破，2003 年 8 月 30 日两大汽车制造商克莱斯勒和宝马公司同时发布了基于蓝牙的车载远程通信平台，这标志着蓝牙无线技术在汽车界赢得更广泛接受，车载系统正向智能化、信息化和网络化方向发展，汽车市场已经成为电子工业一个重要的增长点。通过具有蓝牙功能的手机，蓝牙车载系统可以实现汽车自动故障诊断、电子导航等多种富有创意的应用，同时，蓝牙技术还有其他的应用，包括 USB 适配器、车锁，甚至还有继承了蓝牙技术的手表和钢笔等。

二、设计方法

1. 设计目的。

(1)掌握蓝牙标准中的关键技术。

(2)熟悉蓝牙传输系统。

2. 设计工具与平台。

(1)C、Python、MATLAB 等软件开发平台。

(2)蓝牙通信实验平台。

3. 设计内容和要求。

(1)设计蓝牙传输系统。

(2)设计要求可实现文件(或语音、图像)等传输。

4. 思考题。

(1) 描述蓝牙技术目前的发展情况，预测其未来发展趋势。

(2) 要进一步提高蓝牙系统的性能，可从哪些方面着手？

10.4.2 卫星数字电视广播系统

一、系统概述

1. DVB-S。

卫星传输覆盖面广，频带宽，可传输的节目容量大，而且数字传输质量好，可灵活组合多种业务传输，因此，数字卫星电视得到迅速发展。其中美国、欧洲和日本最为突出，他们各自制定的数字电视技术规范也成为全球数字电视的三大标准(美国 ATSC、欧洲 DVB-S 和日本 ISDB)。1994 年欧洲数字电视广播(Digital Video Broadcasting，DVB)组织发布的 DVB-S 标准在卫星直播领域已经成为世界标准，几乎为所有的卫星广播数字电视系统所采用，我国 1996 年也决定采用符合 DVB-S 标准的数字电视卫星广播系统。

DVB-S 标准提供了一套完整的适用于卫星传输的数字电视系统规范，其典型系统框图如

图 10-4-4 所示，包括前端系统(Headend)、传输与上行系统(Uplink)、卫星(Satellite)、用户管理系统(SMS)、条件接收系统(Conditional Access System，CAS)以及用户接收系统等六大部分。

前端系统包括压缩编码器和复用器等，它按 MPEG-2 标准对视音频电视信号进行数据压缩，并利用动态统计复用技术实现 27MHz 卫星转发器频带内传送 10 套电视节目。传输与上行系统包括从前端到上行站的通信设备及上行设备，传输方式主要有中频传输和数字基带传输两种。数字卫星直播(Direct To Home，DTH)系统中采用大功率的直播卫星或通信卫星。用户管理系统是 DTH 系统的心脏，主要由用户信息和节目信息的数据库管理系统以及客户服务中心组成，完成对用户资料的登记与管理、节目的管理和用户收费以及市场预测和营销。广播服务的 CAS 已成为实现付费电视的关键性设备，通过对播出的数字电视节目内容进行数字加扰，建立有效的收费体系，使已收费的用户能正常接收订购的电视节目和增值业务，而未付费的用户则无法获取该种业务，从而保障节目提供商和电视运营商的合法利益。条件接收系统的重要组成部分是加密/解密系统和加扰/解扰系统，其主要功能有对节目数据加密以及对节目和用户进行授权。用户接收系统由一个小型的蝶形卫星接收天线、综合接收解码器(IRD)及智能卡组成。IRD 完成以下四项功能：解码节目数据流，并输出到电视机中；利用智能卡的密钥进行解密；接收并处理各种用户命令；下载并运行各种应用软件。

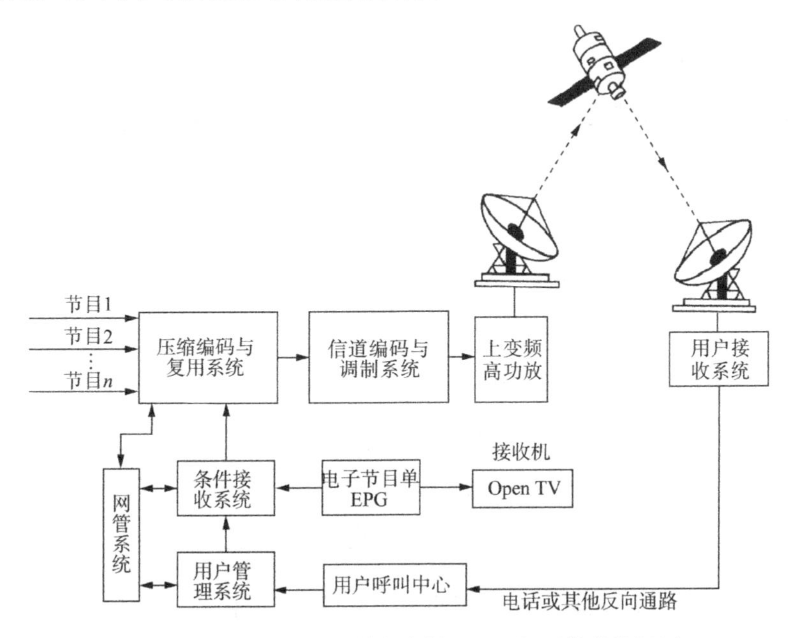

图 10-4-4　DVB-S 标准数字直播卫星电视系统结构框图

DVB-S 的传输系统用在 11/12GHz 的固定卫星服务(FSS)和广播卫星服务(BSS)的波段上，是传输多路标准清晰度数字电视(SDTV)或高清晰度数字电视(HDTV)的信道编码和调制系统。该传输系统原理框图如图 10-4-5 所示。

发送端分为两部分，一部分为信号形成部分，即 MPEG-2 编码和节目复用(不包括系统复用)；另一部分为信号传输部分，即信道编码与数字调制，最后通过卫星进行传输。

信号形成部分选定 ISO/IEC MPEG-2 标准作为音频及视频的编码压缩方式，对信源编码进行了统一；随后的节目复用对 MPEG-2 码流进行打包构成节目数码流，同时加入一些业务用的信息，形成传输流(TS)，并进行多个传输流的复用。

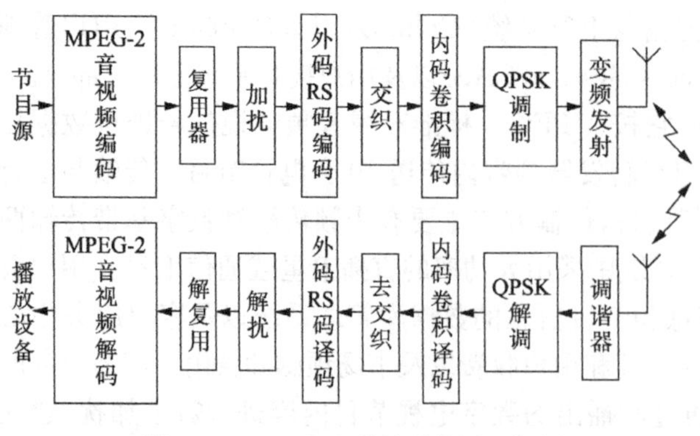

图 10-4-5　DVB-S 传输系统原理框图

DVB-S 信道部分与其他 DVB 传输系统稍有不同，由于它是通过卫星广播进行 DTH 业务，受功率限制的影响特别突出，因此传输系统设计的主要目标是抗噪声和抗干扰。为达到很高的功率效率而又对频谱效率没有过多的损害，系统使用 QPSK 调制方式以及采用卷积码与 RS 码级联的前向纠错(FEC)方式，并通过对卷积码的灵活设置，可以在给定的卫星转发器带宽内使系统性能达到最优化。

在卫星系统中，信道传输处理过程包括：首先进行同步字节的倒相，该过程以 8 个字节为单元进行，然后进行数据的能量扩散、随机化，避免出现长串“0”或“1”的情况，再为每个数据包加上纠错编码，外码采用 RS(204 ，188 ，8)码，它是由 RS(255，239，8)缩短得到的，编码效率为 188/204≈0.92，可以纠正一个 RS 码字内不超过 8 个字节的误码，该码对纠正突发性误码也很有效。对经过加扰的数据进行 RS 编码后，数据包长度扩展为 204 个字节，编码不改变包同步内容。上述关于数据格式的变化如图 10-4-6 所示。内码为卷积码，为了适应不同的应用场合并具有相应的误码纠错能力，在 DVB-S 系统中对(2，1，6)卷积码进行了不同模式的删节处理，可使用码率为 1/2、2/3、3/4、5/6、7/8 等五种卷积码，选择的标准是在频谱利用率和抗误码性能间的权衡。卷积码的两个生成多项式为 $G_1(x)=171$ oct (oct 表示八进制，下同)，$G_2(x)=133$ oct。内外码之间还进行了深度为 12 的卷积交织方案。然后进行 QPSK 调制，形成基带信号，再经上变频、功率放大送上卫星。

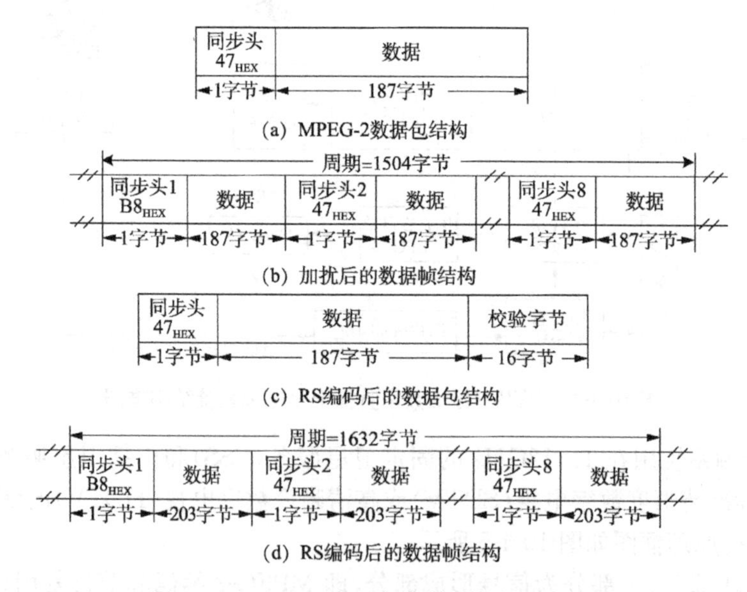

(a) MPEG-2数据包结构

(b) 加扰后的数据帧结构

(c) RS编码后的数据包结构

(d) RS编码后的数据帧结构

图 10-4-6　DVB-S 标准规定传输数据格式说明

上行可以采用 SCPC 方式，即每套节目调制在一个载波上后再送上星，此方式适合上行站不在同一地点而要共用一个转发器的情况。也可以采用 MCPC 方式，即将几套节目的数据流合为一个数据流调制到一个载波上后送上卫星，这种方式适用于几套节目共用一个上行站并在同一地点上星的情况。一般在 36MHz 宽带的转发器中采用 MCPC 方式可同时传送 6 套节目，采用

SCPC 方式可同时传送 5 套节目。

接收端如图 10-4-7 所示，天线接收下来的卫星信号(C 频段或 Ku 频段)经低噪声放大和下变频变成 L 频(0.9～1.4GHz)信号，进入综合接收解码器，经调谐器和 QPSK 解调器解调为数字信号(数字流)，此数据流经 Viterbi 译码、去交织及 RS 译码，对传输中引入的误码进行纠错，然后对此数字流进行去复用，解出的数据流送到 MPEG-2 视频、音频解码器，经过解压缩、数模变换等处理后输出模拟信号，输出的模拟视频信号可以是分量信号也可以是复合信号。

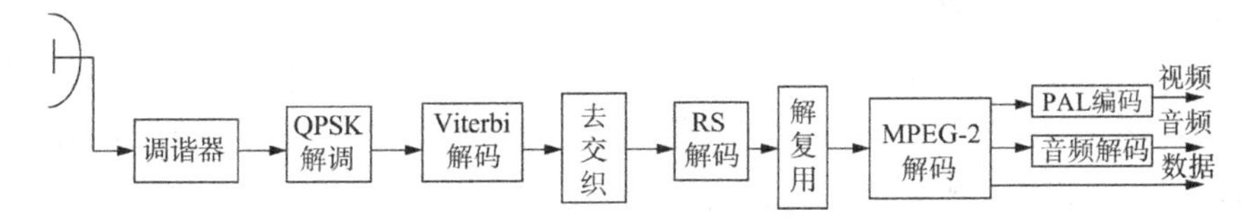

图 10-4-7　DVB-S 系统接收端结构图

2. DVB-S2。

随着社会的发展，传送业务、HDTV、视频点播(VOD)、付费电视(PPV)以及交互业务(IS)等新应用业务的相继开展，对系统传输总量需求急剧膨胀，迫切需要直播卫星系统提供更多频道和带宽，再加上扩大广播电视覆盖范围的需要，共同推动了卫星电视直播技术由 DTH 向 DBS (Direct Broadcast Satellite)发展，而仅用 QPSK 方式限制了 DBS 大功率卫星传送能力，这就促使人们对现有的 DVB-S 做出新的思考，DVB-S2 应运而生。

DVB-S2 吸收了目前最佳的信号处理技术，对 DVB-S 的固有缺点进行了针对性的改进，提出了新的解决方案。除采用了先进的纠错编码技术和多种调制方式外，可变编码调制(Variable Coding Modulation，VCM)、自适应编码调制(Adaptive Coding Modulation，ACM)的使用是 DVB-S2 的另一个显著改进。在交互式的点对点应用中，VCM 功能允许使用不同的调制和纠错方法，并可以逐帧改变。这样，不同的业务类型(如 SDTV、HDTV、音频、多媒体等)可以选不同的错误保护级别分级传输，因而传输效率大大提高。VCM 结合使用反馈信道，还可以实现 ACM，可以针对每一个用户的路径条件使传输参数得到优化。DVB-S2 系统的框架结构如图 10-4-8 所示。

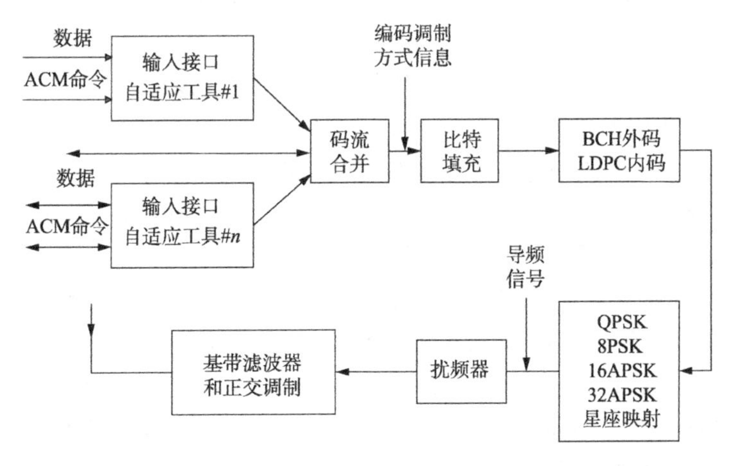

图 10-4-8　DVB-S2 系统的框架结构图

整个系统由模式适配、流适配、前向纠错、映射、物理层成帧及调制几部分组成。单套或多套媒体流数据进入系统，ACM 相关信息同时输入，进入码流合并将多套节目合并，并添加码率、调制方式的信息，再进入编码系统，它是 BCH 外码和 LDPC 内码的级联，此时再通过调制信息将输出的串行码流进行星座映射，最后插入相应的导频信号，进行频率调制后送至发射端，完成整个 DVB-S2 的发端系统。

DVB-S2 最引人注目的革新在纠错编码和调制。与 DVB-S 采用单一的 QPSK 调制方式相比，DVB-S2 以多种高阶调制方式(即 QPSK、8PSK、16APSK、32APSK)取代 QPSK，对于广播业务来说，QPSK 和 8PSK 均为标准配置，而 16APSK、32APSK 是可选配置；对于交互式业务、数字新闻采集及其他专业服务，四者则均为标准配置。

DVB-S2 前向纠错方案使用低密度奇偶校验码(Low Density Parity Check Code，LDPC 码)与 BCH 码级联。其输入流为基带帧(BBFRAME)，输出流为前向纠错帧(FECFRAME)。每个 BBFRAME(K_{bch}个比特位)先经 BCH 编码，将 BCH 外码的奇偶校验比特位(BCHFEC)添加在 BBFRAME 之后，再以整个外码码字为信息序列进行 LDPC 码编码，即将内码 LDPC 编码器的奇偶检验比特位(LDPCFEC)添加在 BCHFEC 码域之后，如图 10-4-9 所示。

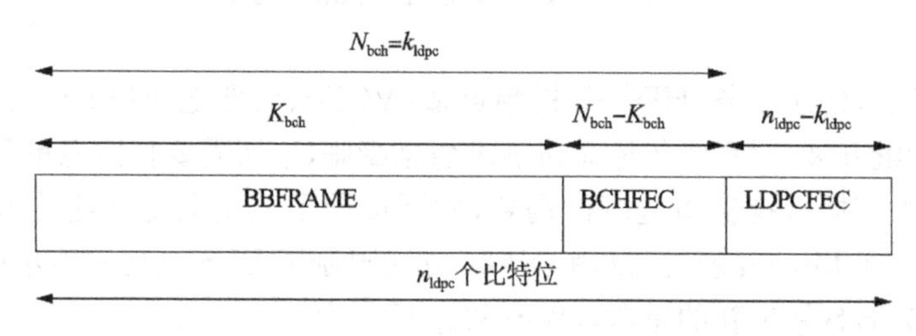

图 10-4-9　DVB-S2 中比特交叉之前的数据格式

DVB-S2 在设计中充分考虑了业务多样性需求，具有很好的适用性。如 DVB-S2 中 LDPC 码设计了规则模式(码字长度为 64800bit)和简短模式(码字长度为 16200bit)两种码长，并支持 1/4,1/3,2/5,1/2,3/5,2/3,3/4,4/5,5/6,8/9,9/10 等多种内码码型；频谱成形中的升余弦滚降系数 α 可在 0.35,0.25,0.2 等三种中选择，而不是 DVB-S 固定的 0.35，自然 α 越小，频谱利用率越高。而且 DVB-S2 有更多的调制方式选择以满足不同业务的需求。

总之，DVB-S2 是服务于宽带卫星应用的新一代 DVB 系统，服务范围包括广播业务(BS)、数字新闻采集(DSNG)、数据分配/中继以及 Internet 接入等交互式业务。与 DVB-S 相比，DVB-S2 提供了更大的输出带宽和灵活性，在相同的传输条件下，DVB-S2 提高传输容量约 30%，同样的频谱效率下可得到更强的接收效果。

例 10-11　用 Simulink 模型搭建并分析 DVB-S2 系统。

在 MATLAB 保存路径\MATLAB\R2010a\toolbox\commblks\commblksdemos 寻找名为 commdvbs2.mdl 的文件，可看到 DVB-S2 系统的标准模型，如图 10-4-10 所示。

该模型中包含 DVB-S2 的发射、接收以及测试等三大部分。其中系统测试部分可完成接收信号星座图演示、系统误包率和 LDPC 系统误比特率测试。通过更改图中“Packet source”模块可完成不同数据格式的输入；通过设定图中“BBFRAME Buffering/Unbuffering”“BCH Encoder/Decoder”“LDPC Encoder/Decoder”“General Block Interleaver/Deinterleaver”“MPSK Modulator/Demodulator Basebank”等模块参数，可构成满足不同业务需求的 DVB-S2 传输基带系统。通过更改图中“AWGN”信道模块的噪声方差等参数，可对相应的系统传输性能进行测试分析。

例 10-12　DVB-S2 的前向纠错系统。

DVB-S2 的前向纠错编码子系统主要完成 BCH(外码)编码、LDPC(内码)编码和比特交错，其输入流为基带帧(BBFRAME)，输出流为前向纠错帧(FECFRAME)。

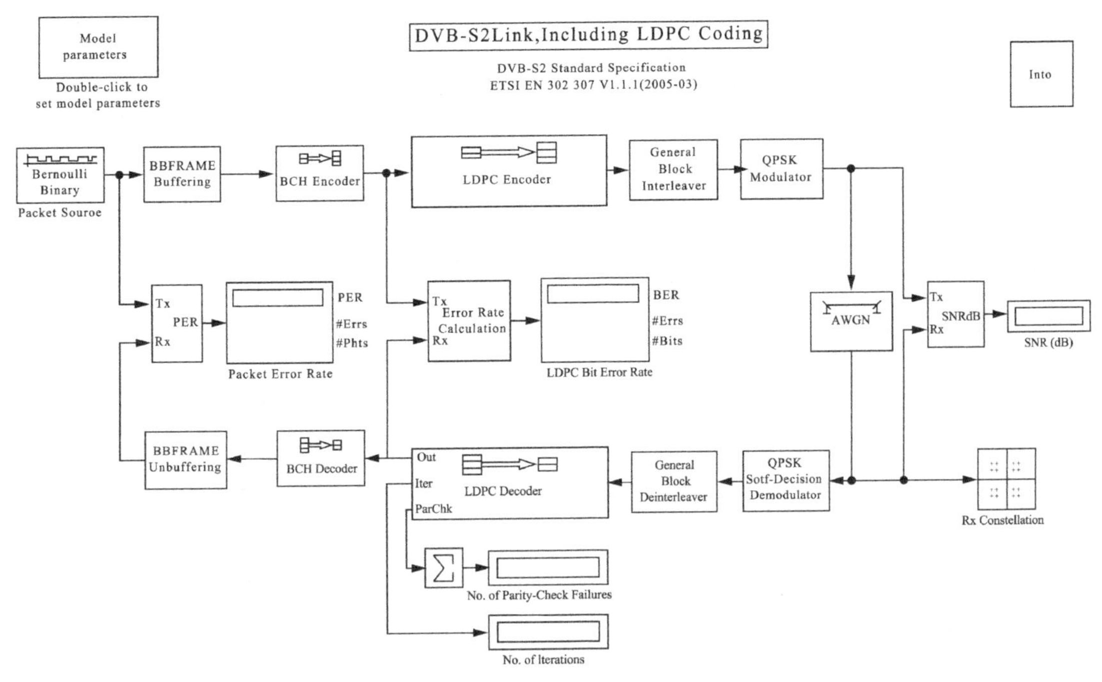

图 10-4-10　DVB-S2 系统模型图

表 10-4-2 给出了规则 FECFRAME(n_{ldpc}=64800bit)的 FEC 编码参量，表 10-4-3 给出了简短 FECFRAME(n_{ldpc}=16200bit)的 FEC 编码参量。

表 10-4-2　编码参量(规则 FECFRAME n_{ldpc}=64800)

LDPC 码	BCH 信息位 K_{bch}	BCH 编码位 N_{bch} LDPC 信息位 k_{ldpc}	BCH 纠错位数	LDPC 编码位 n_{ldpc}
1/4	16008	16200	12	64800
1/3	21408	21600	12	64800
2/5	25728	25920	12	64800
1/2	32208	32400	12	64800
3/5	38688	38880	12	64800
2/3	43040	43200	10	64800
3/4	48408	48600	12	64800
4/5	51648	51840	12	64800
5/6	53840	54000	10	64800
8/9	57472	57600	8	64800
9/10	58192	58320	8	64800

表 10-4-3　编码参量(简短 FECFRAME n_{ldpc}=16200)

LDPC 码	BCH 信息位 K_{bch}	BCH 编码位 N_{bch} LDPC 信息位 k_{ldpc}	BCH 纠错位数	有效 LDPC 码率 k_{ldpc}/16200	LDPC 编码位 n_{ldpc}
1/4	3072	3240	12	1/5	16200
1/3	5232	5400	12	1/3	16200

续表

LDPC 码	BCH 信息位 K_{bch}	BCH 编码位 N_{bch} LDPC 信息位 k_{ldpc}	BCH 纠错位数	有效 LDPC 码率 $k_{ldpc}/16200$	LDPC 编码位 n_{ldpc}
2/5	6312	6480	12	2/5	16200
1/2	7032	7200	12	4/9	16200
3/5	9552	9720	12	3/5	16200
2/3	10632	10800	12	2/3	16200
3/4	11712	11880	12	11/15	16200
4/5	12432	12600	12	7/9	16200
5/6	13152	13320	12	37/45	16200
8/9	14232	14400	12	8/9	16200
9/10	NA	NA	NA	NA	NA

(1)外码(BCH)。

一个 t 纠错位 BCH(N_{bch},K_{bch})码应用在每一个 BBFRAME(K_{bch})上生成一个纠错包。t 纠错位 BCH 编码器的生成多项式见表 10-4-4 和表 10-4-5。

表 10-4-4 BCH 多项式(规则 FECFRAME $n_{ldpc}=64800$)

$g_1(x)$	$1+x^2+x^3+x^5+x^{16}$
$g_2(x)$	$1+x+x^4+x^5+x^6+x^8+x^{16}$
$g_3(x)$	$1+x^2+x^3+x^4+x^5+x^7+x^8+x^9+x^{10}+x^{11}+x^{16}$
$g_4(x)$	$1+x^2+x^4+x^6+x^9+x^{11}+x^{12}+x^{14}+x^{16}$
$g_5(x)$	$1+x+x^2+x^3+x^5+x^8+x^9+x^{10}+x^{11}+x^{12}+x^{16}$
$g_6(x)$	$1+x^2+x^4+x^5+x^7+x^8+x^9+x^{10}+x^{12}+x^{13}+x^{14}+x^{15}+x^{16}$
$g_7(x)$	$1+x^2+x^5+x^6+x^8+x^9+x^{10}+x^{11}+x^{13}+x^{15}+x^{16}$
$g_8(x)$	$1+x+x^2+x^5+x^6+x^8+x^9+x^{12}+x^{13}+x^{14}+x^{16}$
$g_9(x)$	$1+x^5+x^7+x^9+x^{10}+x^{11}+x^{16}$
$g_{10}(x)$	$1+x+x^2+x^5+x^7+x^8+x^{10}+x^{12}+x^{13}+x^{14}+x^{16}$
$g_{11}(x)$	$1+x^2+x^3+x^6+x^9+x^{11}+x^{12}+x^{13}+x^{16}$
$g_{12}(x)$	$1+x+x^5+x^6+x^7+x^9+x^{11}+x^{12}+x^{16}$

表 10-4-5 BCH 多项式(简短 FECFRAME $n_{ldpc}=16200$)

$g_1(x)$	$1+x+x^3+x^5+x^{14}$
$g_2(x)$	$1+x^6+x^8+x^{11}+x^{14}$
$g_3(x)$	$1+x+x^2+x^6+x^9+x^{10}+x^{14}$
$g_4(x)$	$1+x^4+x^7+x^8+x^{10}+x^{12}+x^{14}$
$g_5(x)$	$1+x^2+x^4+x^6+x^8+x^9+x^{11}+x^{13}+x^{14}$
$g_6(x)$	$1+x^3+x^7+x^8+x^9+x^{13}+x^{14}$

续表

$g_7(x)$	$1+x^2+x^5+x^6+x^7+x^{10}+x^{11}+x^{13}+x^{14}$
$g_8(x)$	$1+x^5+x^8+x^9+x^{10}+x^{11}+x^{14}$
$g_9(x)$	$1+x+x^2+x^3+x^9+x^{10}+x^{14}$
$g_{10}(x)$	$1+x^3+x^6+x^9+x^{11}+x^{12}+x^{14}$
$g_{11}(x)$	$1+x^4+x^{11}+x^{12}+x^{14}$
$g_{12}(x)$	$1+x+x^2+x^3+x^5+x^6+x^7+x^8+x^{10}+x^{13}+x^{14}$

将信息位 $m=(m_{k_{\text{bch}}-1},m_{k_{\text{bch}}-2},\cdots,m_1,m_0)$ 进行 BCH 编码，得到

$$c=(m_{k_{\text{bch}}-1},m_{k_{\text{bch}}-2},\cdots,m_1,m_0,d_{n_{\text{bch}}-k_{\text{bch}}-1},d_{n_{bch}-k_{bch}-2},\cdots,d_1,d_0)$$

编码步骤如下：

①将信息位多项式 $m(x)=m_{k_{\text{bch}}-1}x^{k_{\text{bch}}-1}+m_{k_{\text{bch}}-2}x^{k_{\text{bch}}-2}+\cdots+m_1x+m_0$ 与 $x^{n_{\text{bch}}-k_{\text{bch}}}$ 相乘；

②$x^{n_{\text{bch}}-k_{\text{bch}}}m(x)$ 除以 $g(x)$，$g(x)$ 为生成多项式，$d(x)=d_{n_{\text{bch}}-k_{\text{bch}}-1}x^{n_{\text{bch}}-k_{\text{bch}}-1}+\cdots+d_1x+d_0$ 为余式；

③设码多项式 $c(x)=x^{n_{\text{bch}}-k_{\text{bch}}}m(x)+d(x)$，得到一个 BCH 码字。

(2) 内码(LDPC)。

LDPC 码信息位的长度是 k_{ldpc}，表示为 $i=(i_0,i_1,\cdots,i_{k_{\text{ldpc}}-1})$，对其编码，得到码长为 n_{ldpc} 的码，表示为 $c=(i_0,i_1,\cdots,i_{k_{\text{ldpc}}-1},p_0,p_1,\cdots,p_{n_{\text{ldpc}}-k_{\text{ldpc}}-1})$。

LDPC 码参量 $(n_{\text{ldpc}},k_{\text{ldpc}})$ 在表 10-4-2 和表 10-4-3 中给出。

对于规则 FECFRAME 的内码，以码率 2/3(参数见附表 A)为例，说明编码过程，步骤如下。

步骤一：将校验位初始化 $p_0=p=\cdots=p_{n_{\text{ldpc}}-k_{\text{ldpc}}-1}=0$，这里 $n_{\text{ldpc}}=64800$，$k_{\text{ldpc}}=43200$。

步骤二：对于附表 A，一共有 120 行(组)，每行(组)对应 360 个信息位，总共有 $120\times360=43200$ 个信息位。第一行数据为

$$x_1=\{0\ 10491\ 16043\ 506\ 12826\ 8065\ 8226\ 2767\ 240\ 18673\ 9279\ 10579\ 20928\}$$

首先利用第一行数据进行计算(二进制运算)

$$p_0=p_0\oplus i_0,p_{10491}=p_{10491}\oplus i_0,p_{16043}=p_{16043}\oplus i_0,p_{506}=p_{506}\oplus i_0$$
$$p_{12826}=p_{12826}\oplus i_0,p_{8065}=p_{8065}\oplus i_0,p_{8226}=p_{8226}\oplus i_0,p_{2767}=p_{2767}\oplus i_0$$
$$p_{240}=p_{240}\oplus i_0,p_{18673}=p_{18673}\oplus i_0,p_{9279}=p_{9279}\oplus i_0,p_{10579}=p_{10579}\oplus i_0$$
$$p_{20928}=p_{20928}\oplus i_0$$

步骤三：对于第一行(组)所对应的接下来 359 个信息位，i_m，$m=1,2,\cdots,359$，将 i_m 加到校验位 $\{x_1+(m\text{mod}360)\times q\}\text{mod}(n_{\text{ldpc}}-k_{\text{ldpc}})$ 上，x_1 即附表 A 的第一行数据，q 是一个与码率有关的值，规则结构的 q 值如表 10-4-6 所示，简短结构的 q 值如表 10-4-7 所示。在表 10-4-6 中，码率为 2/3 时，$q=60$。因此对于信息位 i_1，进行下述运算：

$$p_{60}=p_{60}\oplus i_1,p_{10551}=p_{10551}\oplus i_1,p_{16103}=p_{16103}\oplus i_1,p_{566}=p_{566}\oplus i_1$$
$$p_{12886}=p_{12886}\oplus i_1,p_{8125}=p_{8125}\oplus i_1,p_{8286}=p_{8286}\oplus i_1,p_{2827}=p_{2827}\oplus i_1$$
$$p_{300}=p_{300}\oplus i_1,p_{17373}=p_{17373}\oplus i_1,p_{9339}=p_{9339}\oplus i_1,p_{10639}=p_{10639}\oplus i_1$$
$$p_{20988}=p_{20988}\oplus i_1$$

这样可以将第一组 360 个信息元 i_m，$m=0,1,2,\cdots,359$ 所对应的校验位计算出来。

表 10-4-6　规则结构的 q 值

码率	q
1/4	135
1/3	120
2/5	108
1/2	90
3/5	72
2/3	60
3/4	45
4/5	36
5/6	30
8/9	20
9/10	18

表 10-4-7　简短结构的 q 值

码率	q
1/4	36
1/3	30
2/5	27
1/2	25
3/5	18
2/3	15
3/4	12
4/5	10
5/6	8
8/9	5

步骤四：对于第二组的 360 个信息位 $i_m, m=360,361,\cdots,719$，它们所对应的校验位为

$$\{x_2+(m\bmod 360)\times q\}\bmod(n_{\text{ldpc}}-k_{\text{ldpc}})$$

步骤五：以此类推，信息元以 360 为一组，分成 120 组，分别对应附录 B 中的 120 行数据 $x_l, l=1,2,\cdots,120$，根据公式$\{x_l+(m \bmod 360)\times q\}\bmod(n_{\text{ldpc}}-k_{\text{ldpc}})$计算每个信息位 i_m 所对应的校验位。

步骤六：上述步骤计算完之后，可得最终的校验位结果

$$p_i=p_i \oplus p_{i-1},\quad i=1,2,\cdots,n_{\text{ldpc}}-k_{\text{ldpc}}-1$$

二、设计方法

1. 设计目的。

(1)掌握以卫星链路为背景的数字电视广播系统的构成原理。

(2)掌握 DVB-S 中解调电路的基本设计方法。

(3)了解 DVB-S 中同步机制的设计与分析方法。

(4)了解 DVB-S 中信道编码系统的设计方法。

2. 设计工具与平台。

(1)C、Python、MATLAB 等软件开发平台。

(2)创新开发实验平台。

3. 设计内容和要求。

(1)分析 Simulink 仿真库中 DVB-S2 系统构成并进行性能仿真。

(2)在 Simulink 仿真平台上搭建 DVB-S 系统并进行不同信道条件下的性能仿真。

(3)DVB-S 中信道编码系统的设计与实现：采用 Verilog HDL(或 VHDL)语言实现。基于创新开发实验平台，进行调试；或以 C 语言编程实现，在 CCS 平台调试，基于 DSP 实验平台(TMS320C6416 开发平台)完成系统测试。

(4)DVB-S 中包同步算法设计与实现：以 RS 编码后的包格式为标准实现 DVB-S 系统的包同步，分析包同步捕获、包同步保持参数，设计同步搜索电路，采用 Verilog HDL(或 VHDL)语言实现。基于创新开发实验平台，进行调试。

(5)验收要求：将图像作为信源，通过系统传输后，恢复的图像质量的 MOS 大于 3.7 分；或以随机数据作为信源，AWGN 信道下，SNR=5dB 时，BER$<10^{-5}$。

硬件设计要求满足DVB-S的实时性要求，即要求针对处理器的硬件特点和编译器的优化性能，优化算法和程序流程，降低运算量，减少运算时间，使编译码方案在所选择的码率下满足表10-4-8所示的时间要求。在误比特率为10^{-3}～10^{-4}时，同步虚警概率低于10^{-7}。

表10-4-8　DVB-S系统的实时性要求

码率	1/2	2/3	3/4	5/6	7/8
传输速率/(Mb/s)	23.754	31.672	35.631	39.590	41.570

4. 思考题。

(1)试分析在DVB-S传输系统中针对卫星信道中信号衰减大、信噪比较低的特点采取了哪些关键的传输技术？

(2)试从技术层次分析DVB-S系统在Internet迅猛发展的现代社会中表现出哪些不足，并与新的传输标准DVB-S2进行技术比较。

(3)设计包同步参数时应注意考虑哪些因素？

10.4.3　IEEE 802.16d传输系统

一、系统概述

随着通信产业的发展，尤其是无线通信和宽带通信的技术的迅速发展，激发了宽带接入网络向无线化方向的演进。近年来IEEE 802.16引起了广泛关注，并逐渐为业界熟知。IEEE 802.16标准称为IEEE Wireless MAN空中接口标准，对工作于不同频带的无线接入系统空中接口进行了规范。由于它所规定的无线系统覆盖范围在公里量级，因此系统主要应用于城域网。根据使用频段不同，802.16系统分为应用于视距和非视距两种，其中使用2～11GHz频段的系统应用于非视距(NLOS)范围，而10～66GHz频段则应用于视距(LOS)范围。根据是否支持移动特性，IEEE 802.16标准又分为固定宽带无线接入空中接口标准和移动宽带无线接入空中接口标准。IEEE 802.16标准适用于点对多点宽带无线接入系统，是一种“最后一英里”的无线宽带接入解决方案，它将加快世界范围的无线宽带城域网的发展进程。

IEEE 802.16标准系列到目前为止包括802.16、802.16a、802.16c、802.16d、802.16e、802.16f和802.16g共七个。802.16d(即802.16-2004，于2004年10月1日正式发布)是802.16的一个修订版本，也是相对比较成熟并且最具实用性的一个标准版本。802.16d对2～66GHz频段的空中接口物理层和MAC层做了详细规定，定义了支持多种业务类型的固定宽带无线接入系统的MAC层和相对应的多个物理层。该标准对前几个标准进行了整合和修订，增加了部分功能以支持用户的移动性，但仍属于固定宽带无线接入规范。目标用户是固定地点的已知用户。IEEE 802.16d标准定义了三种物理层实现方式：单载波、OFDM(256-Point)、OFDMA(2048-Point)。由于OFDM、OFDMA具有较高的频谱利用率，在抵抗多径效应、频率选择性衰落或窄带干扰上具有明显的优势，因此OFDM和OFDMA将成为IEEE 802.16中两种典型的物理层应用方式，在本节后面的物理层介绍中我们也将把重点放在OFDM上。

IEEE802.16d协议标准是按照两层结构体系组织的。它定义了一个物理层和一个MAC层，其协议结构如图10-4-11所示。最底层是物理层，该层的协议主要是关于频率带宽、调制模式、纠错技术以及发射机同接收机之间的同步、数据传输率和时分复用结构等方面的。在物理层之上是媒体接入控制层，主要负责控制用户接入到共享的无线媒质和将数据组成帧格式来传输。

1. IEEE 802.16d 标准主要特点。

IEEE 802.16d 是固定宽带无线接入标准，通过接入核心网向用户提供业务。技术可应用的频段非常宽，包括 10～66GHz 频段、小于 11GHz 许可和免许可频段。不同频段下的物理特性各不相同，主要如下。

(1)10～66GHz 许可频段由于波长较短，只能实现视距传播。典型信道带宽为 25MHz 或 28MHz，采用多进制调制方式时，数据速率可超过 120Mb/s。

(2)11GHz 以下许可频段和免许可频段由于波长较长，因此能够支持非视距传播，但系统会存在较强的多径效应，需要采用一些增强的物理层技术，如功率控制、智能天线、空时编码技术等。非许可频段还可能存在较大的干扰，需要采用动态频率选择(Dynamic Frequency Selection，DFS)等技术来解决干扰问题。

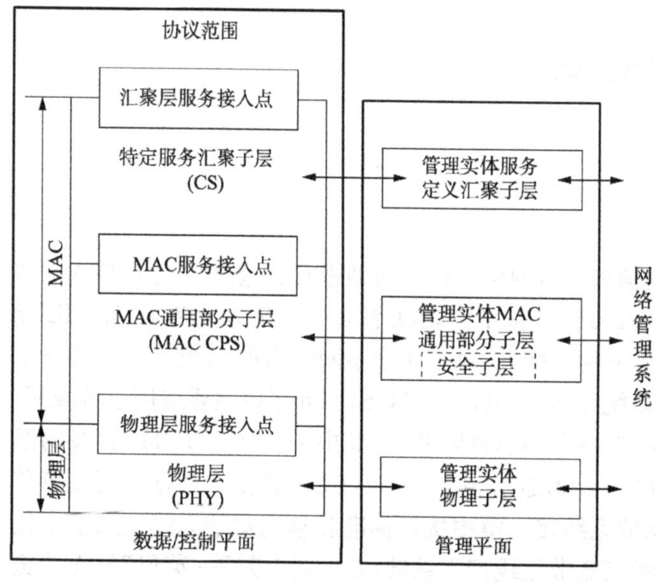

图 10-4-11　IEEE 802.16d 协议标准结构

IEEE 802.16d 标准中，在 MAC 层定义了较为完整的 QoS 机制，可以根据业务需要提供实时、非实时及不同速率要求的数据传输服务。IEEE 802.16d 标准在提供数据业务方面具有明显优势，主要表现在以下几点。

(1)支持频分双工(FDD)和时分双工(TDD)方式。当工作在 TDD 方式时，能够根据上下行数据量灵活分配带宽，对于上下行不对称业务具有较高的资源利用率。

(2)采用的 OFDM/OFDMA 方式，具有较高的频谱利用率，可以提供更高的数据带宽。

(3)采用的按需分配带宽等资源方式，更加适合于数据业务所采用的包交换方式。

2. 空中接口物理层。

系统可支持 TDD 和 FDD 两种无线双工方式，根据使用频段不同，IEEE 802.16d 分别规范了多种物理层与之相对应，如表 10-4-9 所示。

表 10-4-9　IEEE 802.16d 空中接口物理层分类

物理层类型	使用频段	基本特点
Wireless MAN-SC	10～66GHz 许可频段	采用单载波调制方式，视距传输，可选信道带宽为 20MHz、25MHz 或 28MHz，上行采用 TDMA 方式，双工方式可采用 FDD 或 TDD
Wireless MAN-SCa	<11GHz 许可频段	采用单载波调制方式，非视距传输，允许信道带宽不小于 1.25MHz，上行采用 TDMA 方式，可选支持自适应天线系统(AAS)、ARQ 和空时编码(STC)等，双工方式可采用 FDD 或 TDD

续表

物理层类型	使用频段	基本特点
Wireless MAN-OFDM	<11GHz 许可频段	采用 256 个子载波的 OFDM(正交频分复用)调制方式,非视距传输,可选支持 AAS、ARQ、网格模式(Mesh)和 STC 等,双工方式可采用 FDD 或 TDD
Wireless MAN-OFDMA	<11GHz 许可频段	采用 2048 个子载波的 OFDM 调制方式,非视距传输,允许信道带宽不小于 1.0MHz,可选支持 AAS、ARQ 和 STC 等,双工方式可采用 FDD 或 TDD
Wireless HUMAN	<11GHz 许可频段	可采用 SCa 或 OFDM 或 OFDMA 调制方式,必须支持动态频率选择(DFS),可选支持 AAS、ARQ、Mesh 和 STC 等,双工方式为 TDD

IEEE 802.16d 物理层采用 OFDM 作为主要的调制方法。OFDM 技术的最大优点是可以对抗频率选择性衰落或窄带干扰,下面简要介绍下 OFDM 技术的原理。

宽带数字业务的大量出现使传统的数据传输系统中的码率非常高。考虑实际的陆地电波传播路径时,最大的问题是多径衰落,特别是在高层建筑密集的城市,多径衰落的影响较大。另外,在无线移动信道条件下还存在高速移动所引起的衰落及多普勒频移现象。一般地说,电波的反射、散射和衍射,接收机的移动,以及周围环境的变化,是引起衰落的主要原因。如果信号频带很窄,则可认为在带宽内的衰落是单纯的衰落,处理比较方便。当信号频带较宽时,在任一时刻信号的衰落是频率的函数,即存在频率选择性衰落。衰落的影响可产生码间干扰和增加误码。因此,如果采用传统的串行单载波调制方式,要克服码间干扰,就需采用自适应均衡措施,实现起来比较复杂。解决方法之一便是将高速串行数据分解为多个并行的低速数据后采用多载波调制方式传输。在多载波调制中,带宽为 W 的信道划分成 N 个子信道,每个子信道的带宽为 $\Delta f=W/N$。在这 N 个子信道中,同时传输不同的信息符号。因此,传输的数据是按频分多路复用(FDM)方式工作的。

对于每个子信道,赋予一个载波信号,即

$$x_k(t)=\mathrm{e}^{\mathrm{j}2\pi f_k t},\quad k=0,1,\cdots,N-1$$

其中,f_k 是位于第 k 个子信道的中间频率。在每个子信道上,将符号率 $1/T$ 选成等于相邻子载波的频率间隔 Δf,因此在符号持续时间 T 内这些子载波是正交的,即任意两个子载波之间存在如下关系:

$$\frac{1}{T}\int_0^T \mathrm{e}^{\mathrm{j}2\pi f_k t}\cdot \mathrm{e}^{\mathrm{j}2\pi f_j t}\,\mathrm{d}t=\begin{cases}1, & i=j\\ 0, & i\neq j\end{cases}$$

利用这个约束条件就得到了正交频分多路复用(OFDM)。

一个 OFDM 系统可以设计成没有码间干扰的系统,而在单一载波系统中码间干扰是不可避免的。如果 T_s 是一个单个载波系统中的符号区间,那么具有 N 个子信道的 OFDM 系统的符号区间就是 $T=NT_s$。通过将 N 选取得足够大,可以使 OFDM 系统中的符号区间 T 远大于信道的弥散时间,从而通过适当地选取 N 值将 OFDM 系统的码间干扰减小到任意小。在这种情况下,每个子信号的带宽足够小,因此看起来好像有一个固定不变的频率响应。

1971 年,Weinstein 和 Ebert 提出了一个完整的 FFT-OFDM 系统方案,使得 OFDM 完全可以由数字电路来实现,使得 OFDM 的设备实现十分方便,从此打开了 OFDM 工程应用的大门。

假设数据 d_i 为矩形函数,令 $f_i=i/T$, $i=1,2,\cdots,N$,则 OFDM 信号形式如下:

$$s(t)=\begin{cases}\sum\limits_{i=1}^{N} d_i\mathrm{e}^{\mathrm{j}2\pi it/T}, & 0\leqslant t\leqslant T\\ 0, & t<0,t>T\end{cases}$$

现对 $s(t)$ 以 $t=t_k=kT/N, k=1,2,\cdots,N$ 采样，得

$$s_k=s(kT/N)=\sum_{i=1}^{N} d_i e^{j2\pi ik/N},\quad 1\leqslant i\leqslant N$$

上式说明，s_k 是对 d_i 实行 N 点 IDFT 运算结果；与此相对应的 d_i 是 s_k 的 DFT 变换结果。上述分析表明，如果 OFDM 信号中有 N 个子载波，则对子载波的调制与解调可分别用 N 点的 IDFT 和 DFT 来实现。

由于 N 点的 IDFT 运算需要进行 N^2 次复数运算，而 IFFT 可以显著减少运算量，因此而在实际系统中多采用 FFT 实现。FFT 实现 OFDM 的原理框图如图 10-4-12 所示。图中插入了保护间隔，其作用是防止多径延时产生的子载波之间的串扰。保护间隔应选择大于或者等于信道的超量延时。

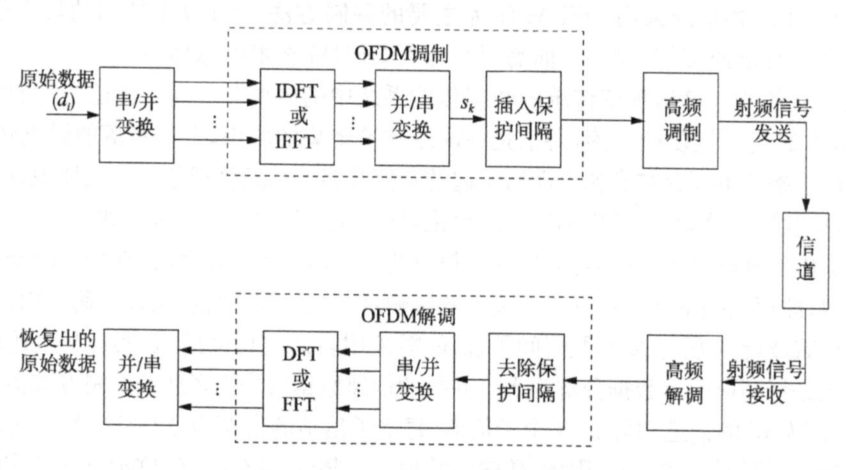

图 10-4-12　FFT 实现 OFDM 原理框图

OFDM 很好地解决了多径环境中的频率选择性衰落，然而它本身不能抑制衰落，各子信道在频域内位置不同，相应受到程度不同的衰落影响，即各载波的幅度服从瑞利分布。同时，在信道中还存在加性噪声(如高斯白噪声、脉冲干扰等)。这要求用信道编码进一步保护传输数据，即采用编码正交频分复用 COFDM(Coded OFDM)。在所有信道编码技术中，网格编码调制(TCM)结合频率和时间交织是一种有效应对信道平坦性衰落的方法。

OFDM 的发展已有 40 余年的历史，但这种多载波传输技术在双向无线数据方面的应用却是近 10 年来的新趋势。近年来，由于数字信号处理(DSP)技术的飞速发展，OFDM 作为一种可以有效对抗 ISI 的高速传输技术，引起了广泛关注。OFDM 技术已经成功地广泛应用于非对称数字用户环路(ASDL)、无线本地环路(WLL)、数字音频广播(DAB)、高清晰度电视(HDTV)、无线局域网(WLAN)、陆地广播、高速数字用户环路(HDSL)、超高速数字用户环路(VHDSL)、宽带射频接入网(BRAN)等各种通信系统。而在移动通信中的运用更是大势所趋。

OFDM 由于频谱利用率高、成本低等原因越来越受到人们关注。随着人们对通信数据化、宽带化、个人化和移动化的需求，OFDM 技术在综合无线接入领域将越来越得到广泛的应用。随着 DSP 芯片技术的发展，傅里叶变换/反变换、64/128/256QAM 的高速 Modem 技术、网格编码技术、软判决技术、信道自适应技术、插入保护时段、减少均衡计算量等成熟技术的逐步引入，人们开始集中精力开发 OFDM 技术在移动通信领域的应用，预计 3G 以后移动通信的主流技术也将是 OFDM 技术。

例 10-13 给出了 OFDM 系统的实现代码。

例 10-13　通过 IDFT、DFT 实现 OFDM 系统。

```
%%参数设置
K = 1000;                                          %调制符号数目
N = 2 * K;                                         %正交两项调制符号数目
Num_snr = 10;                                      %信噪比个数
dl = 2;                                            %信噪比变化步长
%%主程序
 m = 0;
for snrdB = 1:dl:dl * Num_snr
      snr = 10^(snrdB/10);
      sgma = sqrt(10/(8 * snr));                   %噪声方差
      m = m +1;
      error(m) = 0;                                %错误变量初始化

      %%产生数据
      a = rand(1,4 * (K-1));
      a = sign(a-0.5);
      b = reshape(a,K-1,4);

      %%16QAM 信号产生
      s1 = 2 * b(:,1) + b(:,2) + j * (2 * b(:,3)+b(:,4));
      s2 = s1';
      s = [0 s2 0 conj(s2(K-1:-1:1))];
      x = zeros(1,N);

      %%IDFT
      for n = 0:N-1
            for k = 0:N-1
                  x(n+1)=x(n+1) + 1/sqrt(N) * s(k+1) * exp(j * 2 * pi * n * k/N);
                  echo off
            end
      end
      %%AWGN 信道
      for n = 1:N
            gngauss = sqrt(0.5) * (randn +j * randn);
            r(n) = x(n) + sgma * gngauss;
      end
      %%DFT
        Y = zeros(1,K);
        for k = 1:K-1
              for n = 0:N-1
                    Y(1,k+1) = Y(1,k+1) + 1/sqrt(N) * r(n+1) * exp(-j * 2 * pi * k * n/N);
                    echo off
              end
        end
```

```
            %%接收端检测
            for k = 1:K-1
                if real(Y(1,k+1)) > 0
                    if real(Y(1,k+1)) > 2
                        z(1,k+1) = 3;
                    else
                        z(1,k+1) = 1;
                    end
                else
                    if real(Y(1,k+1)) < -2
                        z(1,k+1) = -3;
                    else
                        z(1,k+1) = -1;
                    end
                end
                if imag(Y(1,k+1)) > 0
                    if imag(Y(1,k+1)) > 2
                        z(1,k+1) = z(1,k+1) + 3*j;
                    else
                        z(1,k+1) = z(1,k+1) + j;
                    end
                else
                    if imag(Y(1,k+1)) < -2
                        z(1,k+1) = z(1,k+1) -3*j;
                    else
                        z(1,k+1) =z(1,k+1) -j;
                    end
                end
            end
        %%错误符号个数统计
            error(m) = error(m) + max(size(find(z(1,2:K) - s(1,2:K))))
        end
    pe = error/(K-1);                                                   %错误符号概率统计
```

3. 空中接口 MAC 层。

MAC 层是基于“连接”的，即所有 SS 的数据业务以及与此相联系的 QoS 要求都是在“连接”的范畴中实现的。每一个“连接”均由一个连接标识符(16 bit)来唯一地标识(CID)。

MAC 层包括以下三个子层。

(1)特定服务汇聚子层，简称 CS 子层。

该子层主要负责完成外部网络数据与 CPS 子层数据之间的映射。它将所有从汇聚层服务接入点(CS SAP)接收到的外部网络数据转化并且映射成 MAC SDU，并通过 MAC 服务接入点(MAC SAP)发送给 CPS 子层。标准中定义了两种 CS 子层规范，以便与不同的上层协议进行接口，包括 ATM CS 子层及 Packet CS 子层。

(2)MAC公共子层,简称CPS子层。

CPS子层主要提供MAC层的核心功能,包括系统接入、带宽分配、连接建立和维护等。CPS子层通过MAC SAP从不同的CS子层接收数据,形成MAC SDU。MAC SDU可以被拆分,也可以与其他一个或数个MAC SDU合并为一个新的MAC PDU,并按MAC连接分类,以保证QoS。MAC PDU的数据格式分为MAC header、Payload和CRC三部分,如图10-4-13所示。每个PDU以一个固定长度的MAC header开始。

图10-4-13　MAC　PDU的数据格式

(3)安全子层。

MAC层包含一个单独可选的安全子层来提供认证、密钥交换及加密。IEEE 802.16d通过加密SS和BS之间的连接给用户提供秘密接入固定宽带无线网络的能力。此外BS通过加密相关的业务流禁止未经授权的访问,还给运营商提供强大的防盗用功能。IEEE 802.16d标准的安全子层定义了两部分内容,即:

①加密封装协议。该协议负责加密接入固定BWA网络的分组数据,定义了加密和鉴权算法,以及这些算法在MAC PDU Payload中的应用规则。

②密钥管理协议(PKM)。PKM负责从BS到SS之间密钥的安全分发、SS和BS之间密钥数据的同步和BS强迫接入网络业务。

此外,IEEE 802.16d标准还具有完善的QoS机制,可根据4种不同的业务类型进行调度和带宽分配。标准中还定义了按需分配多址接入(DAMA),可以在数据传输过程中根据需要动态调整带宽分配。这些机制的定义使得整个系统的资源分配非常灵活,在保证QoS的同时大大提高了资源利用率。

4. IEEE 802.16d的典型应用。

IEEE 802.16d的典型应用包括Internet接入、局域网互联、数据专线、窄带业务和基站互连等。

(1)Internet接入:针对有综合布线的小区和大楼,在楼顶安装IEEE 802.16d宽带固定无线接入系统的远端用户侧室外无线单元,并在建筑物内或小区内安装用户侧室内单元和以太网交换机,利用现有综合布线接入用户,通过无线空中接口提供宽带上网业务。

(2)局域网互联:对于大型企业,如果在地域内有多个企业分部,利用IEEE 802.16d宽带固定无线接入系统,可以方便实现总部和各个分部之间的局域网联接。

(3)数据专线:以IEEE 802.16d宽带综合无线接入系统提供TDM输出(E1或者Fractional E1),在终端站上提供E1接口或X.21接口;为进一步提供64kp/s和$N\times$64kb/s的业务,可在用户端安装小型复用器,提供传统的数据传送业务。

(4)窄带业务和基站互连:IEEE 802.16d提供E1接口,可以满足GSM移动基站的接入,并在将来支持3G网络基站互连。通过IEEE 802.16d远端设备与窄带光网络单元(Optical Network Unit,ONU),可以提供话音业务。

IEEE 802.16系统仿真如例10-14所示。

例 10-14　IEEE 802.16 系统仿真。

本例程参考自 Carlos Batlles Ferrer 提供的 IEEE 802.16 系统仿真代码；例程在 MATLAB R2006a 版本下测试通过；仿真代码全部用 m 文件完成；利用本仿真代码可以选择进行五种仿真：调制方式仿真（TestMods）、改变循环前缀大小的仿真（TestCP）、是否采用编码的仿真（TestEncode）、不同信道环境下的仿真（TestChannels）、不同带宽下的性能仿真（TestBW）。运行时只需输入主程序命令“wimax”即可，程序结构如图 10-4-14 所示。

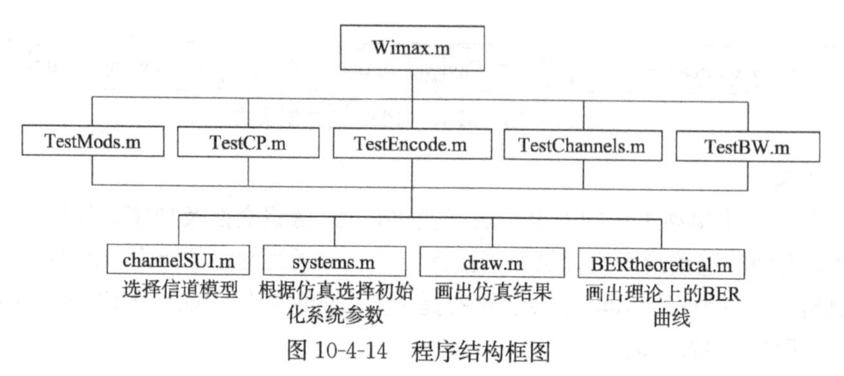

图 10-4-14　程序结构框图

下面给出主程序 wimax.m 的代码。

```
%%初始化仿真需要的变量
SUI = [];
G = [];
n_mod_type = [];

%%选择要进行的仿真
run = 'y';
while run=='y'
clc;
disp(' --> The different tests:');
disp(' 1) Simulation in which all the modulations are used (BPSK,QPSK,16QAM and 64QAM). ');
disp(' 2) When we change the size of the "cyclic prefix" (1/4 1/8 1/16 1/32). ');
disp(' 3) Simulation WITH and WITHOUT encoding of the bits and study the difference. ');
disp(' 4) Simulation through different SUI channels (1 al 6). ');
disp(' 5) Simulation with different values of the nominal BW of the system. ');
disp(' 6) To exit the program. ');
option = input(' Please enter your choice:  ');

%%根据选择进行相应的仿真程序
switch option
case 1                                                    %调制方式仿真,系统初始化
    G = input(' Please enter the value of G (Cyclic Prefix) [1/4 1/8 1/16 1/32]:  ');
    SUI = input (' Please enter which channel you wish to simulate (1 al 6) [AWGN = 0]:  ');
    disp('  Please enter the nominal BandWidth of the system (BW)');
    BW = input('  Possible Values:28,24,20,15,14,12,11,10,7,6,5.50,5,3.50,3,2.50,1.75,
 1.5,1.25 [MHz]:');
```

```
        figur = input(' From which number you wish to start calling the resultant figures:');
        samples = input(' Finally enter the number of OFDM symbols to simulate (total bits = 20 *
    symbols):');
        disp(' Realizing the simulation..... Please wait a while');
        tic
        TestMods(G,SUI,samples,BW,figur); %运行 TestModes 函数
case 2                                                  %改变循环前缀大小的仿真,系统初始化
        n_mod_type = input(' Please enter the modulation to use (1->BPSK, 2->QPSK, 3->
    16QAM ? 4-->64QAM): ');
        if n_mod_type == 3
        n_mod_type = 4;
        elseif n_mod_type == 4
        n_mod_type =6;
        end
        SUI = input (' Please enter which channel you wish to simulate (1 al 6) [AWGN = 0]: ');
        disp(' Please enter the nominal BandWidth of the system (BW)');
        BW = input(' Possible Values:28,24,20,15,14,12,11,10,7,6,5.50,5,3.50,3,2.50,1.75,
    1.5,1.25 [MHz]:');
        figur = input(' From which number you wish to start calling the resultant figures:');
        samples = input(' Finally enter the number of OFDM symbols to simulate (total bits = 20 *
    symbols):');
        disp(' Realizing the simulation..... Please wait a while');
        tic
        TestCP(n_mod_type,SUI,samples,BW,figur);
case 3                                                  %是否采用编码的仿真,系统初始化
        G = input(' Please enter the value of G (Cyclic Prefix) [1/4 1/8 1/16 1/32]:  ');
        n_mod_type = input(' Please enter the modulation to use (1->BPSK, 2->QPSK, 3->
    16QAM ? 4-->64QAM): ');
        if n_mod_type == 3
        n_mod_type = 4;
        elseif n_mod_type == 4
        n_mod_type =6;
        end
        SUI = input (' Please enter which channel you wish to simulate (1 al 6) [AWGN = 0]:  ');
        disp(' Please enter the nominal BandWidth of the system (BW)');
        BW = input(' Possible Values:28,24,20,15,14,12,11,10,7,6,5.50,5,3.50,3,2.50,1.75,
    1.5,1.25 [MHz]:');
        figur = input(' From which number you wish to start calling the resultant figures:');
        samples = input(' Finally enter the number of OFDM symbols to simulate (total bits = 20 *
    symbols):');
        disp(' Realizing the simulation..... Please wait a while');
        tic
        TestEncode(n_mod_type,G,SUI,samples,BW,figur);
case 4                                                  %不同信道环境下的仿真,系统初始化
        G = input(' Please enter the value of G (Cyclic Prefix) [1/4 1/8 1/16 1/32]:');
```

```
        n_mod_type = input(' Please enter the modulation to use (1->BPSK, 2->QPSK, 3->
    16QAM ? 4-->64QAM):  ');
        if n_mod_type == 3
        n_mod_type = 4;
        elseif n_mod_type == 4
        n_mod_type =6;
        end
        disp(' Please enter the nominal BandWidth of the system (BW)');
        BW = input(' Possible Values:28,24,20,15,14,12,11,10,7,6,5.50,5,3.50,3,2.50,1.75,
    1.5,1.25 [MHz]:');
        figur = input(' From which number you wish to start calling the resultant figures:');
        samples = input(' Finally enter the number of OFDM symbols to simulate (total bits = 20 *
    symbols):');
        disp(' Realizing the simulation..... Please wait a while');
        tic
        TestChannels(n_mod_type,G,samples,BW,figur);
  case 5                                                    %不同带宽下的性能仿真,系统初始化
        G = input(' Please enter the value of G (Cyclic Prefix) [1/4 1/8 1/16 1/32]: ');
        n_mod_type = input(' Please enter the modulation to use (1->BPSK, 2->QPSK, 3->
    16QAM ? 4-->64QAM):  ');
        if n_mod_type == 3
        n_mod_type = 4;
        elseif n_mod_type == 4
        n_mod_type =6;
        end
        SUI = input(' Please enter which channel you wish to simulate (1 al 6) [AWGN = 0]:  ');
        figur = input(' From which number you wish to start calling the resultant figures:');
        samples = input(' Finally enter the number of OFDM symbols to simulate (total bits = 20 *
    symbols):');
        disp(' Realizing the simulation..... Please wait a while');
        tic
        TestBW (G,SUI,n_mod_type,samples,figur);

  case 6                                                    %退出仿真
        run = 'n';
        end
  if option~=6
  OFDM_time_simulation = toc;                               %用于计算仿真所用的时间
  %%显示仿真运行时间
  if OFDM_time_simulation >3600
        disp(strcat('time taken for the simulation =',
     num2str(OFDM_time_simulation/3600), ' hours.'));
  elseif OFDM_time_simulation > 60
        disp(strcat(' time taken for the simulation =',
num2str(OFDM_time_simulation/60), ' minutes.'));
else
```

```
                disp(strcat(' time taken for the simulation =',
            num2str(OFDM_time_simulation), ' seconds.'));
            end
    end
    end
```

图 10-4-15 给出了例 10-14 的仿真结果。仿真条件：循环前缀为 1/32，带宽为 28MHz，采用 AWGN 信道下，调制方式为 QPSK。从图 10-4-15 中可以看出，随着信噪比的增加，仿真曲线与理论值逐渐接近。

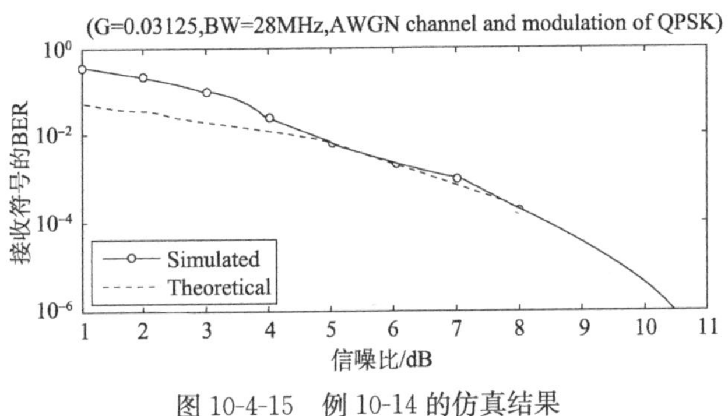

图 10-4-15　例 10-14 的仿真结果

二、设计方法

1. 设计目的。

(1)了解 IEEE 802.16d 标准。

(2)了解基于 IEEE 802.16d 标准的宽带无线接入网的体系架构。

(3)掌握 OFDM 基本原理。

2. 设计工具与平台。

(1)C、Python、MATLAB 等软件开发平台。

(2)创新开发实验平台。

3. 设计内容和要求。

(1)搭建基于 IEEE802.16d 的传输系统。

(2)采用不同信道模型(如 SUI 1-6 、AWGN 信道)时对系统性能进行仿真。

(3)设计要求：采用 OFDM/OFDMA 寻址方式，16QAM 调制方式，信道模型为 SUI 5，在信噪比为 20dB 的情况下，误码率小于 10^{-3}。

4. 思考题。

(1)IEEE 802.16d 主要采用了哪些手段来支持用户的移动性？

(2)为什么说 IEEE 802.16d 仍属于固定宽带无线接入规范？

(3)IEEE 802.16d MAC 层的主要特点有哪些？

(4)OFDM 调制实现过程中还存在哪些问题？

10.4.4　MIMO-OFDM 通信系统综合实验

一、系统概述

MIMO-OFDM 技术的提出是无线通信领域的重大突破，也是 4G、5G 传输系统的关键技术之一。MIMO-OFDM 通过对空间和频谱资源的高效利用来提高数据传输的可靠性，两者结合可以克服多径效应和频率选择型衰落带来的不良影响，提升通信传输系统容量与频谱效率。

LTE 标准集成 MIMO 多天线技术和 OFDM 多载波技术。实质上，在 LTE 中，多发射和多接收天线之间关系用每个独立子载波来说明比用全带宽整体特性说明更方便。通常情况下，多天线传输方案映射调制数据符号到多天线端口。如图 10-4-16 所示，是 MIMO-OFDM 系统结构框图。每根发射/接收天线上的通路上都有一个 OFDM 调制/解调器，由于 OFDM 技术能够将频率选择性衰落信道转化为若干个平坦衰落的并行子信道，故 MIMO-OFDM 系统中任意一个子载波上的输入输出关系相当于一个平坦衰落信道 MIMO 系统。

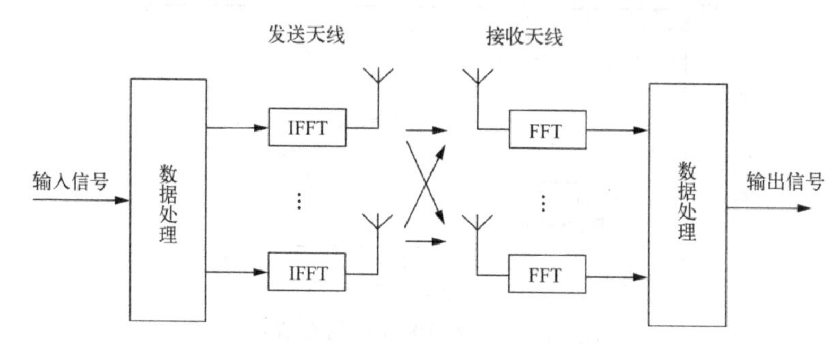

图 10-4-16　MIMO-OFDM 系统结构框图

在每个子载波上，不同天线间接收和发射的资源元素的关系由线性方程表示。在这个系统中，接收天线上接收资源元素向量由 MIMO 信道矩阵和发射天线上发射资源元素矩阵相乘得到。通过 MIMO 系统方程描述我们可以看到，为了在给定子载波上复原发射资源元素的最好估计，我们不仅需要接收资源元素向量，也需要连接每个发射和接收天线的信道响应(或者 CSI、信道状态信息)。

LTE 使用的 MIMO 算法可以细分为四类：接收端合并、发射分集、波束赋形和空分复用。这里我们简短讨论其中的三种技术。

(1)接收端合并技术。接收端合并技术在接收端合并不同情况的发射信号以提升性能。该技术已在 3G 通信标准和 WiFi 以及 WiMAX 系统中广泛应用。接收端可使用两种合并方法：最大比合并(MRC)和选择式合并(SC)。使用 MRC 情况下，我们合并多路接收信号(通常对它们取平均值)得到发射信号的最大似然估计。在使用 SC 情况下，不会像 MRC 那样复杂，我们只使用接收信号和最高 SNR(信噪比)进行发射信号估计。

(2)发射分集技术。在发射分集中，冗余信息在每个子载波不同的天线上发射。在此模式下，LTE 提高通信链路稳健性但不会提高数据速率。发射分集属于多天线技术中空-时编码的范围。空-时码能够实现分集阶数等于接收天线和发射天线的乘积。空-频块编码(Space Frequency Block Code，SFBC 技术)与空-时分组编码(STBC)类似，是一种应用于 LTE 中的发射分集技术。

(3)空分复用技术。在空分复用中，系统在不同天线上传输独立(非冗余)信息。该 MIMO 模式可以在给定通信链路上与发射天线数量成比例大幅地提高数据速率。空分复用在传输独立数据流的同时也伴随着其他问题。不过，空分复用可以克服 MIMO 方程矩阵秩不足的问题。LTE 空分复用引入多种技术减小秩不足出现的概率以发挥优势。

例10-15　MIMO-OFDM系统仿真(MATLAB)。

通过执行MIMO模型MATLAB脚本(commlteMIMO),我们可以通过观察各种信号评估系统性能。仿真使用的参数总结在下面的MATLAB脚本中(commlteMIMO_params)。这些参数定义了发射分集MIMO模式的收发器模型,收发天线数为2,信道带宽为10MHz(每个子帧有一个OFDM符号携带DCI),16QAM(正交幅度调制)调制类型(有早期终止机制的1/3码率Turbo编译码,最大迭代次数为6),以及一个多普勒频移为70MHz的频率选择性MIMO信道(信道估计根据内插算法并使用和MIMO接收器一样的发射分集合并器)。在这个仿真中,程序处理1000万比特,AWGN信道的SNR设置为16dB,可进行可视化。

说明:关键函数参数设置如下,更多程序可扫旁边的二维码"MIMO-OFDM程序"进一步学习。

MIMO-OFDM
程序

1. PDSCH。

```
txMode      = 2;   %Transmisson mode one of {1, 2, 4}
numTx       = 2;   %Number of transmit antennas
numRx       = 2;   %Number of receive antennas
chanBW      = 4;   %Index to chanel bandwidth used [1,...,6]
contReg     = 2;   %No. of OFDM symbols dedictaed to control information [1,...,3]
modType     = 2;   %Modulation type [1, 2, 3] for ['QPSK','16QAM','64QAM']
```

2. DLSCH。

```
cRate       = 1/3; %Rate matching target coding rate
maxIter     = 6;   %Maximum number of turbo decoding terations
fullDecode  = 0;   %Whether "full" or "early stopping" turbo decoding is performed
```

3. 信道模型。

```
chanMdl     = 'flat-high-mobility';
%one of {'flat-low-mobility', 'flat-high-mobility','frequency-selective-low-mobility',
%'frequency-selective-high-mobility', 'EPA 0Hz', 'EPA 5Hz', 'EVA 5Hz', 'EVA 70Hz'}
corrLvl     = 'Low';
```

4. 仿真参数。

```
Eqmode      = 2;   %Type of equalizer used [1,2] for ['ZF', 'MMSE']
chEstOn     = 1;   %One of [0,1,2,3] for 'Ideal estimator','Interpolation',Slot average',
'Subframe average'
snrdB       = 16;  %Signal to Noise ratio
maxNumErrs  = 1e6; %Maximum number of errors found before simulation stops
maxNumBits  = 1e6; %Maximum number of bits processed before simulation stops
visualsOn   = 1;   %Whether to visualize channel response and constellations
```

如图10-4-17所示为每个子帧两个接收天线上用户数据均衡前(第一行)后(第二行)的星座图。我们可以看到均衡器可以补偿信道衰落,在星座图上使补偿后的信号更接近16QAM。

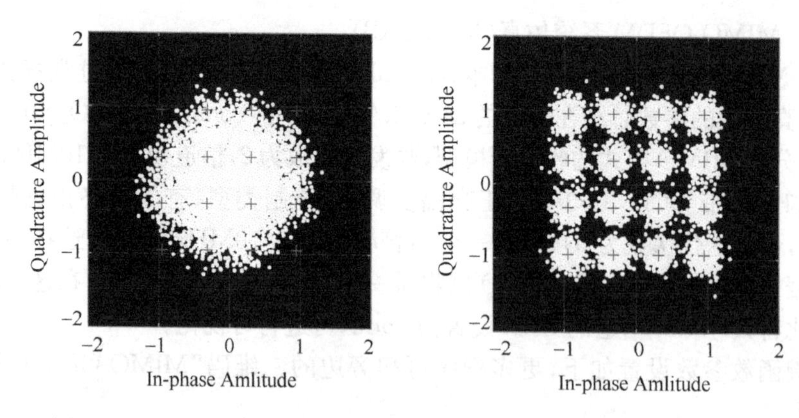

图 10-4-17 LTE 模型:用户数据在均衡前后的 MIMO 发射分集星座图

为了验证收发端的 BER 性能,我们创建一个测试脚本 commlteMIMO_test_timing_ber。测试脚本首先初始化 LTE 系统参数,随后在循环中遍历 SNR 值并调用 commlteMIMO_fcn 函数计算相应的 BER 值,如图 10-4-18 所示。

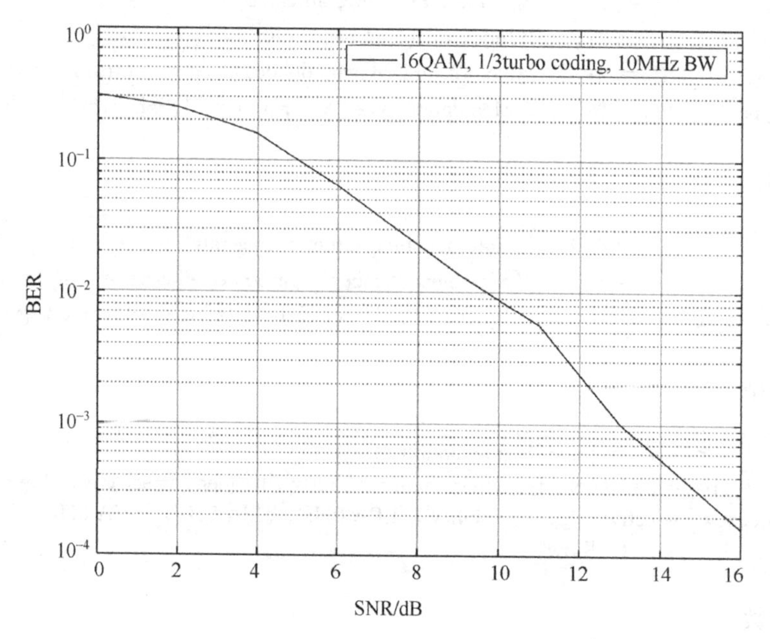

图 10-4-18 MIMO-OFDM 系统中的 BER 性能

二、设计方法

1. 设计目的。

(1)掌握 MIMO-OFDM 收发系统的基本组成。

(2)熟悉 MIMO-OFDM 参数设计方法。

(3)了解常用的空时编码技术。

2. 设计工具与平台。

C、Python、MATLAB 等软件开发平台。

3. 设计内容与要求。

(1)实现基于 STBC 的 MIMO-OFDM 系统,仿真中星座映射采用 QPSK,发射天线 3 个,接收天线 2 个。OFDM 子载波数为 100,每载波传输 66 个符号,每个符号 2 比特。IFFT 长度为 512 个符号。对比接收端和发送端的比特数据统计误码数。

(2)采用不同信道模型(如 AWGN 信道、瑞利衰落信道等)对系统性能进行仿真测试。

4. 思考题。

(1)阐述 MIMO-OFDM 克服多径效应和频率选择性衰落的机理。

(2)阐述如何设计 OFDM 各项参数。

第 11 章　5G 通信系统虚拟实验

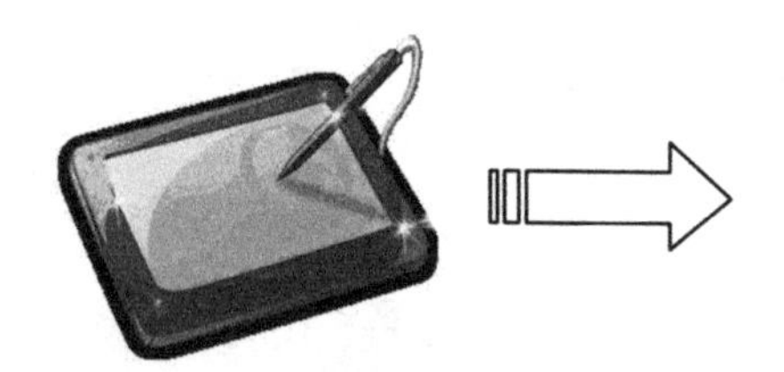

本章主要实验内容：
- √　5G 网络架构综合设计
- √　5G 建设方案规划设计
- √　5G 混合专网切片综合设计与测试
- √　5G 通信网络规划与控制虚拟仿真实验

第五代移动通信技术(5th Generation Mobile Communication Technology,5G)是具有高速率、低时延和大连接特点的新一代宽带移动通信技术。国际电信联盟(ITU)定义了 5G 的三大类应用场景,即增强移动宽带(eMBB)、超高可靠低时延通信(uRLLC)和海量机器类通信(mMTC)。5G 无线通信技术已成为国家科技发展的新动力,成为国家科技发展的核心。本章实验内容包括 5G 网络架构综合设计、5G 建设方案规划设计(核心网的部署)、5G 混合专网切片综合设计与测试以及基于医疗背景下的 5G 通信网络规划与控制虚拟仿真实验。

回想 2G 初期,基本上没有国产的基站采购。从 3G 时代开始,移动主设备集采的中国产 3G 基站第一次实现了过半。到了 4G 时代,国产份额超过 70%。如今中国的设备商在基站集采之中占据了 85%以上的份额。从全球 5G 通信设备市场份额来看,华为名列前茅。5G 设备商的格局产生了新变化,中国厂商正逐渐成为主导力量。

11.1　5G 网络架构综合设计

5G 网络架构宏观上分为接入网(NG-RAN,NR)和核心网(5GC)两部分。5G 接入网由 5G 基站(gNB)组成;5G 核心网由控制面(Access and Mobility Management Function,AMF)、用户面(User Plane Function,UPF)分离组成。

11.1.1　基本原理

一、5G 网络组成

1. 5G 基站。

5G 基站主要分为以下两个部分。

AAU(有源天线单元):主要负责射频信号的处理、接收与发射无线信号。AAU 相当于 4G 网络中的“RRU+天线”,还集成了 BBU 的部分物理层功能。

CU(集中单元)、DU(分布单元):相当于 4G 网络中的 BBU(基带处理单元),但是需要注意的是 5G 基带处理部分可以分离式部署,即分成两个部分:CU 和 DU。当然 CU 和 DU 也可以部署在一起。

2. 5G 核心网。

5G 相对于 4G 网络来说,核心网的变化是非常大的。为了能够适应各类不同业务,能够按需部署核心网功能，做到快速部署、快速开通、快速应用等，5G 核心网采用了 SBA 的微服务架构，并进一步细分了核心网的各种功能。

二、5G 基站构成

图 11-1-1 展示了 5G 基站的架构、基站与核心网或基站之间的协议接口。在 5G 基站的部署上，有两种部署方案：一种是 CU＋DU 合设的方式，另一种为 CU 与 DU 分离的方式，加上射频 AAU 部分，即构成完整的基站系统，如图 11-1-2 所示。

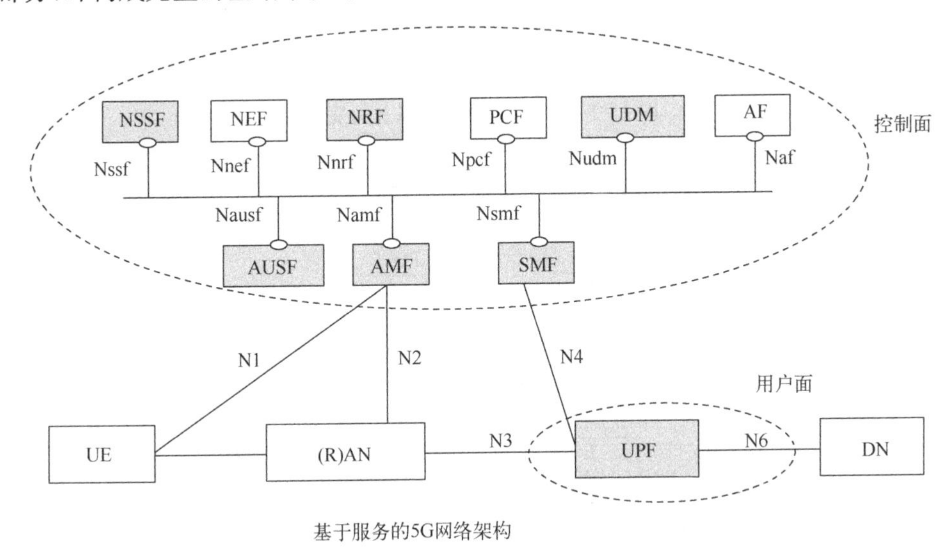

图 11-1-1　5G 基站的架构、基站与核心网或基站之间的协议接口

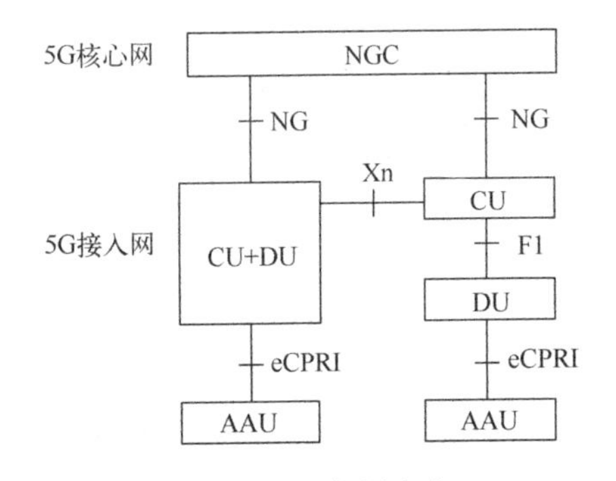

图 11-1-2　部署方案

其中，基站的基带部分与射频部分的接口为 eCPRI 接口，CU 与 DU 之间接口为 F1 接口，相对于 4G 基站来说，发生了一定的变化。可简单理解为 5G 相对于 4G 基站在形态上发生了如图 11-1-3所示的变化。

从协议层关系来看，5G 相对于 4G 系统发生了如图 11-1-4 所示的变化。

三、5G 接入网与核心网接口关系

5G 总体架构如图 11-1-5 所示，NG-RAN 表示无线接入网，5GC 表示核心网，gNB 表示 5G 基站，ng-eNB 可理解为升级的 4G 基站。gNB/ng-eNB 通过 NG-C 接口与 AMF 连接，通过 NG-U接口与 UPF 连接。总体上来看，5G 基站与核心网之间的协议接口为 NG 接口，可分为控

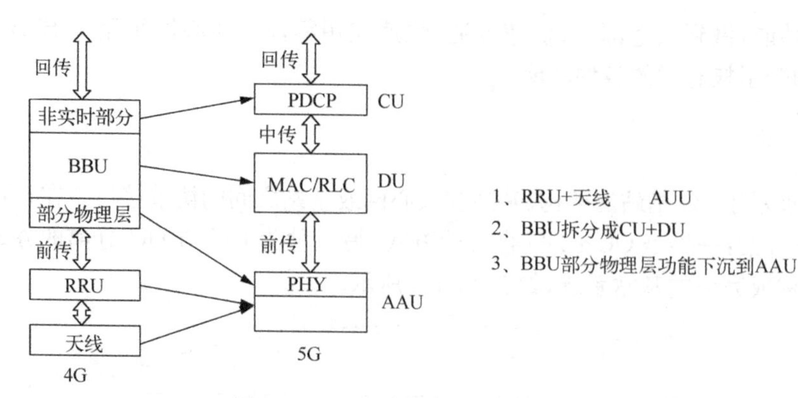

图 11-1-3　5G 基站在形态上的变化

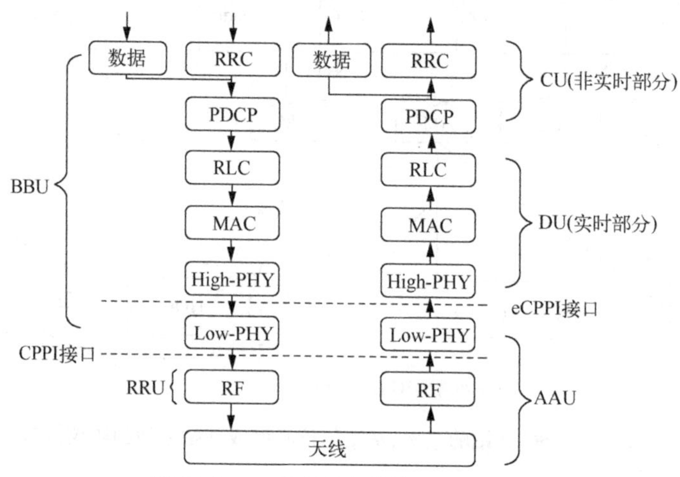

图 11-1-4　5G 基站在协议层上的变化

制面接口与用户面接口。从这个方面来看，5G 基站设备应有两个向上的数据接口(控制面和用户面)，当然有些时候，这两种接口也可用一个物理接口来传输数据。

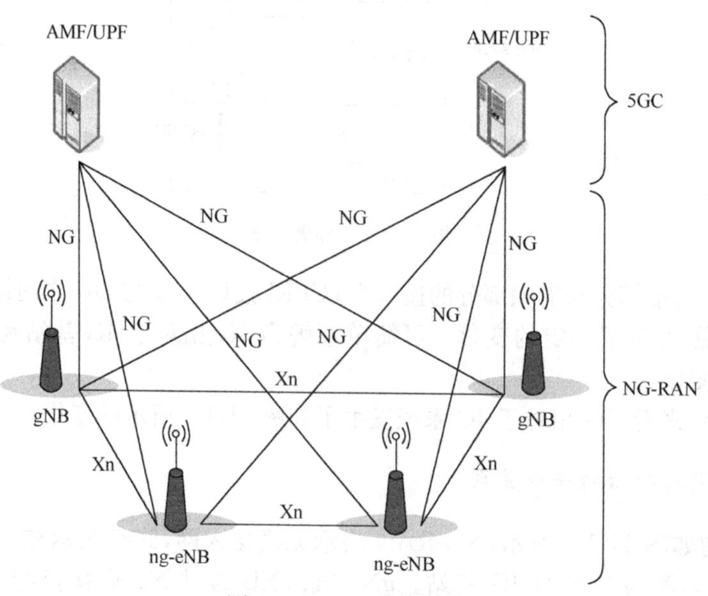

图 11-1-5　5G 总体架构

四、5G网络、基站及小区标识参数

(参考3GPP协议TS 38.423)

从整个5G大系统来看,为方便管理及识别,每个基站或每个小区均应有全网唯一的标识。5G小区或网络识别标识如下。

(1)区分网络的标识。

PLMN:用于唯一地标识移动网络运营商,PLMN=MCC+MNC,即移动国家代码(MCC)与移动网络代码(MNC)结合使用。

(2)区分基站的标识。

Global gNB ID:用于全局范围内标识一个gNB,其由PLMN ID + gNB ID构成。

gNB Identifier(gNB ID):用于在一个PLMN内标识一个gNB。

(3)区分小区的标识。

NR Cell Global Identifier(NCGI):用于全局范围内标识一个小区,其由PLMN ID + NCI构成,NCI(NR Cell ID)。

NR Cell Identity(NR Cell ID/NCI):用于在一个PLMN内标识一个小区,其高位包含其所在的gNB的gNB ID。一般低位表示本地小区ID(即识别该基站下的小区)。

本地小区ID:标识一个基站下的不同小区。比如4G中,若一个基站下有3个小区,可分别标识这三个小区的本地小区ID为1、2、3。

(4)区分位置的标识。

Tracking Area Identity(TAC):用于唯一地标识在一个PLMN中的跟踪区域。

Tracking Area Identity(TAI):用于标识一个跟踪区域,其由PLMN ID + TAC构成。

(5)区分无线信号的标识。

Physical Cell Identifier(PCI):终端以此区分不同小区的无线信号。

11.1.2 设计示例

一、实验目的

1. 掌握5G网络的组成及各网元功能,熟悉独立组网模式下的5G网络的基本架构。
2. 掌握5G基站设备、云主机等设备的基本形态。
3. 理解5G接入网各设备间的关系。
4. 熟悉一个5G基站的基本开通过程。

二、实验工具与平台

1. 计算机。
2. 国防科技大学通信工程实验工作坊(https://nudt.fmaster.cn/nudt/lessons)。

以下实验内容与步骤详见二维码"5G网络架构综合设计示例"。

5G网络架构
综合设计示例

三、实验内容与步骤

(一)5G网络认知与网络规划

1. 5G接入网。

对于移动通信(2/3/4/5G)来说,终端接入网络是通过无线的方式接入,因此与终端建立连接的是5G基站，这也是5G接入网的主要组成部分。因此，我们先来把5G接入网的拓扑搭建出来，步骤如下。

(1)选择“网络规划与设计”，在“网络元素”中选择“机房”，拖动鼠标至画布新建机房，并在“属性”中将“机房名称”命名为“5G接入网”。

(2)在“5G接入网”中添加5G基站设备(DU＋CU、AAU设备)并连线，在机房外添加一个5G手机。

注：对于5G基站，DU和CU可以采用分离式部署方式，也可以采用DU＋CU合设的部署方式，本次搭建采用DU＋CU合设的方式。

2. 5G核心网用户面。

如果5G终端接入了5G网络，那么它如何去访问相应的应用或者是数据呢？在5G核心网中，有一个专门用来处理用户数据的网络功能：UPF(用户面功能)，简单来说，终端要上网或办理业务，肯定要通过UPF来访问数据。在这里，我们将UPF和应用数据在拓扑图上都体现出来，步骤如下。

(1)新建两个机房，并重新命名为“5G核心网用户面”和“数据或应用”。

(2)在“数据或应用”机房中添加一个“Internet服务器”，作为终端要访问数据的示意。在“5G核心网用户面”机房中添加一个云主机设备。

注：云主机设备表示通用的服务器设备，在该设备上能够部署各类不同的网络功能或服务。也就是说，我们可以在该设备上部署不同的5G核心网的微服务或者应用服务等。

(3)在云主机上添加UPF功能，并建立各设备间的连接关系。首先选中“云主机”，点击“属性”中“微服务”，添加“UPF”功能。

如果5G终端已经接入了5G网络，那么要去进行业务时，需要通过UPF来访问相关数据，需要建立一条用户面的路径(一般称为会话)。

3. G核心网控制面。

除用户面功能外，为保证网络的有序运行，必须能够统一控制终端或网络的行为，下面我们将来搭建5G核心网的各种控制功能。

(1)新建机房，重新命名为“5G核心网控制面”，并在该机房中添加一个云主机设备。

(2)在“云主机2”上添加SMF服务，并将SMF与UPF建立连接关系。

通过2的步骤，我们的5G终端已经可以上网了，但是这个是假设上网的这条路径已经建立了。但是事实上，这条路径什么时候建立，什么时候释放，什么时候新建一条路等，需要5G核心网的其他功能进行管理(即SMF会话管理功能)。注：SMF与UPF之间的连接关系，就是5G核心网控制面与用户面之间交互的接口。

(3)在“云主机2”上添加AMF、AUSF、UDM、NRF、NSSF服务，并将各类核心网控制面功能与5G基站建立控制面接口关系。

注：5G终端要接入网络中去，还要通过一系列的接入、鉴权等操作，5G终端在移动的过程中，为保证业务的连续性，也要进行小区切换操作等等。这就要求核心网需要很多不同的控制功能来控制终端的各类行为。

(二)5G接入网机房部署与设备搭建

1. 在软件中，点击“5G业务场景——实验案例”，选择“5G接入网机房部署与设备搭建”，打开本实验案例。在该案例中，网络规划部分已经完成，我们需要在“场景搭建”板块完成机房的建设以及机房内设备的安装与连线等操作。进入“边缘接入场景”。完成“接入站点1＋天线铁塔”

和“接入站点 2＋楼顶抱杆”两个 5G 站点的建设，并完成边缘云主机的设备安装与连线。

2.“接入站点 2＋楼顶抱杆”的机房建设与设备安装。

接入站点 2 与楼顶抱杆构成一个完整的 5G 站点机房。其中，放置 DU/DU＋CU 基站的位置为室内的机房站点，楼顶抱杆为室外的天线及射频部分。这种楼顶站点在很多大楼的楼顶是比较常见的。

(1)建设“接入站点 2”，并选择机房模板。

选择机房位置，选择机房模板，选择“接入机房”，并确认。

(2)同样的方式，在该楼顶建设“楼顶抱杆”，在选择机房模板时，选择“楼顶基站”即可。

(3)完成接入站点 2 和楼顶抱杆的机房设备的安装。

进入机房，安装设备(选“拓扑中未放置设备”)，将其他设备及楼顶抱杆机房的设备全部拖放完成后，我们就完成了该 5G 站点的建设及设备的安装。

3.“接入站点 1＋天线铁塔”的机房建设与设备安装。

(1)首先在指定建设区域添加一个铁塔站点的场景。

注:5G 铁塔站点一般建设在空旷的区域，铁塔上面放置 5G 站点的天线及射频处理部分，铁塔下面有一个小房子或箱式房间，用于放置室内的设备。

添加新场景及场景图;双击刚刚添加的铁塔站点的场景，即可进入该场景进行机房的部署与建设。“接入点 1”与“接入点 2”类似进行操作。

(2)与步骤 2 类似，可以在该场景下部署“接入站点 1”和“天线铁塔”(注意根据实际来选择机房模板)，完成铁塔站点机房设备的安装。

4. 接入站点的设备连线。

(1)DU/DU＋CU 设备与 AAU 设备的连接。

进入设备面板，以铁塔站点为例。首先，双击进入铁塔站点的场景，双击进入“天线铁塔”，连接本端线缆(这里选择 AAU 的 IR 接口)。

切换机房，选择该连线所需连接的另一端设备(这里 AAU 要与 DU＋CU 进行连接)。

同样的方式，将楼顶站点的室内基站设备与 AAU 进行连线。

(2)DU/DU＋CU 设备与传输设备(本案例用三层交换机替代)的连线。

进入“接入站点 1”机房，将基站的一个上联口(Uplink)连接至本机房中的回传设备(三层交换机)的任意一个光口。进入“接入站点 2”机房，将基站的一个上联口(F1)连接至本机房中的回传设备(三层交换机)的任意一个光口。

5. 回传设备与汇聚传输机房中的传输设备连接。

(1)将“接入站点 1”中的回传设备的任意光口与汇聚机房中的传输设备的光口进行连线。鼠标单击机柜，即可打开机柜门。

(2)同样的操作，将“接入站点 2”的回传设备与汇聚机房传输设备连接。

上面两步操作，我们已经将传输资源打通，基站的相关数据即可通过传输设备与核心网或其他网络互联互通。

6. 完成边缘数据中心机房中的边缘云主机的安装部署与设备连接。

(1)进入“边缘数据中心机房”，将云主机安装至机柜上。

(2)将云主机的任意网络接口与本机房内的传输设备连接。

如上，我们建设了一个云主机设备，并且该设备打通了与传输网的连接。我们即可在该主机上添加网络服务，并进行服务的相关设置。

本实验中,根据规划,该云主机将部署基站的 CU 服务以及核心网的用户面网络功能(UPF)。本实验仅完成设备的搭建,关于服务的添加与部署,我们将在后续实验中学习。

上述操作完成后,我们就完成了接入机房的建设与相关设备的安装与搭建。选择网络验证,来验证你的设备连线及部署是否与规划相符。请给出网络验证的结果及分析。

(三)5G 基站及小区基本开局

1. 点击"5G 业务场景——实验案例库",选择"5G 基站开局实验"案例,并点击应用案例。将本实验案例加载至软件中。在本案例中,5G 核心网及传输网等设备的配置均已完成,需要根据运营商提供的参数完成基站的开通过程。

2. 配置 5G 基站 Global gNB ID 识别信息。

在进行 5G 基站设备的开局时,我们首先要给基站配置一个唯一识别的信息,这样运营商才能够方便地对网络进行维护与管理。根据实验原理 Global gNB ID=PLMN+基站 ID。运营商提供给我们的小区信息是 NCGI (NR 全球小区识别码):460-10-1001-1。其中,NCGI=PLMN+NCI=MCC+MNC+基站 ID+本地小区 ID,因此 PLMN 为 460-10,基站 ID 为 1001,本地小区 ID 为 1。

(1)点击"业务开通与验证"板块,双击基站"DU+CU",即可对设备进行配置。

(2)根据运营商提供的参数,填写基站的基本配置。

根据上述分析,Global gNB ID=PLMN+基站 ID=MCC+MNC+基站 ID=460-10-1001,填写信息并保存:MCC 设置为 460,MNC 设置为 10,基站 ID 设置为 1001。

3. 配置基站业务 IP,并建立与核心网之间的链路。

(1)配置基站业务 IP 地址。

基站业务 IP 地址是用于接入网与核心网之间不同的地址,在这里,我们将其分为控制面地址和用户面地址。其中,控制面地址作为 NG-C 接口,用于与 AMF 的通信;用户面地址作为 NG-U 接口,用于与 UPF 之间的互通。

按要求配置参数,例如,Uplink_GE1 光口配置 IP 地址为 192.168.1.30,Uplink_GE1 光口配置 IP 地址为 192.168.10.30。

(2)建立基站与核心网之间的链路。

根据实际情况,完成 AMF 的添加,使基站可通过添加的 AMF 信息,找到与核心网 AMF 交互的地址。在"核心数据中心机房"查看 AMF 地址,然后在基站中配置 AMF 信息。

4. 新建小区,并配置小区基本信息。

(1)新建服务小区,指定该小区的射频资源,并配置小区的识别信息。

注意:在我们新建一个小区时,要指定该小区的射频资源(即哪个 AAU 对应该小区)。

在该基站下新建一个 5G 服务小区,并且根据规划值,本地小区为 1,PCI 为 120,将规划内容配置至小区的相关信息中。

(2)配置该小区所在的跟踪区。

根据规划,填写 TAC 的值。并选择将案例中已配置的一个网络切片分配到该 TAI 下(网络切片相关内容将在后续实验中进行讲解)。

(3)本地小区参数及小区规划参数,按默认值进行保存。

(4)结果验证。

上述操作完成后，你可以将设备开机，验证小区是否建立成功。给出结果图，并分析消息流程。

5. 请自行设计并完成一下任务，并给出验证结果。

假设你接到开通此 5G 服务小区的任务，且运营商提供的开通小区参数如下。

基站业务 IP：控制面地址为 192.168.1.100；用户面地址为 192.168.10.100

NR CGI(全球小区识别码)：460-17-1234-2

PCI(物理小区标识)：220

TAC：4305

(四)5G 基站基本开局拓展

任务：手机入网注册成功之后，要求新建一个 AAU2 设备，使手机能够通过新建的 AAU 设备进行接入注册。

提示步骤：

1. 在“网络规划与设计”模块，新建一个机房，重命名为“楼顶抱杆”，并放置 AAU 设备，完成 AAU2 与 DU+CU 之间的连线。完成之后点击“应用”即可。

2. 在“场景搭建”完成机房的放置。

3. 机房模板选择“楼顶基站”。

4. 进入“楼顶抱杆”，将 AAU2 设备放置与对应区域。

5. 双击 AAU2 设备，完成 AAU2 设备与 DU+CU 的连线。

6. 完成连线后点击“机房分布图”，在此界面鼠标右击即可放置所有机房与终端。

7. 放置完成后，点击网络验证，验证通过即可进入业务开通模块。

8. 在业务开通模块，双击 DU+CU，在小区配置中点击“+”，新建小区。

9. 光板号选择 BPU2-1，其他参数保持默认即可，保存。

10. 勾选切片，并保存。

11. 配置完成之后切换至“场景搭建”中的机房分布图，观察两个 AAU 的覆盖范围与方向。将手机移至 AAU2 的覆盖范围内。鼠标右击手机，点击“关闭位置锁定”，即可拖动手机至 AAU2 的覆盖区域内。

12. 完成以上操作后回到业务开通模块，鼠标右击空白处，将设备全部关机，再重新开机。将此时的业务开通情况记录并分析。

四、思考题

1. 5G 接入网有哪些网元组成？有什么不同架构？在 5G 网络部署初期应该采用哪种架构，为什么？

2. 5G 核心网有哪些主要的网络功能组成，各网络功能的中文名称是什么？

3. 5G 核心网功能哪些属于用户面，哪些属于控制面？什么是控制面和用户面？

4. 本实验中，DU 设备与 CU 服务连接的协议接口是什么？对于 5G 基站系统来说，该接口主要是什么类型的数据交互或哪一层协议的数据？

5. 在实际工程中首先要打通 5G 基站与核心网 AMF 两者之间的传输链路，从原理上来说其实是建立的哪个接口之间的连接？为什么基站配置中，不添加 UPF 信息的列表？

6. 在一个 PLMN 下，为何要划分 TAC，有何作用？

11.2　5G 建设方案规划设计

5G 核心网采用控制转发分离架构，同时实现移动性管理和会话管理的独立进行。用户面上去除承载概念，QoS 参数直接作用于会话中的不同流。通过不同的用户面网元可同时建立多个不同的会话并由多个控制面网元同时管理，实现本地分流和远端流量的并行操作。

11.2.1　基本原理

一、5G 用户标识配置与接入鉴权

对于用户来说，网络需要依据用户标识来判断用户是否合法及区分不同用户等，在用户初始接入网络时，需要在 5G 网络中进行注册登记，在这些流程中，用户标识将会参与整个过程。

1. 用户标识及作用。

(1)5G-GUTI。5G-GUTI(5G Globally Unique Temporary Identity，5G 全球唯一临时标识符)：<5G-GUTI> =<GUAMI><5G-TMSI>；其中，<GUAMI>=<MCC><MNC><AMFIdentifier>。在 5G 系统下使用 5G-GUTI 的目的是减少在通信中显示使用 UE 的永久性标识(SUPI)，提升用户的安全性。该标识是由 AMF 对用户进行分配的，是终端在网络中的临时标识。其中，<GUAMI>是用于标识由哪个 AMF 分配的 5G-GUTI，<5G-TMSI>表示 UE 在 AMF 内唯一的 id。

(2)SUPI。SUPI(Subscription Permanent Identifier，订阅永久识别码)是 5G 网络中用户的唯一永久身份标志，类似于 LTE 网络中的 IMSI，相当于终端在网络中的真实身份。但是和 IMSI 不同的是，该用户永久身份信息永远不会出现在空口上。以往使用 IMSI 的场合(如初次 registration，dentify procedure 等)，5G 网络将会使用 SUCI。

(3)SUCI。SUCI(Subscription Concealed Identifier，订阅隐藏识别码)是 SUPI 经过公钥加密后的密文，所谓的 SUCI 就是 SUPI 的加密版本，该加密过程可以简单概括为，使用椭圆曲线的 PKI 加密机制，利用两对公私钥的特殊性质：公钥 1 * 私钥 2＝公钥 2 * 私钥 1，实现 SUPI 加密为 SUCI，这样既能保证空口 SUPI 不被泄露，还保证了 UE 和网络的鉴权的正常进行。

注：简单理解一下 5G-GUTI、SUPI 和 SUCI，我们以情报谍战片类比，SUPI 相当于情报特工的真实身份，为保证特工的人身安全，真实身份仅限情报网高层知悉，在谍报网中，特工的真实身份是不会出现的(SUPI 不在空口出现)，出现的仅是特工的代号或者是特工伪装的一个角色。这个特工的代号或者伪装的角色就相当于真实身份的加密 SUCI。还有一种情况就是特工通过暗号与接头人建立联系，这个暗号就相当于一个临时的身份标识(5G-GUTI)。

在 5GC 中，注册流程是相当基础的一个流程，这是因为终端不在网络中注册是无法使用网络提供的服务，其次由于终端的移动性，如果有终端终结的业务，比如被叫(被叫在电信网路中是被呼叫的一方，也称被叫用户)，网络必须能够找到终端，网络在注册流程中获得终端的位置信息，建立终端的移动性上下文与 4G EPC 网络有很大不同，5G 将移动性更新和周期性也归入注册流程，这样注册流程包含四大类的情况：①初始注册；②移动性更新注册；③周期性注册；④紧急注册。终端 UE 是必须参与鉴权，然后网络侧的 RAN 无线接入网，NF 方面有 AMF、AUSF 和 UDM，如果配置了 PCF 进行策略控制，也会有 PCF 的参与。

下图 11-2-1 是简化的注册流程图，虚线部分为可选流程，由于鉴权是必须的步骤，下文也将

涉及鉴权的交互列出。以携带 SUCI 的初始注册为例，对注册流程进行说明，可为其他场景比如携带 5G-GUTI 的情况做参考。

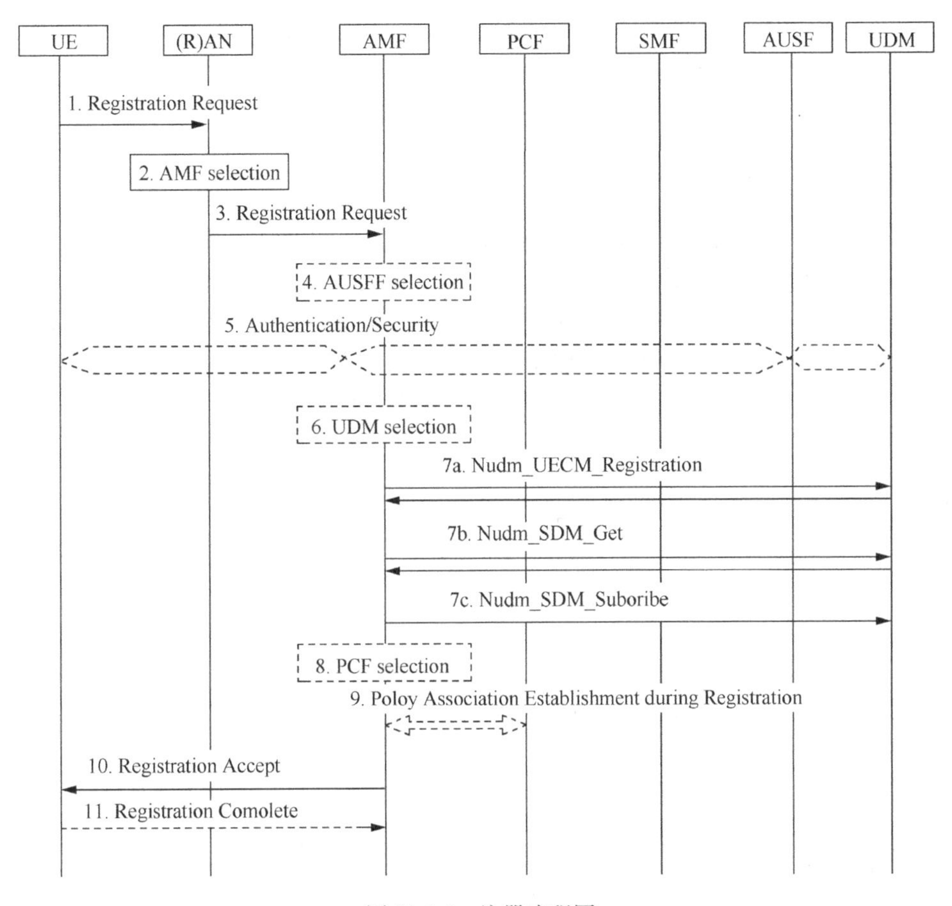

图 11-2-1　注册流程图

在注册流程中：

(1)首先终端发起注册请求，RAN 将注册请求转发至 AMF，这其中涉及到 AMF 的选择，由于 RAN 侧不是 SBI 架构的，因此 AMF 的选择策略可以基于本地配置，或者基于网络切片进行，当初始的 AMF 判断不能够为终端提供服务时，会发起 AMF 的重定位，这里暂不涉及。

(2)AMF 收到注册请求，根据 SUCI 的路由选择码/号码所属的 AUSF 组 ID 找到对应的 AUSF 提起鉴权请求，这里涉及 AUSF 的选择。

(3)AUSF 接收到 AMF 对鉴权上下文的请求，AUSF 根据对应的 SUCI 值，向 UDM 发起“Nudm_Authenticate_Get”的请求，由 UDM 生成鉴权向量返回给 AUSF。AUSF 收到 UDM 返回的鉴权向量，通过计算后向 AMF 返回鉴权参数以及期望的响应(具体可参考鉴权采用的算法“5G-AKA”)。

(4)AMF 将鉴权参数发送给终端 UE，终端使用该参数对网络进行鉴权，然后向 AMF 返回响应参数，AMF 对比响应，符合则鉴权成功，再将响应发送给 AUSF，AUSF 对比响应成功返回给 AMF 对应 SUCI 解码的 SUPI，鉴权过程完成。

注：鉴权完成后，终端还要进行加密和完整性保护的过程，主要为了保障码流信息的完整及安全的传输。

(5)当鉴权完成后,AMF 需要向 UDM 进行终端连接管理的注册,从 UDM 取终端的签约信息,以及在 UDM 进行签约信息改变的订阅。AMF 到 UDM 进行注册登记(通过 UDM 提供的 Nudm_CM 服务来处理),这样 UDM 就知道这个 UE 当前是由哪个 AMF 提供服务的,并且 UDM 会记录 UE 和提供服务的 AMF 的关联关系及 AMF 的 ID。

(6)AMF 向终端返回接受注册的消息,终端回应完成注册。至此,完成了注册流程。

二、5G 用户面功能与上网业务

图 11-2-2 是 5G 的系统架构和组成,从横向上来看分为三层,在之前的实验中我们学习了解了核心网的其他网元功能,从图中可以看出手机 UE 到数据网 DN 之间,必须经过 UPF 网元。UPF 是专用来处理 TCP/IP 上网数据的用户面核心功能,和 4G 中的 PGW 网元类似,承担着手机对外上网的出口。现在大部分的网络都分为 2 层:走控制信令的控制面(同传输网络中的“开销”概念)和走用户数据的用户面(同传输网转中的“载荷”的概念)。

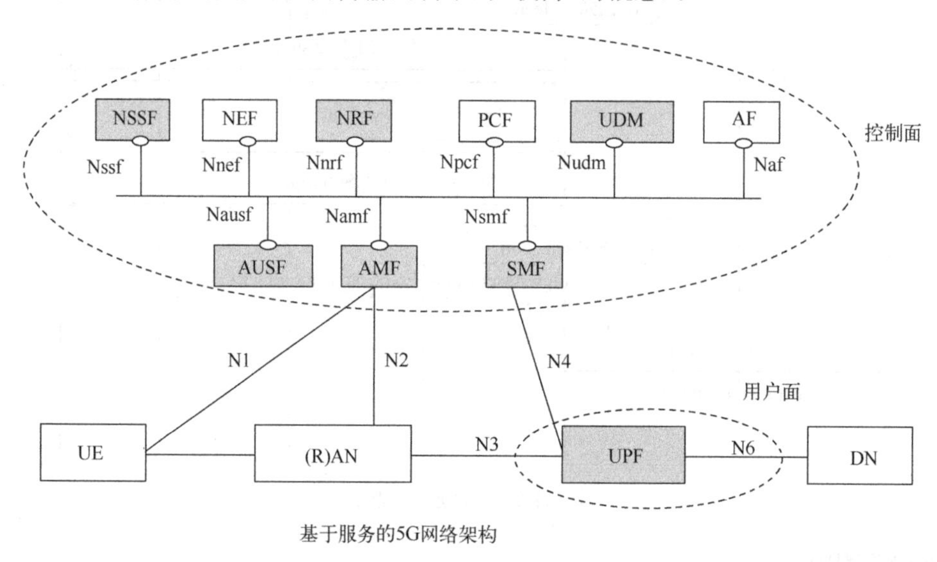

图 11-2-2　5G 的系统架构和组成

5G 网络从某种意义上看也是管道,将终端用户和互联网世界连接起来,终端用户的上网、音乐、短视频等内容与 5G 核心网基本没有关系,我们需要在 5G 网络中打开一个通道,用来将用户的外部请求完整地收发,这个管道的建立和管理就是 UPF 网元的功能。这节实验将主要学习了解 UPF 网元的功能和配置。

11.2.2　设计示例

一、实验目的

1. 理解 5G 核心网各网络功能的相关作用,熟悉 5G 核心网的部署。
2. 熟悉 5G 用户标识及接入鉴权的过程。
3. 熟悉 UPF 用户面的功能和配置及其与基站和核心网的配合。
4. 理解 5G 网络的用户面上网功能。

二、实验工具与平台

1. 计算机。
2. 国防科技大学通信工程实验工作坊(https://nudt.fmaster.cn/nudt/lessons)。

三、实验内容与步骤

(一)基于 NFV 的 5G 核心网功能部署

实验内容:按照规划在对应的云主机上部署相应的 5G 核心网的虚拟化网络功能,并实现各功能之间的网络连通及各网络功能在 NRF 上的注册。分析消息流程,回答问题。

实验步骤:

1. 点击"5G 业务场景——实验案例库",选择"基于 NFV 的 5G 核心网功能部署"案例,并点击应用案例。将本实验案例加载至软件中。

2. 请按以下步骤完成基于 NFV 的 5G 网络功能部署,为了方便各网络功能之间的互通,我们在本实验中将所有网络功能的 IP 地址均设置为同一个网段(除 UPF 外),按以下规划进行配置:

- NRF:192.168.1.10/24
- AMF:192.168.1.11/24
- SMF:192.168.1.12/24
- AUSF:192.168.1.13/24
- UDM:192.168.1.14/24
- NSSF:192.168.1.15/24
- UPF:控制面为 192.168.1.16/24,用户面为 192.168.10.16/24

3. NRF 的部署。

(1)添加 NRF 的虚拟机。

在业务开通与验证板块,双击"云主机 2",进入云主机的服务部署界面。在该主机上添加一个包含 NRF 服务的虚拟机。步骤如下图:点击"业务开通与验证"板块,选择"NRF",移动鼠标至空白处,单击,即可添加包含 NRF 服务的虚拟机,双击"云主机 2"进入服务部署界面。

(2)对 NRF 虚拟机资源进行配置。

进入虚拟机资源设置界面(鼠标单击选择"NRF",点击"NRF 虚拟机资源"进入资源设置界面),配置硬件资源,并设置虚拟网卡 IP。

对 NRF 进行服务配置,我们这里按照默认就可以了。

4. 对"云主机 2"的网络资源进行编排。

(1)将新建的 NRF 服务与云主机的虚拟网络资源连通(鼠标单击 NRF 的网卡,移动到虚拟交换机的某个接口并单击鼠标完成接线)。

注:虚拟网络资源是云主机内部数据交换网络,实体设备是不可见的,只作为内部交换控制使用。

(2)将虚拟网络资源与实际对外物理接口连通。

注:实际物理接口的连接需要与实际配置相符。

上面步骤完成后,我们就完成了 NRF 的部署及网络资源的编排。NRF 服务就能够正常地为外部网络或系统提供相关服务。

5. 完成 AMF/SMF/AUSF/UDM/NSSF/UPF 的服务部署。

(1)与上述步骤类似,我们在“数据中心机房-1”中的云主机上,进行 5G 核心网的各项网络功能的部署,并分别按照规划进行虚拟机的 IP 设置。

注意:因为 UPF 规划了控制面地址和用户面地址,因此要在 UPF 上添加两个虚拟网卡。

(2)同理,进行网络资源的编排:将各网络服务网络资源互通,并与实际物理接口建立连接。

通过以上步骤,我们基本完成了服务及网络资源的部署与编排。下面,各虚拟网络功能要在 NRF 上进行注册,网络才能够根据实际情况在 NRF 上查询服务,并选择相应的网络功能为用户提供服务。

6. 服务注册与存储。

(1)在每个 5G 网络功能的服务配置界面,填写 NRF 的连接地址,各网络功能就能够通过相关接口向 NRF 发起注册流程。以 AMF 为例:选择“AMF”,然后选择“服务配置”,在“基本配置”中填写 NRF 地址并保存。

(2)注册流程查看。

上述步骤只显示了 AMF 向 NRF 注册的过程,是因为我们只在 AMF 上配置了 NRF 的注册地址。同样的方式,我们也可将其他网络功能上配置 NRF 的注册地址,实现 5G 各网络功能在 NRF 上的注册与存储。配置上述步骤以后,我们将设备全部开机。

(二)5G 用户标识配置与接入鉴权

实验内容:在业务开通与验证板块进行 5G 手机和 AUSF/UDM 的相关配置操作,完成 5G 手机的注册。并通过现象理解各参数的作用,理解鉴权的基本流程;针对各类错误,给出分析及解决方法。

5G 建设方案规划设计示例

以下实验内容与步骤详见二维码“5G 建设方案规划设计示例”。

实验步骤:

1. 点击“5G 业务场景——实验案例库”,选择“5G 用户标识配置与接入鉴权”案例,并点击应用案例。将本实验案例加载至软件中。在该案例下,点击“业务开通与验证”,在该板块完成下述步骤。

2. 配置 5G 手机、鉴权服务-1 和 UDM-1,完成 5G 终端的注册。

(1)配置 5G 终端的永久身份标识 SUPI。双击“5G 手机”,配置终端的永久身份标识 SUPI,并点击保存。以 460011234567891 为例,其他参数默认。

(2)在“UDM-1”中添加用户对应的签约信息。双击“UDM-1”,进入 UDM“服务配置”界面。选择“用户列表”并添加“用户签约信息”,填写 SUPI 号 460011234567891 并保存。

(3)配置 UDM 组。选择“UDM 组配置”,添加一个 UDM 组,并设置该 UDM 组下的 SUPI 范围。注意,这个范围需要包含我们已经设置的 5G 用户标识,即 460011234567891。

注:在本软件中,参照协议设计了 UDM 组的设置。如何理解 UDM 组,可以看作是用于模拟对不同类型的 5G 用户(可将不同类型用户划分为不同的 SUPI 范围)的不同鉴权服务选择或差异化的用户数据的存储与管理。在“UDM 组配置”中添加“组起始”与“组结束”,例如组起始 460011234567890 和组结束 460011234567899。

(4)同样的方式,选择“鉴权服务-1”,配置 AUSF 组,可将该 AUSF 组的 SUPI 范围设置与 UDM 一致。

(5)将设备全部开机(右击空白处,选择“全部开机”),观察 5G 终端的注册过程。

3. 终端注册的过程查看分析。

(1)点击软件右上角的查看流程的图标,即可查看刚刚注册过程的流程。

(2)由于在注册鉴权过程时,基站仅作为UE和核心网AMF之间透传的通道,所以我们在进行鉴权流程分析时可将基站部分的协议过程忽略,可将"DU+CU"的勾选去掉。

(3)注册鉴权过程分析。请根据实验原理的描述,并结合软件中的协议流程图,对5G终端的注册过程进行分析。

(4)分析完成后将UE的SUPI改为460011234567892,则会弹出告警。请结合实验原理进行分析原因并给出解决方法。

4. AUSF及UDM的发现与选择分析。

(1)将5G手机的SUPI改为不在AUSF或UDM组的范围内,如改为460019876543210,并保存数据。此时终端重新发起注册过程,可以看到告警提示。请结合实验原理进行分析原因并给出解决方法。

(2)将设备全部关机,并将5G手机的SUPI改回460011234567891,然后将UDM-1的UDM组配置修改为460011234567892～460011234567899。修改完成后,将设备全部开机。请结合实验原理进行分析原因并给出解决方法。

(3)完成后,将UDM组配置还原,方便进行后续实验内容。

5. 用户鉴权与用户数据的灵活管理分析。

(1)参照上面的步骤3,在鉴权服务-2和UDM-2中,配置一个新的AUSF和UDM组。SUPI范围设置为460011234567880～460011234567889。

(2)更改5G手机的SUPI为460011234567881,并在UDM-2的用户列表中添加该SUPI,将设备全部重新开机,观察现象并分析。

(3)删除"鉴权服务-2"的AUSF组配置,并在"鉴权服务-1"的AUSF组配置中增加一个与原本鉴权服务-2一样的组配置。并将设备重新开机,观察现象并分析。

(4)删除"鉴权服务-1"中新增的AUSF组配置,并将"鉴权服务-2"中的AUSF组配置还原。同时删除"UDM-2"中的UDM组配置及用户签约数据,将这些数据增加至UDM-1中。依次设置5G手机的SUPI为460011234567881和460011234567891,观察现象并分析。

(5)分析并描述以上过程中的实验现象,并思考其应用场景。

(三)5G用户面功能与上网业务体验

实验内容:完成用户面功能的设计和配置,使得手机最终可以上网。如果不能请在后续的网络配置中完成并分析产生之前状况的因素。进行消息流程分析,回答问题。

实验步骤:

1. 打开"5G业务场景——实验案例库"板块,选择"5G用户面功能和上网体验"案例,应用到软件中。

2. IP网络规划。观察拓扑图,还需要将在云主机的上面添加一个UPF,需要对UPF的IP地址进行规划,以及Internet服务器IP、手机上网分配的IP地址做规划。将设备的IP子网VLAN信息做如表11-2-1所示的设计。

3. 根据上述的IP信息,首先将DUCU的Uplink-GE2光口上面的IP地址、Internet服务器IP信息配置上去。接着将设备全部开机,然后开始在网络中添加UPF网元并进行配置。

表 11-2-1　IP 子网的 VLAN 信息

设备	IP 地址	子网掩码	默认网关
DUCU 用户面上行口	192.168.16.220	255.255.255.0	192.168.16.1
Internet 服务器	192.168.1.100	255.255.255.0	192.168.1.1
UPF 控制面网口	172.20.20.40	255.255.255.0	—
UPF 用户面网口	192.168.16.100	255.255.255.0	192.168.16.1
手机上网 IP 地址分配	60.60.x.x	255.255.0.0	
用户面 VLAN ID	100	—	—
VLANIF100 接口 IP (PDN 网关 IP)	192.168.16.1	—	—

4. 双击接入机房的云主机，在左侧栏中选择 UPF 网元单击放置到右边。

放置之后，先选中 UPF，然后点击上方菜单的“UPF 虚拟机资源”，打开 UPF 虚拟机资源配置窗口，在下方的网卡中“添加网卡 IP”，输入控制面的 IP 地址如下：IP 地址设置为 172.20.20.40，掩码为 255.255.255.0，网关为 172.20.20.1。然后再添加一张网卡，设置为 UPF_VCard_2，并按照上面规划的 IP 地址进行设置。

5. 完成 UPF 和用户面的网络连线和 VLAN 划分，实现基础的网络打通。首先将 UPF 网元的 2 个网口连接到虚拟交换机上面，然后将 DUCU 基站的用户面功能连接到接入机房，再在云主机内进行连线和用户面 VLAN 划分，将 GE2 口和 GE6 口连接到虚拟交换机上，并将三个端口(GE2 基站上网数据过来的、GE6 去往 Internet 服务器的、UPF 的网卡 2)都划分到 VLAN100 中。

6. UPF 网元配置。设备开机后，在云主机配置窗口中，选中 UPF 然后点击“服务配置”，在 UPF 的基本配置中，填写 NRF IP 地址。

切换到 DNN 列表，点击“添加”，按照规划数据填写数据如下，“新建 DNN”名称 cmnet，切换到 TAI 选项卡，添加 TAI 信息并绑定切片。

7. 配置三层交换机的 VLAN 及路由表项目。首先在交换机内新建两个 VLAN100 和 VLAN192，并将端口划分到 VLAN 中。

然后添加这两个 VLAN 的 VLANIF 接口，再添加手机上网的静态路由表项目。

8. 开机业务测试。在拓扑图空白处右键全部开机。

9. 手机入网之后，可以进行手机上网功能体验。右击手机选择“切换到屏幕”，打开手机屏幕后点击桌面的 Safari 浏览器图标，使用默认的百度网页，直接点“搜索”，将可以看到后面的手机上网的数据动画，手机等待一会也会打开百度的网页，表面手机上网功能正常，完成了此次实验的最终任务，截图展示网络拓扑图并分析信令流程。

四、思考题

1. 5G 核心网为什么采用微服务的架构？为什么要基于 NFV 进行部署？
2. 为什么 5G 核心网的各种网络功能要在 NRF 上进行注册管理？
3. 5G 的鉴权方式有哪些？有何区别？
4. 简述手机上网的数据处理过程。

11.3　5G 混合专网切片综合设计与测试

网络切片，就是把 5G 网络分成“很多片”，每一片满足不同用户需求。不同用户对于网络的需求是不同的，比如直播用户对上传要求更高，游戏用户则要求延迟低。网络切片技术则可以有针对性地为不同用户提供不同的网络能力，从而满足不同业务场景对于网络的需求。5G 网络的应用场景划分为三类：移动宽带、海量物联网（Massive IoT）和任务关键性物联网（Mission-critical IoT）。不同业务场景对应不同的网络需求，我们并不需要为每一类应用场景构建一个网络，我们要做的是将一个物理网络分成多个虚拟的逻辑网络，每一个虚拟网络对应不同的应用场景，这就叫网络切片。

11.3.1　基本原理

一、网络切片

“网络切片”是利用虚拟化技术，将运营商网络的物理基础设施资源根据场景需求虚拟化为多个相互独立的端到端网络。每个网络切片从设备到接入网到传输网再到核心网在逻辑上是隔离的。为使能垂直行业客户，5G 业务切片实现了在一张物理网络中同时承载多种不同 QoS（Quality of Service，服务质量）需求的逻辑业务。3GPP 协议主要定义了 eMBB、uRLLC、mMTC 三大业务场景，实现差异化大带宽保障。其中，eMBB 类切片业务如 CloudVR、视频监控等；uRLLC 类切片业务如机械控制、远程驾驶等；mMTC 类切片业务如远程海量抄表（水电气热）等。

切片业务的关键点在于不同逻辑业务并存时的差异化需求如何保障，比如时延需求、带宽需求、连接数需求等。按照协议设计，云化网元是基础要求，能实现资源的按需部署，在拓扑组网结构上最大化资源分配的灵活性，又满足差异化业务并存的需求。

二、帧结构

帧：即数据帧（Date Frame），就是数据链路层的协议数据单元，它包含三部分：帧头、数据部分、帧尾。帧头和帧尾包含一些关键的控制信息，数据部分则包含网络层传下来的数据。5G 的帧长和 4G 一样，都是 10ms。

子帧：每个帧可以分为 10 个子帧，每个子帧长度为 1ms。

时隙：5G 的每个子帧可以由多个时隙组成。

子载波间隔：子帧是频域上最小调度单位，在 4G 中，每个子载波的间隔为 15kHz。5G NR 中采用了更加灵活的子载波间隔，有 5 种不同的子载波间隔，对应的子载波间隔分别是 15kHz、30kHz、60kHz、120kHz、240kHz。

11.3.2　设计示例

一、实验目的

1. 掌握 5G 切片及标识。
2. 掌握网络切片在 5G 网络中如何体现，以及切片的编排方法。
3. 掌握远程医疗任务下不同场景网络切片拓扑及网络性能指标。

4. 掌握不同场景下的网络搭建与配置使其满足业务需求。

二、实验工具与平台

1. 计算机。
2. 国防科技大学通信工程实验工作坊(https://nudt.fmaster.cn/nudt/lessons)。

三、实验内容与步骤

进入实验空间——国家虚拟仿真实验教学课程共享平台(https://www.ilab-x.com/),选择“军事通信系统(5G通信网络规划与控制虚拟仿真实验)”课程后,首先预习“新手引导”和“引导式实验”等两个实验环节,进入“设计性实验”环节完成以下2项实验任务。

(一)5G切片资源编排与无线资源配置测试

实验内容:随着5G网络建设及行业应用探索的推进,某省原来的5G网络架构由B市及中心省会进行普通上网服务已不够满足特定需求,现需拓展一条专用应用服务,新加一个切片,实现本地化的应用仿真,优化业务路径与体验。

以下实验内容与步骤详见二维码“5G混合专网切片综合设计与测试示例”。

5G混合专网切片综合设计与测试示例

实验步骤:

1. 新建切片,并定义切片名称及切片识别ID。

对于网络来说,如果要将资源切分为各种不同的逻辑网络,一个逻辑上的网络可以看成一个网络切片的实例。而NSI ID(NSI标识符)则是用来标识一个网络切片实例的核心网络部分。当同一个切片下部署了多个网络切片实例时,需要采用此标识在5GC(5G核心网)中对其进行区分。

(1)在切片编排模块,点击“新建切片实例”,填写NSI标识符(如:B市应用服务切片),点击保存即可。

(2)新建网络切片,并完成切片标识S-NSSAI的设置。

S-NSSAI单个网络切片选择协助信息:当对一个网络切片进行选择或识别时,需要通过该标识来区分。S-NSSAI由切片/服务类型(SST在功能和服务方面的预期网络切片行为,一般取值为1:embb ,2:uRLLC ,3:mIoT 4)、SD(补充切片/服务类型,以区分相同切片/服务类型的多个网络切片)组成。

2. 核心网切片编排,选择为该网络切片提供服务的AMF、SMF及NRF等网络功能。

该步骤主要指定为该切片提供服务的网络功能NF,使网络能够根据切片标识确定为终端提供服务的各项网络功能NF。选中切片实例,点击省级控制云,进入编辑界面,勾选SMF、AMF、NRF网络功能。

3. 切片实例应用。

当网络切片编排完成后,需要进行切片的应用。一般通过将网络切片标识与网络标识如TA/PLMN进行绑定,终端VR眼镜入网时,可根据切片标识直接进行网络的入网选择。

(1)无线侧切片标识与网络标识绑定,应用切片实例。双击B市站点1的“DU+CU2”,进入基站小区配置界面,在TAI下勾选刚刚添加的切片。

(2)核心网侧侧切片标识与网络标识绑定,应用切片实例。

AMF切片实例应用。进入AMF服务配置,将切片分配到PLMN下。

NSSF切片实例应用。同样,进入NSSF,将切片分配到TAI下。

SMF切片实例应用。同样,进入SMF,将切片分配到TAI下。

UPF 切片实例应用。同样，进入 B 市公有云的 UPF，将切片分配到 TAI 下。

4. 切片测试。

配置 5G 手机 2 的切片标识，使 5G 手机 2 在入网时，网络能够根据切片标识为终端选择相应的切片提供服务。

5. 无线资源参数测试。

(1)用 Ping 测试工具进行业务测试，VR 眼镜连接至远程专家大屏这条路线的业务性能。发起方为“5G 手机 B-2”，目标 IP 为 192.168.1.21，点击执行。

(2)切换至“性能测试”模块，观察时延、速率等参数，调整无线侧的相关参数(帧结构、子载波间隔、转换周期等参数)，要求“5G 手机 2”到“B 市应用服务”的端到端时延不大于 10ms，终端的上行速率不低于 10Mbps，终端的下行速率不低于 20Mbps(不考虑双周期)。可以回到配置调试中看到 CU 里面的小区无线资源参数如下：业务信道带宽为 100MHz，业务信道子载波间隔为 30kHz，上下行传输周期为 5ms，全下行 slot 的数目为 3，全下行 slot 后面的下行符号数为 10，全上行 slot 的数目为 1，全上行 slot 后面的下行符号数为 2。

(3)保持信道带宽和子载波间隔不变，减小上下行转换周期，时延会降低至 8ms，且上下行速率也达到了优化目标。参数如下：业务信道带宽为 100MHz，业务信道子载波间隔为 30kHz，上下行传输周期为 2ms，全下行 slot 的数目为 2，全下行 slot 后面的下行符号数为 10，全上行 slot 的数目为 1，全上行 slot 后面的下行符号数为 2。

(二)5G+远程医疗切片专网资源分配设计

实验内容：在 5G 远程医疗专网切片中，请依据业务的需求，完成网络切片的编排、应用与测试，以满足实际业务的需求。在该任务中，5G 网络中设备已建设完成，请根据任务需求，完成网络切片的编排、应用及测试，并调整相关参数，以匹配实际的业务要求。

实验步骤：

1. 点击“切片编排”，可以看到当前已规划好两个切片实例：VR 切片、专家连线切片。根据题意，两切片共享核心网控制面网络功能，在两切片中我们需要勾选对应的网络功能。

2. 两切片均勾选 SMF、AMF、NRF 网元。

3. VR 添加对应 001 切片。

在“VR 相机设备配置”的“切片配置”中新增切片，切片类型为“eMBB 增强移动宽带”。

4. VR 相机选择对应的 CU 进行接入。

通过“CU 服务配置”下“DU 列表”的“小区 TAI 参数”选择 001 切片并保存。

5. VR 相机选择岳麓山边缘云主机的 UPF 进行数据接入。

通过“UPF 服务配置”下“TAI 配置”选择 001 切片并保存。

6. 两切片共享核心网控制面功能，故 SMF、AMF、NSSF 网元勾选 001、002 切片。

通过“SMF 服务配置”下“TAI 配置”选择 001、002 切片并保存；通过“AMF 服务配置”下“PLMN 配置”选择 001、002 切片并保存；通过“NSSF 服务配置”下“TAC 配置”选择 001、002 切片并保存。

7. 救护车大屏添加 002 切片。

“救护车大屏设备配置”中新增切片，切片类型为“eMBB 增强移动宽带”。

8. 救护车大屏选择祥云阁边缘机房中的 CU 进行接入。

通过“CU 服务配置”下“DU 列表”的“小区 TAI 参数”选择 002 切片并保存。

9. 救护车大屏选择岳麓山区域机房中的 UPF 进行数据接入。

通过“UPF 服务配置”下“TAI 配置”选择 002 切片并保存。

10. SMF 配置对应地址池。

在“SMF 服务配置”下“DNN”新增 DNN，参数如下：DNN 名称 cmnet，IP 地址池起始地址 30.30.30.100，IP 地址池结束地址 30.30.30.200，IP 地址池掩码 255.255.255.0。

11. 以上配置完成之后，将设备全部开机。

12. 在业务验证中用 Ping 诊断工具测试救护车大屏到远程专家大屏的业务路径。

在“配置调试”中进行“业务验证”，选择工具为 Ping，发起方为救护车大屏，目标 IP 为 192.168.10.10，点击“执行”。

四、思考题

1. 阐述“网络切片”的基本概念，描述 1～2 个应用场景下对于切片业务的特殊需求。

2. 阐述切片编排的基本过程。

11.4　5G 通信网络规划与控制虚拟仿真实验

本项目以远程医疗为任务背景，开展 5G 通信网络规划与控制实验训练，使学生掌握 5G 网络规划与控制的技术方法，该方法可服务于多种应用场景。本实验可在实验空间——国家虚拟仿真实验教学课程共享平台(https://www.ilab-x.com/)的“军事通信系统（ 5G 通信网络规划与控制虚拟仿真实验)”课程中学习。

11.4.1　实验原理

一、信号塔

5G 信号塔由两个部分组成：AAU 和接入机房。AAU 和接入机房中的 BBU(DU)设备通过光纤进行连接，为 5G 提供无线覆盖功能。

1. 有源天线单元 AAU 原理。

AAU 主要负责射频信号的处理、接收与发射无线信号，相当于 4G 网络中的“RRU＋天线”，还集成了 BBU 的部分物理层功能。图 11-4-1 最左边部分的 CPRI 光接口与基带处理单元 BBU 通过光纤相连，而图中电路板样式的部分是射频单元 RU，它负责部分 L1 处理和 RF 处理，根据和 BBU 的接口来区分，如果是 CPRI 接口就只负责 RF 处理，如果是 eCPRI 接口，则负责部分 L1 处理和 RF 处理。右二是天线阵子 AU，RF 小信号通过 PA 滤波等过程后的信号通过天线阵列的特殊排布，形成波束，发射到配对的 UE。最右边部分则是天线罩，它是负责保护 AU 等器件的。

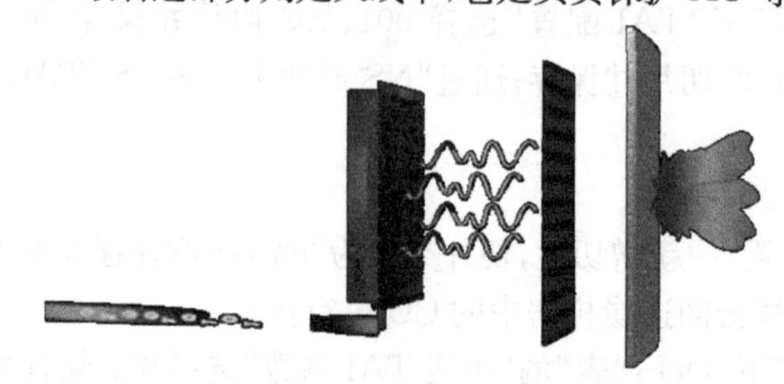

图 11-4-1　有源天线 AUU

AAU的工作电源(VDC):－36～－57

AAU的工作温度(℃):－40～＋50(无日辐射)

保护接地:外壳接地

最大风速(km/h):150

2. 基带处理单元BBU。

BBU包含四个部分:FCU板(风扇模块)、电源板(电源模块)、CCU板(中央处理单元)、BPU(基带处理板)。其中,CCU板(中央处理单元)负责BBU主控,通过光纤上联AAU和UPF,提供NG接口功能。提供GPS接口,通过GPS天线进行同步处理。BPU(基带处理板)实现NR基带信号处理功能,通过eCPRI接口连接AAU,负责射频处理的非实时部分,包括MAC调度和资源映射。

BBU的工作电源(VDC):－36～－57

BBU的工作温度(℃):－22～＋55

BBU的工作湿度(RH):5%～95%

保护接地:外壳接地

最大散热:2100W

二、边缘机房

端到端时延小于10ms,距离为10km,边缘DC化改造主体是汇聚机房,边缘DC以终结媒体流功能并进行转发为主,主要部署接入层以及边缘计算类网元。未来的5G RAN-CU、BNG-U、OLT-U和UPF等网元,均可根据低时延、高带宽等业务特性,灵活部署在边缘DC,面向网络边缘侧用户提供位置感知、无线网络信息等服务。边缘DC的部署,可以将云服务环境、计算、存储、网络、加速等资源部署到网络边缘侧,实现各类应用和网络更紧密地结合,用户也将获取更为丰富的网络资源和业务服务。

三、区域机房

端到端时延小于20ms,距离大于40km,部署位置位于地级市和省内重点县级市。区域DC主要承载城域网控制面网元和集中化的媒体面网元,服务本地网的业务、控制面及部分用户面网元,具体包括UPF、SMF等网元,负责用户会话管理、数据面的转发。

四、核心机房

端到端时延小于50ms,距离大于200km,服务全国、大区或者全省的业务,如集团OSS/NFVO、省云管平台、VNFM等。核心DC主要承载省域内、集团区域层面控制网元以及集中媒体面网元,包括AMF、NSSF、AUSF、UDM、NRF等网元。区域DC是配合执行通信云管理的重要组成,核心DC主要执行网元统一管理、网络统一管理和基础设施统一管理。

五、5G远程医疗网络切片接入网演进

CU和DU分离式架构的特点:CU可云化部署(CU为集中单元,一般可部署在边缘数据中心机房内),方便接入网切片,能统一管理多个DU站点,方便站点协同、基带资源统一调度、智能运维。

CU＋DU合设架构方式的特点:网络结构简单,建网初期部署成本低(无需边缘数据中心机

房设施等,改造小),方便部署,并且CU+DU合设还可降低时延,对于一些对时延比较敏感的业务区域,可采用CU+DU合设的部署方式。

六、5G远程医疗网络切片核心网演进

5G相对于4G网络来说,核心网的变化是非常大的。为了能够适应各类不同业务,能够按需部署核心网功能,做到快速部署、快速开通、快速应用等,5G核心网采用了SBA的微服务架构,并进一步细分了核心网的各种功能,实现各网络功能单一化,支持按需部署在不同层级。从图11-4-2所示的4G和5G无线网络架构可以看到,5G核心网包括UDM、AMF、SMF等各种功能。比如UDM是用来存储用户数据的,再比如AMF主要是进行接入及移动性管理,所有终端要接入5G网络,必须通过AMF的控制功能,而终端接入网络以后,要进行实际业务时,实际上更多的是用户面功能的作用,不同业务的体验并不太会由于AMF的位置而产生很大的差异。因此,从实际情况来说,AMF一般是中心化的,统一管理一个比较大区域的用户的网络接入,SMF为会话管理功能,可管理PDU会话等。

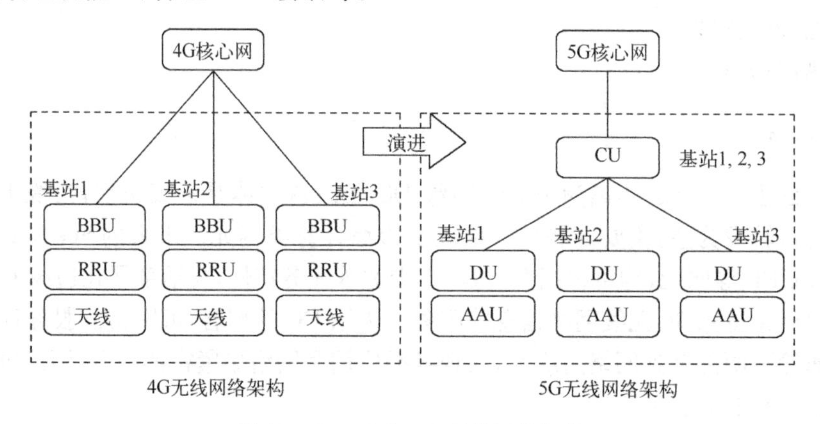

图11-4-2　4G和5G无线网络架构

如果5G终端接入了5G网络,那么它如何去访问相应的应用或者是数据呢?在5G核心网中,有一个专门用来处理用户数据的网络功能:UPF(用户面功能),简单来说,终端要上网或办理业务,肯定要通过UPF来访问数据。除用户面功能外,为保证网络的有序运行,必须能够统一控制终端或网络的行为,即需要控制面。SMF与UPF之间的连接关系,就是5G核心网控制面与用户面之间交互的接口。另外,5G终端要接入网络中去,还要通过一系列的接入、鉴权等操作,5G终端在移动的过程中,为保证业务的连续性,也要进行小区切换操作等。这就要求核心网需要很多不同的控制功能来控制终端的各类行为。

11.4.2　实验示例

一、实验目的

1. 了解5G远程医疗项目背景。
2. 掌握远程医疗任务下的5G通信网络规划与控制。
3. 掌握远程医疗任务下的接入网与核心网设备部署以及边缘计算配置。
4. 掌握远程医疗任务下不同场景网络切片拓扑及网络性能指标。
5. 掌握不同场景下的网络搭建与配置使其满足业务需求。

二、实验工具与平台

1. 计算机。
2. 国防科技大学通信工程实验工作坊(https://nudt.fmaster.cn/nudt/lessons)。

三、实验内容与步骤

(一)新手指导

实验内容:项目通过建模,提供了虚拟的长沙市区地理环境和5G网络部署关键节点。观察并学习远程专家连线、人体参数监测、VR病情查看、远程超声波诊断等任务项目背景和网络指标需求。

实验步骤:

1. 先做好预习,然后点击“开始实验”进入实验内容。
2. 在任务窗口,选择“5G远程急救车项目背景认知”,阅读实验过程界面,按照系统指引,点击“下一步”完成项目背景认知部分,完成项目背景认知后点击返回。
3. 观察信号塔、边缘机房、区域机房以及中心机房,了解其中的重要设备。
4. 观察并学习专家视频连线、人体参数监测、超声波诊断、VR病情查看等任务项目背景介绍,认识到5G发展对远程医疗是具有重要支撑作用的。

(二)引导性实验

实验内容:通过对5G远程医疗网络切片接入网演进、核心网演进、业务演进的简单了解,对专家视频连线切片、人体参数监测切片、VR病情查看切片、超声波诊断切片进行设计和性能模拟验证。

以下实验内容与步骤详见二维码“5G通信网络规划与控制虚拟仿真实验示例”。

5G通信网络规划与控制虚拟仿真实验示例

实验步骤:

先做好预习,然后点击“开始实验”进入实验内容。

对5G远程医疗网络切片接入网演进、核心网演进、业务演进进行一个简单了解,以及分别对人体参数监测切片、专家视频连线切片、VR病情查看切片、超声波诊断切片进行设计和性能模拟验证。

UPF可随应用下沉式部署,实现端到端业务的下沉处理,减少业务传输时延,减轻传输网的压力,提升业务体验效果。如VR病情查看业务及超声波诊断业务,都将UPF从区域DC下沉部署到了边缘DC或接入局。

业务及UPF下沉使得一些原本对时延较为敏感,只能在本地处理的业务,有了通过5G网络及业务节点的边缘部署得以实现的可能。并且可借助专用的MEC边缘计算服务,将终端本地计算上移至MEC进行计算,实现更强的算力以及更低的终端成本。

对于超声波诊断任务,除了UPF下沉,为了降低时延,我们还进行了DU+CU合设。

完成所有的切片设计与性能模拟后,点返回结束本次实验。

(三)设计性实验

实验内容:按照拓扑设计要求,先完成网络搭建;之后按照搭建好的网络,对设备和网元进行IP以及路由规划;网络配置完成后,完成网络配置验证;之后针对5G远程急救车的网络性能需求,需要对基站的空口资源规划进行配置;为了保证业务稳定性,需要对切片的Qos进行配置;之后进行5G远程急救车设备开机验证。

实验步骤：

1. 大致了解各业务场景的拓扑规划以及业务指标。

2. 按照拓扑设计要求，完成新增接入网和核心网的设备添加及连线。搭建完成之后进行连接检测，保证网络搭建完成。

3. 按照搭建好的网络，对设备和网元进行IP以及路由规划，保证存在逻辑连接的设备能够通信。

注意：基站业务IP地址是用于接入网与核心网之间不同的地址，我们将其分为控制面地址和用户面地址。其中，控制面地址作为NG-C接口，用于与AMF的通信；用户面地址作为NG-U接口，用于与UPF之间的互通。

4. 网络配置完成后，完成网络配置验证。如验证失败，学生需结合系统告警和信令流程对网络进行诊断、调整。在“业务开通与验证界面”的“网络拓扑”界面，点击右上角“查看信令流程”按键，可以看到设备间交互的信令流程。

如果需要对信令具体内容进行数据分析，可以点击流程图界面右上角的“wireshark”查看。

5. 基于已经完成网络IP配置后的网络，针对5G远程急救车的网络性能需求，需要对基站的空口资源规划进行配置。

6. 为了保证5G远程急救车业务稳定性，需要对切片的QoS进行配置。

查看5G远程急救车获取的5G网络性能指标参数，按照实验要求完成规划或配置后，性能是否满足5G远程急救车需求，系统展示远程专家连线、人体参数检测、VR病情查看、超声波诊断需求。

四、思考题

1. 对于上面提到的远程专家视频连线、人体参数监测、VR病情查看、远程超声波诊断任务，哪个场景对实时性的要求最高？

2. CU与DU之间的接口是什么？CU与DU的切分有何好处？

参考文献

芮义斌 . 2002. 实时短波信道模拟器[D]. 南京:南京理工大学 .

曹悦. 2006. 软件无线电技术及其应用前景[J]. 无线电工程,(4):60-64.

陈萍,等 . 2003. 现代通信实验系统的计算机仿真[M]. 北京:国防工业出版社 .

陈晓春 . 2003. 开环结构突发 PSK 信号载波同步算法研究[D]. 成都:四川大学 .

达新宇,等 . 2005. 通信原理教程[M]. 北京:北京邮电大学出版社 .

樊昌信 . 2005. 通信原理教程[M]. 北京:电子工业出版社 .

樊昌信,曹丽娜 . 2007. 通信原理[M]. 6 版 . 北京:国防工业出版社 .

GONZALEZ R C, WOODS R E, EDDINS S L. 2006. 数字图像处理的 MATLAB 实现[M]. 阮秋琦,译 . 北京:电子工业出版社 .

黄纪军,等 . 2009. 电子测量技术[M]. 北京:电子工业出版社 .

黄载禄,殷蔚华 . 2007. 通信原理[M]. 北京:科学出版社 .

JERUCHIM M C,等 . 2004. 通信系统仿真建模、方法和技术[M]. 周希元,等译 . 北京:国防工业出版社 .

蒋青,于秀兰 . 2006. 通信原理[M]. 北京:人民邮电出版社 .

雷菁 . 2009. 低复杂度 LDPC 码构造及译码研究[D]. 长沙:国防科技大学 .

李晓陆. 2005. 软件无线电及其特性[J]. 舰船电子工程,25(4):3.

LIN S, COSTELLO D J. 2007. 差错控制编码[M]. 晏坚,等译 . 北京:机械工业出版社 .

罗序梅. 2004. 软件无线电关键技术最新进展[J]. 移动通信,28(1):4.

孟莉 . 2007. 小波包多载波调制系统的最优基研究[D]. 天津:天津大学 .

苗长云,等 . 2005. 现代通信原理及应用[M]. 北京:电子工业出版社 .

PROAKIS J G. 2005. 数字通信[M]. 4 版 . 张力军,等译 . 北京:电子工业出版社 .

PROAKIS J G, SALEHI M, BAUCH G. 2005. 现代通信系统(MATLAB 版)[M]. 2 版. 刘树棠,译. 北京:电子工业出版社.

曲炜,等 . 2005. 信息论与编码理论[M]. 北京:科学出版社 .

RAPPAPORT T S. 2006. 无线通信原理与应用[M]. 2 版. 周文安,等译. 北京:电子工业出版社 .

沈连丰,等 . 2003. 通信新技术及其实验[M]. 北京:科学出版社 .

沈连丰,等 . 2007. 信息与通信工程原理与实验[M]. 北京:科学出版社 .

沈琪琪,朱德生 . 1989. 短波通信[M]. 西安:西安电子科技大学出版社 .

沈世镒,吴忠华 . 2004. 信息论基础与应用[M]. 北京:高等教育出版社 .

SWEENEY P. 2004. 差错控制编码[M]. 俞越,张丹,译 . 北京:清华大学出版社 .

谭会生,瞿遂春 . 2004. EDA 技术综合应用实例与分析[M]. 西安:西安电子科技大学出版社 .

唐朝京,等 . 2013. 现代通信原理[M]. 北京:电子工业出版社 .

唐朝京,雷菁 . 2010. 信息论与编码基础[M]. 北京:电子工业出版社 .

TRANTER W H,等 . 2005. 通信系统仿真原理与无线应用[M]. 肖明波,等译 . 北京:机械工业出版社 .

VUCETIO B, YUAN J H. 2005. 空时编码技术[M]. 王晓海,等译 . 北京:机械工业出版社 .

王秉钧 . 2006. 现代通信原理[M]. 北京:人民邮电出版社 .

王琳,徐位凯 . 2007. 高效信道编译码技术及其应用[M]. 北京:人民邮电出版社 .

王新梅,肖国镇 . 2001. 纠错码——原理与方法(修订版)[M]. 西安:西安电子科技大学出版社 .

王育民,李晖,梁传甲 . 2007. 信息论与编码理论[M]. 北京:高等教育出版社 .

韦岗等 . 2007. 通信系统建模与仿真[M]. 北京:电子工业出版社 .

吴增荣 . 2004. 基于 DSP 的高频实时信道模拟[D]. 大连:大连海事大学 .

易波,等 . 1998. 现代通信导论[M]. 长沙:国防科技大学出版社 .

扎林克伯. 2015. 全面详解 LTE:MATLAB 建模、仿真与实现[M]. 武冀,译. 北京:机械工业出版社.

张春田,苏育挺,张静 . 2006. 数字图像压缩编码[M]. 北京:清华大学出版社 .

赵勇洙,等. 2013. MIMO-OFDM 无线通信技术及 MATLAB 实现[M]. 孙锴,黄威,译. 北京:电子工业出版社.

钟玉琢,等 . 2005. 多媒体计算机技术基础及应用[M]. 2 版. 北京:高等教育出版社 .

BERROU C,GLAVIEUX A,THITIMAJSHIMA P. 1993. Near shannon limit error-correcting coding and decoding: turbo-codes(1)[J]. Proceedings of the IEEE International Conference on Communications,2: 1064-1070.

CCSDS. TM synchronization and channel coding. 2023. Recommendation for space data system standards:CCSDS 131. 0-B-5[S]. Washington D C:CCSDS. https://public. ccsds. org/Publications/BlueBooks. aspx.

DIGITAL VIDEO BROADCASTING. 1998. Framing structure, channel coding and modulation for cable systems:ETSI Standard EN 300 429 V1. 2. 1[S]. Valbonne: European Telecommunications Standards Institute. https://www. etsi. org/deliver/etsi_en/300400_300499/300429/01. 02. 01_60/en_300429v010201p. pdf.

IEEE. 2004. IEEE standard for local and metropolitan area networks part 16: air interface for fixed broadband wireless access systems:IEEE Std 802. 16-2004 [S]. Washington D C: IEEE. https://ieeexplore. ieee. org/servlet/opac? punumber=9349.

PYNDIAH R M. Near-optimum decoding of product codes:block turbo codes[J]. IEEE Transactions on Communications,46(8):1003-1010.

SALEH A. 1981. Frequency-independent and frequency-dependent nonlinear models of twt amplifiers[J]. IEEE Transactions on Communications,29(11):1715-1720.

WATTERSON C C,JUROSHEK J R,BENSEMA W D. 1970. Experimental confirmation of an HF channel model [J]. IEEE Transactions on Communication Technology,18(6):792-803.

附录 A　缩略词英汉对照表

	A	
AAS	Adaptive Antenna System	自适应天线系统
ACL	Asynchronous Connection-Less	异步无连接链路
ACM	Adaptive Coding Modulation	自适应编码调制
ADPCM	Adaptive DPCM	自适应差分脉冲编码调制
AFC	Automatic Frequency Control	自动频率控制
AM	Amplitude Modulation	振幅调制(调幅)
AMI	Alternate Mark Inversion	传号交替反转
AMPS	Advanced Mobile Phone System	先进移动电话系统
ADSL	Asymmetric Digital Subscribers Line	非对称数字用户环路
ARQ	Automatic Repeat reQuest	自动反馈重传
ATM	Asynchronous Transfer Mode	异步传递方式
ATSC	Advanced Television Systems Committee	美国高级电视业务顾问委员会
AWGN	Additive White Gaussian Noise	加性高斯白噪声
	B	
BER	Bit Error Rate	误比特率
BRAN	Broad Radio Access Network	带射频接入网
BTC	Block Turbo Codes	分组 Turbo 码
	C	
CCIR	International Consultive Committee for Radiotelecommunication	国际无线电咨询委员会
CCITT	International Consultive Committee for Telegraph and Telephone	国际电报电话咨询委员会
CDMA	Code Division Multiple Access	码分多址
CMI	Coded Mark Inversion	传号反转
CPFSK	Continous Phase Frequency Shift Keying	连续相位频移键控
CCSDS	Consultative Committee for Space Data System	空间数据系统咨询委员会
COFDM	Coded OFDM	编码正交频分复用
CPLD	Complex Programmable Logic Device	复杂可编程逻辑器件
CRC	Cyclic Redundancy Check	循环冗余校验
CVSD	Continuously Variable Slope Delta modulation	连续可变斜率增量调制
	D	
DAB	Digital Audio Broadcasting	数字音频广播
DAMA	Demand Assignment Multiple Address	按需分配多址接入
DCO	Digital Control Oscillator	数控振荡器

续表

	D	
DCT	Digital Cosine Transform	离散余弦变换
DDS	Direct Digital Synthesis	直接数字合成技术
DFE	Decision-Feedback Equalizer	判决反馈均衡
DFS	Dynamic Frequency Selection	动态频率选择
DFT	Discrete Fourier Transform	离散傅里叶变换
DLF	Digital Loop Filter	数字环路滤波器
DPCM	Differential PCM	差分脉冲编码调制
DPSK	Differential PSK	差分相移键控
DM	Delta Modulation	增量调制
DSP	Digital Signal Processing	数字信号处理
DTMF	Dual Tone Multiple Frequency	双音多频
DVB	Digital Video Broadcasting	数字电视广播
DWT	Discrete Wavelet Transform	数字小波变换
	E	
ECL	Emitter-Coupled Logic	射极耦合逻辑
EDA	Electronic Design Automation	电子设计自动化
ESA	European Space Agency	欧洲空间局
	F	
FDD	Frequency Division Duplex	频分双工
FDMA	Frequency Division Multiple Access	频分多址
FEC	Forward Error Correction	前向纠错
FFT	Fast Fourier Transform	快速傅里叶变换
FM	Frequency Modulation	调频
FPGA	Field Programmable Gate Array	现场可编程门阵列
	G	
GFSK	Gaussian Frequency Shift Keying	高斯频移键控
GIF	Graphics Interchange Format	图形交换格式
GMSK	Gaussian MSK	高斯最小频移键控
GSM	Global System for Mobile Communications	全球移动通信系统
	H	
HDB_3	3rd Order High Density Biploar	三阶高密度双极性
HDSL	High-bit-rate Digital Subscriber Line	陆地广播、高速数字用户环路
HDTV	High-definition Television	高清晰度数字电视
HPA	High-power Amplifier	高功率放大器
	I	
IDFT	Inverse Discrete Fourier Transform	离散傅里叶逆变换
IFFT	Inverse Fast Fourier Transform	快速傅里叶逆变换

续表

	I	
IRD	Integrated Receiver Decoder	综合接收解码器
ISI	Intersymbol Interference	码间干扰
ITS	Institute for Telecommunications Science	电信科学协会
ITU	International Telecommunications Union	国际电信联盟
	J	
JPEG	Joint Photographic Experts Group	联合图像专家组
	L	
LDPC	Low Density Parity Check	低密度奇偶校验
LOS	Line of Sight	视距
	M	
MAC	Media Access Control	介质访问控制
MCPC	Multiple Channel Per Carrier	每载波多路
MCU	Micro-Control Unit	微控制器
MLSE	Maximum Likelihood Sequence Estimate	最大似然序列检测
MSE	Mean Square Error	均方误差
MSK	Minimum Shift Keying	最小频移键控
	N	
NASA	National Aeronautics and Space Administration	国家航空航天局
NMT	Nordic Mobile Telephone	北欧移动电话
	O	
OFDM/OFDMA	Orthogonal Frequency Division Multiplexing	正交频分复用
ONU	Optical Network Unit	窄带光网络单元
OQPSK	Offset Quadrature Phase Shift Keying	偏置正交相移键控
	P	
PCM	Pulse Code Modulation	脉冲编码调制
Pdf	Probability density function	概率密度函数
PLL	Phase Locked Loop	锁相环
PN	Pseudo Noise	伪噪声
PPV	Pay Per View	付费电视
PSNR	Peak Signal-to-Noise Ratio	峰值信噪比
	Q	
QAM	Quadrature Amplitude Modulation	正交振幅调制
QoS	Quality of Service	服务质量
	R	
RLE	Run-length Encoded	行程长度压缩编码
RMSE	Root MSE	均方根误差
RSC	Recursive Systematic Convolution Code	递归系统卷积码

续表

	S	
SATA	Serial Advanced Technology Attachment	串行高级技术附件，一种基于行业标准的串行硬件驱动器接口
SCO	Synchronous Connection Oriented	同步面向连接链路
SCPC	Single Chanel Per Carrier	单路单载波
SDTV	Standard Definition TV	标准清晰度数字电视
SDU	Service Data Unit	业务数据单元
SIG	Special Interest Group	特别兴趣小组
SNR	Signal Noise Ratio	信噪比
SQPSK	Staggered QPSK	参差四相相移键控
SOPC	System on a Programmable Chip	片上系统
STC	Space Time Code	空时编码
	T	
TACS	Total Access Communications System	全入网通信系统
TCL	Transmission Convergence Sublayer	传输汇聚子层
TCM	Trellis Coded Modulation	网格编码调制
TDD	Time Division Dual	时分双工
TDM	Time Division Multiplexing	时分复用
TDMA	Time Division Multiple Access	时分多址
TPC	Turbo Product Codes	Turbo 乘积码
TTL	Transistor-Transistor Logic	晶体管-晶体管逻辑
	V	
VCM	Variable Coding Modulation	可变编码调制
VHDSL	Very-High-bit-rate Digital Subscriber Line	超高速数字用户环路
VOD	Video-On-Demand	视频点播
	W	
WLAN	Wireless Local Area Network	无线局域网
WLL	Wireless Local Loop	无线本地环路
WMAN	Wireless Metropolitan Area Network	无线城域网

附录 B　DVB-S2 标准中(码率 2/3, n_{ldpc} = 64800) LDPC 码编码的存储矩阵

0 10491 16043 506 12826 8065 8226 2767 240 18673 9279 10579 20928
1 17819 8313 6433 6224 5120 5824 12812 17187 9940 13447 13825 18483
2 17957 6024 8681 18628 12794 5915 14576 10970 12064 20437 4455 7151
3 19777 6183 9972 14536 8182 17749 11341 5556 4379 17434 15477 18532
4 4651 19689 1608 659 16707 14335 6143 3058 14618 17894 20684 5306
5 9778 2552 12096 12369 15198 16890 4851 3109 1700 18725 1997 15882
6 486 6111 13743 11537 5591 7433 15227 14145 1483 3887 17431 12430
7 20647 14311 11734 4180 8110 5525 12141 15761 18661 18441 10569 8192
8 3791 14759 15264 19918 10132 9062 10010 12786 10675 9682 19246 5454
9 19525 9485 7777 19999 8378 9209 3163 20232 6690 16518 716 7353
10 4588 6709 20202 10905 915 4317 11073 13576 16433 368 3508 21171
11 14072 4033 19959 12608 631 19494 14160 8249 10223 21504 12395 4322
12 13800 14161
13 2948 9647
14 14693 16027
15 20506 11082
16 1143 9020
17 13501 4014
18 1548 2190
19 12216 21556
20 2095 19897
21 4189 7958
22 15940 10048
23 515 12614
24 8501 8450
25 17595 16784
26 5913 8495
27 16394 10423
28 7409 6981
29 6678 15939
30 20344 12987
31 2510 14588
32 17918 6655
33 6703 19451
34 496 4217
35 7290 5766

36 10521 8925
37 20379 11905
38 4090 5838
39 19082 17040
40 20233 12352
41 19365 19546
42 6249 19030
43 11037 19193
44 19760 11772
45 19644 7428
46 16076 3521
47 11779 21062
48 13062 9682
49 8934 5217
50 11087 3319
51 18892 4356
52 7894 3898
53 5963 4360
54 7346 11726
55 5182 5609
56 2412 17295
57 9845 20494
58 6687 1864
59 20564 5216
0 18226 17207
1 9380 8266
2 7073 3065
3 18252 13437
4 9161 15642
5 10714 10153
6 11585 9078
7 5359 9418
8 9024 9515
9 1206 16354
10 14994 1102
11 9375 20796
12 15964 6027
13 14789 6452
14 8002 18591
15 14742 14089
16 253 3045
17 1274 19286
18 14777 2044
19 13920 9900

20 452 7374
21 18206 9921
22 6131 5414
23 10077 9726
24 12045 5479
25 4322 7990
26 15616 5550
27 15561 10661
28 20718 7387
29 2518 18804
30 8984 2600
31 6516 17909
32 11148 98
33 20559 3704
34 7510 1569
35 16000 11692
36 9147 10303
37 16650 191
38 15577 18685
39 17167 20917
40 4256 3391
41 20092 17219
42 9218 5056
43 18429 8472
44 12093 20753
45 16345 12748
46 16023 11095
47 5048 17595
48 18995 4817
49 16483 3536
50 1439 16148
51 3661 3039
52 19010 18121
53 8968 11793
54 13427 18003
55 5303 3083
56 531 16668
57 4771 6722
58 5695 7960
59 3589 14630